经典译丛·信息与通信技术

认知无线电网络

Cooperative Cognitive Radio Networks
The Complete Spectrum Cycle

[加] Mohamed Ibnkahla 著

刘玉军 尚世峰
蔺 敏 杨新旺 等译

電子工業出版社
Publishing House of Electronics Industry
北京·BEIJING

内 容 简 介

本书共12章。第1章概述认知无线电的基本概念、框架和功能，第2章开始介绍认知无线电物理层，第3章和第4章论述合作频谱的获取，第5章描述频谱感知测量与设计。从第6章起介绍数据链路层和媒体接入子层，第7章介绍认知无线电网络MAC层的特殊性，第8章研究认知无线电局部控制原理，第9章研究认知无线电Ad Hoc网络的介质访问控制，第10章研究认知无线电网络的多跳路由技术，第11章和第12章分别就认知无线电网络的经济性和安全性进行描述。

本书可作为高等院校相关专业研究生（或高年级本科生）的教材或教学参考书，也可供从事无线通信科研的人员及工程技术人员参考。

Cooperative Cognitive Radio Networks: The Complete Spectrum Cycle
ISBN: 978-1-4665-7078-8

版权贸易合同登记号　图字:01-2015-8697

图书在版编目(CIP)数据

认知无线电网络/(加)穆罕默德·本卡赫拉(Mohamed Ibnkahla)著；刘玉军等译. —北京：电子工业出版社，2017.9
(经典译丛·信息与通信技术)
书名原文：Cooperative Cognitive Radio Networks: The Complete Spectrum Cycle
ISBN 978-7-121-30788-1

Ⅰ. ①认…　Ⅱ. ①穆…　②刘…　Ⅲ. ①无线电通信-通信网　Ⅳ. ①TN92

中国版本图书馆CIP数据核字(2017)第004549号

策划编辑：马　岚
责任编辑：李秦华
印　　刷：三河市兴达印务有限公司
装　　订：三河市兴达印务有限公司
出版发行：电子工业出版社
　　　　　北京市海淀区万寿路173信箱　邮编　100036
开　　本：787×1092　1/16　印张：16　字数：410千字
版　　次：2017年9月第1版
印　　次：2017年9月第1次印刷
定　　价：59.00元

凡所购买电子工业出版社图书有缺损问题，请向购买书店调换。若书店售缺，请与本社发行部联系，联系及邮购电话：(010)88254888，88258888。

质量投诉请发邮件至zlts@phei.com.cn，盗版侵权举报请发邮件至dbqq@phei.com.cn。

本书咨询联系方式：classic-series-info@phei.com.cn。

译 者 序

自从无线通信问世以来，人们已经习惯了不同的通信系统在各自固定的频谱上进行通信。近几年来无线通信业务发展迅猛，适合无线通信的频谱资源变得越来越稀缺。为了提高信息传输能力，业界的普遍做法是在授权频段内深耕、挖潜，在信源编码、信道编码、复用、智能天线等方面做出了巨大的努力。但是这些努力并不能从根本上解决授权频段内和未授权频段频谱利用率较低的问题。

目前，国内外在无线通信领域的研究比较活跃。其中，认知无线电技术是继软件无线电之后的又一个研究热点。在技术路线上可谓是另辟蹊径。认知无线电用户通过感知无线环境，寻找频谱空穴，在不妨碍授权用户使用的前提下，建立自己的通信信道。该技术突破了以固定方式分配频谱资源的模式，认知无线电用户可以共享全部频谱资源，以这种思路建立起来的无线通信系统将大幅度提高频谱利用率。

我们阅读了大量的认知无线电著作，但是能够帮助读者认识完整认知无线电频谱周期的著作并不多。*Cooperative Cognitive Radio Networks* 一书从网络体系的角度给读者建立了认知无线电网络的总体概念。作者采用 5 层网络模型描述认知无线电网络，重点介绍了认知无线电网络的物理层、数据链路层和网络层。

翻译工作分工如下：前言、第 1 章由刘玉军翻译，第 2 章、第 11 章由苏彦翻译，第 3 章由何彬翻译，第 4 章由杨新旺翻译，第 5 章、第 6 章由秦玎哲翻译，第 7 章由杨健康翻译，第 8 章由孙虹翻译，第 9 章由薛廷梅翻译，第 10 章由尚世峰翻译，第 12 章由李皓翻译。参加审稿的人员有刘玉军、蔺敏、尚世峰、许文峰。全书统稿由刘玉军和尚世峰完成。

感谢装甲兵工程学院信息工程系王维锋主任、张文阁副主任对于译著的帮助和支持，将本书的翻译列入了“2110”学科建设资助项目。

感谢参加了翻译工作的张行知、侯涛、刘正锋、张忠辉、邓琦、张玉青、周浩、沈承江等同学。

由于认知无线电技术还处于不断发展的过程中，译者的学识有限，翻译错误在所难免，恳请读者批评指正。

译 者

前　言

认知无线电将成为未来无线通信系统中一项可行的技术。认知无线电的概念是当获得频段许可的主用户空闲或者次用户访问该频段引起的干扰低于给定阈值时，可以让次用户访问无线电频谱，这将大幅度提高无线系统的频谱利用率。为了让次要用户访问授权频段时不损害授权用户的利益，需要连续感应和仔细监测频谱。无线电频谱周期包括感知、学习、计划、决策和行动。认知无线电用户可以采取不同形式的行动集合，如频谱使用、数据包路由、切换和资源分配，其中行动通常依赖于感知和学习过程中获得的环境信息。这些信息可能包括认知无线电网络的状态和主要网络、服务质量、物理信道条件、交易规则、经济指标、社会影响和环境影响等。

过去的几年里，认知无线电的相关研究一直分散在大量的会议和期刊论文当中。这些出版物选择性地探讨认知无线电周期，只关注特定的方法或技术，而没有研究整个频谱周期。本书通过探讨整个频谱周期，从而填补了这一研究的空白。本书介绍了这一领域的发展状况，并针对贯穿整个频谱周期的各种不同的途径和方法提出了统一的观点。本书可为研究认知通信各层协议栈奠定基础。

本书的结构

第 1 章对认知无线电系统进行了概述，解释了频谱周期不同的组成部分，这些概念的解释将贯穿全书。

第 2 章到第 5 章描述了物理层问题。这些章节探讨了频谱感知、学习和决策等频谱周期方面的概念。第 2 章在单波段和多波段框架下，通过深入探讨和比较不同方法研究了主要的频谱感知技术。第 3 章介绍了协同频谱感知的基本原理，并讨论了频谱感知与获取高级组合的协同分集技术。第 4 章研究了在频谱交织和衬垫模式下使用的协同频谱获取技术，其中干扰被视为设计参数。第 5 章讨论了频谱感知与获取技术在设计和操作阶段需要考虑不同的权衡因素，例如，在延迟、吞吐量或功率效率等方面，其性能会受到怎样的影响。

第 6 章到第 9 章致力于链路层和介质访问层的设计问题。这些章节探讨了学习、决策、访问和频谱撤离等频谱周期方面的问题。第 6 章提出了频谱移动性问题，并深入对比了几种切换技术和策略。第 7 章介绍了认知无线电网络介质访问协议。特别是提出了在缺乏共同的控制通道时，可以使用的合作和非合作的媒体访问控制层协议。本章还探讨了协议设计面临的挑战和需要满足的特殊要求。第 8 章主要探讨了认知无线电自组织网络，解决了频谱共享、公平以及度量规则等基本问题。重点研究了频谱共享的局部控制计划和公平协议。第 9 章研究了认知无线电自组织网络介质访问协议，主要探究了自组织网络在移动性和主要专属区域(PER)两方面的特性，并对不同协议进行了对比和举例说明。

第 10 章探讨了认知无线电的网络层和路由选择。本章涉及学习、决策和路由选择等频谱周期方面的问题，并提出了路由协议的分类及其面临的难题。特别研究了分布式、集中式的学习、决策和路由选择方法，网络移动性问题以及高动态网络。

第 11 章主要提出了一个基于博弈论的认知无线电网络经济框架结构。本章涉及学习、决策和行动等频谱周期机制，研究了不同的策略和市场模型，包括物理层参数和干扰水平作为部分经济架构时的固定价格市场、单一拍卖和双拍卖。第12章概述了认知无线电网络的安全问题。包括有关学习、决策和分类等频谱周期概念，这些行为会导致网络中其他认知无线电用户的特定行动。本章将信任定义为确定网络中用户好坏优劣的一个指标，研究了路由中断、堵塞和模拟主用户攻击等几种攻击类型，并深入讨论了这些攻击对网络的影响以及可以采取的应对措施。

背景要求

本书探讨了认知无线电频谱周期的主要难题和技术。读者需要具备无线通信系统的基本知识，建议(但不要求)按照给定的章节顺序阅读，各章节在概念上相互依赖，但在数学推导或协议设计上，各章节相互独立。

本书特点

- 本书涉及认知频谱周期的所有方面内容并进行举例说明。
- 所有章节按照教材风格编写，易于理解。
- 每章都包含一个深入调查当前发展状况的主题。
- 根据大量计算机模拟逐步分析了不同算法和系统，并附有图解。

Mohamed Ibnkahla
女王大学
加拿大安大略省金斯顿市

致　　谢

我对在这个项目的各个阶段中帮助过我的人深表感激。我的博士生和硕士生对于文章编写和章节的模拟/实验结果做出了贡献：硕士生 G. Hattab(第1章至第3章及第5章)、博士生 A. Abu Alkheir(第3章和第4章)、博士生 P. Hu(第8章和第9章)、硕士生 J. Mack(第10章)、硕士生A. Bloor(第11章)和硕士生 J. Spencer(第12章)。G. Hattab、Dr. W. Ejaz 和 Dr. S. Aslam花费大量时间审查了书稿的不同版本，对他们深表感激。

对在过去的10年间支持我研究的所有组织和公司表示感谢。其中包括加拿大自然科学和工程研究委员会(NSERC)、安大略研究基金(ORF)万信项目和 NSERC DIVA 网络。

我对家人的鼓励、支持与关爱表示感谢，特别是我的妻子 Houda，儿子 Yasinn，女儿 Beyan 和 Noha。

目　　录

第1章 认知无线电概论

1.1 概述

频谱资源匮乏是现代通信系统正面临的最大挑战之一。日益增加的无线电频谱需求和频谱管理部门死板的静态频谱分配方法导致频谱利用率低下，如何提高现有授权频段的利用率正成为一个主要问题。认知无线电(CR)已成为最有前途的解决频谱短缺和利用效率低下的一种方式。认知无线电的基本思想是当频段的授权用户(主用户，PU)不使用该频段或非授权用户(次用户，SU)对主用户的干扰低于一定阈值时，非授权用户可以使用该频段。因此，在网络中引入认知的概念，可以提高频谱利用率。

认知意味着电台了解它所处的环境，并根据获得的无线信道情况调整操作参数。只有这样，电台才能灵活地利用可能为空的授权波段。认知网络的认知性和敏捷性取决于网络的学习、参数调整和决策能力。

本章提出了认知无线电网络(CRN)的基本概念；1.2节介绍认知周期；1.3节讨论认知无线电框架的功能；1.4节提出了认知无线电的接入方式；最后，第1.5节给出了全书的概述。

1.2 认知无线电网络架构

认知无线电架构建立在网络中不同实体之间的交互、实体与周围环境交互的基础之上。每个实体都作为认知实体出现在网络中，代替纯粹的中心控制网络或预定义通信规则网络。认知无线电架构的目的是，基于每个实体对网络情况和所处环境的自适应，进而更好地利用资源和管理相应行为。

跨层设计能使节点在做决策时使用相关信息来优化不同的协议，从而提高网络性能。然而，这种方法有其局限性，它无法优化多个目标，也无法从周围环境中学习相关信息。因此，需要一种经过改进的智能新技术来进行学习和规划。认知是一种感知、推理以达到认识的学习过程。

认知无线电网络是一种有自我感知、自我组织的智能自适应网络。自适应机制会在网络节点观察网络状态、共享跨层信息以及学习、推理相关信息的过程中启动，从而制定和执行优化决策。

认知无线电在研究领域迅速获得重视是因为该技术能让网络更智能、更优化。认知周期的概念首先出现在文献[1]中，它总结了认知无线电工作过程中的主要步骤(见图1.1)。认知循环能够通过学习和共享不同网络实体间的信息来实现智能自适应。认知无线电周期包括6个主要元素：

- 环境　包括网络环境和网络周围环境，如物理信道、其他用户、设备、网络等一切能影响到当前网络状态的东西(如天气状况、障碍物、经济指标和交易规则等)。

- 感知　不同的认知无线电实体感知和监视环境。环境信息包括频谱带宽、干扰程度、物理传播信道参数以及主用户与次用户的位置。
- 规划　次用户制定多种规划并在决策前评估这些规划。
- 决策　基于知识和学习制定决策、优化系统资源。
- 行动　基于决策，次用户可以通过一系列行动影响环境，如媒体接入、路由、资源分配、修改传输计划等。
- 学习　学习是认知周期中的核心部分。配备知识库和学习工具，节点能够追踪所有与网络和网络环境有关的信息。学习能力使系统能够根据当前和过去的行为，预测未来的行动，并在规划和决策制定过程中更智能地加以运用。

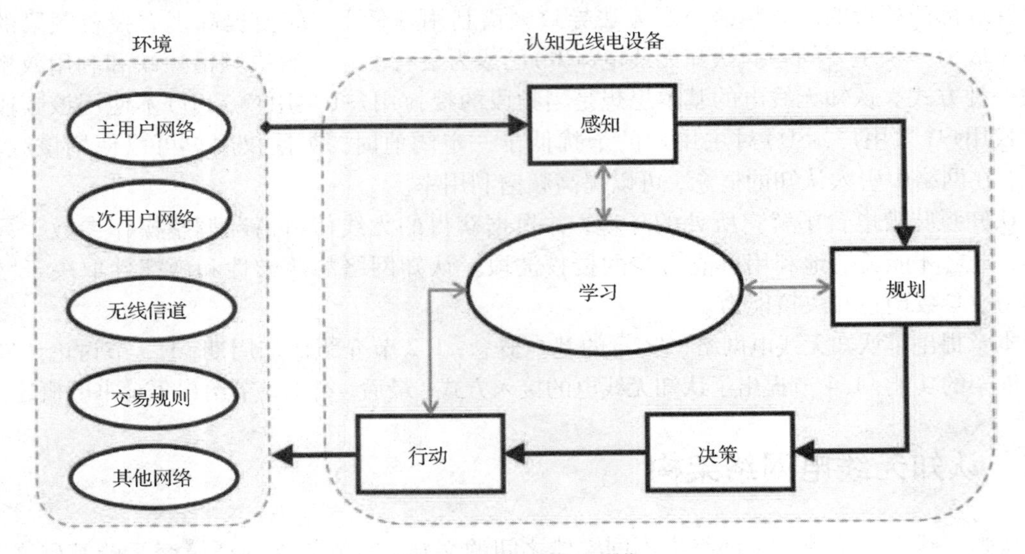

图 1.1　认知无线电周期

认知无线电定义

认知无线电系统的定义如下所示[2]：

> 认知无线电系统整合多项技术，使其能够获取自身操作信息、地理环境信息、既定策略和内部状态；根据已有的知识不断自动调整自身操作参数和协议来实现预定目标，并从结果中进行再学习。

和传统的无线电相比，认知无线电系统的主要特征是动态频谱接入，而非墨守静态的频谱分配方法。从广义角度来讲，动态频谱接入被分为如下三类[3]。

- 动态专用模式　这种模式遵循当前的频谱调控政策，授权频谱是由当前授权用户专用的，但授权用户可出售、共享或与其他各方交易频谱产权。
- 频谱公用模式　这种模式发展的基础是非授权的工业、科学和医疗(ISM)频段的成功应用，如 WiFi。该模式允许向所有接受既定标准的用户开放频谱共享。
- 分层访问模式　基于主用户和次用户的分层访问结构。这种模式隐含的理念是，只要不造成对主用户的干扰，次用户可利用未占用信道。该模式可以进一步被分为独立模式(换言之，不共享网络信息)和合作模式(亦即参与频谱信息共享以获得更好的优化频谱接入)。

尽管这些接入模式有本质的不同，但它们都力求达到同样的目的：提高频谱利用率，这也是认知无线电具有的潜在优势之一。认知无线电网络还有其他优势：

- 提高无线链路的性能　认知无线电网络可以通过优化分配给次用户的资源(如信道、功率、速率、调制方式和编码方案等)来提高无线链路性能。
- 限制干扰　认知无线电网络可以通过动态频谱接入和自适应资源分配减少次用户对主用户的干扰。
- 平衡流量　认知无线电网络可以帮助主用户将网络流量从密集频段转移到其他未被占用的频段。例如，当一个蜂窝网络出现高负荷时，认知无线电能帮助网络伺机将部分负载转移到其他可用频段。
- 协助主用户　认知无线电可以与主用户合作，协助其从发射机到接收机之间的信息中继。

1.3　认知无线电架构的功能

传统无线模式的特征是静态频谱分配策略，政府机构将频谱分配给按地域分布的授权用户长期使用。认知无线电网络通过异构无线网络架构和动态频谱接入技术，使次用户和主用户能够共用频谱，有望改变传统无线模式。因此，认知无线电网络中的每个次用户都必须能够可靠执行以下任务：

- 确定频谱中哪些部分(信道)可用
- 选择最佳的可用信道
- 与其他用户合作访问此信道
- 当主用户开始使用此信道或对主用户的干扰程度超过预定阈值时让出信道
- 与其他用户合作提高网络或用户的效率(可选)

从这些任务中，能推断出次用户必须具备下列特征[4]：

- 认知能力　为了提供可靠通信、提高频谱利用率，认知无线电必须能够认知周围环境并智能调整其参数。
- 重构能力　认知无线电必须能够适当调整其运行参数，如发射功率、调制技术和路由方案，以提高频谱利用率，并限制对主用户网络的干扰。

1.3.1　收发器结构

一个典型的认知无线电收发器包含两个关键部分：射频前端和基带处理单元，如图1.2所示[5]。在射频前端，认知无线电必须是一种宽带架构，能够监测大范围的频谱。例如，宽带天线经调谐能在多频带上捕获主用户发出的信号，然后处理被检测到的频段以确定是否可用。如果有可用信道，用户可以调整该信道的参数(如传输频率，调制方式等)，并在该信道上传输信号。

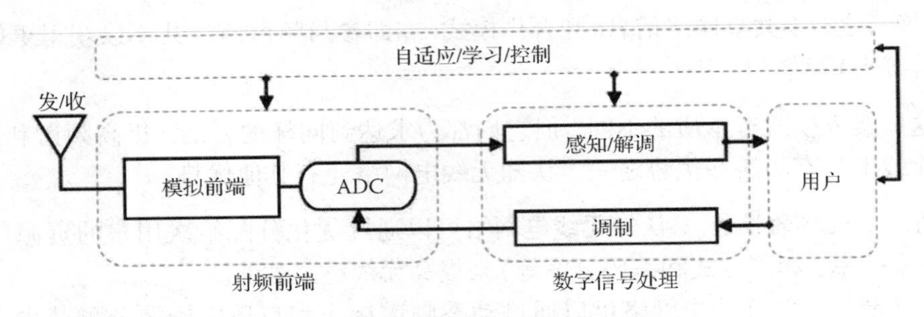

图 1.2 典型的认知无线电收发器模块

1.3.2 设计面临的主要挑战

由于不同类型的用户共存，他们对服务质量(QoS)的要求也不同，认知无线电架构在每一个抽象层次上的设计都面临着挑战。比如，为保证次用户不干扰主用户，次用户必须时刻监测主用户信号，包括主用户发出的非常微弱的信号。由于无线信道的随机性，这个过程非常困难。此外，当主用户返回时，次用户必须立即离开该信道，这就要求次用户进行定期的信道监测。这样一来，数据传输中断就难以避免，对次用户服务质量的支持可能无法得到保证。那么仅有的选择就是保证次用户能够流畅地从一个信道切换到另一个信道。常规切换技术无法在认知无线电环境下很好地工作。在认知无线电网络中，切换过程通常在主用户返回时开始，因为不能预测主用户的行为，这个过程具有相当的挑战性。除了上述的挑战之外，一些设计上的问题也亟待探讨，比如大动态范围内弱信号的监测、载波的产生、多频带感知和重新配置等问题[5,6]。

1.3.3 频谱管理进程的功能

由于认知无线电架构面临的独特挑战，运用恰当的管理进程来应对这些挑战就显得至关重要。一般来说，完整的频谱管理进程由 4 个要素构成(见图 1.3)[5]。

1. 频谱检测和感知　次用户必须了解频谱占用情况。被探测到的信道是空置的，还是已被主用户占用，可以通过局部频谱探测来加以确定[7~10]。
2. 频谱决策　次用户必须决定是否需要访问一个信道。这个重要的决策不仅取决于频谱检测的结果，而且与服务质量要求以及其他内部与外部策略有关。
3. 频谱共享　次用户必须和其他次用户合作，共享可用频谱资源，避免干扰主用户。因此，介质访问控制(MAC)协议和功能必须与频谱检测进程一起运行[11,12]。这个功能包括了频谱共享和频谱交易的经济模型。
4. 频谱迁移　与传统无线通信系统不同，认知无线电网络中的信道切换不仅是由次用户的迁移引起的，还受到主用户行为的影响。因此，当主用户回收正在被次用户使用的信道时，次用户必须在可用信道间无缝切换。同时，当新地域里的信道不可用(即被主用户或次用户占用)时，次用户从一个地域移动到另一个地域。因此，次用户必须能够做出智能信道切换的决策。

频谱管理进程的任何一部分都要与其他部分合作。因此，跨层设计对于有效实现认知无线电网络至关重要。例如，如果频谱决策工具通知主用户已返回，频谱迁移便开始实施切换；发布主用户返回的信息必须依靠频谱感知进程中的感知结果。这表明切换进程直接取决于物理层检测进程。

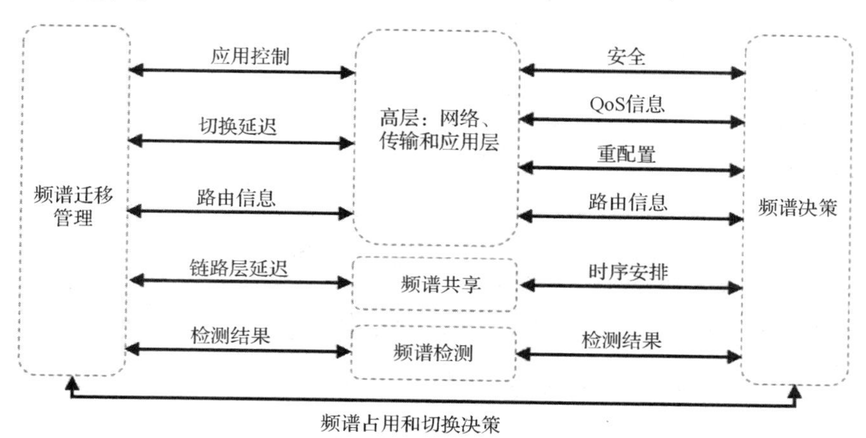

图 1.3　频谱管理框架

1.4　认知无线电模式

认知无线电模式可分为三大类：交织、重叠和覆盖[13,14]。本节重点分析这些模式之间的异同。

1.4.1　交织模式

交织是最简单的认知无线电模式，是促成认知无线电概念形成的原动力。在交织模式中，次用户随机接入未被占用的信道，即只侧重于探测频谱空穴（即未被占用的信道）。换句话说，认知无线电用户不可能与主用户共存，见图 1.4。交织模式也被称为随机频谱接入。

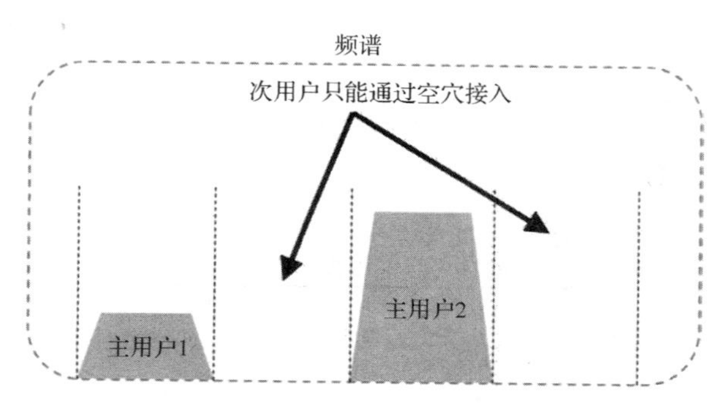

图 1.4　交织模式

1.4.2　重叠（底层）模式

与交织模式不同，在重叠模式中，只要次用户发送信号的功率低于干扰阈值或干扰程度，次用户就可以与主用户共存[15]。例如，次用户可以将信号扩展到很宽的频段上，并以低于主用户噪声上限的功率发送，见图1.5。这种模式的优点在于不需要对频谱进行检测。与交织模式相比，在主用户总是存在的一些系统中，重叠模式对次用户更加有利。但是，重叠模式中次用户的发送功率受到设定阈值的限制，因此，它只能用于次用户间的短距离通信。

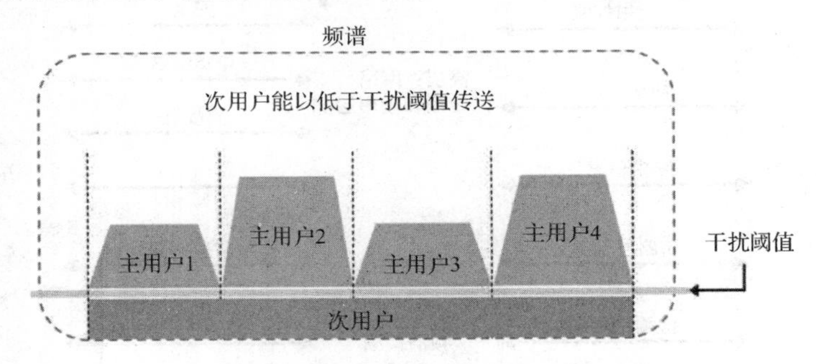

图1.5 重叠模式中，CR只能以低于干扰阈值传送

1.4.3 覆盖模式

覆盖模式与重叠模式相似，在覆盖模式中，认知无线电用户可与主用户共存。然而，次用户必须拥有完整的主用户信号信息，如主用户所发送的消息和编码。在这种情况下，次用户能够与主用户共存。更重要的是，次用户能够以任意的功率(前提是不会对主用户造成破坏性的干扰)发送信息。因为假定认知无线电用户知道主用户使用的消息和编码，认知无线电用户可以利用这些信息，利用“脏纸”(dirty paper)编码之类的技术消除由主用户引起的干扰。不仅如此，次用户还能辅助转发部分或全部主用户消息到其最终目的地，从而帮助消除主用户的干扰[14]。覆盖模式的主要缺点是次用户在这种模式下必须获取主用户信号的完整信息。而这涉及数量巨大的主用户网络和认知无线电网络之间有效的协调，因此，这样的假设条件可能无法实现。

1.4.4 小结

每个模式都有其优点和缺点。表1.1总结了这三个模式之间的主要差异。

表1.1 认知无线电不同模式间的比较

模式	交织	重叠	覆盖
次用户能否与主用户共存	不能	能	能
功率自适应	不需要	需要	不需要
所需知识	频谱(出现空穴的)机会	干扰程度	完整的主用户消息和码书的知识

直观地看，这些模式结合起来可以进一步完善认知无线电网络，如提高网络的总吞吐量。例如，交织和重叠模式的混合方案可以使次用户在未被占用的频段以大功率发送，在主用户占用的频段以小功率发送。该方案通常称为基于感知的频谱共享[16]。图1.6解释了这一概念，其中有两个次用户：次用户1使用混合方案，次用户2使用重叠方案。在T_1时刻，由于主用户1和主用户2的存在，两个认知无线电用户都以低于干扰阈值的功率发送。如果主用户退出信道，如图1.6中的T_2时刻，那么与次用户2不同，次用户1就像正在使用交织模式一样，自适应调整其发送功率(即次用户1会提高其发送功率)。

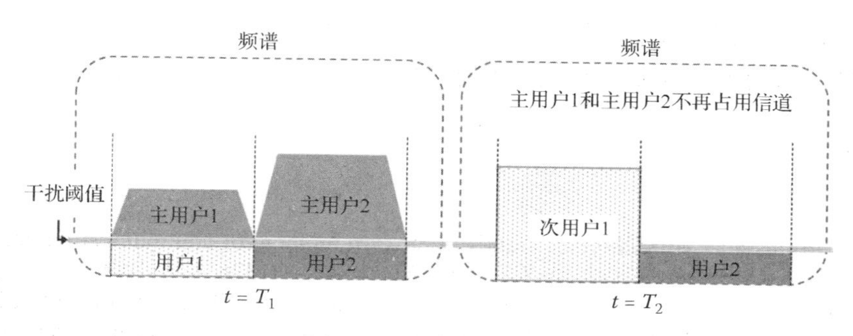

图 1.6　混合方案实例

1.5　本书的结构

本书旨在介绍频谱周期内的主要难题和技术，着重介绍了解决这些难题的合作方法。读者需要具备无线通信系统的基本知识，最好能够按照章节顺序阅读本书。但是由于章节之间的数学推导或协议设计关联度不大，所以读者也可以不按章节顺序进行阅读。然而，各章节之间存在概念上的依存关系。

第 2 章将探讨单波段和多波段情况下的主要频谱感知技术，并且比较不同方法之间的异同。

第 3 章将介绍协同频谱感知的基本原理，还将介绍一些用于频谱感知和获取的联合分级与协同分集技术。

第 4 章将介绍当把干扰视为一个设计参数时，在频谱交织和重叠模式情况下所使用的协同频谱获取技术。

第 5 章将讨论在频谱感知和获取技术的设计与操作阶段需要进行的不同权衡，以及对性能的影响，例如延迟、吞吐量或功效。

第 6 章将研究频谱迁移问题，介绍并深入比较不同的切换技术和策略。

第 7 章将介绍认知无线电网络下的介质访问控制（MAC）协议。特别提出了无通用控制信道时使用的合作与非合作介质访问控制层协议。它解决了设计中面临的难题（解决了认知无线电网络 MAC 协议设计问题），并且满足了其特殊要求。

第 8 章旨在探讨认知无线电 Ad Hoc 网络（CRAHN），分析认知无线电 Ad Hoc 网络和普通认知无线电之间的主要差异。本章将阐述频谱共享问题和认知无线电 Ad Hoc 网络模型中度量规则的基本要素。本章特别关注频谱共享中的局部控制策略和公平协议。

第 9 章从移动性和主用户专属区域等方面探讨认知无线电 Ad Hoc 网络中的 MAC 协议；深入比较不同协议间的异同并举例说明。

第 10 章涵盖网络层，包括路由协议分类和由此带来的难题。本章重点研究分布式和集中式网络方案、移动性问题和高动态网络。

第 11 章提出基于博弈论的认知无线电网络经济框架，在将物理层参数和干扰等级视为经济框架组成部分的前提下，阐述了不同的策略和市场模型，其中包括固定（频谱）价格市场、单向拍卖和双向拍卖（频谱资源）。

第 12 章将针对认知无线电网络中的安全问题进行综述；讨论用以确定用户在网络中好

坏的信任度标准；将研究线路中断、干扰和模拟主用户攻击等攻击类型。此外，本章还将深入讨论这些攻击对于网络的影响以及降低这些风险的措施。

参考文献

1. C. Fortuna and M. Mohorcic, Trends in the development of communication networks: Cognitive networks, *Computer Networks*, 53 (9), 1354–1376, June 2009.
2. D. Grace, *Introduction to Cognitive Communications*, John Wiley & Sons, Ltd., 2012.
3. Q. Zhao and B. Sadler, A survey of dynamic spectrum access: Signal processing, networking, and regulatory policy, *IEEE Signal Processing Magazine*, 24 (3), 79–89, May 2007.
4. S. Haykin, Cognitive radio: Brain-empowered wireless communications, *IEEE Journal on Selected Areas in Communications*, 23 (2), 201–220, February 2005.
5. W.-Y. Lee, M. C. Vuran, S. Mohanty, and I. F. Akyildiz, A survey on spectrum management in cognitive radio networks, *IEEE Communications Magazine*, 46 (4), 40–48, April 2008.
6. B. Razavi, Cognitive radio design challenges and techniques, *IEEE Journal of Solid-State Circuits*, 45 (8), 1542–1553, August 2010.
7. G. Hattab and M. Ibnkahla, Multiband spectrum access: Great promises for future cognitive radio networks, *Proceedings of the IEEE*, 102 (3), 282–306, March 2014.
8. E. Axell, G. Lues, E. Larsson, and H. V. Poor, Spectrum sensing for cognitive radio: State-of-the-art and recent advances, *IEEE Signal Processing Magazine*, 29 (3), 101–116, May 2012.
9. B.-H. Juang, J. Ma, and G. Y. Li, Signal processing in cognitive radio, *Proceedings of the IEEE*, 97 (5), 805–823, May 2009.
10. T. Yucek and H. Arslan, A survey of spectrum sensing algorithms for cognitive radio applications, *Communications Surveys and Tutorials*, 11 (1), 116–130, 2009.
11. A. De Domenico, E. C. Strinati, and M.-G. D. Benedetto, A survey on MAC strategies for cognitive radio networks, *IEEE Communications Surveys and Tutorials*, 14 (1), 21–44, 2012.
12. C. Cormio and K. R. Chowdhury, A survey on MAC protocols for cognitive radio networks, *Ad Hoc Networks*, 7 (7), 1315–1329, September 2009.
13. J. Peha, Approaches to spectrum sharing, *IEEE Communications Magazine*, 43 (2), 10–12, February 2005.
14. A. Goldsmith, S. Jafar, I. Maric, and S. Srinivasa, Breaking spectrum gridlock with cognitive radios: An information theoretic perspective, *Proceedings of the IEEE*, 97 (5), 894–914, May 2009.
15. T. Clancy, Achievable capacity under the interference temperature model, in *Proceedings of the IEEE 26th International Conference on Computer Communications (INFOCOM'7)*, Anchorage, AK, May 2007.
16. H. Garg, L. Zang, X. Kang, and Y.-C. Liang, Sensing-based spectrum sharing in cognitive radio networks, *IEEE Transactions on Vehicular Technology*, 58 (8), 4649–4654, October 2009.

第2章　频谱感知

2.1　概述

频谱感知是认知无线电系统的关键部分。主用户(PU)是授权用户，拥有使用频谱特定部分的优先权或者遗产权。次用户(SU)的优先权较低，只有在不影响主用户的情况下才能使用频谱。这就要求次用户具备认知无线电能力，如能够感知频谱的使用情况，即频谱感知[8]。频谱感知的任务是获悉特定地域的频谱使用情况和主用户情况。例如频谱感知可以利用局部频谱感知、地理定位、信标等方法来感知。频谱感知要考虑多重因素，如频谱使用在时间、空间、频率和编码方面的特征、占用频谱的信号类型、调制技术和波形，等等。本章将分析单频带和多频带频谱感知的主要技术，深入探讨和比较最新研究中所提方法间的异同[80]。

2.2　频谱感知

在认知无线电网络中，次用户必须在不妨碍主用户的情况下，可靠地感知主用户的情况。这本身就是一件具有挑战性的工作，原因在于为了不影响主用户的网络设施，次用户必须独立地开展感知工作。频谱感知问题可以用经典二元假设检验问题进行如下描述：

$$\begin{aligned} &H_0: y = v \\ &H_1: y = x + v \end{aligned} \tag{2.1}$$

其中，$y = [y(1)y(2)\cdots y(N)]^{\mathrm{T}}$是次用户接收机收到的信号；$x = [x(1)x(2)\cdots x(N)]^{\mathrm{T}}$是发出的主用户信号；$v$是零均值加性高斯白噪声(AWGN)，方差是$\sigma^2 \boldsymbol{I}$；$\boldsymbol{I}$是单位矩阵；$H_0$和$H_1$分别表示主用户不存在和主用户存在。

通常为了检验这两个假设，需要将检验统计量与预设阈值λ进行比较。数学表示为

$$\begin{aligned} &T(y) < \lambda \quad H_0 \\ &T(y) \geq \lambda \quad H_1 \end{aligned} \tag{2.2}$$

其中，$T(y)$是检验统计量(如似然比检验)。

在频谱感知中有两个设计元素。首先，选择恰当的检验统计量，该统计量要能够可靠地给出频谱占用的准确信息。其次，设置阈值，该阈值要能够区分这两个假设。下面将讨论相干检测、能量检测和特征检测，这些都是单频带频谱感知中最著名的算法[8, 9]。

2.2.1　匹配滤波(相干检测器)

匹配滤波检测要求次用户解调接收信号，因为次用户需要对主用户的信号特征有充分的了解，例如带宽、工作频率、调制类型与顺序、脉冲成形和帧格式。当发射信号已知时，该方法是检测主用户的最佳方法。但是，该方法的实现复杂度很高。

如果次用户对主用户的信号结构有充分的了解，就可以将收到的信号与存储的主用户信号进行关联，如图2.1所示。检测统计量为

$$T(y)=\Re\left[x^{\mathrm{H}}y\right] \tag{2.3}$$

其中，$\Re$是实际信号，$(\cdot)^{\mathrm{H}}$是共轭转置运算符。

相干检测器能够将信噪比(SNR)最大化，因此从这个意义上说，它是最佳选择。相干检测器能够快速地实现高处理增益(即和其他检测器相比，相干检测器需要的样本较少)。

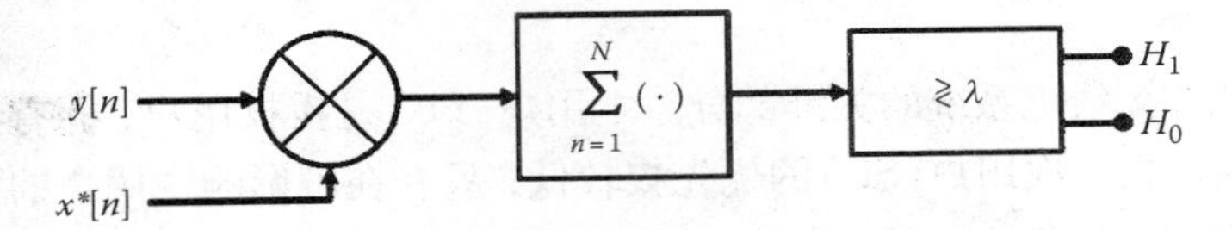

图2.1 相干检测器

然而这种频谱感知算法有几个缺点。由于次用户必须检测频谱中的不同频带，这就要求次用户对频带中的每一种信号结构都要了解，而次用户通常无法做到这些。即使掌握了这些信息，每种类型的信号还需要专用的接收机解调，这也是很难做到的[12]。而且，相干检测器在低信噪比的情况下对时间同步误差尤其敏感[13]。

2.2.2 能量检测器

频谱感知的标准做法是使用能量检测器。该方法由于计算和实现的复杂性较低而广受推崇。该方法的优点在于次用户接收机不需要了解任何主用户的信号。通过比较能量检测器的输出结果和预设阈值，就可以判定频谱是否被占用。该方法面临的主要挑战是阈值的设定。

能量检测器只需要计算一个时间窗口内接收信号的能量，如图2.2所示。能量检测器的检测统计量可以表示为

$$T(y)=\frac{1}{\sigma^{2}}\|y\|^{2} \tag{2.4}$$

可以看出，该方法最适合于从零均值星座信号[11]中检测独立同分布(i.i.d)样本，然而这种简易的检测器有几个缺点。首先，阈值取决于噪声方差σ^2。因此对σ^2的估计误差将会损害能量检测器的性能，在低信噪比的情况下尤其如此。实际上，该种检测器的功能受到信噪比墙现象的限制，此时如果信噪比低于某个值，无论收集了多少样本，由于噪声功率的不确定性[14]，检测器都无法进行检测。其次，该种检测器不能区分噪声和其他来源(如其他次用户)的干扰。再者，如果所收集的样本高度相关，性能将会受损[15]。图2.3表明了不同信噪比值条件下，能量检测器的性能(检测概率P_{d}是误报概率P_{fa}的函数)[81]。读者可以参考文献[81]来掌握详细的推导过程。

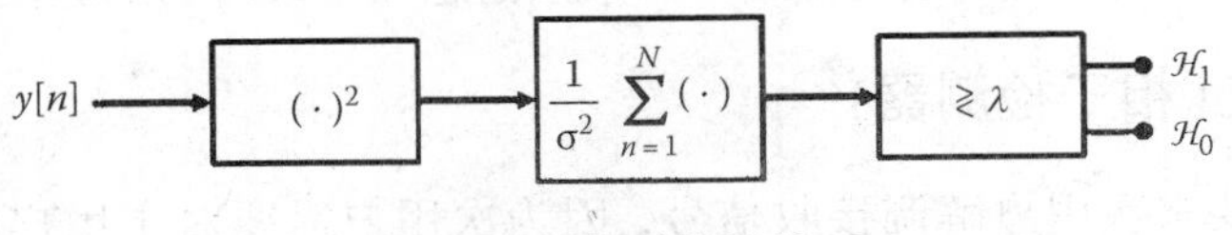

图2.2 能量检测器

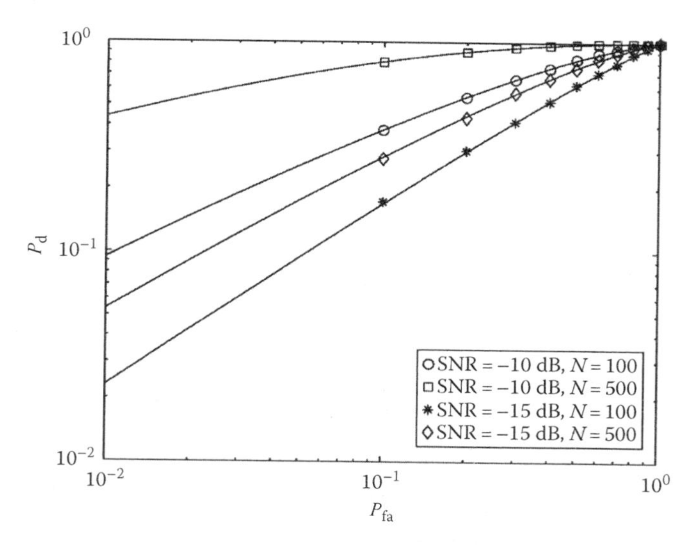

图 2.3　不同信噪比值和不同样本数量 N 下能量检测器的性能

2.2.3　特征检测

在实际的无线通信系统中，发射信号专门附加了一些特征来帮助接收机检测[16]。这些特征来自发射信号上增加的冗余，使其在对抗噪声不确定性时更加健壮[11]。循环稳定、二阶矩或者接收信号的协方差矩阵等都可以检测到这些特征。

2.2.3.1　基于循环稳定的感知

这种检测方法利用的是信号周期性或者信号统计值周期性产生的循环稳定特征[17]。图 2.4是一阶循环稳定检测器，尝试利用接收信号平均值的周期性进行工作的示意图。文献也对高阶循环稳定进行了探讨。例如，在二阶检测器中用到了自相关函数(ACF)的周期性，如图 2.5 所示。

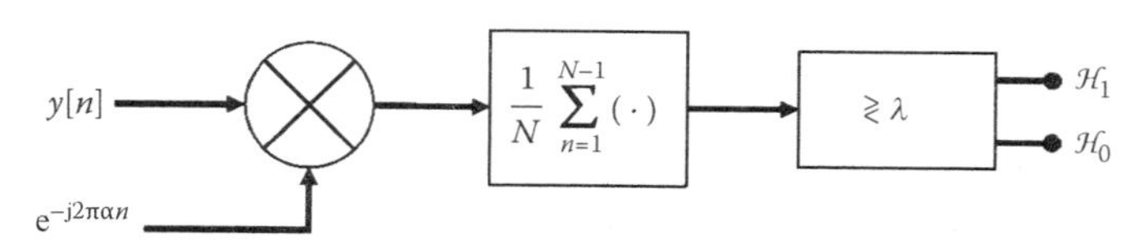

图 2.4　一阶循环稳定检测器

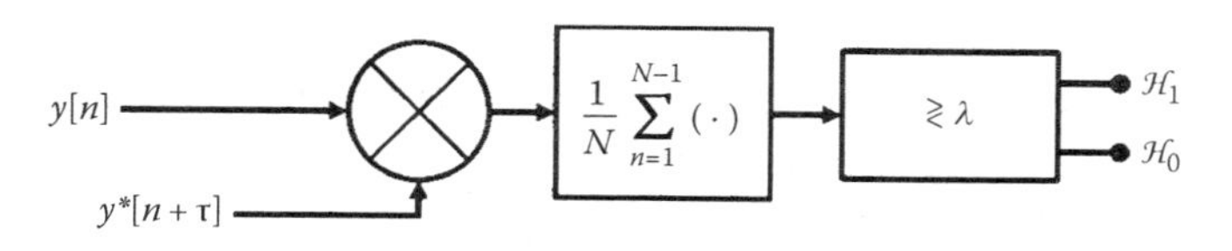

图 2.5　二阶循环稳定检测器

由于统计量的周期性，自相关函数可以写为

$$R_{\mathrm{y}}^{\alpha}(\tau)=E[y(n)^{*}y(n+\tau)\mathrm{e}^{\mathrm{j}2\pi\alpha n}] \tag{2.5}$$

其中，$E[\cdot]$是期望算子，a 是循环频率，n 是离散时间。

循环谱密度可以表示为

$$S_{\mathrm{y}}(f,\alpha)=\int_{-\infty}^{+\infty}R_{\mathrm{y}}^{\alpha}(\tau)\mathrm{e}^{-\mathrm{j}2\pi f\tau}\,\mathrm{d}\tau \tag{2.6}$$

式(2.1)中的二元假设检验问题就变为

$$H_0:S_{\mathrm{y}}(f,\alpha)=S_{\mathrm{v}}(f,\alpha) \tag{2.7a}$$

$$H_1:S_{\mathrm{y}}(f,\alpha)=S_{\mathrm{x}}(f,\alpha)+S_{\mathrm{v}}(f,\alpha) \tag{2.7b}$$

在实际操作中，仅仅依靠少量的循环频率进行检测是远远不够的，循环频率引入得越多，检测效果就越好[18]。循环稳定检测器在几个方面的性能都超过了能量检测器。例如噪声信号通常被认为是不相关的，它们也没有表现出周期性的行为[19]，即 $S_{\mathrm{v}}(f,\alpha)=0$。这样就有助于使用周期性统计量特征来区分噪声和主用户信号。事实上这还有助于区分不同的主用户信号，因为不同的信号结构具有不同的循环频率。图2.6表明了一阶循环稳定检测器的性能，其中在接收信号的平均值中用到了周期性。需要说明的是循环稳定检测器的性能超过了能量检测器，低信噪比的情况下更是如此。

这种检测方法要求了解循环频率(即了解主用户信号)。而且和其他检测器相比，该方法处理难度更高、感知时间更长、能量消耗更大。此外在衰落信道(如频率选择性衰落信道)下，循环稳定检测器中会出现信噪比墙，但该信噪比墙没有能量检测器中的信噪比墙严重[20]。至于硬件实现，文献[21]表明该种检测器容易出现采样时钟偏移。

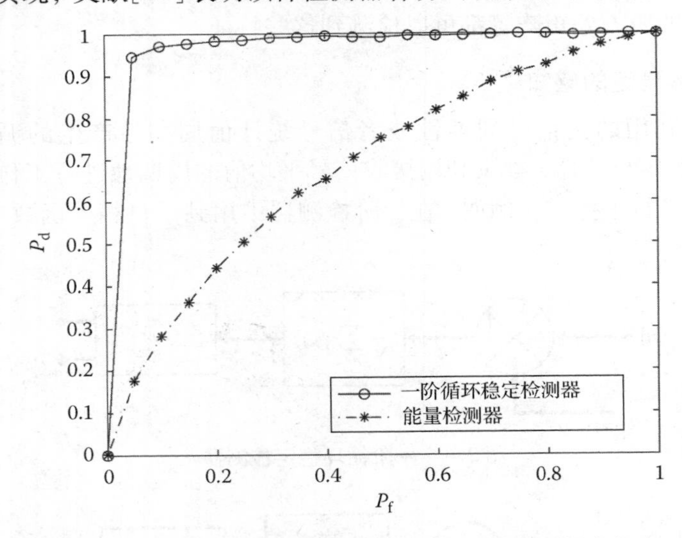

图2.6 一阶循环稳定检测器和能量检测器的检测概率与虚报概率函数，信噪比为 -10 dB，样本数量为50

2.2.3.2 二阶矩特征检测器

假设主用户信号符合高斯分布，那么检测器就可以利用该信号自相关函数的结构。原理如下：高斯信号将熵最大化，可以通过它们的平均值和方差进行全面描述[22]。可以继续假设主用户信号是零均值，这样就可以计算主用户信号的二阶矩。检测统计量可以表示为

$$T(y)=E\left[yy^{\mathrm{H}}\right] \tag{2.8}$$

2.2.3.3 协方差矩阵检测器

该检测器利用了主用户信号协方差矩阵的特征值结构，能够区分两个不同的主用户信号，前提是要了解主用户发射的信号。然而，在文献[15，23]中基于协方差的算法已经放宽了该假设。例如，文献[23]已经表明主用户发射的信号和噪声的协方差矩阵并不相同。与此相似的是，在文献[15]中，检测统计量仅仅是主用户信号样本协方差矩阵最大和最小特征值的比值，因此不需要事先了解主用户信号。感兴趣的读者可以参考文献[24]来了解几个检测统计量，这些统计量有的是自相关函数，用到了二阶矩，有的是特征值函数和主用户信号协方差矩阵。

2.2.4 比较

表2.1对这些技术进行了全面的比较。很明显没有一种检测器全面占优，因此必须加以权衡。检测器的选择取决于很多因素，比如次用户对主用户信号了解多少。例如，如果次用户对主用户信号有充分的了解（如带宽、载波频率、调制和包格式），最好选择相干检测器。如果只有部分了解（如导频、循环前缀和前导码），最好选择特征检测器。如果不考虑感知时间或者能量消耗，可以选择循环稳定检测器，因为该检测器在对抗噪声不确定性时非常健壮。如果没有事先了解或者希望算法简单一点，最好选择能量检测器。然而需要采用一些新技术，如先进的自适应噪声功率估计技术[25]来改善该检测器在低信噪比下的健壮性。

表2.1 频谱感知技术的比较

技术	所需信息		区分主用户与		备注
	σ^2	x	噪声	其他信号	
相关检测器	否	是	是	是	将信噪比最大化，但是需要同步
能量检测器	是	否	信噪比相关	否	相对简单
循环稳定	否	是	是	是	处理复杂，感知时间较长
二阶矩检测器	否	是	是	是	针对高斯信号
协方差检测器	否	否	是	是	一些检测统计量要求了解 x

2.2.5 设计权衡与挑战

认知无线电频谱感知涉及一些权衡[7]，如下所述。

2.2.5.1 硬件要求

频谱感知要求很高的采样率、高精度模数转换器（ADC）和高速数字信号处理器（DSP）。目前提到的接收机能够处理低复杂度窄带基信号，但是宽带感知的复杂性和能量消耗都会增加。这就需要使用大工作带宽的射频（RF）部件，如天线和能量放大器，同时还需要高速处理器[数字信号处理器（DSP）或者现场可编程门阵列（FPGA）]进行计算。

2.2.5.2 主用户隐匿问题

次用户看不到主用户时，就会出现主用户隐匿问题，也就是说主用户不在视线内，这可能是由严重的多径衰落、阴影衰落等造成的。因为无法检测主发射机的信号，这种问题会给主用户（接收机）带来干扰，继而造成次用户获得发射信号的许可。文献中建议通过合作感知来处理主用户隐匿问题。

2.2.5.3 使用扩展频谱的主用户

即使实际信息带宽很窄，主用户的功率也是分布在很大的频率范围内，因此这些使用扩频信号的主用户很难检测。如果能够了解扩频图案，并且和信号完全同步，就可以解决这个问题。

2.2.5.4 感知持续时间和频率

感知参数的选择会导致感知时间和感知可靠性之间的取舍。感知频率(认知无线电每隔多久进行一次频谱感知)是一个需要认真选择的设计参数。最佳值取决于认知无线电自身的能力和环境中主用户的时间特征。主用户是授权用户，任何时候都能索回被次用户占用的频带。

2.2.5.5 决定和融合中心

合作频谱感知[10, 11]增强了认知无线电网络的性能。然而在认知无线电中分享信息以及整合它们的结果是一项富有挑战性的工作。分享的信息可以是每个认知设备做出的软决定或者硬决定。从漏检的概率来说，软信息整合方法要优于硬信息整合方法。另一方面，当合作用户很多时，硬决定的性能和软决定一样好。

2.2.5.6 安全

在认知无线电网络中，如果某个用户比较自私或者怀有恶意，通过修改他自己的特征就可以冒充主用户。这会给主用户和次用户都造成干扰，这就是所谓的模拟主用户(PUE)攻击。

2.3 多频带频谱感知

本节将介绍多频带检测问题及其典型应用。首先，简要描述一下最适合多频带认知无线电网络(MB-CRN)的物理层检测方法。然后分析一下多频带频谱感知算法的最新进展。将这些算法分为三大类，即串行频谱感知、并行频谱感知和新型多频带频谱感知。

2.3.1 引言

近年来多频带认知无线电网络引起了几个研究机构的关注，原因在于这些网络能够显著增强次用户的吞吐量。下面几种情形中多会用到多频带认知无线电网络：

- 许多现代通信系统和其应用要求宽带接入(如超宽带通信)。宽带频谱可以被分为多子带或者多子信道，于是这就演变为多频带检测问题。
- 如果次用户想将因主用户索回其被占频带造成的数据干扰减到最小，从一个频带到另一个频带的无缝切换就显得非常重要。因此除了这些已经接入的信道，次用户还必须要有备用信道。借助多频带认知无线电网络，次用户不仅拥有备用信道，而且还能降低切换频率。
- 如果次用户想获得更大的吞吐量或者维持一定水平的服务质量，那么就可以在更大的带宽上发射信号，通过接入多频带就可以达成这一目标。
- 在合作通信中，次用户可以彼此分享检测结果。因此，如果每个次用户都监测一组子信道，并且彼此分享监测结果，那么整个频谱都会被感知，于是就有更多的机会接入频谱。

如图 2.7 所示，假设宽带频谱被分成 M 个彼此不重叠的子信道(或者子带)。为简单起见，假设每个子带具有相同的带宽。显而易见，次用户的主要任务是确定哪个子带可以用于频谱接入。总体来说，这是一个富有挑战性的任务，因为可用的频带不一定是彼此相邻的，而且，主用户在这些频带[如主用户在无线局域网(WLAN)和广播电视中[26]]中的活动可能是相关的。此外，某个频带即使是一小部分被使用，也会被认为是被占用的。例如在 IEEE 802.22 中，在交织模式下，当 6 MHz 信道正被无线麦克风使用时，虽然只使用了 200 kHz，也绝对不能接入[27]。在图 2.7 中，主用户只占用了子带 B_3 的一小部分，在交织模式下，次用户也绝对不能接入。

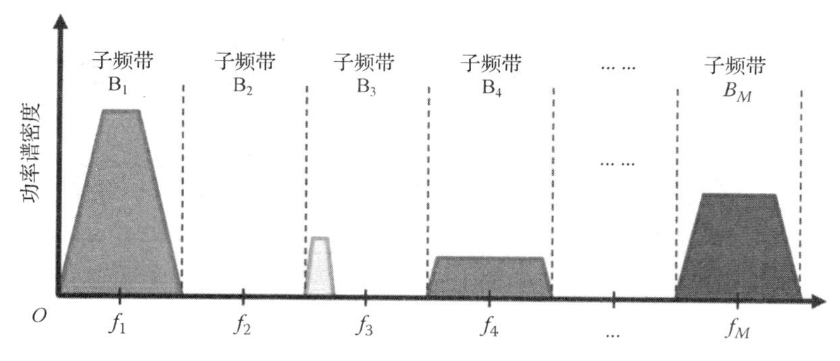

图 2.7　具有 M 个信道的多频带频谱示意

正交频分复用(OFDM)由于其灵活性和可以产生能够调制到不连续子信道的子载波而被认为是很适合多频带认知无线电网络的物理层技术[28, 29]。该技术本质上是一种多载波调制技术，利用多正交子载波将信息传输到宽带频谱上。通过调整这些子载波的振幅，就可以控制次用户的信号，从而不会干扰主用户。如图 2.7 所示，如果使用正交频分复用，次用户就可以在 f_1、f_3 和 f_4 处废除(或者抑制)子载波，从而避免干扰正在使用这些载波的用户。正交频分复用信号的其他优点还包括在分散的频谱(即非连续频带)中实现香农容量、对抗多路径的健壮性以及适应多天线系统的可扩展性[28]。这种调制方式也带来了一些挑战，如高峰均功率比(PAPR)，这对功率放大器不利。文献[29]还讨论了正交频分复用认知无线电面临的其他挑战，如同步要求，这些要求保证了次用户间子载波的正交性以及一些子载波对相邻被废子载波的功率泄漏。如果假设子频带是独立的，那么多频带感知问题就简化为针对每个频带的二元假设。可以用数学公式表示为

$$H_{0,m}: y_m = v_m, \quad m = 1, 2, \cdots, M \tag{2.9a}$$

$$H_{1,m}: y_m = x_m + v_m, \quad m = 1, 2, \cdots, M \tag{2.9b}$$

其中，单独的子频带 m 用下标 m 来表示。每个频带的决策规则为

$$T(y_m) < \lambda_m \quad H_{0,m} \tag{2.10a}$$

$$T(y_m) \geq \lambda_m \quad H_{1,m} \tag{2.10b}$$

单频带感知是多频带频谱感知的基础，但是要将单频带感知稳妥可靠地用于多频带感知还需要进行大量的修改和完善。下一节，将介绍三种主要的多频带接入感知技术。

2.3.2 串行频谱感知技术

在串行频谱感知中，前面提到的任何一个单频带检测器都可以使用可重构带通滤波器(BPF)或者可调振荡器一次一个地感知多频带。

2.3.2.1 可重构带通滤波器

如图2.8(a)所示，将可重构带通滤波器置于接收机的前端，一次通过一个频带，然后使用单频带检测器就能确定该频带是否被占用。很显然，这需要一个宽带接收机前端，但是过高的采样率会给硬件配置带来一些挑战。此外控制截止频率和滤波器带宽也是一件具有挑战性的设计工作[30]。

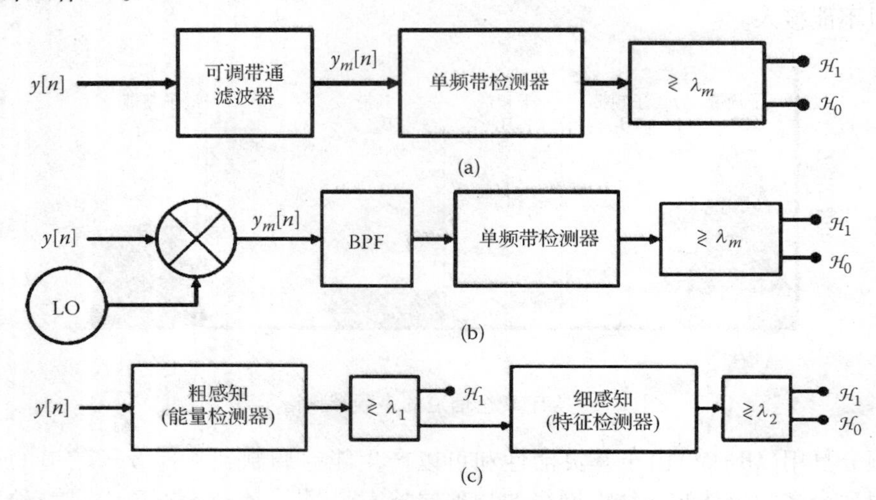

图2.8 (a)可重构带通滤波器；(b)本机振荡器；(c)双级串行频谱感知方法

2.3.2.2 可调振荡器

另一种方法是基于可调本机振荡器(LO)，采用下变频技术，将频带的中心频率变为固定中频，如图2.8(b)所示。这将显著降低对采样率的要求。然而调整和清理可重构滤波器或者振荡器将减慢检测进程，因此并不理想。

2.3.2.3 双级感知

频谱感知可以用两级感知的方式进行。首先进行粗感知，如果必要再进行细感知[31, 32]。该方法的方框图如图2.8(c)所示。例如，在文献[31]中，双级感知中都用到了能量检测器。在粗感知中，首先对整个带宽进行快速搜索。在细感知中，再对带宽的每个子频带逐个进行搜索。模拟结果表明，主用户比较活跃时，双级频谱感知比单级搜索算法所用时间要短。在文献[32]中，粗感知使用了能量检测，因为它的处理速度很快。如果检测统计量超过了预设阈值，那么就认为频带被占用了。否则就要进行细感知，此时就要使用循环稳定检测器，因为在低信噪比下它很健壮。模拟结果还表明和单级检测器相比，双级检测的可靠性和感知速度都有了明显改善，在闲置率很高时，尤其如此。

2.3.2.4 其他算法

还有几种技术可以用来连续感知多频带，如顺序概率比检验(SPRT)。该技术被广泛用来提供高效、快速的信道搜索算法。传统的检测统计量要求特定数量的样本，而顺序概率比检验 SPRT 所需的样本数量大为减少。基本原理是只要 $a < T(y) < b$ 就要收集样本，其中 a 和 b 为预设范围。一旦检测统计量超出了这些范围，就要做出决定(特别是，如果 $T(y) < a$，就决定选择 H_0；如果 $T(y) > b$，就决定选择 H_1[10, ch. Ⅲ])。

例如 Dragalin 在文献[33]中提出了一种顺序概率比检验搜索算法，假设只存在一个信道用于频谱接入。该假设意味着信道占用率彼此相关，而且次用户频谱接入最终被限定在一个信道。在文献[34]中出现了一种贝叶斯顺序概率比检验方法，然而贝叶斯框架要求事先了解主用户信号的概率以及一些成本结构[10, ch. Ⅱ]，因此这个方法并不可行。而且，由于作者假设信道数量是无限的，因此也不可能再次检测信道，这对于认知无线电网络是不实际的。这些著作的局限性激发了文献[35]的工作，假设信道数量是有限的，不需要特定的成本结构，并分析了两种基于顺序概率比检验和能量检测的有效算法。与 Dragalin 算法相比，这两种算法都减少了感知时间。文献[36]提出了一种被称为 iDetector 的敏捷型多检测器。该检测器能够依据次用户是否掌握主用户信号信息智能地选择检测算法。例如，如果没有掌握某些频带的信息，就会将能量检测和循环稳定检测结合起来使用。如果掌握了信息，就会使用相干检测，检测可靠性和循环稳定检测相当，检测时间却大幅减少。将所有这些检测器整合到一个接收机里面显然成本和复杂性都很高。总体来看，主用户出现概率较高时，串行频谱感知的平均搜索时间较长[35]，这就促使研究人员研发更先进的接收机用于多频带频谱感知。

2.3.3　并行频谱感知(多频带检测器)

如果装有多频带检测器，每位次用户就可以感知某个特定的频带。这种感知借助滤波器组就可以实现，如图 2.9(a)所示。该滤波器组包括多个可重构带通滤波器，每个滤波器具有特定的中心频率，随后是单频带检测器[37]。即使该滤波器组只考虑了一种类型的多频带检测器(即均质结构)，也可以将该原理扩展至异质结构，即具有不同类型的多频带检测器。例如，在电视频带中要用到导频，对这些频带就可以使用多频带特征检测器。对于信号结构未知的频带，可以使用能量检测器。然而滤波器组需要很多射频部件，这就增加了接收机的成本和尺寸。

如果检测器的类型不同，复杂性也会增大。宽带频谱可以在频域中分解，如图 2.9(b)所示。在将信号反馈给单频带检测器之前，使用串并行(S/P)转换器和快速傅里叶变换(FFT)就可以完成分解。此时最常用的是能量检测器，因为通过分析功率谱密度(PSD)，能量检测器很容易算出频域内的能量[26, 38~42]，可以表示为

$$T(y_m) = \sum_{n=1}^{N} \left|Y_m(n)\right|^2, \quad m = 1,2,\cdots,M \tag{2.11}$$

其中，$Y_m(n)$是接收信号 y 在第 m 个子信道的频域表达式，N 代表快速傅里叶变换采样点数。很明显，每个子信道都有自己的阈值(在向量形式中，有$\lambda = \lambda_1, \lambda_2, \cdots, \lambda_M$)。Quan 等人提出了一种多频带联合检测器(MJD)用来将认知无线电网络的吞吐量最大化。实验表明将阈值联合起来优化时，与采用相同的阈值(即$\lambda = \lambda_1$)相比，吞吐量显著增大。建议的算法能够智能地给机会率较高的频带赋予较高的阈值，给对主用户保护要求较高的频带赋予较低的阈值。前者有助于将传输中断减到最小，后者有助于减少对主用户的干扰。

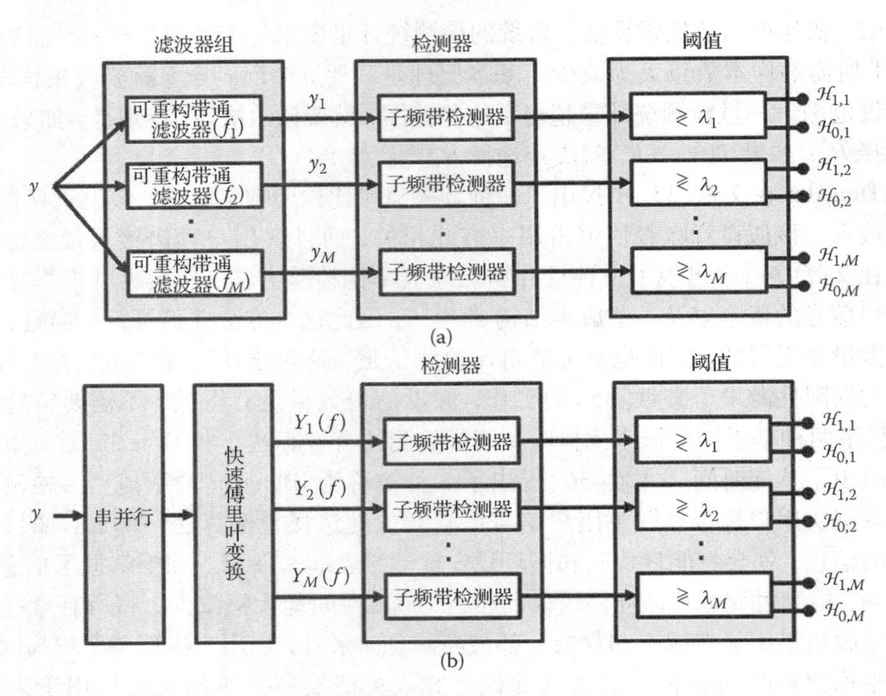

图 2.9 (a)滤波器组结构；(b)基于频率的并行单频带检测器

多频带联合检测器已经成为宽带频谱感知的基准设备，近年来很多工作都致力于对其进行改进。特别是多频带联合检测器缺乏周期性感知，这是频谱感知的一个重要要求，因此在文献[39]中作者提出了一种多频带感知时间自适应联合检测器(MSJD)，提出了动态感知时间。与多频带联合检测器相比，该检测器显著提高了网络的吞吐量。图 2.10 给出了采用相同阈值、多频带联合检测器和多频带感知时间自适应联合检测器时，主用户网络的吞吐量与累加干扰的对应关系。很明显，与相同阈值相比，对阈值进行的联合优化显著提高了吞吐量。正如多频带感知时间自适应联合检测器性能所表明的那样，感知时间对多频带检测至关重要。通过分配动态感知时间，吞吐量还可以进一步提高。

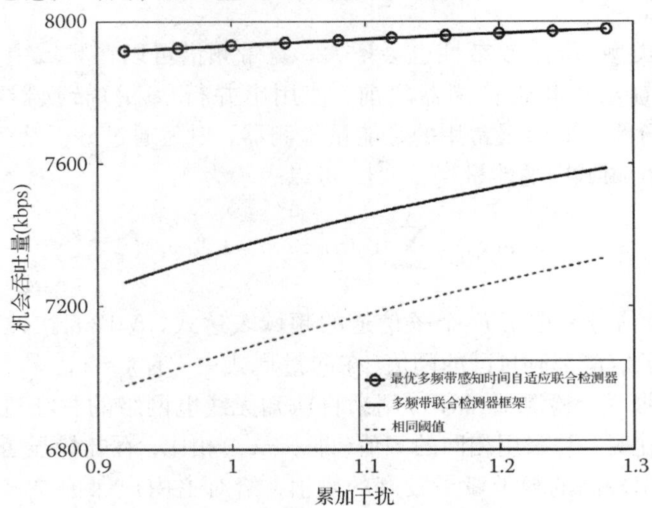

图 2.10 多频带感知时间自适应联合检测器与多频带联合检测器的吞吐量性能

文献[40]利用不同的信道模型对多频带感知时间自适应联合检测器进行了进一步的探讨。在文献[41]中，作者提出了一种高性价比、高时效比的多频带联合检测器来降低系统的复杂性。文献[42]探讨了针对多频带联合检测器的资源分配策略，而硬件配置在文献[43，44]中进行了探讨。文献[45]研究了一种带有多频带联合检测器的基于正交频分复用的系统。文献[46]针对该系统提出了双级频谱感知，在第一级采用了最大似然估计来估计主用户的数量，在第二级使用了宽带能量检测器来检测它们是否真的在所怀疑的频带中。最后文献[47]提出了改进后的多频带联合检测器，其中，用相干检测器取代了能量检测器。

前面这些技术假设子信道都是独立的，实际情况却并非如此，因为子信道有可能彼此相关。主用户在多信道传输信号时，就会出现这种情况，此时某个信道的占用就会和相邻信道相关。主用户在某个信道使用较大功率时，也会出现这种情况，这时相邻信道就会遭受邻道干扰(ACI)，于是这些信道就会彼此相关。在文献[48]中，作者探讨了子信道彼此相关时，噪声功率不确定性的影响。实验表明子信道丧失独立性以后，随着子信道数量的增加，检测的复杂性呈几何数级增长。为了降低复杂性，作者在文献[26]中提出了一种线性能量组合器，此时式(2.11)就变为

$$T(y_m)=\sum_{n=1}^{N}w_n\left|Y_m(n)\right|^2,\quad m=1,2,\cdots,M \tag{2.12}$$

其中，$\{w_n\}$是需要优化的加权系数。占用频带彼此相关时，实验表明该能量组合器的检测稳定性要高于多频带联合检测器。然而作者假设相关模型是推导出来的，遵从均匀马尔可夫链。因此在实际应用中，还需要设计适用于不同子信道相关模型的算法。

2.3.4　小波感知

上述技术中所做的假设之一是次用户知道子频带的数量 M 以及它们在f_1，f_2，…，f_M时的对应位置。然而实际中这些假设是行不通的，因为认知无线电网络必须要能够支持不同的技术，而这些技术具有不同的要求(如传输方法和带宽)。为了解决这个问题，基于小波的检测器就成了很好的选择，能够检测和分析异常频谱[49]。这些异常频点出现在子频带的边缘(即当从一个频带切换到邻近频带时)非常重要。Tian 和 Giannakis 在文献[50]中将小波变换用于多频带频谱感知，提出在频域中运用连续小波变换来检测宽带频谱的异常频点。换句话说，利用连续小波变换，在事先不了解子频带数量和它们对应中心频率的情况下，作者成功确定了子频带的边界。确定了边界以后，通过估计功率谱密度就可以确定哪些子信道闲置，继而进行机会接入。这种频谱感知就被称为边缘检测。

连续小波变换可以表示为

$$W_s(f)=S(f)*\psi_s(f) \tag{2.13}$$

其中，$*$是卷积算子；$S(f)$是功率谱密度，是频率的函数，即小波平滑函数

$$\psi_s(f)=\frac{1}{s}\psi\left(\frac{f}{s}\right) \tag{2.14}$$

$s=2^j$，$j=1$，2，…，J是扩张因子。

在文献[50]中使用了连续小波变换的导数，因其使边缘锐化从而有助于更好地描述这些边缘，该方法被称为小波模极大值(WMM)。为了进一步增大边缘引起的峰值和抑制噪

声，可以使用小波多尺度积(WMP)，就是 J 一阶导数连续小波变换的积，可以表示为

$$U_J = \prod_{j=1}^{J} W'_{s_j}(f) \tag{2.15}$$

其中，$W'_{s_j}(f)$ 是 $W_{s_j}(f)$ 的一阶导数。

需要说明的是，J 的增大提高了边缘检测的可靠性，代价却是复杂性增加。该技术面临的挑战之一是这些锐边不仅出现在子频带的边界，还会由于其他原因(如脉冲噪声与频谱泄漏)而出现。这些不受欢迎的边缘可能会有损边界估计，参见图 2.11 中的频谱。在 f_1，f_2 和 f_3 频带边界处有三个边缘，由于脉冲噪声，出现了另一个边缘。使用小波多尺度积可以准确地检测到这三个真正的边缘，如果采用更多的积(即更大的 J)，检测能力会进一步提升。然而由于脉冲噪声引起了一个虚假边缘，边缘估计并不是完全正确的。为了弱化虚假边缘，Zeng 等人提出了一种健壮算法[51]，将式(2.15)的局部极大值和阈值 δ 进行比较，来限制边缘的数量。如果该最大值大于 δ，方可将其视为一个边缘。否则将被忽略。由于局部极大值取决于该部分小波的形状和功率谱密度，δ 就不是固定值。为了减小这种不一致性，可将式(2.15)中的小波多尺度积利用功率谱密度的平均值进行标准化。然而由于引入了阈值，当某子信道边界被噪声严重干扰(即该边界的局部极大值小于 δ)时，次用户可能会错失这个实际的子信道边界。因此回到图 2.11，使用阈值可以成功地忽略脉冲噪声，但是如果某个实际边缘的功率谱密度低于 δ，如 f_3 频带的边缘，将会错失该边缘，那么估计就会受损。

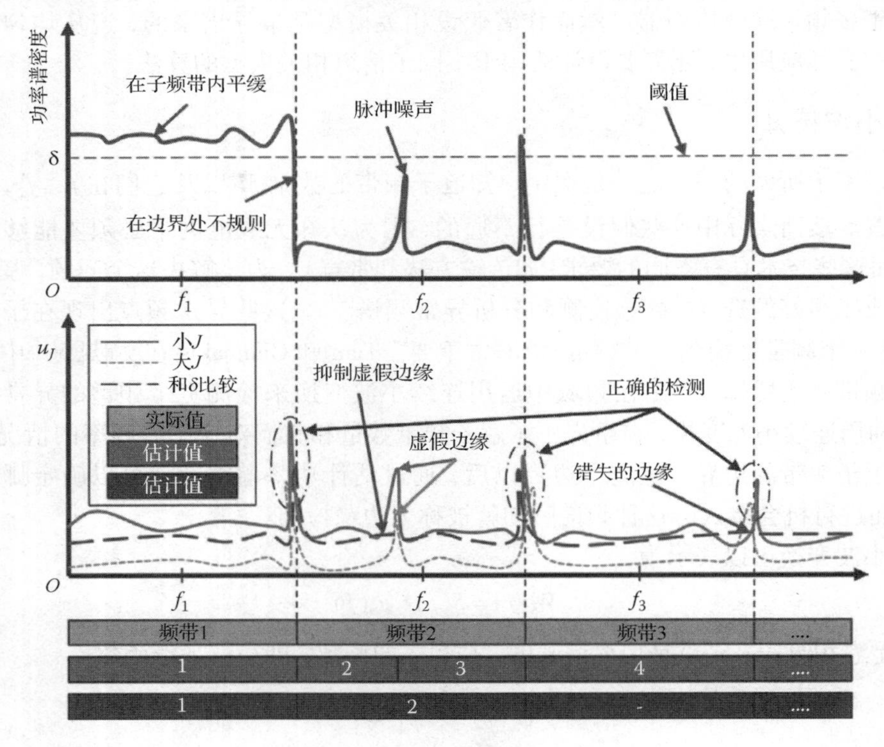

图 2.11 小波感知性能示意

文献[52]提出了另一种算法，用小波多尺度和 WMS 取代小波多尺度积，于是式(2.15)就变为

$$U_J = \sum_{j=1}^{J} W'_{s_j}(f) \tag{2.16}$$

使用小波多尺度和而不是小波多尺度积的原因是多尺度积无法检测功率谱密度变化较慢的窄带信号，因为进行乘法运算时，窄带信号会被削弱。在这种情况下，小波多尺度和被证明具有较好的效果[52]。尽管有人认为小波多尺度和中 J 的不断增大使得边缘变得平滑[52]，但是文献[53]指出，边缘平滑是由文献[52]中使用的正交小波簇引起的。为了缓解这个问题(或平滑)，有必要采用非正交平滑函数，这样做的代价是低信噪比下较高的漏检率。最后，文献[54]提出了双级感知：首先进行粗感知，使用小波变换来识别相关的子信道。然后进行细感知，利用信号特征来确定哪些子信道没有被占用。

图2.12表明了不同小波技术的性能。图中的频谱包含一个宽带信号、一个窄带信号和一个脉冲噪声。该图表明尺度较高时(如 $J=4$)，与连续小波变换相比，小波多尺度积与小波多尺度和中的噪声减小了。可以看出小波多尺度积对虚假边缘具有较好的抑制作用，因为可以看到脉冲噪声被消除了。然而，如果是窄带信号，小波多尺度积可能也会抑制它。这表明了小波多尺度积的缺陷，即检测窄带信号的能力很弱。为了解决这个问题，可以使用小波多尺度和。美中不足的是，小波多尺度和抑制脉冲噪声的能力很弱，图2.12中已经表明了这一点。

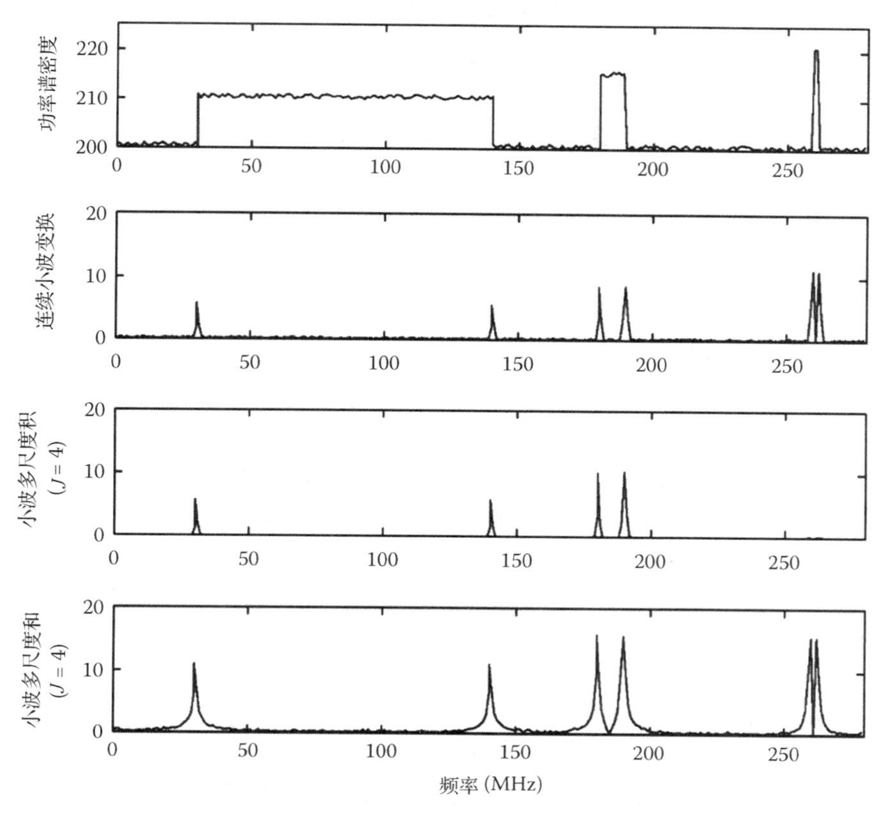

图2.12　使用高斯平滑函数的小波技术

总体来说，小波模极大值、小波多尺度积与小波多尺度和都有各自的优点和缺点。需要设计一种健壮的算法，既能够成功检测子频带边缘，又能够忽略虚假边缘，同时复杂性也较低。还应该研究不同的平滑函数，以分析它们对边缘检测质量的影响。

2.3.5 压缩感知

通常为了成功还原接收信号，采样率必须至少是信号中最大频率分量的两倍（又称为奈奎斯特率）[55]。例如，如果某个宽带频谱有 3 GHz 的带宽，那么采样率必须至少是 6 GHz，这对于可行性和信号处理都是很有挑战性的。因此有人会问，能否既降低采样率又能够恢复信号呢？答案是可以。这就需要采用压缩采样（CS）技术（又称为压缩感知）。

压缩感知已经成为一个热门的研究领域，因为域中信号稀疏时，压缩感知能够显著地降低采样率[56~58]。如频域中信号稀疏表明和其带宽相比，信号的频率分量相对较小。换句话说，与其奈奎斯特率相比，信号的信息率较低（信号中含有多少信息）。由于宽带频谱没有得到充分利用（回想一下这就是引入认知无线电的主要动机），压缩感知就成为多频带频谱感知的一种很好的技术[59~63]。假设接收到的 $N\times1$ 离散时间信号 $\boldsymbol{y}$ 可以表示为

$$\boldsymbol{y}=\boldsymbol{\Psi}\boldsymbol{s} \tag{2.17}$$

其中，$\boldsymbol{\Psi}$ 是一个 $N\times N$ 稀疏基矩阵；$\boldsymbol{s}$ 是一个 $N\times1$ 加权向量。

如果可以用唯一 L 基向量（即 $\boldsymbol{s}$ 中的唯一 L 单元是非零的）的线性组合表示，则信号 $\boldsymbol{y}$ 就是 L 稀疏的[57]。如果 $L\ll N$，如果 $\boldsymbol{y}$ 很少有大的系数，其他则是小系数或者零系数，那么 $\boldsymbol{y}$ 就是可以压缩的。文献[57]对压缩感知问题的描述如下式：

$$\boldsymbol{z}=\boldsymbol{\Phi}\boldsymbol{y}=\boldsymbol{\Phi}\boldsymbol{\Psi}\boldsymbol{s} \tag{2.18}$$

其中，$\boldsymbol{z}$ 是一个 $O\times1$ 测量向量；$\boldsymbol{\Phi}$ 是一个 $O\times N$ 测量矩阵，是非自适应的（即它的列是固定的，独立于 $\boldsymbol{y}$）。

压缩感知要设计一个稳定的 $\boldsymbol{\Phi}$，这样就可以将维数由 $\boldsymbol{y}\in R^N$ 减少到 $\boldsymbol{z}\in R^O$，同时还没有损失信号信息。还需要一种还原算法来从 $\boldsymbol{z}$ 的唯一 $O\approx L$ 测量中恢复 $\boldsymbol{y}$。注意由于 $O\ll N$，式(2.18)就有许多结果，因此现有几种稀疏重建算法来求得最优结果（如基追踪和正交匹配追踪，请参阅文献[58，64]及其参考书目）。

在文献[59]中，频率稀疏被用于频谱感知。然而测量频谱是否占用是基于功率谱密度，由于噪声不确定性，依旧容易出现估计错误。为了解决这个问题，在文献[60]中采用了循环稀疏，使用了亚奈奎斯特循环稳定检测器。结果表明由于一些循环频率可能没有被任何主用户占用，不仅频谱是稀疏的，而且 2D 循环频谱也是稀疏的。因此无须恢复原信号或者它的频率响应，利用亚奈奎斯特压缩样本，就能够还原循环频谱。此外，如果假定主用户信号是平稳的，就可以使用循环-压缩感知（C-CS）来估计功率谱密度，而且复杂度较低。循环-压缩感知的优点是由于噪声是非循环的（即当循环频率 $\alpha\neq0$，噪声不出现），循环-压缩感知对抗噪声不确定性时是健壮的。

前面的技术都假定信号是离散的。可以将模拟-信息转换器（AIC）（又称为随机解调器）用于模拟信号[64, 65]。模拟-信息转换器提取出信号信息，由于稀疏信号的信息率低于它的奈奎斯特率，模拟-信息转换器有望降低采样负担。图 2.13 表明了模拟-信息转换器的结构。接收信号经伪随机数（PN）发生器调制，扩展了信号的频率内容，这样信号就不会被低通滤波器（LPF）所阻塞。然后使用传统的模数转换器（ADC）以较低的速度对信号进行采样。接下来利用恰当的压缩感知算法，就可以从这些部分测量结果中还原信号。文献[66]对这一

点做了进一步的说明，其中多个次用户合作，从而提高了检测的可靠性。这种转换器的缺点是压缩时需要使用伪随机数发生器，如此一来，为了利用认知无线电网络中的空间分集，每个次用户都必须拥有一个单独的压缩设备。换句话说，次用户之间需要同步，因为不同步的 $\boldsymbol{\Phi}$ 可能会损害频谱还原。为了克服这个缺点，可以采用并行采样信道。例如，在文献[67]中，提出了多速率异步亚奈奎斯特采样系统(MASS)，如图 2.14 所示。该系统包含 M 个亚奈奎斯特采样支路，每个采样支路有一个不同的低采样率 f_s。这种结构在生成 $\boldsymbol{\Phi}$ 的时候不需要同步，和模拟-信息转换器相比，更加节能，数据压缩能力更强[67]。

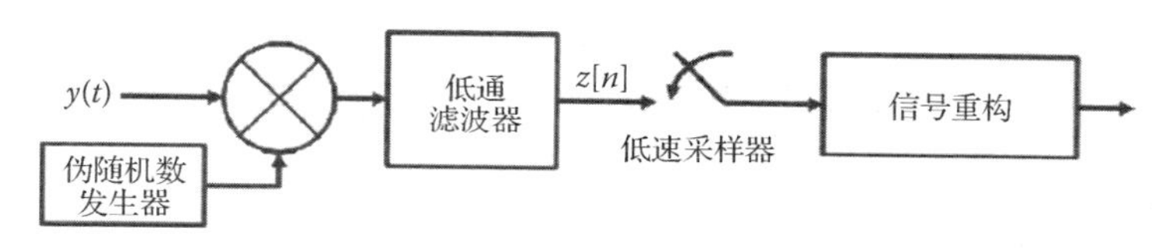

图 2.13　压缩感知：模拟-信息转换器(t 表示连续时间域)

可以说，压缩感知被寄希望于显著降低采样率，继而放宽对模数转换器和接收机前端的苛刻要求。实际上，文献[65]表明样本的数量和信号的信息率成比例而不是和带宽(或者奈奎斯特率)成比例。

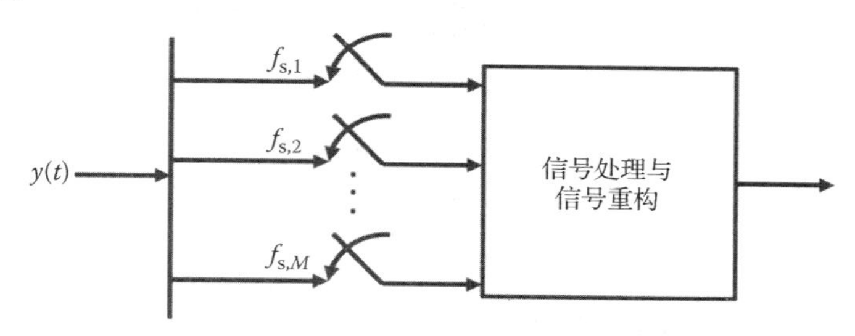

图 2.14　压缩感知：多速率亚奈奎斯特采样系统

然而还有一些挑战需要进一步研究。例如必须认真分析信噪比，因为信号的信息被压缩成更小数量的样本时，信噪比就会受到损害。另外硬件方面的不理想也会引发噪声(如伪随机数发生器中的振动和混频器的非线性)[68]。此外，还原过程是高度非线性的，这不同于香农采样，后者中的信号可以通过样本线性重构[64]。这就意味着，为了减少模数转换器的负担，就必须付出增大信号处理复杂性的代价(软件和硬件之间的权衡)。其次，前面提到的技术都是假设域中的信号是稀疏的，这就为将来改进信号非稀疏状态下的压缩感知技术指出了研究方向。最后，前面提到过在信号稀疏时适宜采用压缩感知技术。然而，由于认知无线电网络的目的是要充分利用空闲频带，而一旦其成功实现，频带占用率随即提高(即宽带频谱不再稀疏)，随之而来的后果是使用压缩感知技术不能再次压缩信号。换句话说，压缩感知技术一方面可以解决频谱稀疏的问题，同时令人觉得讽刺的是，这项技术会阻碍后续进程中压缩感知技术的使用效果。

2.3.6　基于角的感知

绝大多数的频谱感知技术都是为了充分利用可用的时间、频率或者空间。也就是说，并不是所有的子信道在相同的时刻(频域中可用的频率)都被占用了，并不是所有的子信道都被永久占用(时间域中可用的时间)，由于无线信道中的传播损耗，相同的信道可能在不同的地区被重复使用(空间域中可用的空间)。文献[25]描述了多维机会接入，其中介绍了新的维度，如码域(由于编码和扩频通信技术的进步)或者到达方向(DOA)域(由于多天线技术的进步，如多输入多输出[MIMO]系统、波束赋形和阵列处理)。

其基本原理是：如果次用户了解主用户的方位角，当主用户朝着某个方向发射信号时，次用户可以在相同的时间、相同的频带和相同的地区向另一个方向发射信号，如图 2.15 所示。基于到达方向的频谱感知，文献[69]针对单频带认知无线电进行了探讨，文献[70]针对多频带认知无线电进行了进一步的探讨。基于主用户信号的到达方向的感知能够估计出被占用子频带的位置。它的缺点是次用户必须配备多天线接收机，而其中的阵列处理尤为关键。

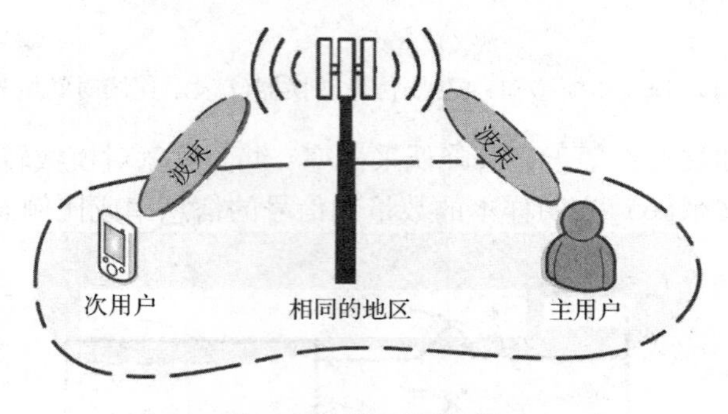

图 2.15 基于角的感知

2.3.7 盲感知

盲感知(BS)是指次用户不了解接收信号结构时的感知问题。能量检测器不要求事先了解主用户信号，因此在某种程度上也可以被视为盲检测器，但是它要求对噪声方差进行认真估计。文献[71]提出了一种更健壮的盲检测器，即盲多频带联合检测器，它使用了接收信号的协方差矩阵的特征值，而无须估计噪声方差。对于压缩感知，文献[72]提出了一种盲压缩感知(BCS)算法，其中稀疏基 $\boldsymbol{\Psi}$ 未知。该文献指出如果稀疏基是正交的，那么盲压缩感知算法的性能很好。文献[73]探讨了关于模拟压缩信号的多频带盲重建问题。

2.3.8 其他算法

其他算法是基于信息论准则(ITC)的，如 Akaike 信息准则和最小描述长度准则，这两个准则习惯上用于模型选择问题(如从一组模型中选择最适合观察数据的模型)[74]。这些算法被用来计算观察数据协方差矩阵中独立特征值的数量，该数量证明与阵列信号处理中的源信号的数量成比例。最近这种研究已经扩展到频谱感知[75~77]。借助这些技术，特征值的数量被证明与子信道的占用率和主用户发射信号的数量成比例。文献[78，79]探讨了针对多频带检测的信息论准则算法。

2.3.9 比较

每种多频带感知技术都有其优缺点，如表 2.2 所示。一般来说，连续频谱感知实现起来相对简单，但是相对较慢，尤其当子信道较多时，效果更不理想。有人提出了一些技术试图提升这些算法的速度，例如双级感知（要求额外的部件）和顺序概率比检测（Sequential Probability Ratio Test，SPRT），SPRT 应用中有一些缺陷[10, ch. Ⅲ]。其缺陷在于顺序概率比检测只有在针对独立同分布样本时才具有较好的性能，而且其所需样本的数量是一个随机变量，通常数量巨大。因此就需要一些限制样本数量技术。此外，顺序概率比检测通常要求事先了解主用户信号，而这却是不容易做到的。

表 2.2　多频带频谱感知算法对比

类别	感知算法	优点	缺点
串行检测器	可重构带通滤波器	简单	高采样率、速度慢
	可调振荡器	降低了采样率	扫描与调整慢
	双级感知	感知更快、检测效果更好	复杂、昂贵
	顺序概率比检测	感知更快	实际应用面临挑战
	检测器	感知更快、检测效果好	复杂度和成本更高
并行检测器	滤波器组	相对简单	成本高
	基于频率的感知	性能增强	成本高、处理复杂
宽带检测器	小波感知	用于边界未知时	可以检测虚假边缘
	压缩感知	显著降低采样率	要求知道 $\boldsymbol{\Psi}$
	基于角的感知	利用新的维度进行频谱接入	要求多天线系统
	盲感知	事先不了解主用户信息的情况下，性能良好	要求良好的估计技术

2.4　本章小结

在认知无线电中频谱感知是频谱循环的核心部分。本章讨论了认知无线电网络中用到的不同的频谱感知技术。这些技术涵盖了简单、计算高效的算法，如能量检测器，先进、计算复杂的算法，如双级串行感知等技术。网络设计者必须要权衡频谱感知效率、计算复杂度和成本。第 3 章将致力于探讨合作频谱感知，这将为增强感知性能打开新的天地。第 4 章将探讨频谱感知中的性能测量和设计权衡。

参考文献

1. I. Mitola, J., Cognitive radio for flexible mobile multimedia communications, in *Proceedings Of the IEEE International Workshop on Mobile Multimedia Communications*, San Diego, CA, November 1999, pp. 3–10.
2. FCC, Notice of proposed rule-making and order: Facilitating opportunities for flexible, efficient, and reliable spectrum use employing cognitive radio technologies, February 2005.
3. S. Haykin, Cognitive radio: Brain-empowered wireless communications, *IEEE Journal on Selected Areas in Communications*, 23 (2), 201–220, December 2005.

4. E. Biglieri, A. Goldsmith, L. Greenstein, N. Mandayam, and H. Poor, *Principles of Cognitive Radio*, Cambridge University Press, New York, 2012.
5. A. El-Mougy, M. Ibnkahla, G. Hattab, and W. Ejaz, Reconfigurable dynamic networks, *The Proceedings of the IEEE* (submitted for publication), 2014.
6. I. F. Akyildiz, B. F. Lo, and R. Balakrishnan, Cooperative spectrum sensing in cognitive radio networks: A survey, *Physics Communications*, 4 (1), 40–62, March 2011.
7. K. Letaief and W. Zhang, Cooperative communications for cognitive radio networks, *Proceedings of the IEEE*, 97 (5), 878–893, May 2009.
8. A. Hulbert, Spectrum sharing through beacons, in *Proceedings of the 16th IEEE International Symposium on Personal, Indoor and Mobile Radio Communications (PIMRC'05)*, Berlin, Germany, vol. 2, September 2005, pp. 989–993.
9. S. Mangold, Z. Zhong, K. Challapali, and C.-T. Chou, Spectrum agile radio: Radio resource measurements for opportunistic spectrum usage, in *Proceedings of the IEEE Global Telecommunications Conference (GLOBECOM'04)*, Dallas, TX, vol. 6, November 2004, pp. 3467–3471.
10. H. Poor, *An Introduction to Signal Detection and Estimation*, Springer, New York, 1994.
11. A. Sahai, N. Hoven, and R. Tandra, Some fundamental limits on cognitive radio, in *Proceedings of the 42nd Allerton Conference on Communications, Control, and Computing*, Monticello, IL, October 2004.
12. D. Cabric, S. Mishra, and R. Brodersen, Implementation issues in spectrum sensing for cognitive radios, in *Proceedings of the 38th Asilomar Conference on Signals, Systems and Computers (ASILOMAR'04)*, Pacific Grove, CA, vol. 1, November 2004, pp. 772–776.
13. D. Cabric, A. Tkachenko, and R. Brodersen, Spectrum sensing measurements of pilot, energy, and collaborative detection, in *Proceedings of the IEEE Military Communications Conference (MILCOM'06)*, Washington, DC, October 2006, pp. 1–7.
14. R. Tandra and A. Sahai, SNR walls for signal detection, *IEEE Journal of Selected Topics in Signal Processing*, 2 (1), 4–17, February 2008.
15. Y. Zeng and Y.-C. Liang, Eigenvalue-based spectrum sensing algorithms for cognitive radio, *IEEE Transactions on Communications*, 57 (6), 1784–1793, June 2009.
16. M. Ibnkahla, *Wireless Sensor Networks: A Cognitive Perspective*, Taylor & Francis, Boca Raton, FL, 2012.
17. W. Gardner, Exploitation of spectral redundancy in cyclostationary signals, *IEEE Signal Processing Magazine*, 8 (2), 14–36, April 1991.
18. J. Lunde´n, V. Koivunen, A. Huttunen, and H. Poor, Collaborative cyclostationary spectrum sensing for cognitive radio systems, *IEEE Transactions on Signal Processing*, 57 (11), 4182–4195, November 2009.
19. P. Peebles, *Probability, Random Variables and Random Signal Principles*, McGraw-Hill Education, New York, 2002.
20. R. Tandra and A. Sahai, SNR walls for feature detectors, in *Proceedings of the IEEE International Symposium on New Frontiers in Dynamic Spectrum Access Networks (DySPAN'07)*, Dublin, Ireland, April 2007, pp. 559–570.
21. A. Tkachenko, D. Cabric, and R. Brodersen, Cyclostationary feature detector experiments using reconfigurable BEE2, in *Proceedings of the IEEE International Symposium on New Frontiers in Dynamic Spectrum Access Networks (DySPAN'07)*, Dublin, Ireland, April 2007, pp. 216–219.
22. T. Cover and J. Thomas, *Elements of Information Theory*, John Wiley & Sons, Hoboken, NJ, 2006.
23. Y. Zeng and Y.-C. Liang, Covariance based signal detections for cognitive radio, in *Proceedings of the IEEE International Symposium on New Frontiers in Dynamic Spectrum Access Networks (DySPAN'07)*, Dublin, Ireland, April 2007, pp. 202–207.

24. E. Axell, G. Leus, E. Larsson, and H. Poor, Spectrum sensing for cognitive radio: State-of-the-art and recent advances, *IEEE Signal Processing Magazine*, 29 (3), 101–116, May 2012.
25. T. Yucek and H. Arslan, A survey of spectrum sensing algorithms for cognitive radio applications, *IEEE Communications Surveys and Tutorials*, 11 (1), 116–130, January 2009.
26. K. Hossain and B. Champagne, Wideband spectrum sensing for cognitive radios with correlated subband occupancy, *IEEE Signal Processing Letters*, 18 (1), 35–38, January 2011.
27. G. Ko, A. Franklin, S.-J. You, J.-S. Pak, M.-S. Song, and C.-J. Kim, Channel management in IEEE 802.22 WRAN systems, *IEEE Communications Magazine*, 48 (9), 88–94, September 2010.
28. H. Tang, Some physical layer issues of wide-band cognitive radio systems, in *Proceedings of IEEE International Symposium on New Frontiers in Dynamic Spectrum Access Networks (DySPAN'05)*, Baltimore, MD, November 2005, pp. 151–159.
29. H. Mahmoud, T. Yucek, and H. Arslan, OFDM for cognitive radio: Merits and challenges, *IEEE Wireless Communications Magazine*, 16 (2), 6–15, April 2009.
30. H. Joshi, H. H. Sigmarsson, S. Moon, D. Peroulis, and W. Chappell, High-Q fully reconfigurable tunable bandpass filters, *IEEE Transactions on Microwave Theory and Techniques*, 57 (12), 3525–3533, December 2009.
31. L. Luo, N. Neihart, S. Roy, and D. Allstot, A two-stage sensing technique for dynamic spectrum access, *IEEE Transactions on Wireless Communications*, 8 (6), 3028–3037, June 2009.
32. S. Maleki, A. Pandharipande, and G. Leus, Two-stage spectrum sensing for cognitive radios, in *Proceedings of the IEEE International Conference on Acoustic Speech and Signal Processing (ICASSP'10)*, Dallas, TX, March 2010, pp. 2946–2949.
33. V. Dragalin, A simple and effective scanning rule for a multi-channel system, *Metrika*, 43 (1), 165–182, 1996.
34. L. Lai, H. Poor, Y. Xin, and G. Georgiadis, Quickest search over multiple sequences, *IEEE Transactions on Information Theory*, 57 (8), 5375–5386, August 2011.
35. Y. Xin, G. Yue, and L. Lai, Efficient channel search algorithms for cognitive radio in a multichannel system, in *Proceedings of the IEEE Global Telecommunications Conference (GLOBECOM'10)*, Miami, FL, December 2010, pp. 1–5.
36. W. Ejaz, N. Ul Hasan, and H. S. Kim, iDetection: Intelligent primary user detection for cognitive radio networks, in *Proceedings of the Sixth International Conference on Next Generation Mobile Applications, Services and Technologies (NG-MAST'12)*, Paris, France, September 2012, pp. 153–157.
37. B. Farhang-Boroujeny, Filter bank spectrum sensing for cognitive radios, *IEEE Transactions on Signal Processing*, 56 (5), 1801–1811, May 2008.
38. Z. Quan, S. Cui, A. Sayed, and H. Poor, Optimal multiband joint detection for spectrum sensing in cognitive radio networks, *IEEE Transactions on Signal Processing*, 57 (3), 1128–1140, March 2009.
39. P. Paysarvi-Hoseini and N. Beaulieu, Optimal wideband spectrum sensing framework for cognitive radio systems, *IEEE Transactions on Signal Processing*, 59 (3), 1170–1182, March 2011.
40. S. Farooq and A. Ghafoor, Multiband sensing-time-adaptive joint detection cognitive radios framework for Gaussian channels, in *Proceedings of the International Bhurban Conference on Applied Sciences and Technology (IBCAST'13)*, Islamabad, Pakistan, January 2013, pp. 406–411.
41. P. Paysarvi-Hoseini and N. Beaulieu, On the efficient implementation of the multiband joint detection framework for wideband spectrum sensing in cognitive radio networks, in *Proceedings of the IEEE Vehicular Technology Conference (VTC'11)*, Budapest, Hungary, September 2011, pp. 1–6.

42. C. Shi, Y. Wang, T. Wang, and P. Zhang, Joint optimization of detection threshold and throughput in multiband cognitive radio systems, in *Proceedings of the IEEE Consumer Communications and Networking Conference (CCNC'12)*, Las Vegas, NV, January 2012, pp. 849–853.
43. S. Srinu, S. Sabat, and S. Udgata, Wideband spectrum sensing based on energy detection for cognitive radio network, in *Proceedings of the World Congress on Information and Communication Technologies (WICT'11)*, Mumbai, India, December 2011, pp. 651–656.
44. M. Kitsunezuka and K. Kunihiro, Efficient spectrum utilization: Cognitive radio approach, in *Proceedings of IEEE Radio and Wireless Symposium (RWS'13)*, Austin, TX, January 2013, pp. 25–27.
45. L. Khalid, K. Raahemifar, and A. Anpalagan, Cooperative spectrum sensing for wideband cognitive OFDM radio networks, in *Proceedings of the 70th IEEE Vehicular Technology Conference (VTC'09)*, Anchorage, AK, September 2009, pp. 1–5.
46. C.-H. Hwang, G.-L. Lai, and S.-C. Chen, Spectrum sensing in wide-band OFDM cognitive radios, *IEEE Transactions on Signal Processing*, 58 (2), 709–719, February 2010.
47. M. Iqbal and A. Ghafoor, Analysis of multiband joint detection framework for waveform-based sensing in cognitive radios, in *Proceedings of the IEEE Vehicular Technology Conference (VTC'12)*, Yokohama, Japan, September 2012, pp. 1–5.
48. E. Axell and E. Larsson, A Bayesian approach to spectrum sensing, denoising and anomaly detection, in *Proceedings of the IEEE International Conference on Acoustics, Speech and Signal Processing (ICASSP'09)*, Taipei, Taiwan, April 2009, pp. 2333–2336.
49. S. Mallat and W.-L. Hwang, Singularity detection and processing with wavelets, *IEEE Transactions on Information Theory*, 38 (2), 617–643, March 1992.
50. Z. Tian and G. B. Giannakis, A wavelet approach to wideband spectrum sensing for cognitive radios, in *Proceedings of the First International Conference on Cognitive Radio Oriented Wireless Networks and Communications (CrownCom'06)*, Mykonos, Greece, June 2006, pp. 1–5.
51. Y. Zeng, Y.-C. Liang, and M. W. Chia, Edge based wideband sensing for cognitive radio: Algorithm and performance evaluation, in *Proceedings of the IEEE International Symposium on New Frontiers in Dynamic Spectrum Access Networks (DySPAN'11)*, Aachen, Germany, May 2011, pp. 538–544.
52. Y.-L. Xu, H.-S. Zhang, and Z.-H. Han, The performance analysis of spectrum sensing algorithms based on wavelet edge detection, in *Proceedings of the Fifth International Conference on Wireless Communications, Networking and Mobile Computing (WiCom'09)*, Beijing, China, September 2009, pp. 1–4.
53. S. El-Khamy, M. El-Mahallawy, and E. Youssef, Improved wideband spectrum sensing techniques using wavelet-based edge detection for cognitive radio, in *Proceedings of the International Conference on Computing, Networking and Communications (ICNC'13)*, San Diego, CA, January 2013, pp. 418–423.
54. Y. Hur, J. Park, W. Woo, K. Lim, C.-H. Lee, H. Kim, and J. Laskar, A wideband analog multi-resolution spectrum sensing (MRSS) technique for cognitive radio (CR) systems, in *Proceedings of the IEEE International Symposium on Circuits and Systems (ISCAS'06)*, Kos, Greece, May 2006, pp. 4090–4093.
55. C. Shannon, Communication in the presence of noise, *Proceedings of the IEEE*, 72 (9), 1192–1201, September 1984.
56. D. Donoho, Compressed sensing, *IEEE Transactions on Information Theory*, 52 (4), 1289–1306, April 2006.
57. R. Baraniuk, Compressive sensing [lecture notes], *IEEE Signal Processing Magazine*, 24 (4), 118–121, July 2007.
58. E. Candes and M. Wakin, An introduction to compressive sampling, *IEEE Signal Processing Magazine*, 25 (2), 21–30, March 2008.

59. Z. Tian and G. Giannakis, Compressed sensing for wideband cognitive radios, in *Proceedings of the IEEE International Conference on Acoustics, Speech and Signal Processing (ICASSP'07)*, Honolulu, HI, vol. 4, April 2007, pp. 1357–1360.
60. Z. Tian, Y. Tafesse, and B. Sadler, Cyclic feature detection with sub-Nyquist sampling for wideband spectrum sensing, *IEEE Journal of Selected Topics in Signal Processing*, 6 (1), 58–69, February 2012.
61. Z. Tian, Compressed wideband sensing in cooperative cognitive radio networks, in *Proceedings of the IEEE Global Telecommunication Conference (GLOBE-COM'08)*, Washington, DC, December 2008, pp. 1–5.
62. Z. Fanzi, C. Li, and Z. Tian, Distributed compressive spectrum sensing in cooperative multihop cognitive networks, *IEEE Journal of Selected Topics in Signal Processing*, 5 (1), 37–48, February 2011.
63. Y. Polo, Y. Wang, A. Pandharipande, and G. Leus, Compressive wide- band spectrum sensing, in *Proceedings of the IEEE International Conference on Acoustics, Speech and Signal Processing (ICASSP'09)*, Taipei, Taiwan, April 2009, pp. 2337–2340.
64. J. Tropp, J. Laska, M. Duarte, J. Romberg, and R. Baraniuk, Beyond Nyquist: Efficient sampling of sparse bandlimited signals, *IEEE Transactions on Information Theory*, 56 (1), 520–544, January 2010.
65. S. Kirolos, J. Laska, M. Wakin, M. Duarte, D. Baron, T. Ragheb, Y. Massoud, and R. Baraniuk, Analog-to-information conversion via random demodulation, in *Proceedings of the IEEE Dallas/CAS Workshop on Design, Applications, Integration and Software*, Richardson, TX, October 2006, pp. 71–74.
66. Y. Wang, A. Pandharipande, Y. L. Polo, and G. Leus, Distributed compressive wideband spectrum sensing, in *Information Theory and Applications Workshop*, La Jolla, CA, February 2009, pp. 2337–2340.
67. H. Sun, W.-Y. Chiu, J. Jiang, A. Nallanathan, and H. Poor, Wideband spectrum sensing with sub-Nyquist sampling in cognitive radios, *IEEE Transactions on Signal Processing*, 60 (11), 6068–6073, November 2012.
68. S. Kirolos, T. Ragheb, J. Laska, M. Duarte, Y. Massoud, and R. Baraniuk, Practical issues in implementing analog-to-information converters, in *Proceedings of the Sixth International Workshop on System-on-Chip for Real-Time Applications*, Le Caire, Egypt, December 2006, pp. 141–146.
69. J. Xie, Z. Fu, and H. Xian, Spectrum sensing based on estimation of direction of arrival, in *Proceedings of the International Conference on Computational Problem-Solving (ICCP'10)*, Cambridge, MA, December 2010, pp. 39–42.
70. A. Mahram, M. Shayesteh, and S. Kordan, A novel wideband spectrum sensing algorithm for cognitive radio networks based on DOA estimation model, in *Proceedings of the Sixth International Symposium on Telecommunications (IST'12)*, Copenhagen, Denmark, November 2012, pp. 359–362.
71. T.-X. Luan, L. Dong, K. Xiao, and X.-D. Zhang, Blind multiband joint detection in cognitive radio networks based on model selection, in *Proceedings of the Sixth International Conference on Wireless Communications Networking and Mobile Computing (WiCOM'10)*, Chengdu, China, September 2010, pp. 1–4.
72. S. Gleichman and Y. Eldar, Multichannel blind compressed sensing, in *Proceedings of the IEEE Sensor Array and Multichannel Signal Processing Workshop (SAM'10)*, Jerusalem, Israel, October 2010, pp. 129–132.
73. M. Mishali and Y. Eldar, Blind multiband signal reconstruction: Compressed sensing for analog signals, *IEEE Transactions on Signal Processing*, 57 (3), 993–1009, March 2009.
74. R. Wang and M. Tao, Blind spectrum sensing by information theoretic criteria for cognitive radios, *IEEE Transactions on Vehicular Technology*, 59 (8), 3806–3817, October 2010.

75. M. Haddad, A. Hayar, M. H. Fetoui, and M. Debbah, Cognitive radio sensing information-theoretic criteria based, in *Proceedings of the Second International Conference on Cognitive Radio Oriented Wireless Networks and Communications (CrownCom'07)*, Orlando, FL, September 2007, pp. 241–244.
76. B. Zayen, A. Hayar, and D. Nussbaum, Blind spectrum sensing for cognitive radio based on model selection, in *Proceedings of the Third International Conference on Cognitive Radio Oriented Wireless Networks and Communications (CrownCom'08)*, Singapore, May 2008, pp. 1–4.
77. B. Zayen, A. Hayar, and K. Kansanen, Blind spectrum sensing for cognitive radio based on signal space dimension estimation, in *Proceedings of the IEEE International Conference on Communications (ICC'09)*, Alabama, FL, June 2009, pp. 1–5.
78. S. Liu, J. Shen, R. Zhang, Z. Zhang, and Y. Liu, Information theoretic criterion-based spectrum sensing for cognitive radio, *IET Communications*, 2 (6), 753–762, July 2008.
79. Y. Jing, X. Yang, L. Ma, J. Ma, and B. Niu, Blind multiband spectrum sensing in cognitive radio network, in *Proceedings of the Second International Conference on Consumer Electronics, Communications and Networks (CECNet'12)*, Hubei, China, April 2012, pp. 2442–2445.
80. G. Hattab and M. Ibnkahla, Multiband cognitive radio: Great promises for future radio access, *Proceedings of the IEEE*, 102 (3), 282–306, March 2014.
81. A. Abu Alkhair, Cooperative cognitive radio networks: Spectrum acquisition and co-channel interference effect, PhD dissertation, Department of Electrical and Computer Engineering, Queen's University, Kingston, Ontario, Canada, February 2013.

第 3 章　协同频谱感知

3.1　概率

近几年，协同方法常见于加强和提高认知无线电网络的性能，已经成为非常具有前景的认知无线电技术。

为了说明协同频谱感知(CSS)的需求，就需要考虑诸如隐藏终端的问题，这是无线通信系统的一个普遍难题。这种现象源于无线信道的随机性，如图 3.1(a)所示，次用户被物体遮挡或强衰落会造成这种现象[3]。如此一来，即使主用户存在，频谱资源也将由次用户所决策。为了缓解这个问题，需要几个次用户的协同工作，这被称为 CSS[1~2]，如图 3.1(b)所示。因为建筑遮挡，次用户 1 不能感知到次用户 2 已经感知到的主用户。如果这两个次用户分享他们的频谱感知结果，则次用户 1 接入频谱。这是协同感知的基本原理，即次用户在一定地域的协同能有效地提高检测的可靠性。

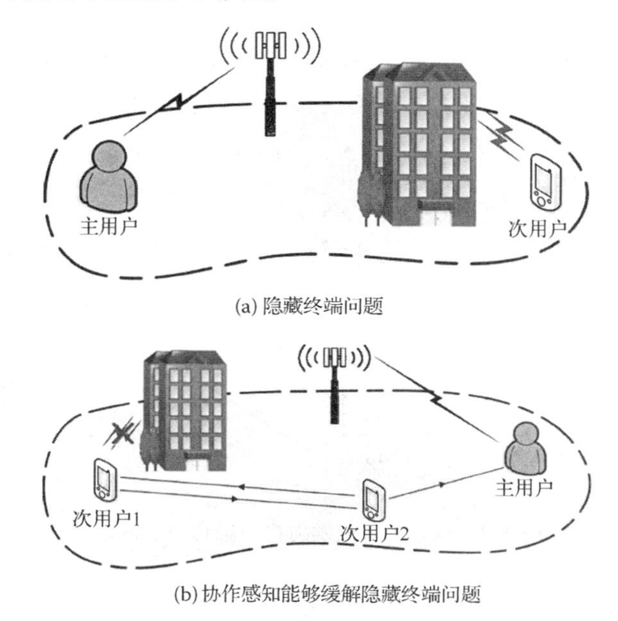

图 3.1　(a)隐藏终端问题；(b)协同感知能够缓解隐藏终端问题

协同感知可分为内部和外部。前者如传感节点，外部实体进行频谱感知，然后将频谱感知结果发送至中央实体，由中央实体将最终决策告知附近的次用户[9]。显然，这种节省功耗的次用户是不能感知频谱的，而必须为这些传感器节点建立一个新的基础网络。另一方面，次用户可以独立进行内部协同。协同方式分为分布式和集中式[4]。在前者，尽管次用户彼此共享传感信息，但是它只能独自决策是否访问子通道，而在后者，次用户与融合中心(FC)共享信息，融合中心也可以作为一个特定的认知无线电基站(在本章假设)。该站做最后决策并反馈给附近的次用户。集中式方案的缺点是一个单点故障就会导致整个协同网络瘫痪，因为一旦某个次用户与融合中心之间发生故障(如能量耗尽或强衰落等)，其他次用户将难以获得频谱信息。因此，次用户彼此间必须有效地发挥簇首的作用。不需要骨干网的分布式方案中则不用关心该问题。直观地讲，由于缺少控制中心，处理分布式网络更为困难。另一个关键问题是如何整合参与频谱感知协同的次用户所收集的信息。

本章的结构如下：3.2 节将介绍 CSS 的基本原理(基于文献[20]和文献[77]的成果)，包括基本融合技术，以及多波段融合技术。3.3 节和 3.4 节将以文献[74～76]的成果为基础，介绍目前一些先进的结合和协同分集技术。

3.2 协同频谱感知的基础

本节将介绍协同频谱感知的基础理论。主要讨论的是次用户共享 one-bit 判决时的硬结合，次用户共享实际测试数据的软结合，以及介于两者之间的混合结合。最后探讨多波段认知无线电[77]。

图 3.2 显示了主用户，K 个次用户(SU_k，$k=1, 2, \cdots, K$)，和一个作为次用户中的融合中心。

3.2.1 硬结合

在这种技术中，次用户仅向其他次用户(分布式协同)或融合中心(集中协同)发送最后 one-bit 判决信息。如果有 K 个次用户，最终决策度量的表示见文献[10]。

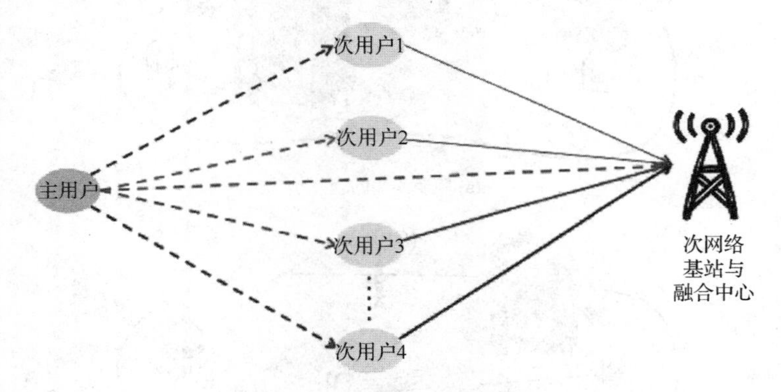

图 3.2 认知无线电发射机与融合中心网络

$$D=\sum_{k=0}^{K} d_k \tag{3.1}$$

$$\begin{aligned} H_1: & \quad D \geqslant \lambda \\ H_0: & \quad D < \lambda \end{aligned} \tag{3.2}$$

其中，$d_k \in \{0, 1\}$，这是由第 K 个次用户做出的判决，分别用 0 和 1 来表示主用户存在与不存在。这基本上是一个逻辑判定指标：

- 如果 $\lambda=1$，则式(3.2)是一个或逻辑规则(即仅只有一个次用户发送 1，则主用户也被认为是存在的)。

- 如果$\lambda=K+1$，则式(3.2)是一个与逻辑规则(即所有次用户发送1时，主用户才被认为存在)。
- 如果$\lambda=[(K+1)/2]$([x]表示最小的整数不小于x)，式(3.2)成为多数决策规则(即当多数次用户发送1时，主用户才被认为存在)。

注意：或逻辑规则保证对主用户的最低干扰，因为仅有一个“1”信号，就足以声明信道被占用。而与逻辑则保证了更高的吞吐量，因为当所有次用户发送1时，才认为主用户再次占用了该信道。图3.3显示了或规则和与规则在不同数量的用户使用能量检测器(信噪比为-5 dB)时接收机的工作特性曲线(ROC)。可以看出，与没有协同相比，协同大大提高了检测性能。而且，增加用户的数量能够进一步提高性能，减少增益。最终可以得出：或规则优于与规则的结论。

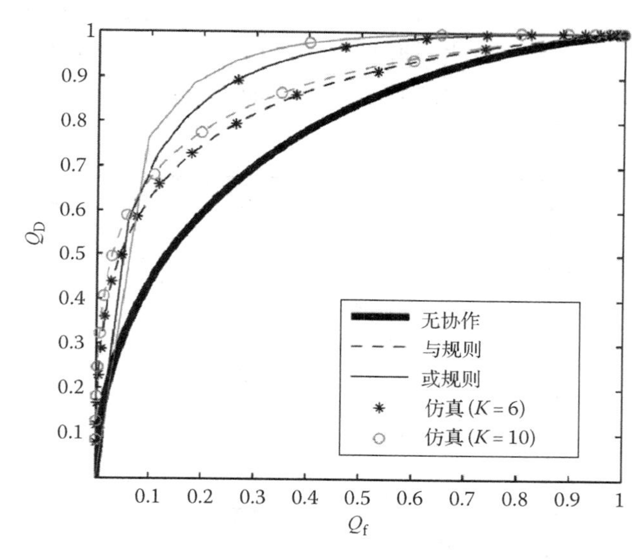

图3.3　对于不同数量的用户K，与、或逻辑规则对比

3.2.2　软结合

在这项技术中，次用户与其他次用户共享它的原始信息(或原始数据)时没有进行局部处理。最优的软结合方案是基于Neyman-Pearson(NP)标准的[11]。这表明，最优结合(OC)实际上是基于可见的协同次用户能量的加权求和[11]。在数学上表示为

$$\tau=\sum_{k=0}^{K}c_kT_k(y_k) \tag{3.3}$$

其中，$T_k(y_k)$是k用户测试统计数据，y_k是由k用户接收到的信号，c_k是权重系数。

权重系数可以基于等增益组合(EGC)或最大比率(MRC)组合。在前者中，$c_k=1$。而在后者中，c_k与第k个用户的信噪比成正比。这证明在高信噪比时，最优结合趋近于等增益组合方案，然而在低信噪比区域，它趋近于最大比率组合方案[11]。

更重要的是硬结合部署相对简单，成本较低(1比特)。但是，由于数据在每个次用户都减少到1比特，那么传输到其他次用户时就会有信息缺失。因此，相比软结合，硬结合的最

终决策是不可靠的。实际表明，软结合方案在检测可靠性方面优于硬结合[11, 12]。尽管如此，在参与协同次用户的数量增加时，与硬结合相比，软结合的增益将减少[13]。

3.2.3 混合结合

在文献[11]中，混合方案包括了软结合和硬结合，它被称为软化硬结合方案，次用户发送 two-bit 来代替 one-bit 的信息。使用2 bit 可以设定三个不同阈值，将能量域分解成四个部分(即00，01，10 和11)。权重则与能量域的标准区间成比例(即高于最高阈值的次用户将被分配最高的权值)。换句话说，这个方案的决策可信度由单个次用户所决策。最可信的次用户将对最终决策具有最高的影响力，反之亦然。相比软结合，这个方案不太复杂，性能适中，更重要的是，它大大降低了开销。一般来说，增加比特数可以改善性能，由此也带来了更大的开销。还需要进一步的研究来确定最优的比特数(或阈值)，以满足特定的检测性能。图3.4 表示 $K=4$ 时，硬结合(one-bit)和混合结合(two-bit)使用或逻辑规则的检测性能。这是增加比特数观察到的性能改善。随着比特数的增加，性能将达到软结合方案(实际统计数据被发送到融合中心)的临界水平。

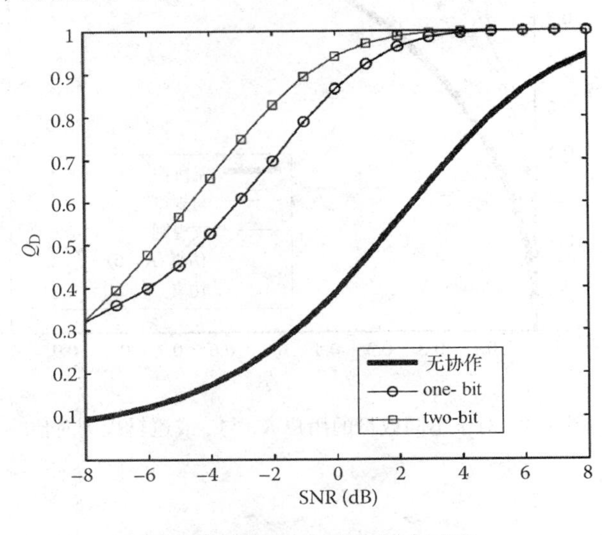

图3.4 硬结合与混合结合对比

3.2.4 协同频谱访问多频带认知无线电网络

尽管在协同频谱感知领域已取得了重大突破[2]，但在单一信道和多频带次用户协同工作等方面研究进展仍然有限。

文献[6]探讨了基于硬结合的协同压缩感知(CS)，次用户单独执行协同压缩感知，然后彼此共享二元决策。在文献[7]中，更实际的场景是通道状态信息(CSI)在次用户端被认为是未知的。在文献[8]中，就压缩感知的模拟信号提出了软融合协同网络概念。协同压缩感知具有两个优势。首先，检测性能由于空间的多样性而增强；其次，随着协同次用户数量的增加，可以在不降低性能的情况下增加压缩比(即进一步降低采样率)。协同还与网络的吞吐量有关联[4~16]。文献[5~14]提出了将多波段联合检测器(MJD)框架扩展为一种多用途的空间谱联合检测方法。这个探测器的思路是，将由各个独立的次用户做出的软决策进行线性融合，这样就能确定优化的联合检测阈值和权重系数，如式(3.3)所示。这就表明，相比单个多波段联合检测器，协同显著提高了吞吐量。

文献[17～19]中还包括其他相关研究，在文献[17]中，对一些基于广义似然比检验(GLRT)的多波段探测器在不同衰落信道的情况下进行了研究。在文献[18]中，对噪声不确定性对协同感知的影响进行了研究，提出了一种新算法：一个次用户首先完成多波段频谱感知，然后与相邻的次用户协同对各子信道不确定性噪声功率进行估算，并共同检查他们对这些不确定信道的判决。文献[19]是对连续协同的研究。对于某一频带，融合中心连续收集来自次用户的 one-bit 决策，直到做出决策。结果表明，需要更多次用户参与协同以减少次用户对子信道不确定判决的不确定性。

之前所有的文献都假设每个次用户在协同之前感知整个频谱。这么大的工作量和多频带协同的工作量要完成是难以置信的(即使采用硬融合的方式)，因为每个次用户必须用 $M\times1$ 的二进制向量代表 M 个子信道。因此，可以采取替换方案，用每个次用户感知 M 个子信道的一个子集，这种折中的方法来代替两种融合方式所要求的增益最大，从而使网络实现更加可行。将这种模式称为协同多波段认知无线电网络。如图 3.5 所示，每个次用户感知这些频带的一个子集，整个频谱就会被所有次用户感知。因为有 6 个次用户，要实现每个次用户感知全部 M 个子信道空间分集的最大可能性是 6。这是非常苛刻的采样要求，可以通过压缩采样来减少采样要求。另外，每个次用户也可以只监听这些通道的一个子集，以降低采样要求。图 3.5(a)给出了取值为 2 时的均匀空间分集，也就是说，每个子通道可以被两个次用户感知。另一个方法是使用非均匀空间分集，其中监听某个频带的次用户的数量取决于几个因素。例如，如果频带有更高的优先级(如公共安全频带)，或有强烈的主用户活动(如基础频带)，就分配更多的次用户来感知这样的频带以提高检测的可靠性。图 3.5(b)中的重叠区域证明了这一点。这种方式类似于在空间分集和采样要求之间取得一个基本平衡。另一方面，这种方式也给如何向协同次用户分配信道子集采用更高级的算法(如自适应算法)或在一些约束之下(如 SU 的能量预算和位置)算法指出了未来的发展方向。

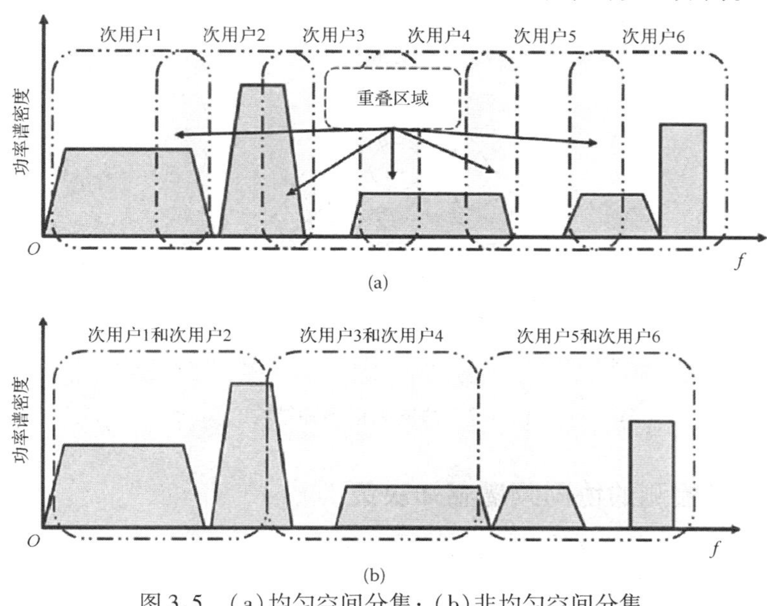

图 3.5　(a)均匀空间分集；(b)非均匀空间分集

3.3 典型协同频谱感知技术

协同频谱感知(CSS)过程由三个阶段组成，如图3.6所示，即感知期、报告期和广播期。在感知期，包括融合中心本身的每一个网络终端采用多种感知方法，如能量探测器感知要检测的频带。在感知期的结尾，每个终端以循环的方式向融合中心发送一个局部报告，也就是说，每一个终端都有预设时间段用于发送报告。局部报告的内容可以是局部决策指标，即能量探测器做出的能量估计，或者一个二进制的局部判决结果。究竟选择这两个选项的哪一项，实质上是在性能与开销之间取得一种均衡[23~24]。相比低开销的基本决策报告，发送决策指标报告时需要巨大的开销，但是它可以帮助融合中心取得优异的检测可靠性[11]。然而事实上，由于缺乏专门的控制通道[26]，报告开销和数据传输共享同一通道。因此，发送基本判决结果的协同频谱感知更具吸引力，尤其是对于高密度的网络。

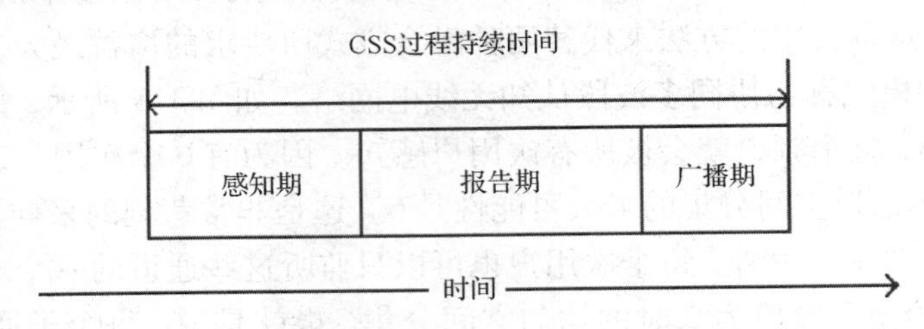

图3.6　协同频谱感知过程的三个部分

图3.7是一个典型的协同认知无线电网络，其中的次用户(R_k，$k=1, 2, \cdots, K$)试图检测主用户的存在。假设使用能量检测，结果为

$$\begin{cases} H_0^{CR}: \quad \phi_k = \sigma_0^2 \\ H_1^{CR}: \quad \phi_k = E_p |h_k|^2 + \sigma_0^2 \end{cases} \tag{3.4}$$

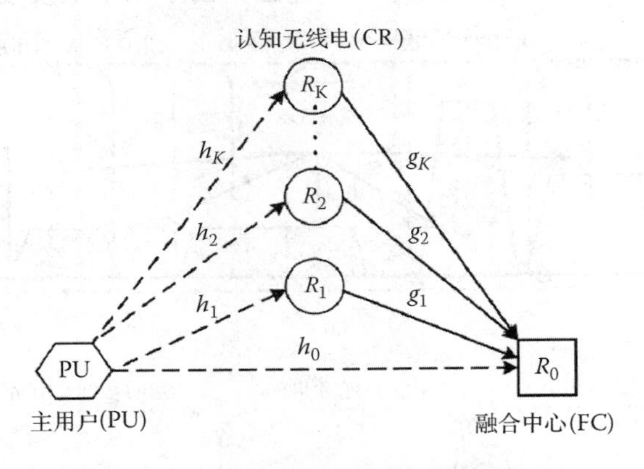

图3.7　协同频谱感知结构

3.3.1 基于能量检测的协同频谱感知决策

在感知期结束时，每一个终端得出一个局部决策。令 $d_k \in \{0, 1\}$ 表示终端 R_k 的局部决策，$k=0, 1, \cdots, K$，则可得

$$d_k\begin{cases}1\equiv H_1^{CR}, & 若\ \phi_k\geqslant\lambda\\ 0\equiv H_1^{CR}, & 若\ \phi_k<\lambda\end{cases}\tag{3.5}$$

假定所有终端发出报错警告概率相同并且各自独立，P_{fa}和 ϕ_k 是收到的认知无线电节点 R_k的信噪比。

这种假设帮助融合中心平等对待来自各种终端的判决信息。这些局部决策被发送到融合中心，由融合中心对信道频带做出最终决策。当 R_k在时间槽 t_k发送 d_k时，融合中心接收信息，即

$$y_k=\begin{cases}g_kx_k+w_0, & H_0^{PU}\\ g_kx_k+h_0x_pw_0, & H_1^{PU}\end{cases}\tag{3.6}$$

其中，g_k是 R_k至融合中心报告信道的系数；x_k是 R_k的信号，能量为 E_k；x_p是主用户的信号(假设次用户因使用主用户的信道进行报告，导致了干扰)；h_0是主用户和融合中心之间的信道系数。

假设融合中心完全获取 g_k，因此使用相干检测，在 H_0^{PU} 和 H_1^{PU} 下从 R_k接收的信噪比以及信干比(SINR)可以表示为

$$\begin{aligned}H_0^{PU}:&\quad \psi_k=\frac{E_k}{\sigma_0^2}|g_k|^2\\ H_1^{PU}:&\quad \psi_k=\frac{E_k|g_k|^2}{E_p|h_0|^2\sigma_0^2}\end{aligned}\tag{3.7}$$

假定所有报告信道都经历平坦的瑞利衰落和二进制相移键控(BPSK)调制。由于报告信道自身的缺陷，融合中心的解码信息会产生不可忽视的译码错误。特别是，如果 $\hat{d}_k$表示 d_k的译本，则可得

$$\begin{aligned}&\Pr\left[\hat{d}_k=d_k\middle|H_1^{PU}\right]=1-\mathrm{BER}_{1,k}\quad 和\\ &\Pr\left[\hat{d}_k=d_k\middle|H_0^{PU}\right]=1-\mathrm{BER}_{0,k}\end{aligned}\tag{3.8}$$

$\mathrm{BEK}_{1,k}$ 和 $\mathrm{BEK}_{0,k}$ 是 d_k分别在 H_1^k 和 H_0^k 条件下的译码误码率。

在报告期的最后阶段，融合中心使用一组译码报告，$\{\hat{d}_k\}$，$k=1$，…，K 以及自身判决结果 d_0来计算决策指标 Θ，可以表示为

$$\Theta=d_0+\sum_{l=1}^{K}\hat{d}_l=\sum_{l=0}^{K}\hat{d}_l\tag{3.9}$$

为了数学上的便利，定义 $\hat{d}_0=d_0$。

融合中心通过比较 Θ 和 Θ_{th}来选择 H_0^{FC} 或 H_1^{FC}：

$$\begin{aligned}H_1^{FC}:&\quad \Theta\geqslant\Theta_{th}\\ H_0^{FC}:&\quad \Theta<\Theta_{th}\end{aligned}\tag{3.10}$$

3.3.2　性能分析

若用 $D\in\{0,1\}$ 表示融合中心的决策，则融合中心端的协同检测和错误报警的概率分别定义为

$$P_{\mathrm{d,CSS}}=\Pr\left[D=1\mid H_1^{\mathrm{PU}}\right] \quad 和 \quad P_{\mathrm{fa,CSS}}=\Pr\left[D=1\mid H_0^{\mathrm{PU}}\right]$$

这两个概率可以用总概率定理计算

$$P_{\mathrm{d,CSS}}=\sum_{l=\Theta_{\mathrm{th}}}^{K+1}\Pr\left[\Theta=l\middle|H_1^{\mathrm{PU}}\right] \tag{3.11}$$

$$P_{\mathrm{fa,CSS}}=\sum_{l=\Theta_{\mathrm{th}}}^{K+1}\Pr\left[\Theta=l\mid H_0^{\mathrm{PU}}\right] \tag{3.12}$$

其中，$\Pr[\Theta = l \mid H_1^{\mathrm{PU}}]$ 和 $\Pr[\Theta = l \mid H_0^{\mathrm{PU}}]$ 是 $K+1$ 个译码判决的输出总概率，$\hat{d}_k = 1$。

文献[10，24，27]对协同频谱感知策略的性能进行了全面的研究。结果表明，检测性能在 $\Theta_{\mathrm{th}}=1$ 时达到最佳，而在 $\Theta_{\mathrm{th}}=K+1$ 时最差，如图 3.8 所示。图中，假定一个 $K=6$ 的网络感知到一个活跃的主用户正在使用一个特定的信道以 20 dB 能量传输数据信息，感知节点以 5 dB 能量发送（感知）报告。假定感知和报告信道的平均增益为路径损耗指数 4。网络终端随机分布在主用户和融合中心周围。

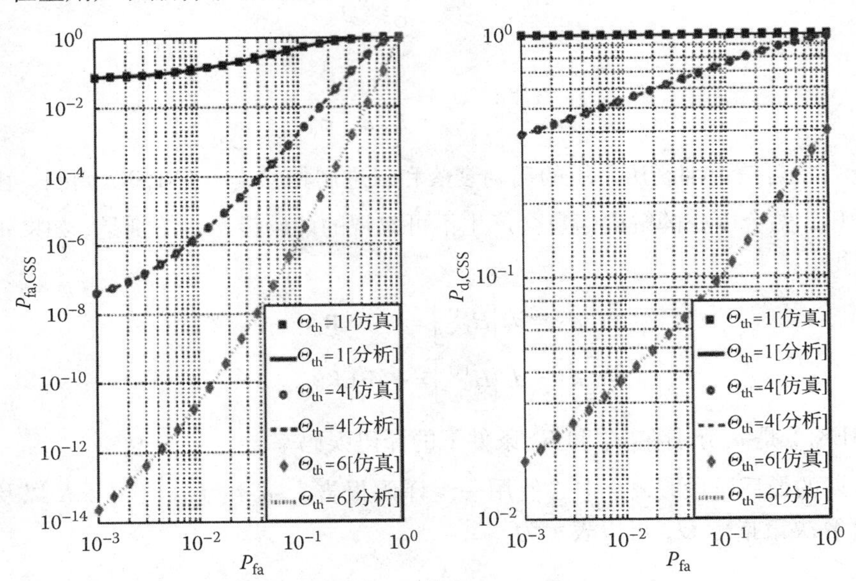

图 3.8 使用不同决策阈值的 CSS 策略虚警概率（$P_{\mathrm{fa,CSS}}$）以及正确决策概率（$P_{\mathrm{d,CSS}}$）与个体认知无线电基站虚警概率（P_{fa}）关系

Θ_{th}的取值决定了融合中心控制保护主用户级别的能力。通过增加 Θ_{th}，融合中心需要更多的证据来表明主用户的存在，从而增加检测发现活跃主用户的概率。另一方面，有一个较低的 Θ_{th}值，甚至可以说微不足道，但融合中心也可以表明一个主用户的存在[10]。

尽管这种协同频谱感知策略具有简单、开销低的优点，但它也存在一些缺点。首先，随着次用户的增加，报告期呈线性增长。虽然这对低密度网络可能不是问题，但却是高密度网络的性能瓶颈。第二，由于解码错误，这种策略很容易出现“错误报告者”问题。第三，同信道干扰（CCI）的数量在报告期对活跃主用户的影响不可忽视（因为报告站使用主用户信道）。

在过去的几年里，许多文献提出了上述缺点的解决方法。特别是，错误报告者问题得到了有效解决，文献[28~31]使用了集群技术，文献[27]使用了时空编码和中继技术。然而，这些技术延长了报告时间，从而又导致其他缺点的产生。文献[32]试图减少 CCI 对活跃主用户的影响，只允许声明无主用户存在终端可以向融合中心发送报告。但是，由于这些终端的身份不能预先知道，报告期的持续时间不能减少。与此相反的是，文献[33]观察到当融合中心设置 $\Theta_{th}=1$ 时，只需要一个信号的传输就能表明主用户的存在。因此，作者提出，所有判决主用户存在的次用户同时传输，这样融合中心将会享受到空间多样性。尽管这会限制报告期的持续时间，从而对潜在的活跃主用户产生更多的 CCI。

3.4　协同传输技术

如果没有主用户，认知无线电网络（感知站点）则会使用这些空闲信道，如同它们自己就是主用户一样。这意味着可以使用任何通信技术，包括多天线技术、中继技术、多点协同技术等。但是，当这些技术不能在某些情况下使用时，网络终端需要智能决策部署何种传输技术。例如，电视频带的波长较长，从而导致使用多天线技术不可行[34]。也由于这些频带的主用户多样性，工作在此频段的认知无线电网络的站点必须尽可能减少它们的传输功率，并保持低于预设阈值[21]。出于这两个原因，可以预见，工作在电视频段的认知无线电网络将依靠协同分集技术来扩展其传播范围，实现空间的多样性。还可以使用混合自动重发请求（HARQ）来实现时间多样性[35]。在后续篇章中，这些传输技术将逐步完善。

3.4.1　追踪融合混合自动请求重发

自动请求重发（ARQ）是一个链路层的协议，它通过使用通用的传输技术提高了通信的可靠性。根据这个协议，发射端对每个传输包预设接收确认（ACK）。如果在超过预设时间没有收到确认回执，则重新传输。重复这个过程，直到收到确认回执或达到预设最大重发次数。

纠错编码和自动请求重发的组合被称为混合自动请求重发（HARQ）协议。不同于自动请求重发，这个协议赋予接收方一些检测、纠错的能力。在混合自动请求重发过程中，如果信道质量好，则接收端会发送确认回执；如果信道质量不好，则发送一个不确定回执（NACK）。信道质量通过将接收到的信噪比（SNR，CCI-free 环境中）或信纳比（SINR，CCI 环境中）与预设质量阈值进行比较来测量。如果超过这个阈值，通道被认为是好的；否则，就是差的。当重发的信号包含相同数量的信息，接收端可以采用最大比例合并（MRC）方式来生成传输包副本，以获得最大的接收信噪比或信纳比。这种方式的混合自动请求重发称为追踪融合混合自动请求重发（HARQ）[36]。另一方面，增量冗余是另一种混合自动请求重传协议，每个重发包含不同的编码比特设置，从而给接收端传输数据包提供额外的验证。很显然，类似于重复编码器的追踪融合器更容易实现[37, Ch.6]。

3.4.2　协同分集

协同分集作为通过用户协作提高蜂窝网络性能的手段，这一观点首先由 Sendonaris 和 Laneman 开创性地提出[22, 38, 39]。特别是，这个协议簇允许单天线终端通过中继实现传输时空的分集。大量的研究者正是基于这一概念的引导，对这些协议进行了全方面的研究，并提出许许多多广泛适合于无线应用领域的方法和见解。

一般来说，协同分集协议可归为基于底层中继协议的透明协议，例如放大转发(AF)和再生协议，以及解码转发(DF)。也可以归为基于跳数，可分为双跳协议和多跳频协议[40]。最近，有学者研究了一组同信道干扰对协同分集协议的影响。特别是文献[41~48]对双跳中继网络的性能进行了研究。文献[49~52]研究了多跳情况下同信道干扰对所有中继器和目的地的影响。文献[53~60]中则对多次中继情况下解码转发(DF)双跳模式进行了研究。另一组研究人员专注于为同信道干扰环境提出新协议。这些文献采用大量的中继器端子在特定环境中研究中继选择策略对同信道干扰的影响。举例说明，文献[61]提出了最大最小中继选择标准的修改版本[62]，其中单次中继的选择由源中继链路的 SINR 和中继目的地链路的信噪比决定。另一方面，文献[63]提出了一种选择策略，允许网络只有中继路径比直接传输好时使用中继转发，同时文献[64]提出了在两个相邻蜂窝间采用放大转发方式时的中继选择标准。

3.4.2.1 固定中继

原始协议允许目的地在吞吐量减半代价下分享空间分集。源终端 S 与目的地终端 D 通过中间媒介——中继终端 R 的协助进行通信。每次传输消耗两个连续的时隙。在第一个时隙，S 传播信号经过 R 传给 D，而在第二个时隙，R 复制这个信号并转发。因此，D 结合两个副本，达到更好的性能。图 3.9 显示了固定中继的流程图。

这种中继协议饱受传播差错和吞吐量下降的困扰。传播差错来自于转发之前 R 再生信号。虽然当源-目的之间信道性能较好时，这可能不是一个问题，但是当信道性能很差时它就成为一个性能的瓶颈。从数学上来说，分析传播差错概率是一个复杂的过程，尤其是多星座(high-constellation)调制技术，例如，8 位相移键控。然而对于 BPSK，文献[65]能通过对比中继-目的和源-目的信道的信噪比获得这个概率的比较准确的闭合表达式。

当 R 使用解码转发(DF)时，只有在源-目的间信道性能良好的情况下，基于阈值传输是一种广泛使用的解决传播差错的方法[22, 65, 66]。虽然这并不能完全消除传播差错，至少可以显著减少差错。而当源-中继间信道性能较差时，R 仍然可以采用中继转发(AF)[67]，也可以保持沉默使得 S 重新传输信号。下面来讨论一下选择后者方式下的传输协议。

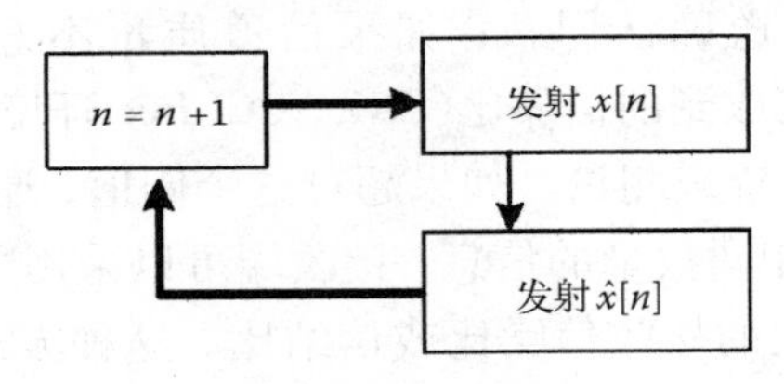

图 3.9 固定中继流程

3.4.2.2 选择中继

选择中继(SR)，通过比较实时接收到的 SNR/SINR 和预设阈值λ_T，测试源-中继信道的质量。只有当测量值达到或者超过这个条件时，才能认为源-中继信道质量良好。当测量值未达到阈值时，假设信道条件变化，则在接下来的时间段 R 保持沉默，而 S 被请求重发信号见文献[22]。图 3.10 显示了该协议的流程。

这个协议在利用分集增益时总遭遇最小的误差传播效应。因此，它仍然要损失 50% 的吞吐量。通过将基于决策的中继扩展到目的地，这种损失可以减轻。

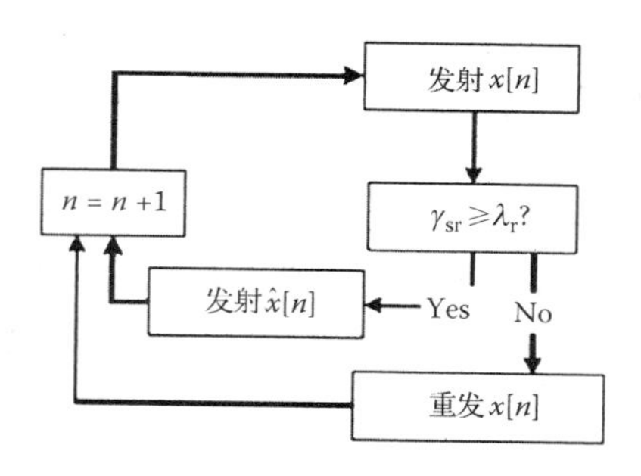

图 3.10　选择中继流程

3.4.2.3　增量中继

当源-目的信道处于良好的状态时，增量中继(IR)会放弃分集增益。在这种情况下，D 可能成功解码信号，因此，不需要协助。类似于 SR，IR 通过比较接收到的 SNR/SINR 和预设阈值 λ_d 测试源-中继信道的质量。当达到或超过阈值时，D 发送 ACK，请求一个新的传输。否则，它发送一个 NACK，要求 R 协助[68]。图 3.11 显示了该协议的流程。文献[22]最初提出了这个协议，由于其没有采用基于决策的中继而遭受错误传输。最近，文献[69]、文献[70]和文献[73]结合增量中继和选择中继，提出了选择增量传输(SIR)协议。

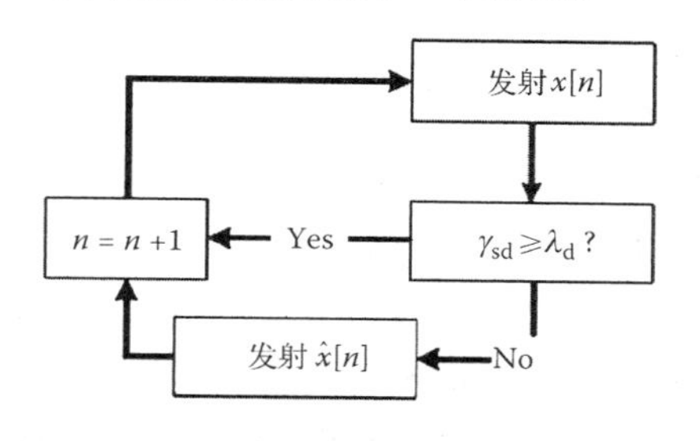

图 3.11　增量中继流程

3.4.2.4　选择增量中继

通过结合基于判决的中继和协助，选择增量中继能够在吞吐量降低和分集增益性能之间取得平衡。图 3.12 显示了该协议的流程，该协议将前面提到的三个协议作为其特殊情况包含在里面，尤其是当 $\lambda_d=\infty$ 和 $\lambda_r=0$ 时，选择增量中继(SIR)可以简化为固定中继(FR)，而当 $\lambda_d=\infty$ 和 $0<\lambda_r<\infty$ 时，选择增量中继可以简化为选择中继(SR)，最后当 $0<\lambda_d<\infty$，$\lambda_r=0$ 时，选择增量中继简化为增量中继(IR)。

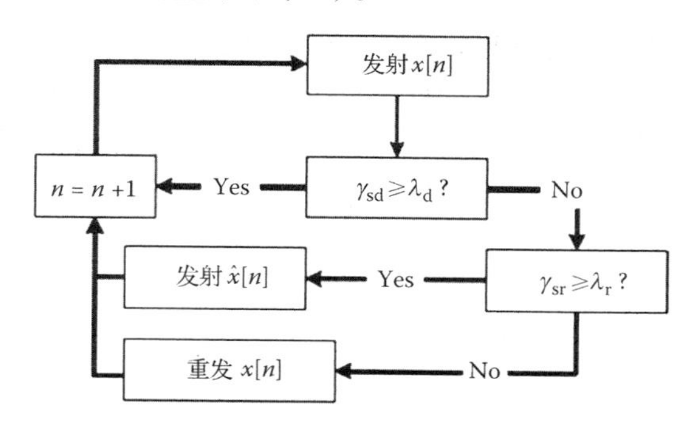

图 3.12　选择增量中继流程

3.5 选择协同频谱感知策略

本节提出了三个选择性协同频谱感知(CSS)的策略,用来减少协同频谱感知报告期的持续时间和潜在活跃的主用户所经历的同信道干扰(CCI)。这三个策略分别是双门限选择性协同频谱感知(DTCSS)策略、最大协同频谱感知(MCSS)策略和最大最小协同频谱感知(MMCSS)策略。

这些策略的性能参数有检测概率、虚警概率和平均传输次数。研究表明,这些策略不但降低了同信道干扰的影响和报告期的持续时间,达到的性能与3.2节提到的采用传统协同频谱感知(CSS)策略的性能相当,有时甚至更优。

3.5.1 双门限选择性

以图3.7所示的认知无线电网络中K终端为研究对象。在感知期结束时,局部判决d_k以循环的方式转发到融合中心以形成最终的判决。于是,为了降低同信道干扰对潜在活跃主用户的影响,对能量检测器进行了调整修订。将局部能量估值ϕ_k与预设的两个判决阈值λ_L和λ_U相比较,则有

$$d_k = \begin{cases} 0, & \phi_k \leqslant \lambda_L \\ 1, & \phi_k \geqslant \lambda_U \\ \text{无判决}, & \lambda_L < \phi_k > \lambda_U \end{cases} \tag{3.13}$$

通过比较,只有做出了局部判决的终端,也就是说,$d_k=0$或1,向融合中心发送报告,而那些没有做出判决的终端则保持沉默[71]。无判决区域的取值($\lambda_U-\lambda_L$)与同信道干扰的数量对活跃主用户的影响成反比。因此,取值越宽,同信道干扰数量越小。然而,这也会降低报告传输给融合中心的数量,降低了检测能力。因此,这个区域的取值选择应该在这两个矛盾的目标之间取得平衡。

一般来说,设置λ_U和λ_L为Neyman-Pearson阈值的函数,满足函数$\lambda_L=f_L(\lambda)$和$\lambda_U=f_U(\lambda)$,且满足$\lambda_L\in[0,\lambda]$和$\lambda_U\in[\lambda,\infty]$。

如果用C_r表示局部决策终端组,令K_r是C_r的基本单元总数,则融合中心接收局部判决数为K_r,$K_r\leqslant K$(局部判决的总数)。这些局部判决将通过不稳定的报告信道发送,因此会有不容忽视的解码错误。为减少错误影响,融合中心(FC)会排除那些瞬时SINR或SNR低于预设阈值τ_{th}的报告。虽然可以任意选择阈值来满足一定的性能水平,其中阈值的下界为2^Q-1,其中,Q用比特每秒每赫兹(bps/Hz)表示频谱效率。

在报告期结束时,融合中心将会收到总数为K_d的可靠解码的局部判决。令这些决策的解码集合为C_d,是C_r的子集。借助K_d报告,融合中心计算判决度量Θ为

$$\Theta = \sum_{l=0}^{K_d+1} \hat{d}_k \tag{3.14}$$

并与决策阈值Θ_{th}做比较,并得出最终决策

$$\begin{aligned} H_1^{FC}: \ \Theta \geqslant \Theta_{th} \\ H_0^{FC}: \ \Theta < \Theta_{th} \end{aligned} \tag{3.15}$$

这个方案的性能可用终端和融合中心水平进行评估。特别是以下性能指标值得注意：

- 感知终端 R_k 的检测和虚警概率
- 报告有或无主用户的终端平均数量
- 融合中心的检测和虚警概率
- 请求重传有或无主用户（判决报告）的平均数量

根据判决规则，检测概率和虚警概率分别由下式给出：

$$P_{\mathrm{d,DT},k}=\Pr\left[\phi_k \geqslant \lambda_{\mathrm{U}} \middle| H_1^{\mathrm{PU}}\right] \quad 和 \quad P_{\mathrm{fa,DT},k}=\Pr\left[\phi_k \geqslant \lambda_{\mathrm{U}} \middle| H_0^{\mathrm{PU}}\right]$$

引入累积分布函数（CDF），这两个概率则变为

$$P_{\mathrm{d,DT},k}=1-F_{\phi_k|H_1^{\mathrm{PU}}}(\lambda_{\mathrm{U}}) \quad 和 \quad P_{\mathrm{fa,DT},k}=1-F_{\phi_k|H_0^{\mathrm{PU}}}(\lambda_{\mathrm{U}}) \tag{3.16}$$

其中，$F_{\phi k}$ 表示的累积分布函数（CDF）。

报告终端的平均数量满足 H_0^{PU} 和 H_1^{PU} 时，可如下确定。

当 $R_k \in C_{\mathrm{r}}$ 且只有 $\phi_k \geqslant \lambda_U$ 或 $\phi_k \leqslant \lambda_L$ 时，可得

$$\Pr\left[R_k \in C_{\mathrm{r}} \middle| H_1^{\mathrm{PU}}\right]=1+F_{\phi_k|H_1^{\mathrm{PU}}}(\lambda_{\mathrm{L}})-F_{\phi_k|H_1^{\mathrm{PU}}}(\lambda_{\mathrm{U}}) \tag{3.17}$$

$$\Pr\left[R_k \in C_{\mathrm{r}} \middle| H_0^{\mathrm{PU}}\right]=1+F_{\phi_k|H_0^{\mathrm{PU}}}(\lambda_{\mathrm{L}})-F_{\phi_k|H_0^{\mathrm{PU}}}(\lambda_{\mathrm{U}}) \tag{3.18}$$

代入概率值，发送报告终端的平均数的计算可以为

$$\hat{K}_{\mathrm{r},H_1^{\mathrm{PU}}}=\sum_{k=1}^{K}\Pr\left[R_k \in C_{\mathrm{r}} \middle| H_1^{\mathrm{PU}}\right] \tag{3.19}$$

$$\hat{K}_{\mathrm{r},H_0^{\mathrm{PU}}}=\sum_{k=1}^{K}\Pr\left[R_k \in C_{\mathrm{r}} \middle| H_0^{\mathrm{PU}}\right] \tag{3.20}$$

令 $\lambda_{\mathrm{U}}=\lambda_{\mathrm{L}}=\lambda$，则无决策域消失，因此 $\Pr[R_k \in C_{\mathrm{r}} \mid H_0^{\mathrm{PU}}]=\Pr[R_k \in C_{\mathrm{r}} \mid H_1^{\mathrm{PU}}]=1$，可得 $\hat{K}_{\mathrm{r},H_1^{\mathrm{PU}}}=\hat{K}_{\mathrm{r},H_0^{\mathrm{PU}}}=K$。

模拟和图示

本小节将研究终端一侧的检测和虚警的概率。

图 3.13 显示了增加 λ_{U} 对 $P_{\mathrm{d,DT},k}$ 和 $P_{\mathrm{fa,DT},k}$ 的影响。图中，假设主用户距离任意一个（次用户）终端 D_{ref} 一个单位距离，任意终端在一个 6 MHz 频率以上的信道传输 5 dB 信号。逐渐增加 Δ[其中 $\lambda_{\mathrm{U}}=(1+\Delta)\lambda$]，使得次用户降低其 $P_{\mathrm{fa,DT}}$ 和 $P_{\mathrm{d,DT}}$。这种降低反映在报告终端数量的减少上，如图 3.14 所示。图中，令 $K=10$，终端随机分布在以主用户为中心，半径为 $2D_{\mathrm{ref}}$ 的圆周内，增加 Δ 将减少报告终端的平均数量，从而减少同信道干扰对主用户的影响。

接着，研究融合中心一侧的性能。图 3.15 表示 $K=10$ 的终端网络的 $P_{\mathrm{fa,DTCSS}}$ 和 $P_{\mathrm{d,DTCSS}}$。此时，主用户信号为 −5 dB，融合中心 $\Theta_{\mathrm{th}}=1$，$\tau=1$，而 K 个终端信号为 5 dB。如图所示，增加 Δ 且减少 $P_{\mathrm{fa,DTCSS}}$ 至适中。但是，它也减少了 $P_{\mathrm{d,DTCSS}}$，这是不希望的。由于 $K_{\mathrm{d}} \leqslant K$，增加 Δ 显然会减少 $P_{\mathrm{d,DTCSS}}$。

令 $M_{1,\mathrm{DTCSS}}$ 和 $M_{0,\mathrm{DTCSS}}$ 分别表示在 H_1^{PU} 和 H_0^{PU} 条件下重新传输的次数。

最后，分析一下 $M_{0,\mathrm{DTCSS}}$ 和 $M_{1,\mathrm{DTCSS}}$。图 3.16 表明，增加 Δ 使得两个指标都增加。图中存在一个 $K=5$ 的终端网络，其中主用户使用 -5 dB 信号通信。网络终端随机分布在和主用户相距 $[0, 2D_{\mathrm{ref}}]$ 距离单位的范围内。发送报告使用 5 dB 的信号，融合中心采用 $\tau=1$ 和 $\Theta_{\mathrm{th}}=1$。

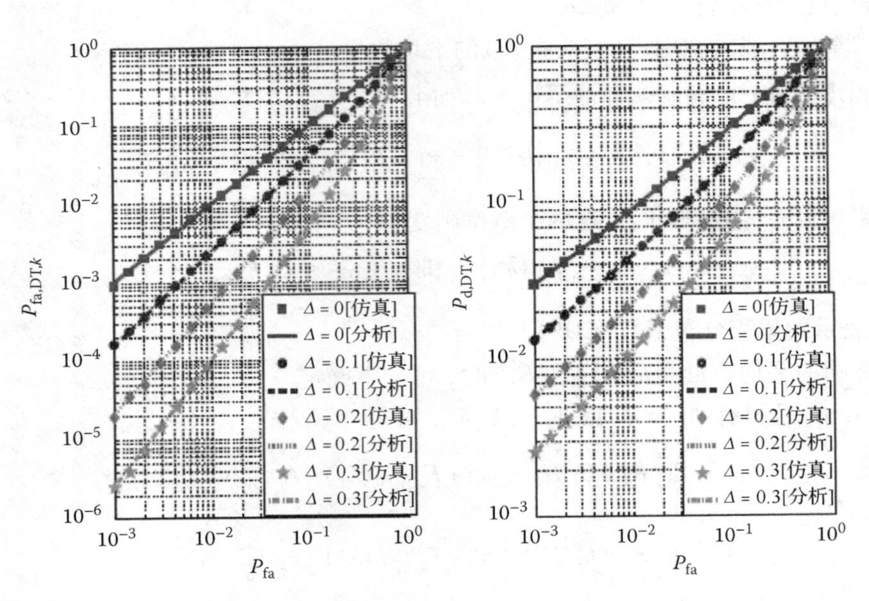

图 3.13 Δ 的不同取值时的 $P_{\mathrm{fa,DTCSS}}$ 和 $P_{\mathrm{d,DTCSS}}$

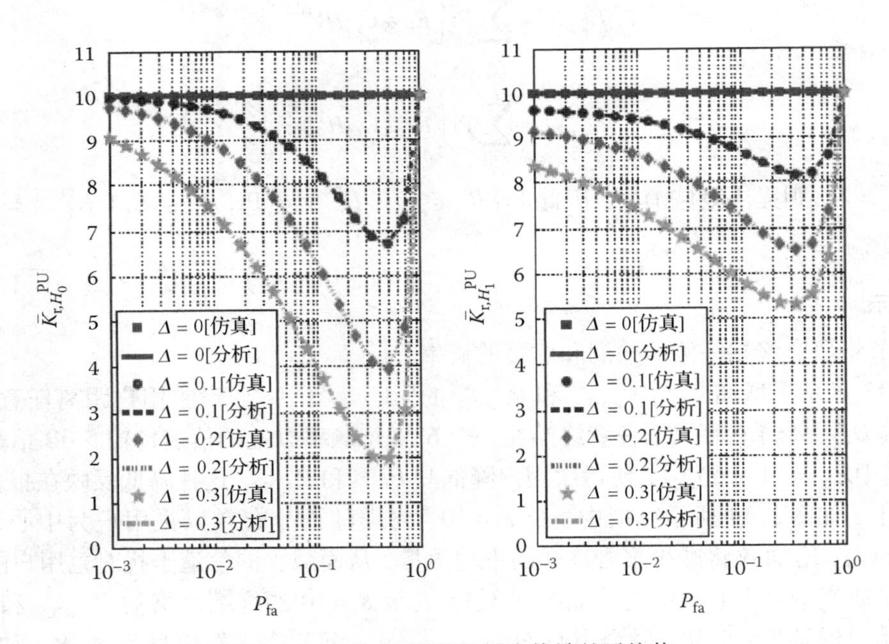

图 3.14 作为 P_{fa} 函数的报告终端的平均值

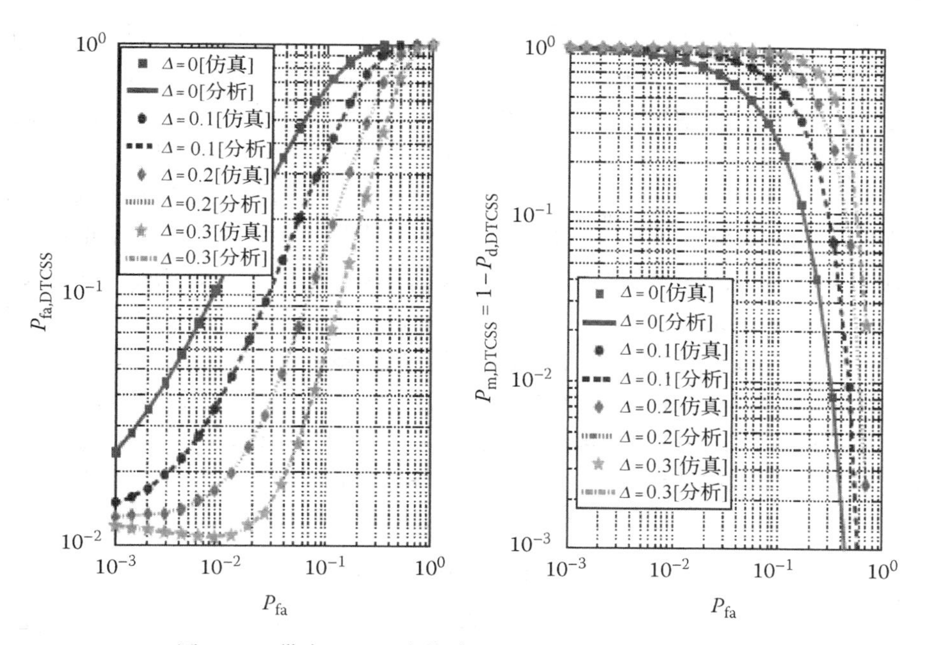

图 3.15　带有 $K=10$ 个终端的网络的 $P_{fa,DTCSS}$ 和 $P_{d,DTCSS}$

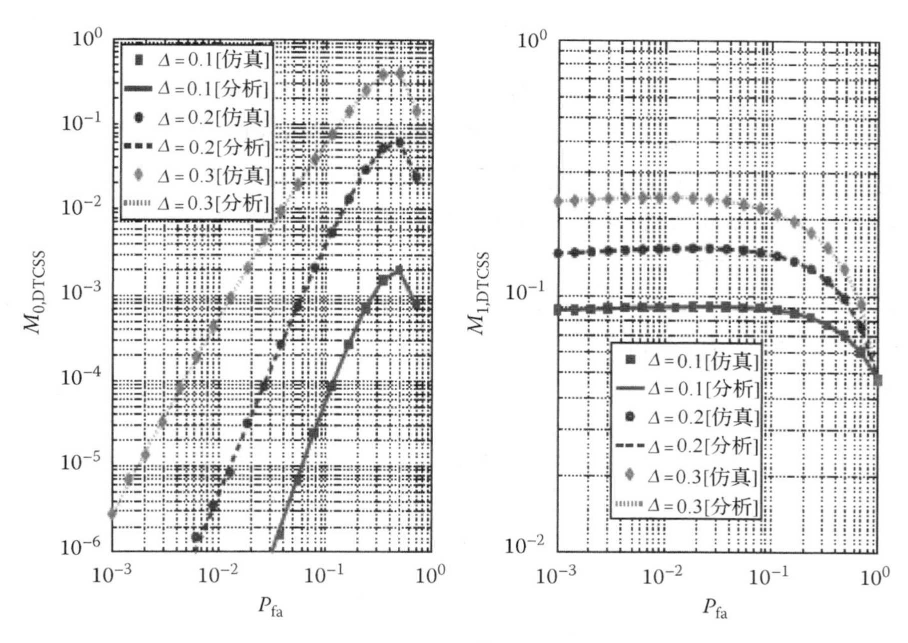

图 3.16　重发的平均值

3.5.2　最大协同频谱感知策略

当报告终端数量较大时，报告期持续时间将变得较长，可能导致主用户所经历的同信道干扰(CCI)影响达到不容忽视的水平。可以通过选择终端的子群来代替整个网络的方法加以避免。例如，允许 $d_k=1$ 的终端向 FC 报告，而其他终端保持沉默。或者，选择 $d_k=0$ 的终端与融合中心通信。第三种方法是让有最高 N 能量估值的终端与融合中心通信。然而，在所有情况下，选择标准是以一种分布式的方式制定，也就是说，报告期的持续时间应保持在 K 时段，即使有些时间段不被使用。如果减少该持续时间可能会导致非零冲突，这只会使活跃主用户所经受的同信道干扰更加恶化。幸运的是，利用此概念，仍然可以允许单个终端与融合中心通信。显然，这一方式报告时间最短。这个终端可以选择最大能量估值、最小能量估值、适中能量估值或者随机选择。在这四个选项中，最大能量估值准则最有吸引力。选择最低能量估值将会降低对主用户的保护，因为对大量终端的网络，即使主用户为活跃时大多数情况下也会选择。另一方面，选择适中能量估值不能实施分布式方式，而随机选择将浪费协同增益。因此，采取了最大能量估值准则，实现了最低报告时间、最小同信道干扰效果，取得了较好的性能，尤其是主用户保护方面。在感知期结束时，具有最高能量估值的终端将它的局部判决发送到融合中心。实现选择的方法是：让每个终端设定一个计时器，其计时与能量估值成反比，符合最高能量估值的计时器首先停止计时。因此，如果 R_* 代表所选择的终端，则有

$$R_* = \arg_k \max\{\phi_1, \phi_2, \cdots, \phi_k, \cdots \phi_K\} \tag{3.21}$$

其中相应的能量估值被记为 ϕ_*，并且局部判决记为 d_*。在融合中心一端，d_* 的解码译文记为 $\hat{d}_*$，则用于计算判定阈值 $\Theta = \hat{d}_0 + \hat{d}_*$。

最后，融合中心根据如下决策规则得出最终决定：

$$\begin{aligned} H_1^{\mathrm{FC}}:&\quad \Theta \geqslant \Theta_{\mathrm{th}} \\ H_0^{\mathrm{FC}}:&\quad \Theta < \Theta_{\mathrm{th}} \end{aligned} \tag{3.22}$$

为了减少解码错误的影响，融合中心通过预设的阈值 τ_{th} 来检查报告信道的质量。如果 SINR 或 SNR 超过此阈值，融合中心用 Θ 做出最后判决；否则，它要求 R_* 重发。

接下来，关注一下此策略的性能。同理，在使用 DTCSS 情况下，除了通信终端的平均数指标为 1 外，可以看到其他性能指标基本一致。

由于 R_* 具有 $\phi_* = \max_k\{\phi_1, \phi_2, \cdots, \phi_K\}$，则相应的检测和虚警概率分别定义为 $P_{\mathrm{d,MCSS},*} = \Pr[\phi_* \geqslant \lambda | H_1^{\mathrm{PU}}]$ 和 $P_{\mathrm{fa,MCSS},*} = \Pr[\phi_* \geqslant \lambda | H_0^{\mathrm{PU}}]$。

则这两个概率为

$$P_{\mathrm{d,MCSS},*} = \Pr\left[\phi_* \geqslant \lambda \middle| H_1^{\mathrm{PU}}\right] = 1 - \prod_{k=1}^{K} \Pr\left[\phi_k < \lambda \middle| H_1^{\mathrm{PU}}\right] = 1 - \prod_{k=1}^{K}(1 - P_{\mathrm{d},k}) \tag{3.23}$$

$$\begin{aligned} P_{\mathrm{fa,MCSS},*} &= \Pr\left[\phi_* \geqslant \lambda \middle| H_0^{\mathrm{PU}}\right] = 1 - \prod_{k=1}^{K} \Pr\left[\phi_k < \lambda \middle| H_0^{\mathrm{PU}}\right] \\ &= 1 - \prod_{k=1}^{K}(1 - P_{\mathrm{fa},k}) = 1 - (1 - P_{\mathrm{fa}})^K \end{aligned} \tag{3.24}$$

很明显，当 K 增大时，指数 $P_{\mathrm{d,MCSS}}$ 趋近于 1；然而，$P_{\mathrm{fa,MCSS}}$ 同时也趋近于 1，这不是预期特征。但是，由于这两个参数趋近于 1 的速率不同，所需的性能可通过适当控制个别站点虚警概率 P_{fa} 来实现。

R_* 的检测和虚警性能与 K 成正比，如图 3.17 所示。该图表明，$P_{d,MCSS}$ 获得增益时，$P_{fa,MCSS}$ 下降。而且后者可以通过较少操作 P_{fa} 来减缓下降。图 3.18 给出了 $K=15$，10，5 和 2 时的融合中心一端的性能曲线。图中显示了 P_{fa} 性能的检测和虚警概率。网络终端随机分布在与主用户相距[$02D_{ref}$]以及与融合中心相距[0 D_{ref}]距离单位的范围内。主用户以 −5 dB 发射信号，终端以 5 dB 报告，设置融合中心 $\tau=1$ 和 $\Theta_{th}=1$。图 3.19 显示了此网络重发请求的平均数量。如图所示，增加 K 会减少重发请求的平均数量。

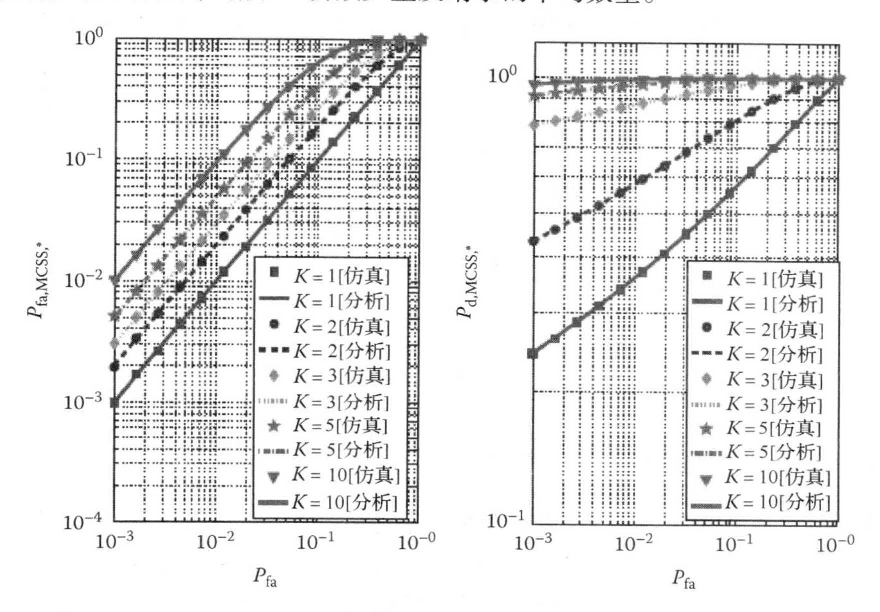

图 3.17　R_* 的 MCSS 检测和虚警性能

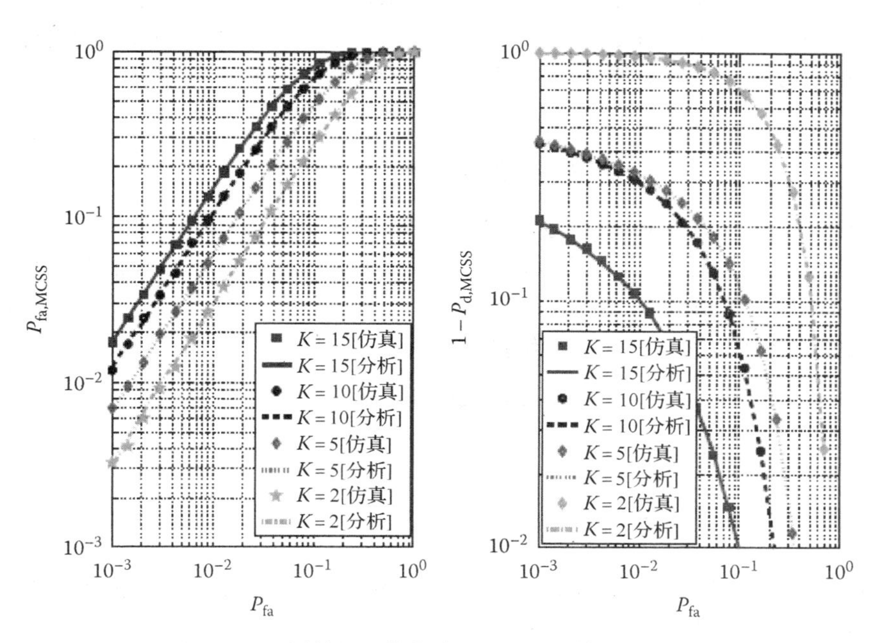

图 3.18　不同数量网络终端的 MCSS 虚警和误检性能

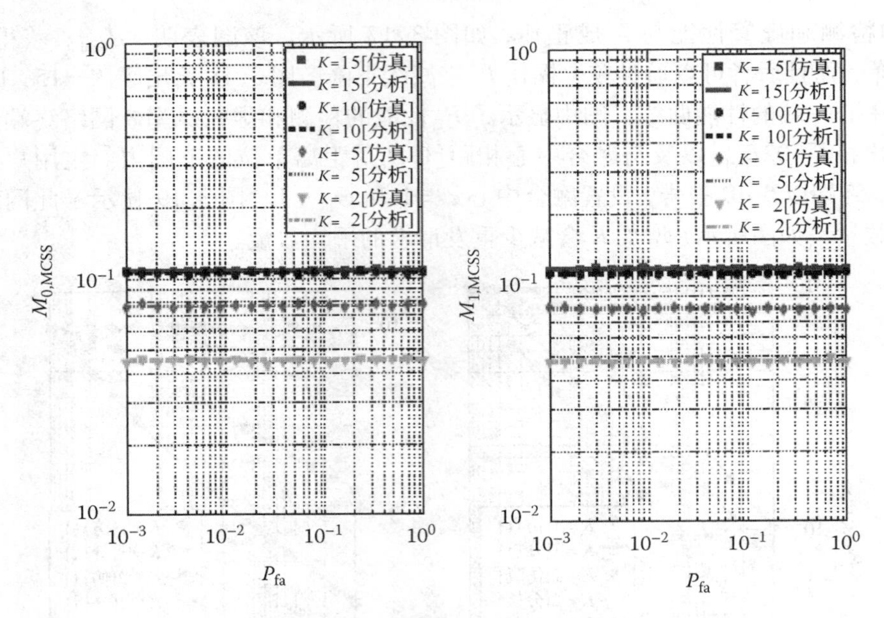

图 3.19 重发请求的 MCSS 平均值

3.5.3 最大-最小协同频谱感知策略

最大协同频谱感知策略(MCSS)无法对报告信道的质量做出保证，而信道恰恰是协同频谱感知期间最有可能发生变化的。尽管这种设想对于具有移动终端的网络非常合理，如基于 ECMA-392 标准[35]，却未必适用于带有固定终端的网络。事实上，这样的网络具有准静态报告信道，其信道的相干时间比整个协同频谱感知过程的持续时间都长，例如，该策略适用于基于 IEEE 802.22 标准的无线区域网(WRAN)[72]。在这种情况下，最大协同频谱感知策略可以修改来适应这一附加信息。特别是，可以根据文献[62]中提出的最大-最小标准选择 R_*

$$R_* = \arg_k \max\min\{\phi_k, \psi_k\} \tag{3.25}$$

但是这种策略存在两个缺点。首先，H_1^{PU} 下的报告信道并不是对等的，因为主用户在 R_K 处受到的干扰作用与在融合中心处受到的干扰作用不同。因此，在这种情况下使用 ψ_k 不能反映融合中心端报告信道的状态。第二，由于 ϕ_k 的范围通常比高，选择策略的内部大部分时间会选择 ψ_k。为了克服这些缺点，修订选择标准如下：

$$R_* = \arg_k \max\min\{\Phi_k, \Psi_k\} \tag{3.26}$$

其中

$$\Phi_k = \frac{\phi_k}{\lambda} \quad 和 \quad \Psi_k = \frac{\psi_k}{\tau_{\mathrm{th}}} \tag{3.27}$$

这一标准由于仅考虑信噪比部分，因此，ψ_k 实现了对等性[61]，同时它通过使两个对应的阈值 λ 和 τ_{th} 一致并将两个变量归一化而实现了公平性。在感知期结束时，每个终端设置定时器，与 Φ_k 和 ψ_k 的最小值成反比，使得对应于最大值的计时器首先停止计时。发生这种情况时，所选择的端点 R_* 转发其局部报告 D_* 到融合中心。之后，融合中心遵循 MCSS 策略相同的程序。

现在通过分析站点 R_* 的检测和虚警概率，以及融合中心的重传请求平均数量等指标来讨论这一策略的性能。

图3.20 显示了当 K 为不同值时，R_* 的检测和虚警概率。可以看出，MMCSS 达到的性能与 MCSS 策略的性能相当。但是，在重发请求的平均数量方面，MMCSS 优于 MCSS。

终端随机分布在与发射 -5 dB 信号的主用户相距[0 D_{ref}]的范围内。融合中心的性能如图3.21所示，在给定检测和虚警概率的条件下通过增加 K 获取增益。而图3.22 显示了通过增加重传请求的平均数量所实现的增益。

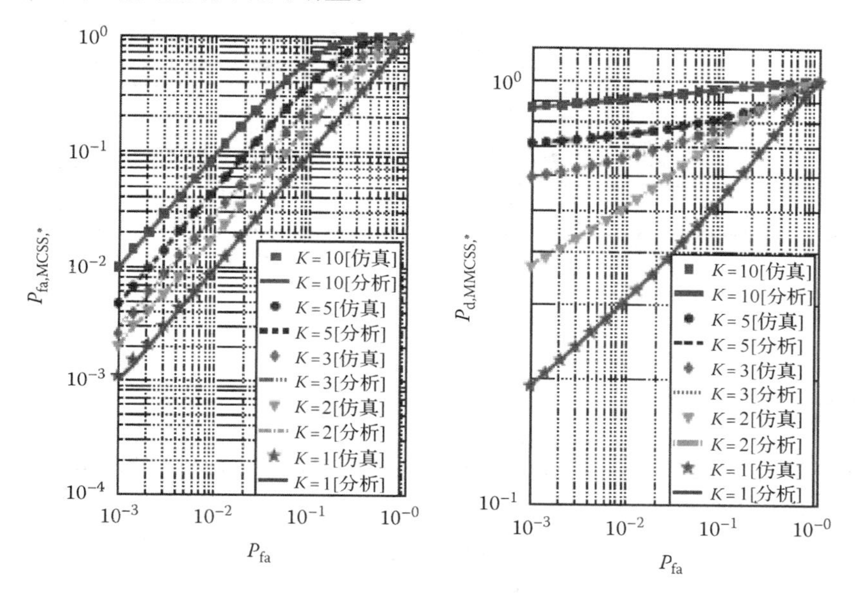

图3.20　K 取不同值时，R_* 的 MMCSS 检测和虚警概率

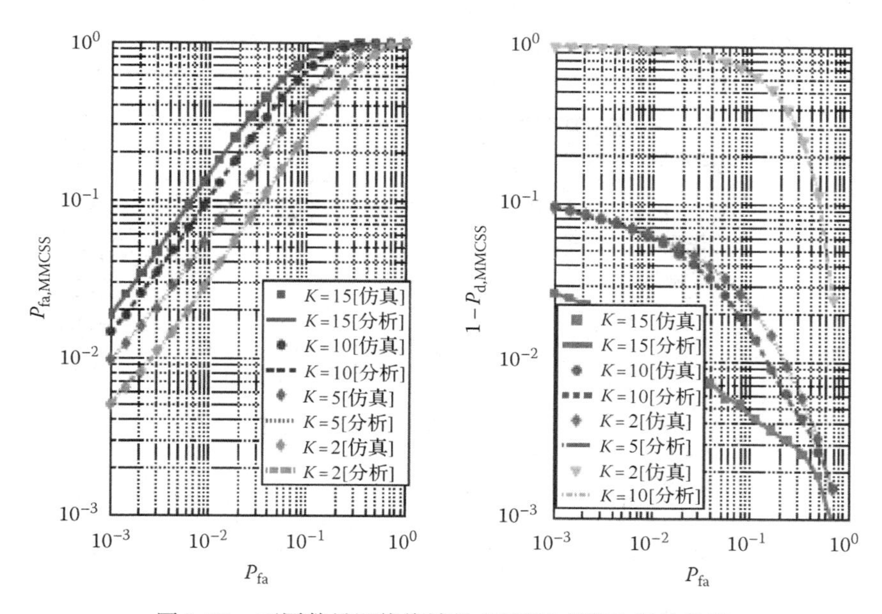

图3.21　不同数量网络终端的 MMCSS 虚警和误检性能

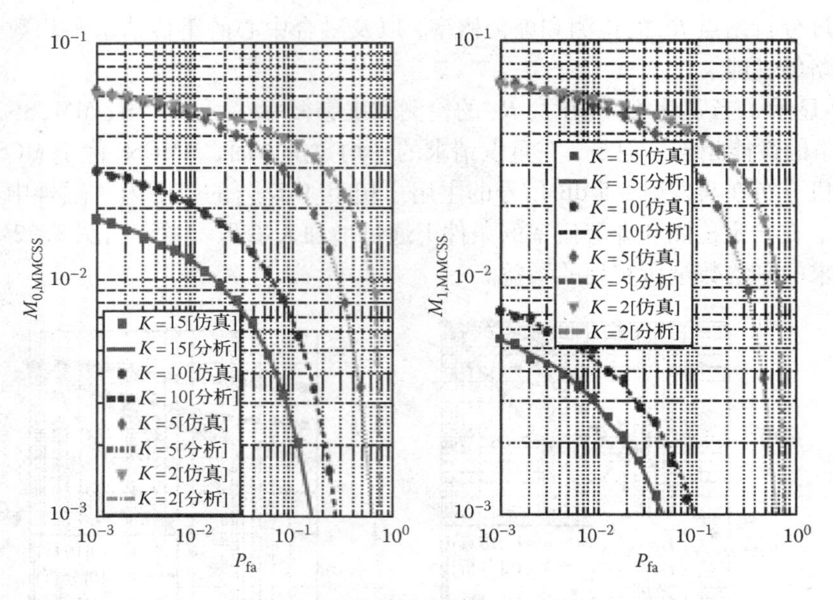

图 3.22　重发请求的 MMCSS 平均值

3.5.4　比较与探讨

通过分析这三种策略的性能，可以较为深刻地理解它们之间的相对性能：MCSS 和 MMCSS 的增益优于 DTCSS 策略。设想一个终端个数 $K=8$ 的网络，终端分布在距主用户 $[0 2D_{\mathrm{ref}}]$ 单位距离内、距融合中心 $[0\ D_{\mathrm{ref}}]$ 单位距离的范围内。主用户信号强度为 0 dB，融合中心采用 $\tau=1$，终端发送报告信号强度为 5 dB。图 3.23 显示，当 $\Theta_{\mathrm{th}}=1$ 时，MCSS 和 MMCSS 策略在检测概率方面优于 DTCSS 策略。但是当 $\Theta_{\mathrm{th}}=2$ 时，DTCSS 检测性能变得更好一些。此时，MCSS 和 MMCSS 策略发生比 DTCSS 策略更高的虚警概率。然而，当 P_{fa} 值非常小时，解码错误主导了 DTCSS 的性能，并导致错误洪泛，这使 MCSS 和 MMCSS 更具优势。

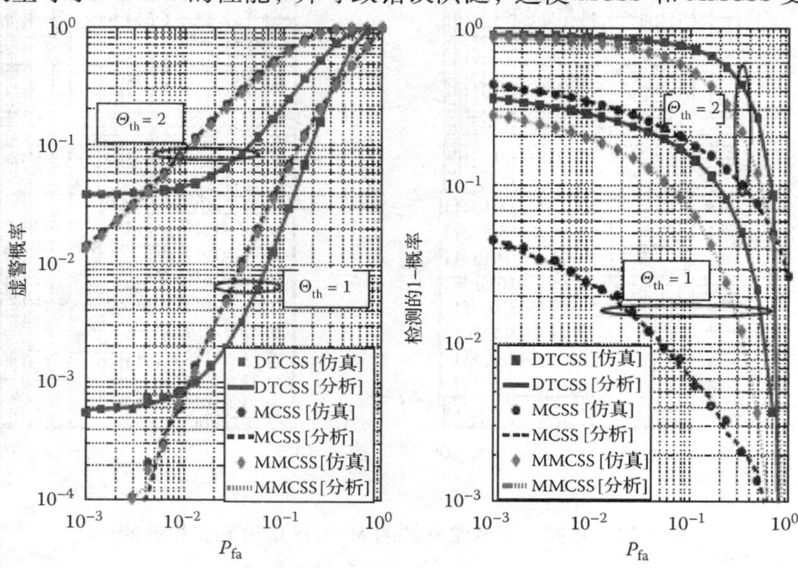

图 3.23　DTCSS、MCSS 和 MMCSS 的检测和虚警概率

现在，来看看 $\Theta_{th}=1,2$ 时的重传请求平均数量。如图 3.24 所示，MMCSS 和 MCSS 策略不受重传请求平均数增加的影响，而 DTCSS 却深受其苦，特别是当 P_{fa} 大于 10% 时。

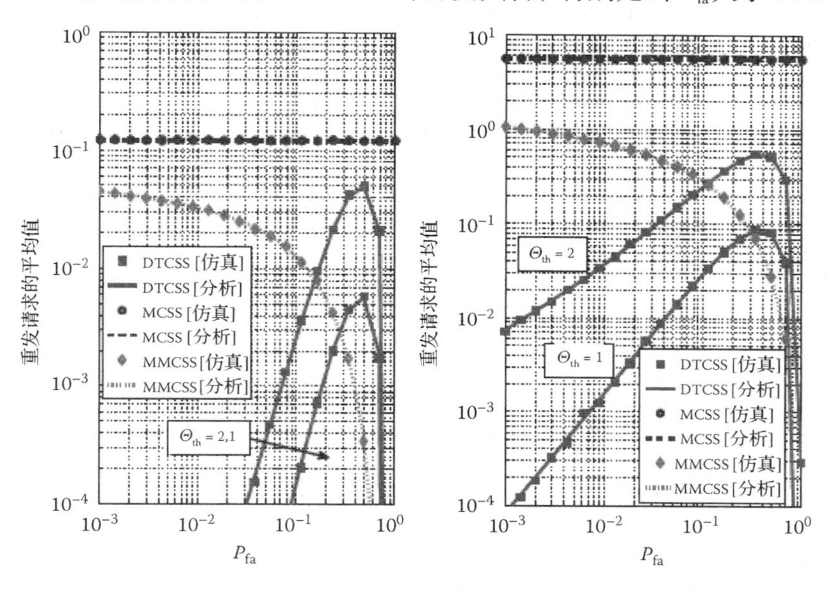

图 3.24　DTCSS、MCSS 和 MMCSS 重发请求的平均值

3.5.5　小结

本节提出了三种协同频谱感知策略，以减少报告期的持续时间，尽量降低同信道干扰对潜在活跃主用户的影响。就检测和虚警概率、发送报告终端的平均值和重发请求平均值等指标对这些策略的性能进行讨论。仿真结果表明，在所有的指标测试中，MMCSS 策略在三者之间的性能最佳。这个性能优势的实现只需要有一台具备重发请求能力的报告终端。

3.6　本章小结

本章介绍了协同频谱感知技术，提出了协同频谱感知和融合的基本原理和工作机制。探讨了多频段情况下频谱感知和融合，重点指出了相对于单频段情况下的优势。本章深入描述了协同频谱感知技术，包括采用能量检测的基于决策的协同频谱感知(CSS)，混合自动重发请求协议和协同分集(FR、SR、IR 及 SIR)，并阐述了协同频谱感知选择策略。相比常规的协同频谱感知策略，这些策略减少了同信道干扰(CCI)影响和报告的持续时间，同时在检测和虚警概率等指标方面实现了更优的性能。结果表明，对于增强认知无线电网络感知和探测技术的性能，协同必不可少。

参考文献

1. I. F. Akyildiz, B. F. Lo, and R. Balakrishnan, Cooperative spectrum sensing in cognitive radio networks: A survey, *Physics Communications*, 4 (1), 40–62, March 2011.
2. K. Letaief and W. Zhang, Cooperative communications for cognitive radio networks, *Proceedings of the IEEE*, 97 (5), 878–893, May 2009.

3. D. Cabric, A. Tkachenko, and R. Brodersen, Spectrum sensing measurements of pilot, energy, and collaborative detection, in *Proceedings of the IEEE Military Communications Conference (MILCOM'06)*, Washington, DC, October 2006, pp. 1–7.
4. T. Yucek and H. Arslan, A survey of spectrum sensing algorithms for cognitive radio applications, *IEEE Communications Surveys and Tutorials*, 11 (1), 116–130, January 2009.
5. Z. Quan, S. Cui, A. Sayed, and H. Poor, Optimal multiband joint detection for spectrum sensing in cognitive radio networks, *IEEE Transactions on Signal Processing*, 57 (3), 1128–1140, March 2009.
6. Z. Tian, Compressed wideband sensing in cooperative cognitive radio networks, in *Proceedings of the IEEE Global Telecommunication Conference (GLOBECOM'08)*, New Orleans, LA, December 2008, pp. 1–5.
7. Z. Fanzi, C. Li, and Z. Tian, Distributed compressive spectrum sensing in cooperative multihop cognitive networks, *IEEE Journal of Selected Topics in Signal Processing*, 5 (1), 37–48, February 2011.
8. Y. Wang, A. Pandharipande, Y. L. Polo, and G. Leus, Distributed compressive wideband spectrum sensing, in *Information Theory and Applications Workshop*, La Jolla, CA, February 2009, pp. 2337–2340.
9. N. Shankar, C. Cordeiro, and K. Challapali, Spectrum agile radios: Utilization and sensing architectures, in *Proceedings of the IEEE International Symposium on New Frontiers in Dynamic Spectrum Access Networks (DySPAN'05)*, Baltimore, MD, November 2005, pp. 160–169.
10. W. Zhang, R. Mallik, and K. Letaief, Optimization of cooperative spectrum sensing with energy detection in cognitive radio networks, *IEEE Transactions on Wireless Communications*, 8 (12), 5761–5766, December 2009.
11. J. Ma, G. Zhao, and Y. Li, Soft combination and detection for cooperative spectrum sensing in cognitive radio networks, *IEEE Transactions on Wireless Communications*, 7 (11), 4502–4507, November 2008.
12. E. Visotsky, S. Kuffner, and R. Peterson, On collaborative detection of TV transmissions in support of dynamic spectrum sharing, in *Proceedings of the IEEE International Symposium on New Frontiers in Dynamic Spectrum Access Networks (DySPAN'05)*, Baltimore, MD, November 2005, pp. 338–345.
13. S. Mishra, A. Sahai, and R. Brodersen, Cooperative sensing among cognitive radios, in *Proceedings of the IEEE International Conference on Communications (ICC'06)*, Istanbul, Turkey, vol. 4, June 2006, pp. 1658–1663.
14. Z. Quan, S. Cui, A. Sayed, and H. Poor, Spatial-spectral joint detection for wideband spectrum sensing in cognitive radio networks, in *Proceedings of the IEEE International Conference on Acoustics, Speech and Signal Processing (ICASSP'08)*, Las Vegas, NV, April 2008, pp. 2793–2796.
15. R. Fan and H. Jiang, Optimal multi-channel cooperative sensing in cognitive radio networks, *IEEE Transactions on Wireless Communications*, 9 (3), 1128–1138, March 2010.
16. R. Fan, H. Jiang, Q. Guo, and Z. Zhang, Joint optimal cooperative sensing and resource allocation in multichannel cognitive radio networks, *IEEE Transactions on Vehicular Technology*, 60 (2), 722–729, February 2011.
17. M. Derakhtian, F. Izedi, A. Sheikhi, and M. Neinavaie, Cooperative wideband spectrum sensing for cognitive radio networks in fading channels, *IET Signal Processing*, 6 (3), 227–238, May 2012.
18. Z. Song, Z. Zhou, X. Sun, and Z. Qin, Cooperative spectrum sensing for multiband under noise uncertainty in cognitive radio networks, in *Proceedings of the IEEE International Conference on Communications Workshops (ICC'10)*, Cape Town, South Africa, May 2010, pp. 1–5.

19. S.-J. Kim and G. Giannakis, Sequential and cooperative sensing for multi-channel cognitive radios, *IEEE Transactions on Signal Processing*, 58 (8), 4239–4253, August 2010.
20. G. Hattab and M. Ibnkahla, Multiband cognitive radio: Great promises for future radio access, *Proceedings of the IEEE*, 102 (3), 282–306, March 2014.
21. Federal Communications Commission (FCC), Second memorandum opinion and order in the matter of unlicensed operation in the TV broadcast bands, additional spectrum for unlicensed devices below 900 MHz and in the 3 GHz band, Technical Report, Washington, DC, ET Docket No. 10–174, September 2010.
22. J. Laneman, D. Tse, and G. Wornell, Cooperative diversity in wireless networks: Efficient protocols and outage behavior, *IEEE Transactions on Information Theory*, 50 (12), 3062–3080, December 2004.
23. Z. Quan, S. Cui, H. Poor, and A. Sayed, Collaborative wideband sensing for cognitive radios, *IEEE Signal Processing Magazine*, 25 (6), 60–73, November 2008.
24. K. Ben Letaief and W. Zhang, Cooperative communications for cognitive radio networks, *Proceedings of the IEEE*, 97 (5), 878–893, May 2009.
25. A. El-Mougy, M. Ibnkahla, G. Hattab, and W. Ejaz, Reconfigurable dynamic networks, *The Proceedings of the IEEE* (submitted for publication), 2014.
26. B. F. Lo, A survey of common control channel design in cognitive radio networks, *Physical Communication*, 4 (1), 26–39, 2011.
27. W. Zhang and K. Letaief, Cooperative spectrum sensing with transmit and relay diversity in cognitive radio networks—[transaction letters], *IEEE Transactions on Wireless Communications*, 7 (12), 4761–4766, December 2008.
28. C. Sun, W. Zhang, and K. Letaief, Cluster-based cooperative spectrum sensing in cognitive radio systems, in *Proceedings of the IEEE International Conference on Communications (ICC)*, Glasgow, Scotland, June 24–28, 2007, pp. 2511–2515.
29. J. Lee, Y. Kim, S. Sohn, and J. Kim, Weighted-cooperative spectrum sensing scheme using clustering in cognitive radio systems, in *10th International Conference on Advanced Communication Technology (ICACT)*, Phoenix Park, Korea, February 2008, pp. 786–790.
30. K. Smitha and A. Vinod, Cluster based cooperative spectrum sensing using location information for cognitive radios under reduced bandwidth, in *IEEE 54th International Midwest Symposium on Circuits and Systems (MWSCAS)*, Seoul, Korea, August 2011, pp. 1–4.
31. M. Ben Ghorbel, H. Nam, and M. Alouini, Cluster-based spectrum sensing for cognitive radios with imperfect channel to cluster-head, in *IEEE Wireless Communications and Networking Conference (WCNC)*, Paris, France, April 2012, pp. 709–713.
32. Y. Zou, Y.-D. Yao, and B. Zheng, A selective-relay based cooperative spectrum sensing scheme without dedicated reporting channels in cognitive radio networks, *IEEE Transactions on Wireless Communications*, 10 (4), 1188–1198, April 2011.
33. K. Umebayashi, J. Lehtomaki, T. Yazawa, and Y. Suzuki, Efficient decision fusion for cooperative spectrum sensing based on OR-rule, *IEEE Transactions on Wireless Communications*, 11 (7), 2585–2595, July 2012.
34. C. Stevenson, G. Chouinard, Z. Lei, W. Hu, S. Shellhammer, and W. Caldwell, IEEE 802.22: The first cognitive radio wireless regional area network standard, *IEEE Communications Magazine*, 47 (1), 130–138, January 2009.
35. ECMA International, MAC and PHY for operation in TV white space, Technical Report, Geneva, Switzerland, December 2009.
36. D. Chase, Code combining—A maximum-likelihood decoding approach for combining an arbitrary number of noisy packets, *IEEE Transactions on Communications*, 33 (5), 385–393, May 1985.

37. E. Dahlman, S. Parkvall, and J. Sköld, *4G LTE/LTE-Advanced for Mobile Broadband*, 1st ed., Academic Press, Burlington, MA, 2011.
38. A. Sendonaris, E. Erkip, and B. Aazhang, User cooperation diversity: Part I. system description, *IEEE Transactions on Communications*, 51 (11), 1927–1938, November 2003.
39. A. Sendonaris, E. Erkip, and B. Aazhang, User cooperation diversity: Part II. Implementation aspects and performance analysis, *IEEE Transactions on Communications*, 51 (11), 1939–1948, November 2003.
40. M. Dohler and Y. Li, Cooperative Communications: Hardware, Channel and PHY, 1st ed., John Wily & Sons, Hoboken, NJ, 2010.
41. H. Suraweera, H. Garg, and A. Nallanathan, Performance analysis of two hop amplify-and-forward systems with interference at the relay, *IEEE Communications Letters*, 14 (8), 692–694, August 2010.
42. F. S. Al-Qahtani, T. Q. Duong, C. Zhong, K. A. Qaraqe, and H. Alnuweiri, Performance analysis of dual-hop AF systems with interference in Nakagami-m fading channels, *IEEE Signal Processing Letters*, 18 (8), 454–457, August 2011.
43. N. Milosevic, Z. Nikolic, and B. Dimitrijevic, Performance analysis of dual hop relay link in Nakagami-m fading channel with interference at relay, in *21st International Conference Radioelektronika (RADIOELEKTRONIKA)*, Brno, Czech Republic, April 2011, pp. 1–4.
44. C. Zhong, S. Jin, and K.-K. Wong, Dual-hop systems with noisy relay and interference-limited destination, *IEEE Transactions on Communications*, 58 (3), 764–768, March 2010.
45. S. Ikki and S. Aıssa, Performance analysis of dual-hop relaying systems in the presence of co-channel interference, in *GLOBECOM 2010, 2010 IEEE Global Telecommunications Conference*, Miami, FL, December 2010, pp. 1–5.
46. D. Lee and J. H. Lee, Outage probability for dual-hop relaying systems with multiple interferers over Rayleigh fading channels, *IEEE Transactions on Vehicular Technology*, 60 (1), 333–338, January 2011.
47. H. Suraweera, D. Michalopoulos, R. Schober, G. Karagiannidis, and A. Nallanathan, Fixed gain amplify-and-forward relaying with co-channel interference, in *IEEE International Conference on Communications (ICC)*, Kyoto, Japan, June 2011, pp. 1–6.
48. H. Suraweera, D. Michalopoulos, and C. Yuen, Performance analysis of fixed gain relay systems with a single interferer in Nakagami-m fading channels, *IEEE Transactions on Vehicular Technology*, 61 (3), 1457–1463, March 2012.
49. N. Beaulieu and K. Hemachandra, Exact performance analysis of multihop relaying systems operating in co-channel interference using the generalized transformed characteristic function, in *Australasian Telecommunication Networks and Applications Conference (ATNAC)*, Melbourne, Victoria, Australia, November 2011, pp. 1–6.
50. T. Soithong, V. Aalo, G. Efthymoglou, and C. Chayawan, Performance of multihop relay systems in a Rayleigh fading environment with co-channel interference, in *IEEE Global Telecommunications Conference (GLOBECOM)*, Houston, TX, December 2011, pp. 1–6.
51. S. Ikki and S. Aissa, Effects of co-channel interference on the error probability performance of multi-hop relaying networks, in *IEEE Global Telecommunications Conference (GLOBECOM)*, Houston, TX, December 2011, pp. 1–5.
52. T. Soithong, V. Aalo, G. Efthymoglou, and C. Chayawan, Outage analysis of multihop relay systems in interference-limited Nakagami-m fading channels, *IEEE Transactions on Vehicular Technology*, 61 (3), 1451–1457, March 2012.
53. D. Lee and J. H. Lee, Outage probability for opportunistic relaying on multicell environments, in *IEEE 69th Vehicular Technology Conference (VTC-Spring)*, Barcelona, Spain, April 2009, pp. 1–5.

54. Q. Yang and K. Kwak, Outage performance of cooperative relaying with dissimilar Nakagami-m interferers in Nakagami-m fading, *IET Communications*, 3 (7), 1179–1185, July 2009.
55. J. Si, Z. Li, and Z. Liu, Outage probability of opportunistic relaying in Rayleigh fading channels with multiple interferers, *IEEE Signal Processing Letters*, 17 (5), 445–448, May 2010.
56. D. Lee and J. H. Lee, Outage probability of amplify-and-forward opportunistic relaying with multiple interferers over Rayleigh fading channels, in *IEEE 73rd Vehicular Technology Conference (VTC-Spring)*, Budapest, Hungary, May 2011, pp. 1–5.
57. D. Lee and J. H. Lee, Outage probability of decode-and-forward opportunistic relaying in a multicell environment, *IEEE Transactions on Vehicular Technology*, 60 (4), 1925–1930, May 2011.
58. H. Yu, I.-H. Lee, and G. L. Stuber, Outage probability of decode-and-forward cooperative relaying systems with co-channel interference, *IEEE Transactions on Wireless Communications*, 11 (1), 266–274, January 2012.
59. S.-I. Kim and J. Heo, Outage probability of interference-limited amplify-and-forward relaying with partial relay selection, in *IEEE 73rd Vehicular Technology Conference (VTC-Spring)*, Budapest, Hungary, May 2011, pp. 1–5.
60. S. Ikki and S. Aissa, Impact of imperfect channel estimation and co-channel interference on regenerative cooperative networks, *IEEE Wireless Communications Letters*, 1 (5), 436–439, October 2012.
61. I. Krikidis, J. Thompson, S. Mclaughlin, and N. Goertz, Max-min relay selection for legacy amplify-and-forward systems with interference, *IEEE Transactions on Wireless Communications*, 8 (6), 3016–3027, June 2009.
62. A. Bletsas, A. Khisti, D. Reed, and A. Lippman, A simple cooperative diversity method based on network path selection, *IEEE Journal on Selected Areas in Communications*, 24 (3), 659–672, March 2006.
63. S. Il Kim and J. Heo, An efficient relay selection strategy for interference limited relaying networks, in *IEEE 21st International Symposium on Personal Indoor and Mobile Radio Communications (PIMRC)*, Istanbul, Turkey, September 2010, pp. 476–481.
64. H. Ryu, J. Lee, and C. Kang, Relay selection scheme for orthogonal amplify and forward relay-enhanced cellular system in a multi-cell environment, in *IEEE 71st Vehicular Technology Conference (VTC-Spring)*, Taipei, Taiwan, May 2010, pp. 1–5.
65. F. Onat, A. Adinoyi, Y. Fan, H. Yanikomeroglu, J. Thompson, and I. Marsland, Threshold selection for SNR-based selective digital relaying in cooperative wireless networks, *IEEE Transactions on Wireless Communications*, 7 (11), 4226–4237, November 2008.
66. N. C. Beaulieu and J. Hu, A closed-form expression for the outage probability of decode-and-forward relaying in dissimilar Rayleigh fading channels, *IEEE Communications Letters*, 10 (12), 813–815, December 2006.
67. T. Duong and H.-J. Zepernick, On the performance gain of hybrid decode-amplify-forward cooperative communications, *EURASIP Journal on Wireless Communications and Networking*, 2009 (1), 479463, 2009.
68. S. Ikki and M. Ahmed, Performance analysis of incremental-relaying cooperative-diversity networks over Rayleigh fading channels, *IET Communications*, 5 (3), 337–349, February 2011.
69. Q. Zhou and F. Lau, Two incremental relaying protocols for cooperative networks, *IET Communications*, 2 (10), 1272–1278, November 2008.
70. J. Ran, W. Yafeng, D. Yang, and W. Xiang, A novel selection incremental relaying strategy for cooperative networks, in *IEEE Wireless Communications and Networking Conference (WCNC)*, Cancun, Mexico, March 2011.

71. C. Sun, W. Zhang, and K. Letaief, Cooperative spectrum sensing for cognitive radios under bandwidth constraints, in *Proceedings of IEEE WCNC*, Hong Kong, China, March 11–15, 2007.
72. IEEE draft standard for information technology–telecommunications and information exchange between systems: Local and Metropolitan Area Networks: Specific requirements—Part 22.1: Standard to enhance harmful interference protection for low power licensed devices operating in the TV broadcast bands, IEEE Unapproved Draft Std P802.22.1/D6, February 2009.
73. K. Tourki, H.-C. Yang, and M.-S. Alouini, Error-rate performance analysis of incremental decode-and-forward opportunistic relaying, *IEEE Transactions on Communications*, 59 (6), 1519–1524, June 2011.
74. A. Abu-Alkheir, Cooperative cognitive radio networks: Spectrum acquisition and co-channel interference effect, PhD dissertation, Department of Electrical and Computer Engineering, Queen's University, Kingston, Ontario, Canada, February 2013.
75. A. Abu-Alkheir and M. Ibnkahla, A selective reporting strategy for decision-based cooperative spectrum sensing, *IEEE Communications Letters* (submitted for publication), 2014.
76. A. Abu-Alkheir and M. Ibnkahla, Outage performance of incremental relaying in a spectrum sharing environment, *IEEE Wireless Communications Letters* (submitted for publication), 2014.
77. G. Hattab and M. Ibnkahla, Multiband cognitive radio: Great promises for future radio access (long version), Internal Report, Queen's University, WISIP Laboratory, Kingston, Ontario, Canada, December 2013.

第 4 章　干扰条件下协同频谱感知

4.1　概述

认知无线电网络的动态频谱共享本质上导致了不可忽视的同信道干扰(CCI)。同信道干扰是由未检测到的主用户或其他认知无线电网络引起的，会造成重大的性能损耗。在本章中，作者对协同频谱感知进行了研究，考虑了不同的干扰源。本章还对频谱重叠背景下的协同频谱感知进行了研究，在该频谱重叠中，干扰被视为一个设计参数。本章内容组织如下：基于文献[1 ~6]的研究成果，4.2 节主要探讨追踪获取合并型混合自动重传请求(HARQ)；4.3 节致力于研究在干扰的情况下，基于文献[1 ~6]的再生型协同分集；根据文献[7]得出的结论，4.4 节讲述了干扰电平作为设计参数时的频谱重叠。

4.2　追踪获取合并型混合自动重传请求(HARQ)

设想一个双端认知无线电网络，源 S 与终点 D 在 N 个同信道干扰源存在的情况下相互传输，干扰源 I_1，I_2，…，I_N，如图 4.1 所示[2]。此协议运行如下，在 n 时间内接收了第一次的传输后，终端开始检测信纳比(SINR)ψ_0，并与预先设定的临界值 τ 进行比较。如果 $\psi_0 \geqslant \tau$，那么 D 发出一个确认应答，要求 S 在接下来的时隙中发送一条新的信息。否则 D 就发送一个否定应答(NACK)，要求 S 重传。在接收了此重传后，D 将这两个副本通过 MRC(最大比合并)合并，并检测了合并的信纳比 ψ_1，与 τ 进行对比。如果持续失败，那么这个过程就会被重复直到状况符合并达到了重传的最大次数。

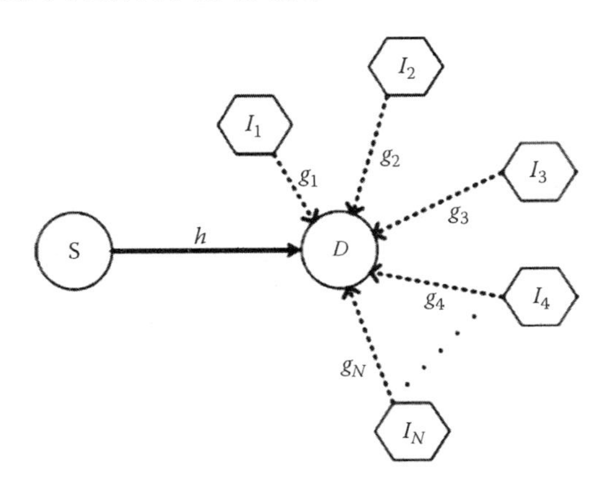

图 4.1　一个有 N 个同信道干扰源的双端网络

假设 $x(n)$ 是第 n 个时隙内传输的信号，该信号带有能量 E_x，那么 $y(n)$ 可以写为

$$y(n)=h(n)x(n)+\sum_{i=1}^{N}g_i(n)s_i(n)+w_{\mathrm{r}}(n) \tag{4.1}$$

其中，$h(n)$与$g_i(n)$分别是S-D与I_i-D信道的系数；$s_i(n)$是I_i的传输信号，带有传输能量E_i；$w_r(n)$是一个零均值加性高斯白噪声，该噪声的方差为σ^2。

由于D未检测到同信道干扰，它运用相干检测解码传输的信号$x(n)$，假设此信道增益的完整信息$h(n)$与D是通过$h^*(n)$的结合来增加$y(n)$的，可得出

$$h^*(n)y(n)=\left|h(n)\right|^2x(n)+h^*(n)\sum_{i=1}^{N}g_i(n)s_i(n)+h^*(n)w_{\mathrm{r}}(n) \tag{4.2}$$

结果，考虑到信号部分以及干扰加噪声部分的能量，信噪比可表达为

$$\psi_0=\frac{E_x\left|h(n)\right|^2}{\sum_{i=1}^{N}\left|g_i(n)\right|^2E_i+\sigma^2}=\frac{\gamma_0}{\sum_{i=1}^{N}\zeta_{i,0}+1} \tag{4.3}$$

其中，在$x(n)$第一次的传输尝试结束时，γ_0与$\zeta_{i,0}$分别是S-D与I_i-D信道的信噪比与干扰噪声比(INR)。

在计算ψ_0之后，D根据对比的结果发送一个确认应答(ACK)或一个否定应答(NACK)

$$\begin{aligned}\text{ACK}&:\psi_0\geqslant\tau\\ \text{NACK}&:\psi_0<\tau\end{aligned} \tag{4.4}$$

当发送了一个否定应答，S重新发送$x(n)$而D通过运用MRC(最大比合并)将$y(n+1)$与$y(n)$结合。在这种情况下，D感知到一个合并信纳比

$$\varPsi_1=\psi_0+\psi_1 \tag{4.5}$$

其中ψ_1是重传信号的信噪比，由下式得出：

$$\psi_1=\frac{\gamma_1}{\sum_{i=1}^{N}\zeta_{i,1}+1} \tag{4.6}$$

其中

$$\gamma_1=\frac{E_x\left|h(n+1)\right|^2}{\sigma^2} \tag{4.7}$$

且

$$\zeta_{i,1}=\frac{E_i\left|g_i(n+1)\right|^2}{\sigma^2} \tag{4.8}$$

然后比较过程式(4.4)，按照$\varPsi_1$重复。

如果持续失败，S一直重传$x(n)$，在放弃前总共重复$K-1$次。

那么，第k次传输尝试的信噪比可写为

$$\psi_k=\frac{\gamma_k}{\sum_{i=1}^{N}\zeta_{i,k}+1},\quad k=0,1,\cdots,K-1 \tag{4.9}$$

执行结果

中断概率

这里观察存在任意数量的同信道干扰源的情况下此协议的性能。在图 4.2 中，取 $N=3$ 的情况作为以下内容的来源。

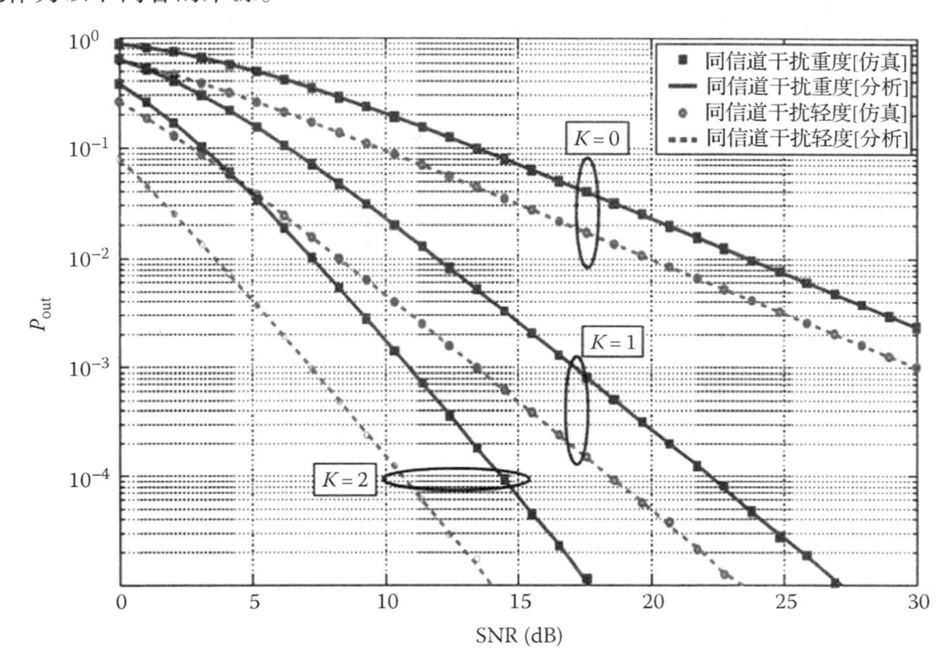

图 4.2　混合自动重传请求的 P_{out} 值在 $K=0$，1，2 处的信噪比变化

同信道干扰随机分布在[D_{ref}，$2D_{ref}$]范围内，其中 D_{ref} 是 S 与 D 之间的距离。每个同信道干扰源运用的都是 0 dB 传输信噪比。在此图中，对 P_{out} 在有同信道干扰与没有同信道干扰情况下的数值进行了比较。很明显不论 K 值为何，同信道干扰都导致了显著的性能损耗，然而，与较小的值相比，较大的 K 值还是能够提升性能的。

渐增的 N 对特定 K 值也有影响。图 4.3 显示 $K=2$ 时，N 渐渐从 0 增到 5 且假定所有同信道干扰源的传输干扰噪声比为 5 dB。可以看出，渐增的 N 会使中断性能变得更糟，即使当各终端所处之处与 D 的距离超过 D_{ref} 距离单位时也是如此。

差错概率

在比特差错概率方面，逐渐增大的 K 值带来的影响是不同的。如图 4.4 所示，渐增的 K 值超过一个特定的点并不会引起重大的性能提升。在此图中，二进制移相键控法(BPSK)调制以同信道干扰源的数量为 5($N=5$)，分布在[$0.5D_{ref}$，$1.5D_{ref}$]的范围内且以 5 dB 进行传输。K 值从 0 增长到 3，产生了一个超过 5 dB 的性能增益；而 K 从 3 增长到 6 时，其对性能的影响就很微小。这是因为与那些要求小量重传的信号相比，要求大量重传的信号比率十分小。所以，错误概率性能在一个特定的 K 值后会达到一个饱和状态。

图 4.5 显示了 K 为 1 时渐增的 N 值对性能的影响。类似于中断概率的情况，此图说明即使在信噪比为 −5 dB 时渐增的 N 值也会引起显著的性能损耗。

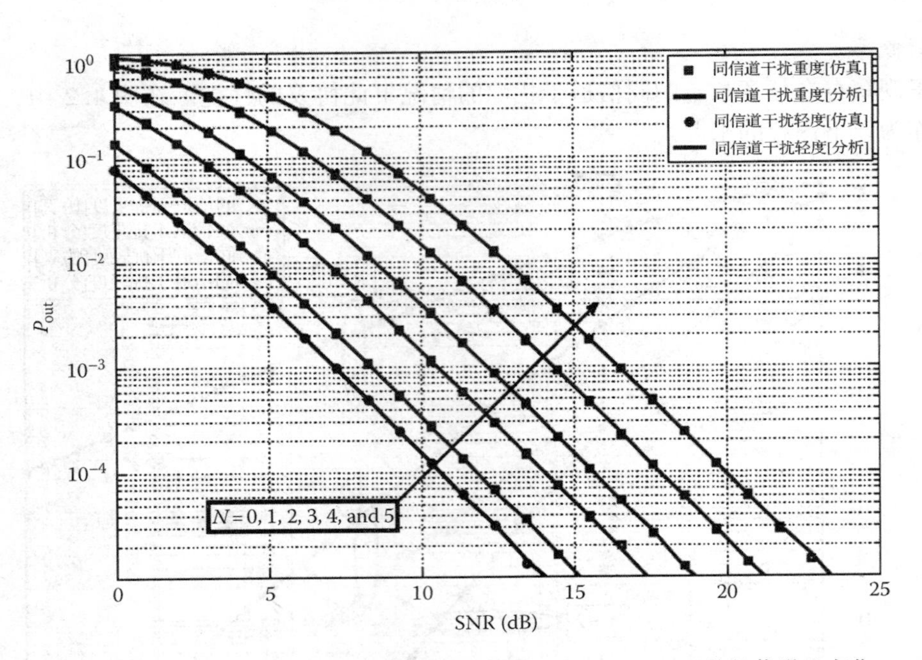

图 4.3 混合自动重传请求的 P_{out} 值在 $K=2$ 且 $N=0, 1, \cdots, 5$ 处的信噪比变化

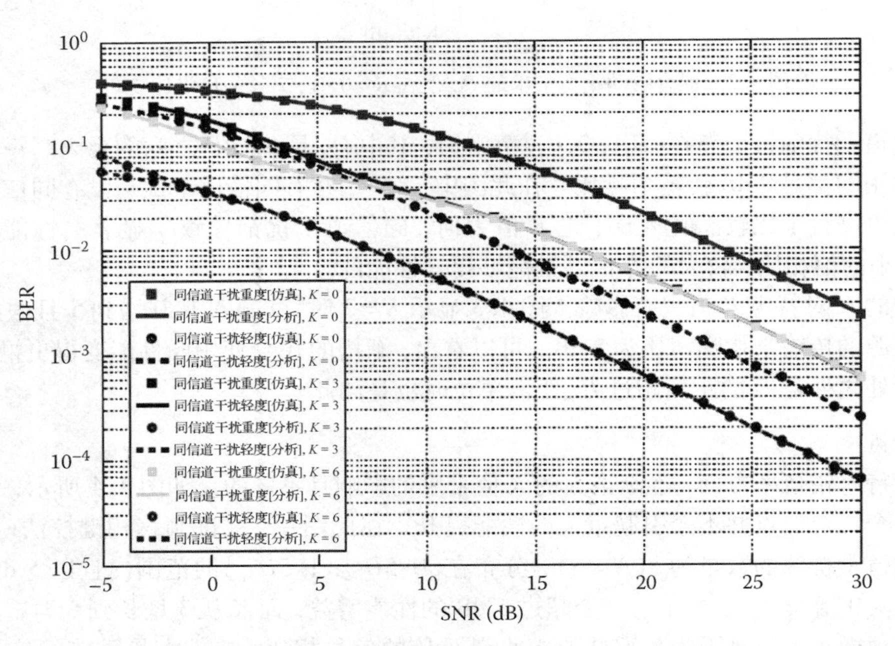

图 4.4 通过 BPSK 调制，混合自动重传请求的比特差错概率在 $K=0,3,6$ 且 $N=5$ 处的信噪比变化

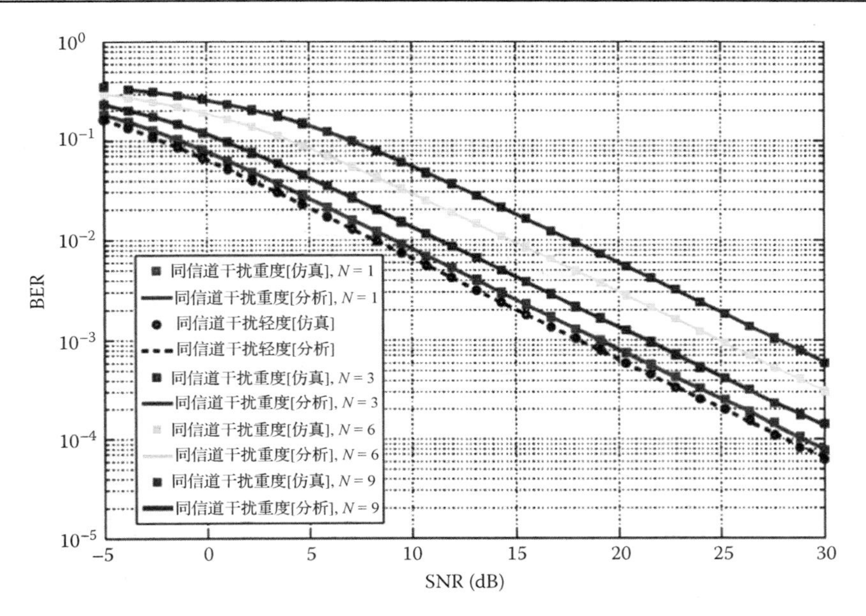

图 4.5　通过 BPSK 调制，混合自动重传请求的比特差错概率在 $K=1$ 且 $N=0,1,3,6,9$ 处的信噪比变化

4.3　再生型协同分集

本节研究 N 个干扰源下的三端中继网络系统，如图 4.6 所示，见文献[2]。

本系统由一个干扰源 S、一个中继 R 以及一个终端 D 组成，N 个同信道干扰源分别为 I_1，I_2，$\cdots$，I_N。S 与 I_i 的传输信息分别由 $x(n)$ 与 $s_i(n)$ 表示且传输能量分别为 E_x 与 E_j，同时，在 R 与 D 点的加性高斯白噪声平均值为零，并且方差分别为 ${\sigma_r}^2$ 与 ${\sigma_d}^2$。

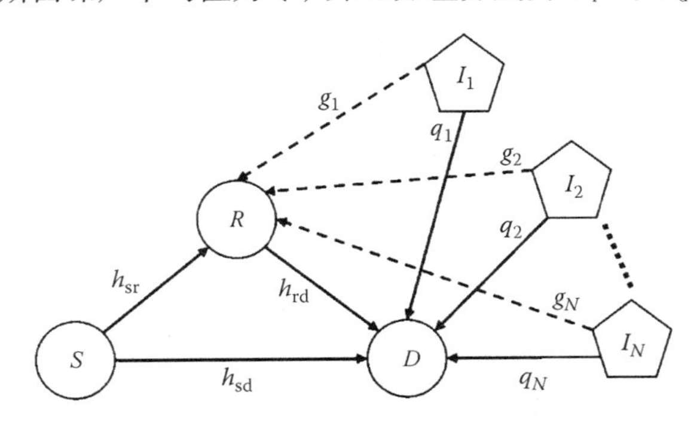

图 4.6　N 个同信道干扰源下的三端中继网络

信道 S-R，S-D，R-D，I_k-R，I_i-D 的系数由 h_{sr}，h_{sd}，h_{rd}，g_i 以及 q_i 表示，且假定它们符合一个平坦的瑞利衰弱模型。假定接收端没有关于 g_i 以及 q_i 的信息，而对 h_{sr}，h_{sd} 和 h_{rd} 的信息掌握得却很充分。

任意信号 $x(n)$ 的传输将消耗多达两个连续的时隙，其中第一个时隙序号经常由 S 使用以传播送 $x(n)$。在此时隙序号的末尾，D 与 R 接收 $Y_{sd,1}$ 与 $Y_{sr,1}$ 分别为

$$y_{sd,1}=h_{sd,1}x(n)+\sum_{i=1}^{N}q_{i,1}s_i(n)+w_{d,1} \tag{4.10}$$

$$y_{sr,1}=h_{sr,1}x(n)+\sum_{i=1}^{N}g_{i,1}s_i(n)+w_{r,1} \tag{4.11}$$

其中下标 1 代表第 1 个时隙序号。通过相干检测，终端感知 $\psi_{sd,1}$ 和 ψ_{sr} 信纳比分别为

$$\psi_{sd,1}=\frac{E_x|h_{sd,1}|^2}{\sum_{i=1}^{N}E_i|q_{i,1}|^2+\sigma_d^2}=\frac{\gamma_{sd,1}}{\sum_{i=1}^{N}\zeta_{si,1}+1} \tag{4.12}$$

$$\psi_{sr}=\frac{E_x|h_{sr,1}|^2}{\sum_{i=1}^{N}E_i|g_{i,1}|^2+\sigma_r^2}=\frac{\gamma_{sr}}{\sum_{i=1}^{N}\rho_i+1} \tag{4.13}$$

其中

$$\gamma_{sd,1}=\frac{E_x|h_{sd,1}|^2}{\sigma_d^2},\quad \gamma_{sr}=\frac{E_x|h_{sr}|^2}{\sigma_r^2},\quad \zeta_{si,1}=\frac{E_i|q_{i,1}|^2}{\sigma_d^2},\quad \rho_i=\frac{E_i|g_i|^2}{\sigma_r^2}$$

第二个时隙可以用来传输一个新的信号 $x(n+1)$ 或根据所用协议协助促进 D 的接收。协助以 $x(n)$ 的再生副本的形式进行，用 $\hat{x}(n)$ 表示，或者以 $x(n)$ 重传的形式进行。因此，D 接收的 $y_{rd,2}$ 或 $y_{sd,2}$ 分别为

$$y_{rd,2}=h_{rd,2}\hat{x}(n)+\sum_{i=1}^{N}q_{i,2}s_i(n+1)+w_{d,2} \tag{4.14}$$

$$y_{sd,2}=h_{sd,2}x(n)+\sum_{i=1}^{N}g_{i,2}s_i(n)+w_{d,2} \tag{4.15}$$

利用相干检测，由这两个信号得出 ψ_{rd} 或 $\psi_{sd,2}$ 的额外信纳比可定义为

$$\psi_{rd}=\frac{\gamma_{rd}}{\sum_{i=1}^{N}\zeta_{ri,2}+1} \tag{4.16}$$

$$\psi_{sd,2}=\frac{\gamma_{sd,2}}{\sum_{i=1}^{N}\zeta_{si,2}+1} \tag{4.17}$$

其中

$$\gamma_{rd}=\frac{E_x|h_{rd}|^2}{\sigma_d^2},\quad \gamma_{sd,2}=\frac{E_x|h_{sd,2}|^2}{\sigma_d^2},\quad \zeta_{ri,2}=\frac{E_i|q_{i,2}|^2}{\sigma_d^2},\quad \zeta_{si,2}=\frac{E_i|g_{i,2}|^2}{\sigma_d^2}$$

在接受了协助以后，D 合并两个副本并做出最后决定。

4.3.1 平均频谱功率

如前面章节所说，很容易发现固定中继设备(FR)和可变中继设备(SR)传播协议是在稳定的 $0.5Q$ bps/Hz 的频谱功率下工作的。当 $\psi_{sd,1}\geqslant\lambda_d$ 时，增量中继设备(IR)以 Q 的频谱功率传播数据；当 $\psi_{sd,1}<\lambda_d$ 时，选择性增量中继设备(SIR)以 $0.5Q$ 的频谱功率传播数据；其中，λ_d 是检测临界值。

因此，这里的平均频谱功位于在 $0.5Q \sim Q$ 之间。

4.3.2　中断概率

众所周知，当一条或多条链路的点到点频谱效率来达到 Q 时，将出现中断的情况。

4.3.3　差错概率

根据 FR 的协议规则，接收两个副本后，D 解码信号。然而，由于 R 在转发之前也要解码这个信号，D 可能受到错误传播的影响。因此，D 的差错概率可写成

$$P_{\mathrm{e,FR}} = \hat{P}_{\mathrm{e,r}} \hat{P}_{\mathrm{e,prop}} + \left(1 - \hat{P}_{\mathrm{e,r}}\right) \hat{P}_{\mathrm{e,d}} \tag{4.18}$$

其中，$\hat{P}_{\mathrm{e,r}}$，$\hat{P}_{\mathrm{e,prop}}$ 和 $\hat{P}_{\mathrm{e,d}}$ 分别代表 R 的差错概率，差错传播概率和 D 在第二时隙末尾的差错概率。

另一方面，S 重传信号时，SR 协议将强加一个条件在 ψ_{sr}，λ_{r}上。因此，该协议出现错误的可能性为

$$P_{\mathrm{e,SR}} = \left(1 - F_{\psi_{\mathrm{sr}}}\left(\lambda_{\mathrm{r}}\right)\right)\left[P_{\mathrm{e,r}}\ \hat{P}_{\mathrm{e,prop}} + \left(1 - P_{\mathrm{e,r}}\right)\ \hat{P}_{\mathrm{e,d}}\right] + F_{\psi_{\mathrm{sr}}}\left(\lambda_{\mathrm{r}}\right)\hat{P}_{\mathrm{e,3}} \tag{4.19}$$

其中，$P_{\mathrm{e,r}}$ 是 R 的差错概率，而 $\hat{P}_{\mathrm{e,3}}$ 是 S 进行辅助时 D 在第二时隙末尾的差错概率。$F_{\psi\mathrm{sr}}$ 表示 ψ_{sr}的累积分布函数。

为了获得一个好的 S-D 信道链接状态，SIR 只在 $\psi_{\mathrm{sd,1}} < \lambda_{\mathrm{d}}$时进行辅助。因此，它的差错概率可表示为

$$\begin{aligned} P_{\mathrm{e,SIR}} = {} & \left(1 - F_{\psi_{\mathrm{sd,1}}}\left(\lambda_{\mathrm{d}}\right)\right) P_{\mathrm{e,1}} + F_{\psi_{\mathrm{sd,1}}}\left(\lambda_{\mathrm{d}}\right)\left(1 - F_{\psi_{\mathrm{sr}}}\left(\lambda_{\mathrm{r}}\right)\right)\left[\hat{P}_{\mathrm{e,r}}\, P_{\mathrm{e,prop}} + \left(1 - \hat{P}_{\mathrm{e,r}}\right) P_{\mathrm{e,d}}\right] \\ & + F_{\psi_{\mathrm{sd,1}}}\left(\lambda_{\mathrm{d}}\right) F_{\psi_{\mathrm{sr}}}\left(\lambda_{\mathrm{r}}\right) P_{\mathrm{e,3}} \end{aligned} \tag{4.20}$$

其中 $P_{\mathrm{e,d}}$表示来自 R 时，D 在第二时隙末尾的差错概率。

最后，设式(4.19)中的λ_{r}为 0 可得 IR 的差错概率为

$$P_{\mathrm{e,SIR}} = \left(1 - F_{\psi_{\mathrm{sd.1}}}\left(\lambda_{\mathrm{d}}\right)\right) P_{\mathrm{e,1}} + F_{\psi_{\mathrm{sd.1}}}\left(\lambda_{\mathrm{d}}\right)\left[\hat{P}_{\mathrm{e,r}}\, P_{\mathrm{e,prop}} + \left(1 - \hat{P}_{\mathrm{e,r}}\right) P_{\mathrm{e,d}}\right] \tag{4.21}$$

4.3.4　仿真结果

图 4.7 显示了平均频谱功率 $\bar{Q}$ 在频谱失去指数的情况下同信道干扰出现或者不出现时，其值为 4。当两个同信道干扰源位于 $D_{1,\mathrm{d}} = D_{1,\mathrm{r}} = D_{\mathrm{sd}}$，$D_{2,\mathrm{d}} = D_{2,\mathrm{r}} = 1.5D_{\mathrm{sd}}$，并且各自使用 −5 dB和 0 dB 的 INRS 进行传输时，仿真参数是 $D_{\mathrm{sr}} = 0.5D_{sd}$，$Q = 4$ bps/Hz。

从计算机仿真中可以得到很多有趣的观察。首先，不出所料，同信道干扰降低了直接从 D 接收信号的质量，因此，就需要能够降低 $\bar{Q}$ 值的额外辅助。其次，当λ_{d}比 ψ_{th}选取得大时，即使同信道干扰源不存在，$\bar{Q}$ 值也会变低。

接下来，看一看$\lambda_{\mathrm{d}} = \lambda_{\mathrm{r}} = \psi_{\mathrm{th}}$的中断概率。图 4.8 中显示同信道干扰会平等地影响到 4 个协议。而且，拥有同样中断概率的 SIR 和 SR 比 IR 和 FR 的效果要好。

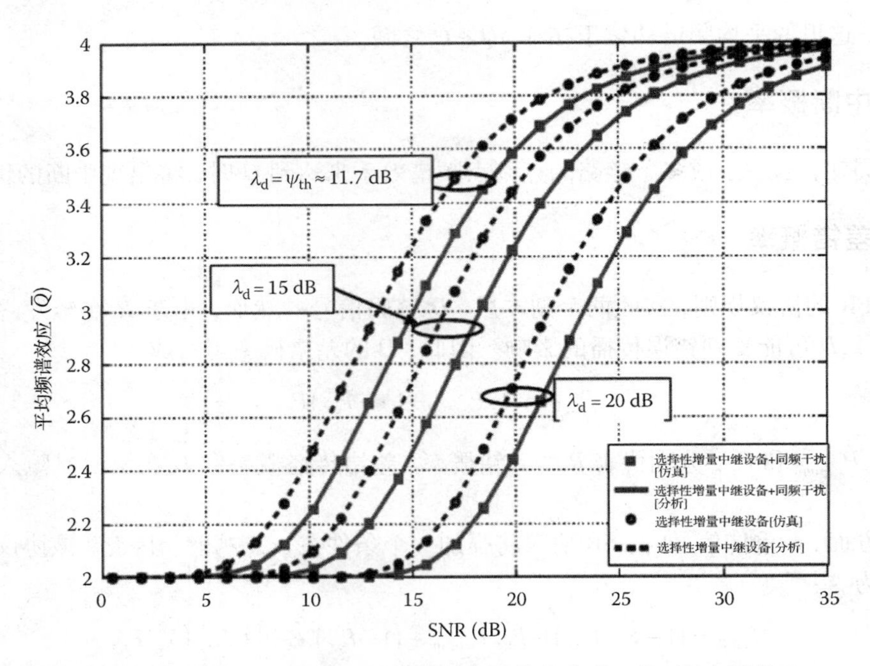

图 4.7 在同信道干扰影响出现和消失时，传输信噪比的平均频谱效应

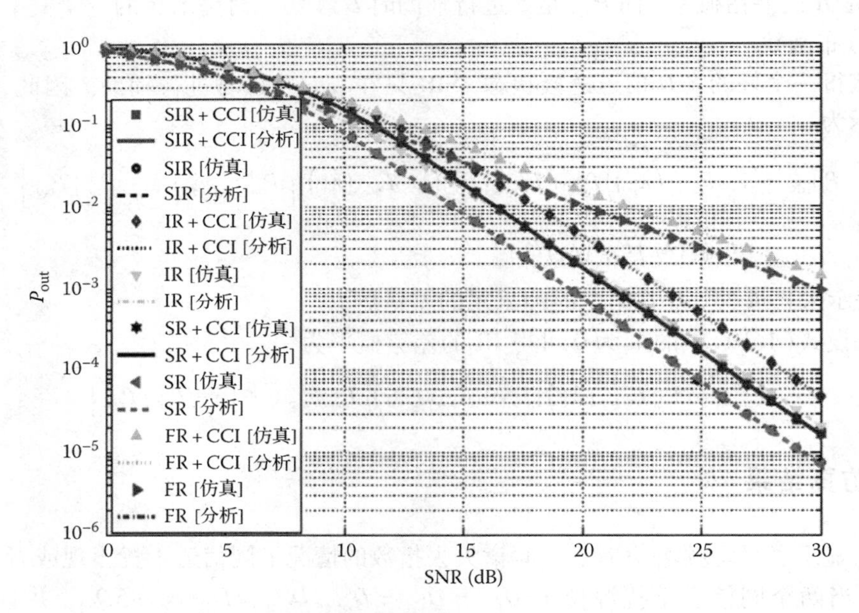

图 4.8 在同信道干扰影响出现和消失时，运行中断的可能性

差错概率方面也能得出同样的结论。具体来说，设定一个网络具有 $N=2$ 的同信道干扰源，各自以 5 dB 和 10 dB 进行传输，各自位于 $D_{1,d}=1.5D_{sd}$和 $D_{2,d}=2D_{sd}$，$D_{1,r}=D_{sd}$，$D_{2,r}=1.5D_{sd}$，网络属性为 $D_{sr}=D_{rd}=0.5D_{sd}$并且以 $Q=2$ bps/Hz 运行。这个网络的差错概率如图 4.9 所示。

如图 4.9 所示，SR 的选择性特征和持续分集增益，使其优于其他协议。图 4.9 显示出高信噪比条件下，$P_{e,SIR}$聚集为 $P_{e,IR}$。对于这两个最终将会被直接传输主导的协议来说并不令人惊讶。

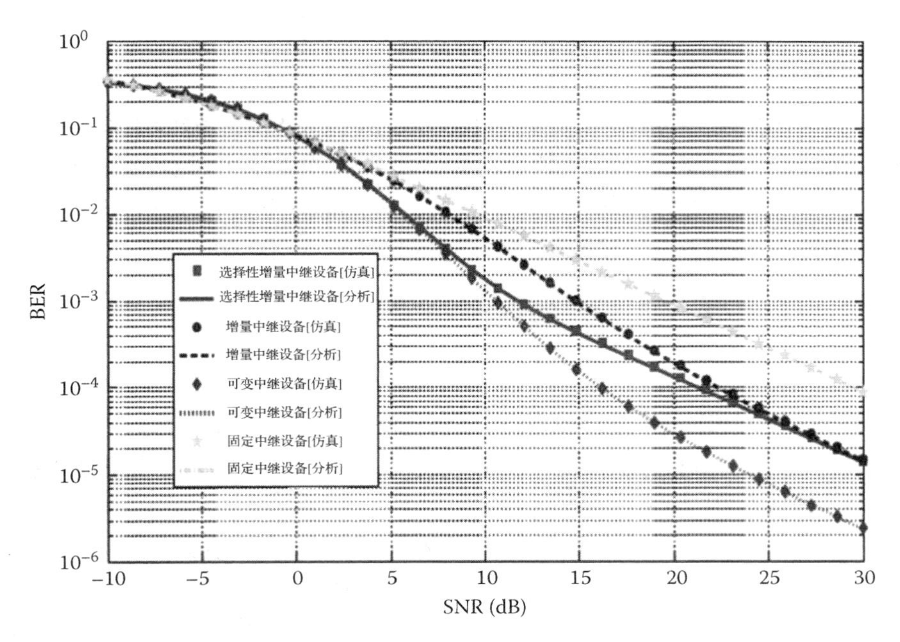

图 4.9　同信道干扰出现时的比特差错概率性能

图 4.10 显示了 $P_{e,SIR}$ 以及三个组成成分：直接传输、中继器辅助传输和辅助重传。结果显示，每个成分在一个特定的信噪比范围内能够主导其性能。特别是，当辅助重传以非常低的信噪比主导性能时，中继器辅助传输则以中高值的信噪比主导性能。在这两个范围内，SIR 获得着分集增益。然而，这种增益会随着信噪比的增加逐渐消失，原因是直接传输变成了主导因素。

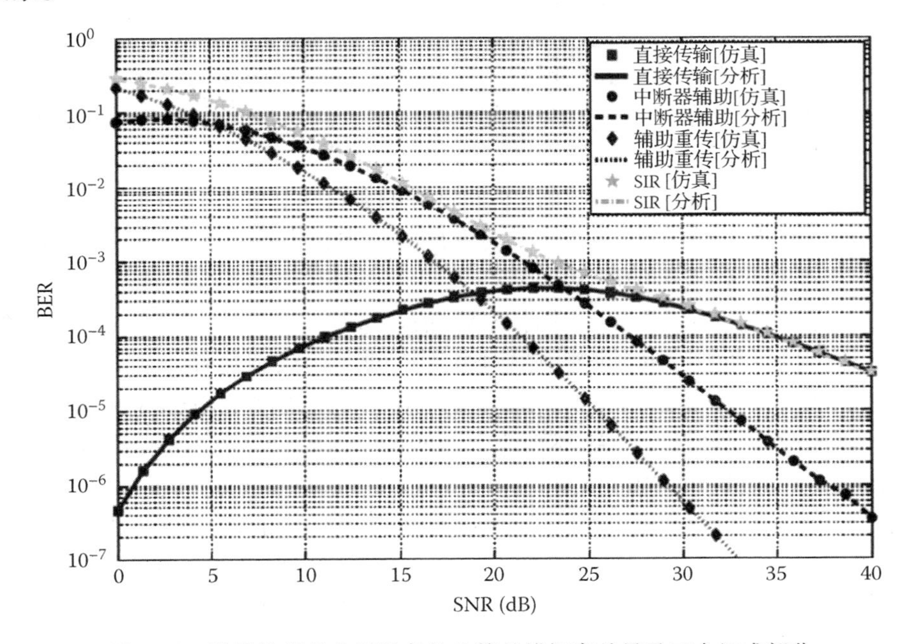

图 4.10　选择性增量中继设备的比特差错概率总量及三个组成部分

4.3.5 小结

本节研究了同信道干扰对 HARQ，DF FR，SR，IR 以及 SIR 性能的影响。通过获得各种性能度量标准的封闭解表达，有可能量化在这些协议性能上不可避免的信道损伤。从显示中看出，当同信道干扰源在来源的传输范围之内，其性能将经受不可忽视的损失。同时，通过增加来源终端的传输信噪比，这些损失可以得到减轻。

4.4 频谱重叠

频谱重叠共享是在 CR 中被推荐的方式。它允许次用户与主用户在同一区域同一时间使用相同的频带。这一过程可以通过功率控制来实现。为了确保对主用户干涉可接受的次用户终端会调整自身的发射功率。

频谱重叠方法中最为重要的问题是不破坏主用户链。要达到这个目的，需要所有信道的信道状态信息(CSI)完好，尤其在完全干涉环境中。然而，这也引起了对于主用户的隐私问题的关注。因此，较为合理的解决方案是在次用户考虑对信道不同级别的认知。

本节将讨论对于频谱重叠共享的有效中继方案。有了中继方案的引入，就能带来大量的强化效果。尤其是 IR 对重叠的环境显得合适，因为它提供了空间多样性的积累。这个方案的性能和从中断和差错概率两方面进行考虑。一个峰值发射功率强加给次用户。此外，这一部分考虑了由主用户施加在次用户上的干扰(这一特性在之前的实验研究中被忽略了[9])。

4.4.1 重叠访问

重叠模式最主要的优势是找到主用户和次用户可以同时访问的频谱。基本上来说，当次用户发射功率不超过一定门限，主用户允许其使用。次用户对主用户基本信道状态潜在干扰也将会被限制。

比如，在主用户对主用户的链路信道状态良好的条件下，它会限制次用户以更高速率传输。在链路信道状态较差的条件下，由于次用户的出现，接收到的 SINR 同样不好。因此，需要另外一个标准来优化所有的资源。

好的标准应该要能满足主用户的最小 SINR 值。这种情况下，主用户和次用户的性能才能都达到较好的效果。尤其是如果主用户对主用户的链路状态良好，干扰发射功率被放松到允许次用户以更大功率和更高速率传输。在主用户对主用户的链路状态不好的条件下，次用户转换力会被缩减到能够保持 SINR 值在合理水平的状态。

因此这一部分将假设当主用户发射的时候，次用户也将发射。

在此，次用户的能力是根据文献[7]的结论，就信道传输的认知级别进行了一组场景的研究。最好的性能是对所有信道有全面的认知，最差的是相当于仅知道信道的统计特性。

这一系统有一个 Z 形结构，如图 4.11 所示。信道被假设为服从瑞利衰落过程。

主用户链路、次用户链路和二次用户-主用户链路的平均信道收益可以分别用 Ω_p，Ω_s 和 Ω_{sp}表示。

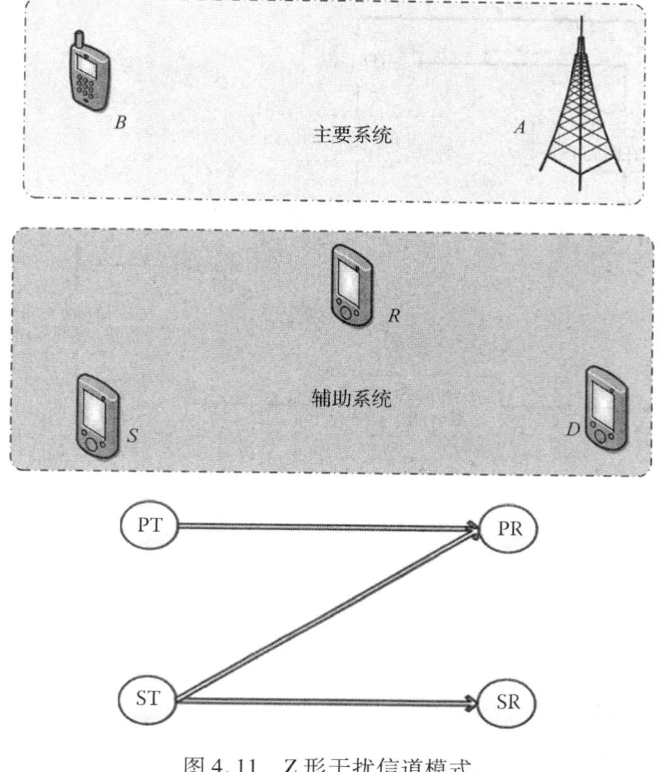

图 4.11　Z 形干扰信道模式

4.4.2　解码转发中继

最有价值工作是 Bao 和 Bac[11] 所做的研究。在干扰限制之下，作者研究了频谱重叠模式下的中继传输性能。固定中继和选择性中继同样进行了相关的实验。同时，IR 也对中断概率和比特差错概率做了相关检测。实验结果显示 IR 胜过其他中继方案。可是主用户发射机和次用户接收机之间的链路被假设为无相互干扰。在文献中，研究者假设主用户发射机距离接收机很远，但是，在高密度网络或者甚至只是普通的情况下，结果也并未尽如人意。此外，假设对全部信道处于完美感知状态，在现实中是无法实现的。

4.4.3　放大转发中继

放大转发方式在文献[12]上并没有引起大的关注和注意。放大结果不仅依赖源中继链路，还依靠与次用户相互干扰的情况。文献[13]研究了选择中继方式。

4.4.4　增量中继

IR 的流程如图 4.12 所示，一对次用户和一对主用户对正在使用相同的频谱，如图 4.13 所示。主用户对由一个主用户发射机 A 和主用户接收机 B 组成，次用户对包括一个次用户源 S，一个次用户中继 R 和一个次用户宿 D。所有信号假定均受独立不同的瑞利衰落信道所干扰。

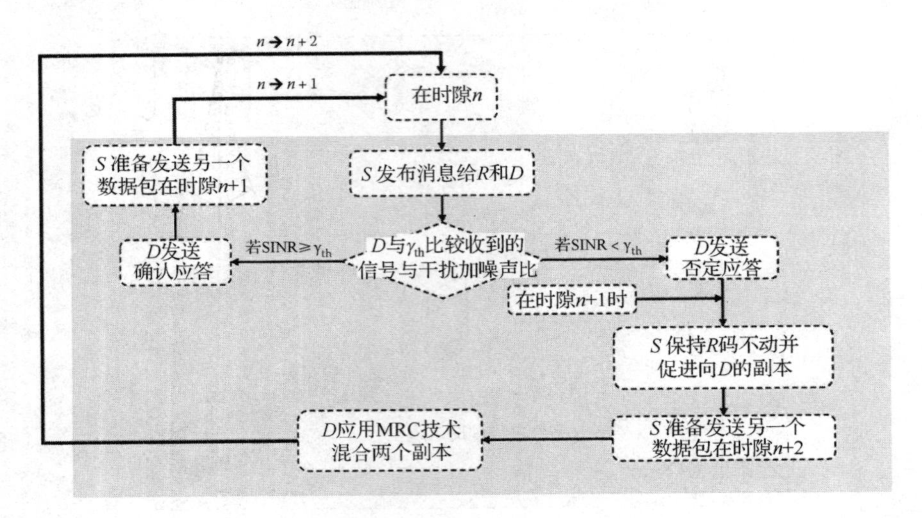

图 4.12　IR 流程

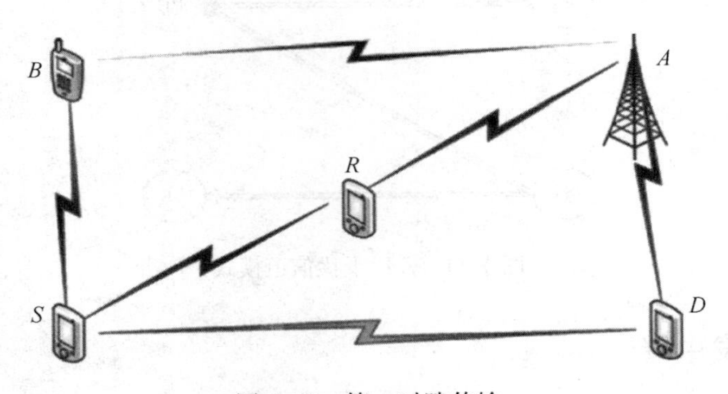

图 4.13　第一时隙传输

4.4.4.1　时隙

遵循 IR 规则，在源和中继间的通信可能需要两个时隙。

第一个时隙

在一个所给的时隙 n 中，第二个使用者 S 将它的信息以发射功率 $P_{t,s}(n)$ 广播到中继 R 和第二个宿主 D。然而，因为有主用户对的通信（主用户发射机 A 发射给主用户接收机 B），除了第二个用户辐射的信号外，一个附加干扰会被 R 和 D 所接收。

数学上 D 和 R 接收的信号可表达为

$$y_{s,d}(n)=h_{s,d}(n)\sqrt{P_{t,s}(n)}x_s(n)+h_{a,d}(n)\sqrt{P_p}\,x_a(n)+w_d(n) \tag{4.22}$$

$$y_{s,r}(n)=h_{s,r}(n)\sqrt{P_{t,s}(n)}x_s(n)+h_{a,r}(n)\sqrt{P_p}\,x_a(n)+w_r(n) \tag{4.23}$$

其中，$x_s(n)$ 和 $x_a(n)$ 是带有单位能量的发射信号；$h_{s,d}(n)$ 是在 S 和 D 间的衰减信道增益；$h_{s,r}(n)$ 是在 S 和 R 间的衰减信道增益；$h_{a,d}(n)$ 是在 A 和 D 间衰减的信道增益；$h_{a,r}(n)$ 是在 A 和 R 间衰减信道增益；$P_{t,s}(n)$ 是由 S 在时隙 n 的发射功率；P_p 是 A 的发射功率，假定它在整个通信期间被固定不变；$w_d(n)$ 和 $w_r(n)$ 分别是带有零均值以及 σ_d^2 和 σ_r^2 变化的 AWGN 噪声。

D 被假定为完全掌握信道 $h_{s,d}(n)$。所以，它使用通过倍增信道结对信息的连续性探测。D 处的 SINR 可以表述为

$$\gamma_{s,d}(n)=\frac{P_{s,r}(n)g_{s,d}(n)}{P_p g_{a,d}(n)+\sigma_d^2} \tag{4.24}$$

其中

$$g_{s,d}(n)=|h_{s,d}(n)|^2$$

第二个时隙

图4.14描述了在第二个时隙 $n+1$ 期间的通信。事实上，在第一个时隙 n 的最后，D 把在式(4.24)给出的 SINR $\gamma_{s,d}(n)$ 与特定的临界值 γ_{th} 相比较，γ_{th} 代表接收 SINR 的最小值，D 可以成功，因此解码接收到信号。如果 $\gamma_{s,d}(n)\geqslant\gamma_{th}$，将发出明确的反馈(ACK)，以表示信号被成功解码。收到 ACK 之后，S 在时隙 $n+1$ 期间传输另一个信号，R 保持沉默。然而，如果 $\gamma_{s,d}(n)<\gamma_{th}$，$D$ 发出 NACK 请求重发。在这种情况下，R 在时隙 $n+1$ 里重新发出一个相同信号。因此，在 D 接收到的信号为

$$\begin{aligned}y_{r,d}(n+1)=&h_{r,d}(n+1)\sqrt{P_{s,r}(n+1)}x_r(n+1)\\&+h_{a,d}(n+1)\sqrt{P_p}x_a(n+1)+w_d(n+1)\end{aligned} \tag{4.25}$$

此处 $x_r(n+1)$ 是在时隙 $n+1$ 传输的符号(假设为单位能量)。

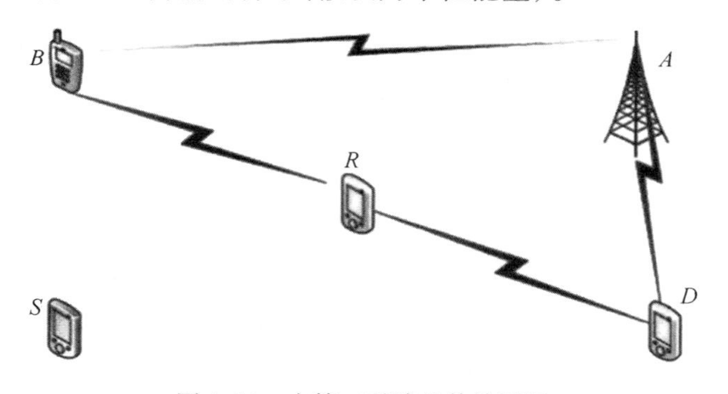

图4.14　在第二时隙的传输图解

4.4.4.2　接收机的 MRC 合作

在接收机使用了一个 MRC 结合器。通过对系统应用这种结合规则，D 在这两个时隙 n 和 $n+1$ 将接收到的信号进行了结合。那么，在 MRC 的结合中，D 的总 SINR 为

$$\gamma_{s,d}=\gamma_{s,d}(n)+\gamma_{r,d}(n+1)=\frac{P_{s,r}(n)g_{s,d}(n)}{P_p g_{a,d}(n)+\sigma_d^2}+\frac{P_{s,r}(n+1)g_{s,d}(n+1)}{P_p g_{a,d}(n+1)+\sigma_d^2} \tag{4.26}$$

4.4.4.3　限制

本节将描述需要考虑的不同限制。这些限制主要是在辅助接收机的 SINR 临界值，在辅助发射机的最高发射功率，以及在辅助接收机的临界值。这些限制都将控制中继器。

在主接收机的 SINR 限制

对于主接收机 B，在时隙 n 和 $n+1$ 中接收的信号为

$$y_{a,b}(n)=h_{a,b}(n)\sqrt{P_p}x_a(n)+h_{s,b}(n)\sqrt{P_{t,s}(n)}x_s(n)+w_b(n) \tag{4.27}$$

$$y_{a,b}(n+1)=h_{a,b}(n+1)\sqrt{P_p}x_a(n+1)+h_{r,b}(n+1)\sqrt{P_{t,r}(n+1)}x_r(n+1)+w_b(n+1) \tag{4.28}$$

其中，w_b是带有零平均值和方差 σ_b^2 的一个 AWGN；$h_{a,b}$，$h_{s,b}$和 $h_{r,b}$分别是在 A 和 B，S 和 B，R 和 B 之间的信道增益。

假设衰减指数 n 在所有连接中相同。为了反映衰减，假设在 R 和 D 的信噪比与在 S 的信噪比有关，如

$$\Omega_{s,d}=\left(\frac{d_{ref}}{d_{s,d}}\right)^n \text{SNR} \tag{4.29}$$

$$\Omega_{s,r}=\left(\frac{d_{ref}}{d_{s,r}}\right)^n \text{SNR} \tag{4.30}$$

$$\Omega_{r,d}=\left(\frac{d_{ref}}{d_{r,d}}\right)^n \text{SNR} \tag{4.31}$$

其中，d_{ref}，$d_{s,r}$，和 $d_{r,d}$是参照距离，分别是 S 和 R 的距离，R 和 D 的距离。

同样地，可定义

$$\Omega_{a,b}=\left(\frac{d_{ref}}{d_{a,b}}\right)^n \text{SNR}_{a,b} \tag{4.32}$$

$$\Omega_{s,b}=\left(\frac{d_{ref}}{d_{s,b}}\right)^n \text{SNR}_{s,b} \tag{4.33}$$

$$\Omega_{r,d}=\left(\frac{d_{ref}}{d_{r,b}}\right)^n \text{SNR}_{r,b} \tag{4.34}$$

主接收机 B 受同信道干扰存在的干扰。为了限制干扰级别，假设在该时隙，接收的 SINR，$\gamma_b(n)$和 $\gamma_b(n+1)$，应该保持在特定的临界值 γ_T之上。这个临界值相当于以 bit/s/Hz 表示的最小频谱效应 R_1，因此

$$\gamma_T=2^{R_1}-1 \tag{4.35}$$

数学上就有如下条件：

$$\gamma_b(n)=\frac{P_p g_{a,b}(n)}{P_{s,d}(n)g_{s,b}(n)+\sigma_b^2}\geqslant\gamma_T \tag{4.36}$$

$$\gamma_b(n+1)=\frac{P_p g_{a,b}(n+1)}{P_{r,d}(n)g_{r,b}(n+1)+\sigma_b^2}\geqslant\gamma_T \tag{4.37}$$

其中

$$g_{a,b}=|h_{a,b}|^2$$

$$g_{r,b}=|h_{r,b}|^2$$

为了满足这一条件，S 和 R 应该选择其传输功率，使下式成立：

$$P_{s,d}(n) \leqslant \frac{P_p g_{a,b}(n) - \sigma_b^2 \gamma_T}{\gamma_T g_{s,b}(n)} \tag{4.38}$$

$$P_{r,d}(n+1) \leqslant \frac{P_p g_{a,b}(n+1) - \sigma_d^2 \gamma_T}{\gamma_T g_{r,b}(n+1)} \tag{4.39}$$

假设在传输器上有完美的 CSI 知识(如由于相干检测，$h_{s,r}(n)$在 R 被认知，$h_{r,s}(n)$和 $h_{r,d}(n+1)$在 D 被认知)。

由于同信道干扰的存在，主接收机可以用一个可能性 $P_{out.min}$体验运行中断，定义为

$$\Pr\left(\gamma_b(n) < \gamma_T\right) = P_{out,min} \tag{4.40}$$

$$\Pr\left(\gamma_b(n+1) < \gamma_T\right) = P_{out,min} \tag{4.41}$$

此处假设 $P_{out,min}$很小。

最高发射功率

根据式(4.38)和式(4.39)的表达，如果主系统信道增益 $g_{a,b}$很强，辅助-主信道增益 $g_{s,b}(n)$和 $g_{r.b}(n+1)$很弱，那么，发射功率 $P_{t,s}(n)$和 $P_{t,r}(n+1)$将会很高。因此，将利用一个不会被来源和中继器超过的最大值发射功率 P_m[7, 14](因此大多数标准要求有能量限制)。

辅助接收机的最小接收 SINR

这个约束控制了传送过程。将第一个时隙 n 接收到的 SINR 与临界值 γ_{th}相比较，这个临界值根据最小要求频谱效应 R_0而设定，此临界值与频谱效应的关系为 $\gamma_{th} = 2^{R_0} - 1$。

γ_{th}的值必须要在差错概率和频谱效应之间获得平衡。事实上，γ_{th}的值大的话可以减少出错的可能性，因为在这种情况下，D 将会更频繁地要求辅助。但是，这样做的话，交流将需要两个时隙，而不是一个时隙。

通过分析 γ_{th}极限值，可注意到最小值 0 可以消除中继器的使用(在此情况下，可以获得最好的频谱效应)。另一方面，γ_{th}无穷大值符合这样的条件，即中继器总是在协助辅助接收机。

4.4.4.4　信道知识

在频谱重叠共享中，辅助网络面临的挑战是要具有准确的关于辅助-主信道和主-主信道的 CSI 知识。

主-主信道

要估测主-主信道非常困难。那么，在这种情况下仅仅假设一个信道增益的统计数据是更加可行的。

辅助-主信道

实际上，在辅助系统和主系统之间评估信道增益是很困难的，原因是辅助系统和主系统之间没有直接的通信。基于这一点，绘制两个 CSI 数据的情境如下所述。

情境 1：辅助网络对影响主接收机的辅助-主信道仅有统计数据，即 $\Omega_{s,b}$和 $\Omega_{r,b}$，同时，对影响接收机 D 和 R 功能的两个信道也仅有统计数据，即 $\Omega_{a,d}$和 $\Omega_{a,r}$。

情境 2：辅助网络对影响 B 的功能信道增益具有全面了解，即 $h_{s,b}(n)$ 和 $h_{r,b}(n+1)$，同时，对影响 D 的功能信道增益也有全面了解，即 $h_{a,d}(n)$，$h_{a,d}(n+1)$ 和 $h_{a,r}(n)$。

4.4.5 模拟结果与图解

图 4.15 显示 R_0 的影响以及(γ_{th})在辅助接收机功能上的影响。高速率增加了运行中止的可能性。在模拟中获得以下参数：$d_{s.b}=d_{r.b}=d_{a.r}=d_{ref}$ 以及主信道平均信噪比 $\Omega_{a.b}=$ 25 dB，辅助-主信道的平均信噪比等于 0 dB，B 的频谱效应为 $R_1=3$。

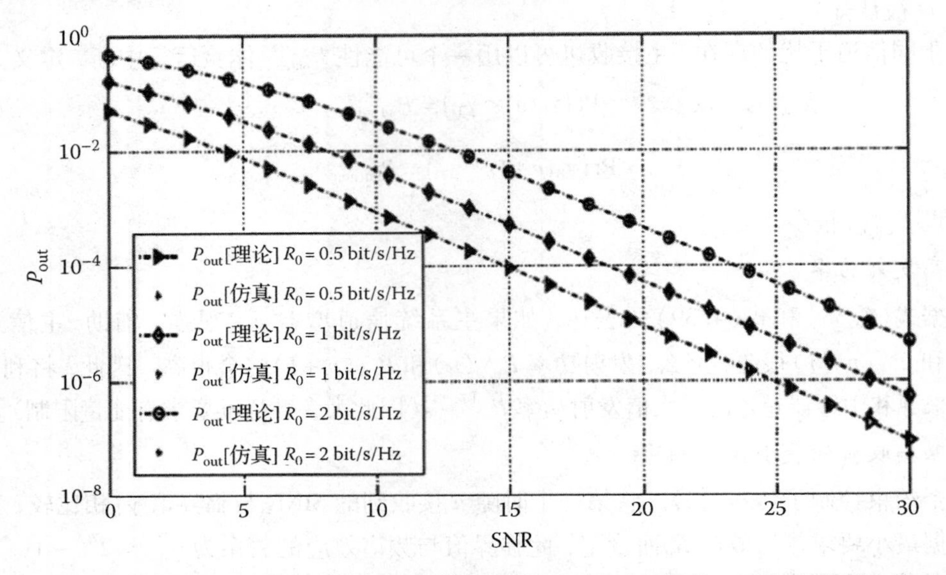

图 4.15 对于在辅助接收机(第二种情境)的不同速度的运行中止可能性，辅助-主信噪比等于 0 dB

图 4.16 将两种情境的对比呈现出来。可以看到，对于相同的参数，第二种情境胜过第一种。在模拟中，使用了以下参数：$d_{s.b}=d_{r.b}=d_{a.r}=d_{a.d}=d_{a.b}=d_{ref}$，主信道平均信噪比 $\Omega_{a.b}=$ 25 dB，辅助-主信道的平均信噪比等于 0 dB，B 的频谱效应为 $R_1=2$bit/s/Hz。

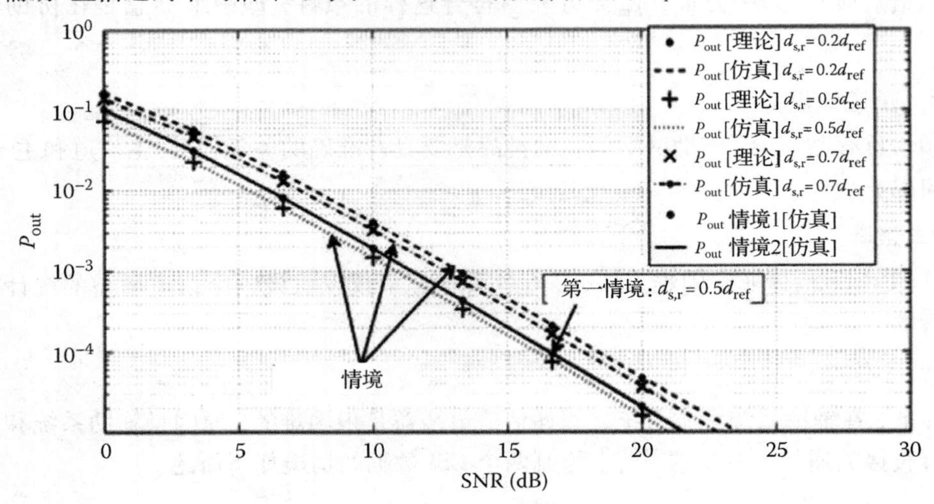

图 4.16 对于 IR 模型，第一情境和第二情境的比较，辅助-主信噪比等于 0 dB

$R_0=0.5$ bit/s/Hz。注意，对于第一情境，$d_{s,r}=0.5d_{ref}$；对于第二情境，$d_{s,r}$摄取了好几个值，在$0.2d_{ref}$到$0.7d_{ref}$之间浮动。

图 4.17 显示对于主接收机强大的平均信噪比，当辅助-主信道的平均信噪比等于 10 dB 时，第一情境达到与第二情境相同的参数。使用的参数如下：$d_{s,b}=d_{r,b}=d_{a,r}=d_{a,d}=d_{ref}$，$d_{a,b}=0.5d_{ref}$，主信道的平均信噪比 $\Omega_{a,b}=25$ dB；辅助-主信道的平均信噪比等于10 dB，B 的频谱效应为 $R_1=1$bit/s/Hz，$R_0=1$bit/s/Hz。注意，对于第二情境，$d_{s,r}$取以下值：$0.5d_{ref}$和$0.75d_{ref}$。

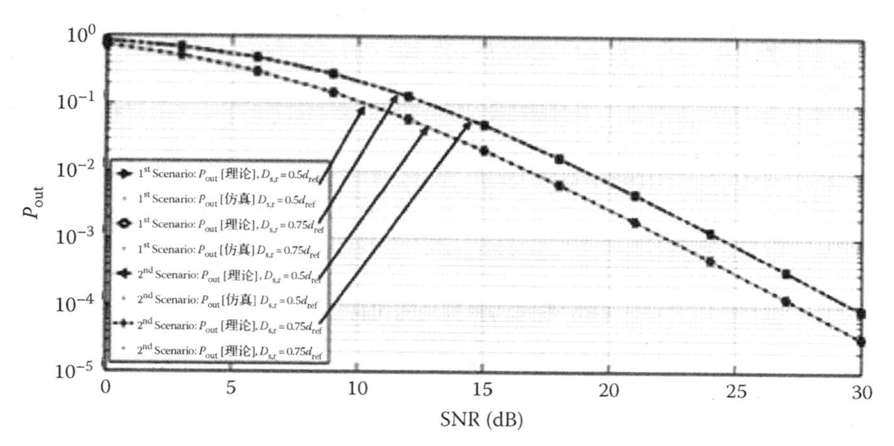

图 4.17　对于 IR 模型，第一情境和第二情境的比较，辅助-主信噪比等于 10 dB

4.4.6　差错概率

根据之前描述的 IR 协议，两种运行模式可以相互区分。第一种模式适用于常规运行，即直接链接接收到的 SINR 高于临界值 γ_{th}，表示为 M_{dir}。第二种模式适用于终端要求中继器辅助以及结合两个接收的信号时，表示为 M_{div}。

平均差错概率可以表示为

$$P_e=\Pr\left[M_{dir}\right]P_{e.dir}+\Pr\left[M_{div}\right]P_{e.div} \tag{4.42}$$

其中，$\Pr[M_{dir}]=\Pr[\gamma_{s,d}(n)\geqslant\gamma_{th}]$；$\Pr[M_{div}]=\Pr[\gamma_{s,d}(n)<\gamma_{th}]$；$P_{e,dir}$是基于 M_{dir}的差错概率；$P_{e,div}$是基于 M_{div}的差错概率。

另外，$P_{e,dir}$可表示为

$$P_{e.div}=P_{e|r}\left[1-P_{e|d}\right]+P_{e|d}\left[[1-P_{e|r}]\right] \tag{4.43}$$

其中，$P_{e|r}$是中继器的差错概率；$P_{e|d}$是在完成 MRC 合并后的差错概率[7]。

图 4.18 体现了二进制移频键控(BFSK)和 BPSK 调制的平均差错概率。为了方便计算，把第一种情境考虑在内(主-辅助信道和主-主信道的一个统计数据)。获得的不同距离均等于 d_{ref}。在有害干扰的情况下，获得的不同信噪比均等于 15 dB。在此情况下，主系统和辅助系统间的信道增益具有高信噪比。因此，辅助系统将会以低功率发出，从而导致其低性能。在强烈干扰的情况下，获得的不同信噪比均为 0 dB。主系统和辅助系统间的信道增益太低以至于辅助发射机可以以高出许多的功率发出，从而获得更好的性能。注意，BPSK 的性能要强于 BFSK。

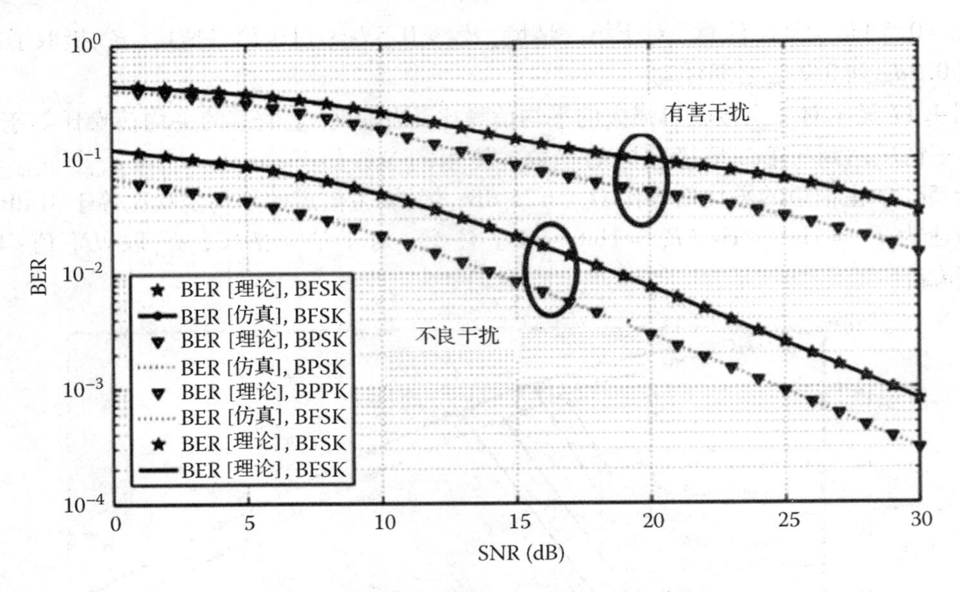

图 4.18 不同调制机制的比特差错概率

4.5 本章小结

本章研究了干扰情况下的协同频谱感知方法。除了其他干扰源，系统还包括了一个传输和接收的次用户、主用户组合。许多中继器被用来加强性能。结果表明，干扰对系统性能的影响很大，设定的参数也与零干扰情形不同。

参考文献

1. A. Alkheir and M. Ibnkahla, Selective cooperative spectrum sensing in cognitive radio networks, in *Proceedings of the IEEE Global Telecommunications Conference (GLOBECOM'11)*, December 2011, pp. 1–5.
2. A. Abu-Alkheir, Cooperative cognitive radio networks: Spectrum acquisition and co-channel interference effect, PhD dissertation, Department of Electrical and Computer Engineering, Queen's University, Kingston, Ontario, Canada, February 2013.
3. A. Abu-Alkheir and M. Ibnkahla, An accurate approximation of the exponential integral function using a sum of exponentials, *IEEE Communications Letters*, 17 (7), 1364–1367, July 2013.
4. A. Abu-Alkheir and M. Ibnkahla, Impact of co-channel interference and imperfect channel estimation on decode and forward selection incremental relaying, *IEEE Transactions on Wireless Communications* (submitted for publication), 2014.
5. A. Abu-Alkheir and M. Ibnkahla, A selective reporting strategy for decision-based cooperative spectrum sensing, *IEEE Communications Letters* (submitted for publication), 2014.
6. A. Abu-Alkheir and M. Ibnkahla, Outage performance of incremental relaying in a spectrum sharing environment, *IEEE Wireless Communications Letters* (submitted for publication), 2014.

7. B. Khalfi, Performance analysis of underlay spectrum sharing in cooperative diversity networks, MSc dissertation, SupCom, Tunisia, and Internal Report, WISIP Lab, Queen's University, Kingston, Ontario, Canada, August 2012.
8. D. Chase, Code combining—A maximum-likelihood decoding approach for combining an arbitrary number of noisy packets, *IEEE Transactions on Communications*, 33 (5), 385–393, May 1985.
9. Z. Rezki and M.-S. Alouini, Ergodic capacity of cognitive radio under imperfect channel-state information, *IEEE Transactions on Vehicular Technology*, 61 (5), 2108–2119, June 2012.
10. P. Dmochowski, H. Suraweera, P. Smith, and M. Shafi, Impact of channel knowledge on cognitive radio system capacity, in *Vehicular Technology Conference Fall* (*VTC* 2010-Fall), September 2010, pp. 1–5.
11. V. N. Q. Bao and D. H. Bac, A unified framework for performance analysis of DF cognitive relay networks under interference constraints, in *International Conference on ICT Convergence* (*ICTC*), September 2011, pp. 537–542.
12. L. P. Tuyen and V. N. Q. Bao, Outage performance analysis of dual-hop AF relaying system with underlay spectrum sharing, in *14th International Conference on Advanced Communication Technology* (*ICACT* 2012), February 2012, pp. 481–486.
13. D. Li, Outage probability of cognitive radio networks with relay selection, *IET Communications*, 5 (18), 2730–2735, 2011.
14. M. Khojastepour and B. Aazhang, The capacity of average and peak power constrained fading channels with channel side information, in *IEEE Wireless Communications and Networking Conference*, vol. 1, March 2004, pp. 77–82.

第5章　频谱感知性能标准和设计权衡

5.1　概述

性能度量在认知无线电网络中非常重要，因为它决定了整个网络的性能[1,2]。本章中，将频谱感知技术性能标准划分为两大类。第一类，分析主要度量以检测频谱感知性能；第二类，重点检测多波段认知无线电网络(MB-CRN)的吞吐量。根据文献[1，2]的研究还将讨论一些在感知技术的设计和操作阶段需要进行的不同权衡。

5.2　接收机工作原理

接收机运行特性(ROC)可能是频谱感知中最普遍的性能度量。它是检测概率 P_{D} 与错误警报概率 P_{FA} 的相关函数。这需要从单频段和多频段频谱感知两方面加以考虑。

5.2.1　单频段

对于单频段认知无线电(CR)来说，当主用户出现在已有频段时被次用户准确检测到，其检测概率用 P_{D} 表示。因此，在第2章中给出的测试式(2.2)中，P_{D} 可以表述为

$$P_{\mathrm{D}} = \Pr(T(y) \geqslant \lambda | H_1) \tag{5.1}$$

另一方面，当主用户未出现在某频段却被次用户误判为存在，这种错误报警率用 P_{FA} 表示，可以表述为

$$P_{\mathrm{FA}} = \Pr(T(y) \geqslant \lambda | H_0) \tag{5.2}$$

获得较高的检测概率和较低的错误报警率是大家所期望的。前者可以保证主用户所受到的干扰较小，后者则能改进次用户的吞吐量。不过，在两者之间的权衡是无法避免的。例如，如果次用户完全掌握主用户的传输信号，那么 x 是决定性的，因此，对于第2章中式(2.1)给出的模型，得出

$$\begin{aligned} H_0:\ & T(y)\text{为}N\left(0, \sigma^2 \|x\|^2\right) \\ H_1:\ & T(y)\text{为}N\left(\|x\|^2, \sigma^2 \|x\|^2\right) \end{aligned} \tag{5.3}$$

$$P_{\mathrm{FA}} = Q\left(\frac{\lambda}{\sqrt{\sigma^2 \|x\|^2}}\right) \tag{5.4a}$$

$$P_{\mathrm{D}} = Q\left(\frac{\lambda - \|x\|^2}{\sqrt{\sigma^2 \|x\|^2}}\right) \tag{5.4b}$$

其中，$Q(\cdot)$ 是标准高斯函数中的互补分布函数(CDF)。

通过直接计算式(5.4a)和式(5.4b)，得出[3, ch. III]

$$P_{\mathrm{D}} = Q\left(Q^{-1}(P_{\mathrm{FA}}) - \sqrt{N}\gamma\right) \tag{5.5}$$

其中，SNR $\gamma = \|x\|^2/\sigma^2$。

另一方面，当次用户对 x 并不了解时，可以假设它遵循高斯函数[如 $N(0, \|x\|^2)$]。如果使用能量检测器，可得出

$$\begin{aligned} &H_0: \quad T(y)\text{为 } \chi_N^2 \\ &H_1: \quad T(y)\text{为 } \frac{\|x\|^2+\sigma^2}{\sigma^2}\chi_N^2 \end{aligned} \tag{5.6}$$

其中，伴随着自由程度 N，χ_N^2符合中央卡方检验分布，可以用文献[3, ch. III]表示

$$P_{\mathrm{FA}} = \frac{\Gamma\left(\frac{N}{2}, \frac{\lambda}{2}\right)}{\Gamma\left(\frac{N}{2}\right)} \tag{5.7a}$$

$$P_{\mathrm{D}} = \frac{\Gamma\left(\frac{N}{2}, \frac{\lambda\sigma^2}{2(\|x\|^2+\sigma^2)}\right)}{\Gamma\left(\frac{N}{2}\right)} \tag{5.7b}$$

其中，$\Gamma(\cdot)$和$\Gamma(\cdot,\cdot)$分别是完全和不完全的伽马函数[4]。

使用中心极限定理，可以用文献[3, ch. III]表示

$$P_{\mathrm{D}} = Q\left(\frac{1}{\sqrt{2\gamma+1}}\left(Q^{-1}(P_{\mathrm{FA}}) - \sqrt{N}\gamma\right)\right) \tag{5.8}$$

图 5.1 描述了三种主要检测器的性能。在两种不同方案下，相干检测器、能量检测器和特征检测器采用了正交频分复用(OFDM)信号的二阶统计量。第一个方案中，次用户了解 OFDM

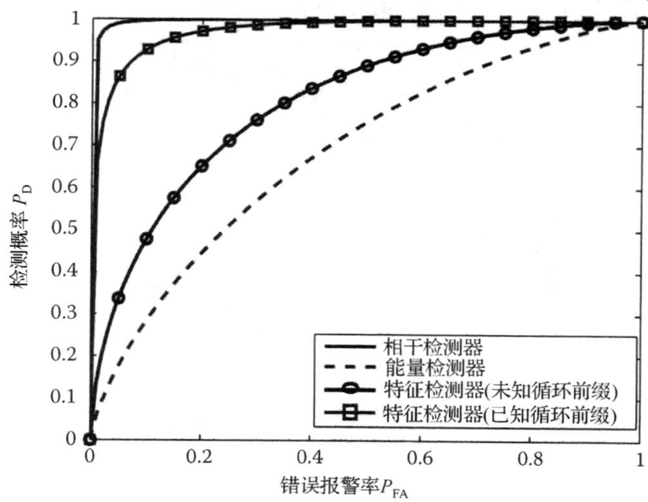

图 5.1　单频段框架中不同检测器的接收机工作特性曲线(SNR = −10 dB)

模块的有用符号的数量；在第二个方案中，次用户还对循环前缀(CP)的相关信息有所了解[5]。观察表明，因为对 x 有充分的认识，使用相干检测器能获取到最佳性能。第二，当研究更多 CP 这样的特性时，特征检测器的性能表现极佳。第三，在低信噪比区域，能量检测器表现不佳。这个区域非常重要，因为在次用户接收端处主用户的信号可能比较弱，为了确实检测到它们必须装备一个能在低信噪比区域顺利运行的探测器。

5.2.2 协同频谱感知

协同频谱感知中的 $P_{\mathrm{D}}^{(i)}$ 和 $P_{\mathrm{FA}}^{(i)}$ 分别代表第 i 个次用户的检测概率和错误报警率。硬融合条件下，如果 k 不在规则 k 范围之内，检测概率和错误报警率分别为

$$Q_{\mathrm{D}}=\sum_{q=k}^{K}\binom{K}{q}\left\{\prod_{i=1}^{q}P_{\mathrm{D}}^{(i)}\times\prod_{j=1}^{K-q}\left(1-P_{\mathrm{D}}^{(j)}\right)\right\} \tag{5.9a}$$

$$Q_{\mathrm{FA}}=\sum_{q=k}^{K}\binom{K}{q}\left\{\prod_{i=1}^{q}P_{\mathrm{FA}}^{(i)}\times\prod_{j=1}^{K-q}\left(1-P_{\mathrm{FA}}^{(j)}\right)\right\} \tag{5.9b}$$

例如，对于或运算逻辑规则，$k=1$，可得到

$$Q_{\mathrm{D}}^{\mathrm{OR}}=\prod_{i=1}^{K}\left(1-P_{\mathrm{D}}^{(i)}\right) \tag{5.10}$$

对于与运算逻辑规则，$k=K$，可得到

$$Q_{\mathrm{D}}^{\mathrm{AND}}=\prod_{i=1}^{K}P_{\mathrm{D}}^{(i)} \tag{5.11}$$

同样的方式，对于那些特殊实例，可获得 Q_{FA}。

图 5.2 展示了次用户数量不同时某个能量检测器的 ROC 曲线。假定所有次用户都有相等的检测概率 P_{D} 和错误报警率 P_{FA}，可以观察到随着协同次用户数量的增加检测器的性能随之增强。同样，和与运算逻辑规则相比，或运算逻辑规则能够获得更好的检测性能。

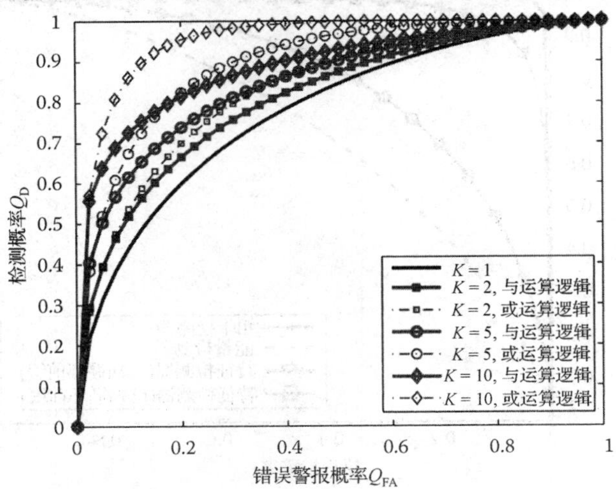

图 5.2 不同数量的协同次用户的 ROC 曲线(SNR = −10 dB)

软融合条件下，检测概率和错误报警率肯定是通过已知模型推导出来的，如在第 3 章中的式(3.3)中 T 的检测概率为

$$P_{\mathrm{D}} = \Pr\left(\sum_{k=1}^{K} c_k T_k(y) > \lambda \middle| H_1\right) \tag{5.12}$$

其中，假设一共有 K 个次用户(总和以 1 开始而不是 0)。因此，一旦发现 T 的概率分布，就可以使用上述等式算出检测概率 P_{D}，以同样的步骤还可以算出错误报警率 P_{FA}。

5.2.3 多频段认知无线电

与单频段频谱感知不同，多频段频谱感知中并未给出检测概率和错误报警率的统一定义。直观地说，可以计算出每个单独子频段的概率，可以从 $m=1, 2, \cdots, M$ 计算出 $P_{\mathrm{D},m}$。自然的算法就是将所有频段的性能取平均数，表述为

$$P_{\mathrm{D}}^{M} = \frac{1}{M}\sum_{m=1}^{M} P_{\mathrm{D},m} \tag{5.13}$$

然而，取平均数可能带来误判，特别是有离群值出现时(如某个信道的检测概率极低时，那么平均值就会很低)。更为可靠的算法是使用标准的权重平均算法，如下所示：

$$P_{\mathrm{D}}^{M} = \sum_{m=1}^{M} a_m P_{\mathrm{D},m} \tag{5.14}$$

其中，a_m 为子频段的权重因数，m 服从

$$\sum_{m=1}^{M} a_m = 1 \tag{5.15}$$

这些权重反映了信道的敏感性或者重要性。例如，如果某个信道不需要严密的干扰监测，就可以为这个信道指派一个较低的权重，因此，该信道的性能报告就不会对整体性能产生重大的影响。很明显，当赋予的权重相同时，式(5.14)就可以简化为式(5.13)。

文献[6]针对这些概率提出了另一个定义，如下所示：

$$P_{M}^{\mathrm{D}} = \Pr\left(\text{检测到至少一个被占用的频带} \middle| H_1^M\right) \tag{5.16a}$$

$$P_{M}^{\mathrm{FA}} = \Pr\left(\text{检测到至少一个被占用的频带} \middle| H_0^M\right) \tag{5.16b}$$

其中，H_1^M 和 H_0^M 分别表示全部信道占用和全部信道空闲。在文献[7]中，错误警报率的定义是尽管至少有一个信道未被占用却被误判为全部信道占用。如果 $H_0^{(i)}$ 代表至少存在 i 个空闲信道($i=1, \cdots, M$)，那么错误报警率就可以改写为

$$P_{M}^{\mathrm{FA}} = \Pr\left(H_1^M \middle| \bigcup_{i=1}^{M} H_0^{(i)}\right) \tag{5.17}$$

还可以表述为

$$P_{M}^{\mathrm{FA}} = \frac{\sum_{i=1}^{M} \Pr\left(H_1^M \bigcap H_0^{(i)}\right)}{\Pr\left(\bigcup_{i=1}^{M} H_0^{(i)}\right)} \tag{5.18}$$

前面提到的方法都假设对子信道界限的信息完全了解，然而在边缘检测（如小波检测）中情况完全不同，这种边缘评估的性能十分必要。文献[8]提出了一种新方法来测试边缘检测标准的性能。如果用 $N_B = M+1$ 表示系统中实际的子信道界限数量，$\hat{N}_B$ 表示可正确检测到的界限数量，那么实际界限的漏检概率为

$$P_{ME} = \frac{N_B - \hat{N}_B}{N_B} \tag{5.19}$$

虚假边缘的检测概率可以表达为

$$P_{FE} = \frac{N_T - \hat{N}_B}{N_{FFT} - N_B} \tag{5.20}$$

其中，N_T是所有检测到的边缘数量，包括实际子信道边缘和虚假边缘；N_{FFT}为可利用的快速傅里叶变换（FFT）大小。

显而易见，增加 FFT 的数值能够改进检测性能。最终，边缘检测错误的平均概率可以定义为

$$P_E = \frac{P_{ME} + P_{FE}}{2} \tag{5.21}$$

另一方面，在文献[6]中，将频带占用错误（BOE）定义为

$$\mathrm{BOE} = \frac{\sum_{m=1}^{M} \left|\mathrm{BOD_a}(m) - \mathrm{BOD_e}(m)\right|^2}{\sum_{m=1}^{M} \left|\mathrm{BOD_a}(m)\right|^2} \tag{5.22}$$

其中，下标“a”和“e”分别表示实际和预估的频带占用程度（BOD），表述为

$$\mathrm{BOD}(m)\begin{cases}\gamma_m, & \text{子信道}m\text{被占用}\\ 0, & \text{其他}\end{cases} \tag{5.23}$$

其中，γ_m是频段 m 上的 SNR（信噪比）。

对于每个频段上的独立子载波，本文也提出了一个非常相似的步骤。如果将γ_m重置为 1，就可以获得一个简单的 BOD。这就是说，0 和 1 分别代表未占用和被占用的子信道。

除了前面提到的度量，还可以使用一些修改版本。例如，在协同通信情况下使用 ROC（接收机工作特性）度量作为补充。其中，漏检概率 $P_M = 1 - P_D$可与 P_{FA} 比较，或者将 $Q_M = 1 - Q_D$与 Q_{FA} 比较。其他对于直观性能的度量都来自于这些概率与 SNR（信噪比）的比较。

5.3 吞吐量性能标准

多频段认知无线电网络承诺要确切改善网络的总吞吐量，并且，在一定程度上，可以保证次用户的服务质量（QoS）。因此，在这些模式中将总吞吐量用做普遍性能标准并不奇怪。无论主用户在线（交织模式）或不在线（重叠模式）次用户都能够接入频段，将之认定为一般模式。在后一种情况下，必须使用功率调节来保护主用户。这两种接入模式的混合被称为共享频谱感知[9]。此外，还假设感知存在不完美的情况。基于这两个假设次用户的传输类型可分为 4 类：

- 次用户正确检测到主用户不在线，以功率ρ_s^0概率$1-P_{FA,m}$传输信号
- 次用户错误检测到主用户不在线，以功率ρ_s^0概率$1-P_{D,m}$传输信号
- 次用户正确检测到主用户在线，以功率$\rho_s^1<\rho_s^0$概率$P_{D,m}$传输信号
- 次用户错误检测到主用户在线，以功率ρ_s^1概率$P_{FA,m}$传输信号

当H_j为真假设时，r_{ij}可以视为次用户的传输率，决定H_i。因此，得到下列公式：

$$r_{00}=B\log\left(1+\frac{\rho_s^0}{\sigma^2}\right) \tag{5.24}$$

$$r_{01}=B\log\left(1+\frac{\rho_s^0}{I+\sigma^2}\right) \tag{5.25}$$

$$r_{11}=B\log\left(1+\frac{\rho_s^1}{I+\sigma^2}\right) \tag{5.26}$$

$$r_{10}=B\log\left(1+\frac{\rho_s^1}{\sigma^2}\right) \tag{5.27}$$

其中，B表示子信道带宽；I表示主用户在线时对传输造成的干扰。

如果假设次用户接入M之外的一个子信道，那么整个网络的平均吞吐量就可以写为

$$R=\sum_{m=1}^{l}r_{00,m}(1-P_{FA,m})p(H_0)+r_{01,m}(1-P_{D,m})p(H_1)+r_{11,m}P_{D,m}p(H_1)+r_{10,m}P_{FA,m}p(H_0) \tag{5.28}$$

其中，l表示 CRN（认知无线电网络）的信道数量；$p(H_i)$表示H_i发生的概率。

请注意以下内容。首先，在完美感知条件下，r_{01}和r_{10}为0。同样，在交织模式下（如次用户只在主用户不在线时才发生传输行为），r_{11}和r_{10}基值为0。MB-CRN 的吞吐量性能可参考图5.3。假设每个子信道的带宽都为6 MHz，具备相同的SNR。在l信道之间功率平均配置。

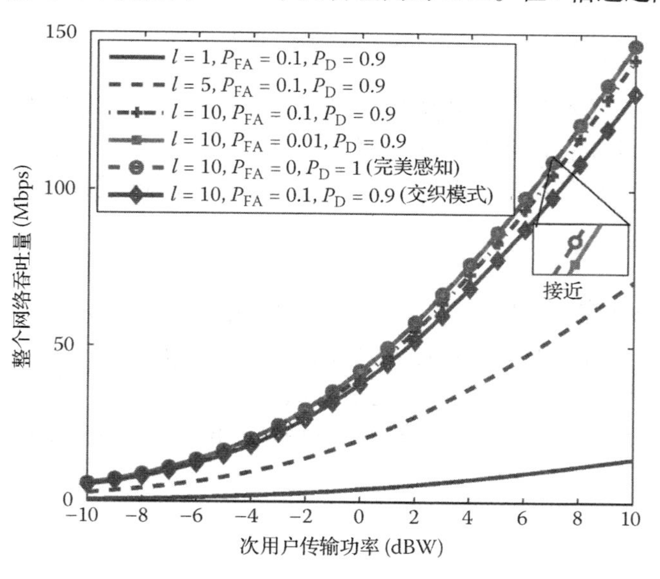

图5.3　不同数量信道的吞吐性能以及错误报警率和检测概率 $\rho_s^1=0.4\rho_s^0,\sigma^2=1,I=-20\text{ dB},p(H_0)=1-p(H_l)=0.7$

从图 5.3 可以总结出，如果次用户接入更多的信道(如 l 增加)，如 MB-CRN 承诺的一样，总吞吐量会增长。同样，对于一个严格的 P_{EA}，当数据干扰不那么频繁时总吞吐量会得到进一步改善。最后，与交织接入相比较，因为共享频谱感知(或混合接入)允许主用户和次用户并存，因此它能带来更大的吞吐量。

5.4 基本限制和权衡

与其他任何无线通信系统一样，认知无线电网络在其设计参数上面临基本限制和许多权衡。因为这些网络在单频段认知网络基础上进行扩展，并可能包含协同通信，因此，网络参数的设计变得更加具有挑战性。多频段认识网络的主要设计参数包括感知时间、网络吞吐量、检测可靠性、协同次用户数量、被感知信道数量、功率控制、信道分派和公平等。

在此处要研究的是多频段认知无线电的一般情况。总体来说有如下几个设计步骤。对于一系列参数，设计者想要从中选择最好的值，这些值可以使其功能(如吞吐量)最大化，或者使其另一个功能(如对主用户的干扰)最小化。在数学上，可以用最优化问题公式表示，写为

$$\begin{aligned}&\text{maximize } f(o)\\&\text{subject to } g_i(o),\quad i=1,2,\cdots,q\end{aligned}\tag{5.29}$$

其中，$f(o)$ 为目的函数；o 为最优化变量；$\{g_i(o)\}$ 为被 $\{b_i\}$ 约束的约束函数。

举例来说，在多频段认知网络中，典型的最优化问题就为目标函数是吞吐量，最优化变量是感知时段，约束函数包括传输功率约束和干扰约束。在本节，将描述设计权衡并讨论一些可以改善这些参数的技术。

5.4.1 感知时间最优化

频谱感知的一个关键参数是感知持续时间，它对网络吞吐量有极大的影响。图 5.5(a) 展示说明了一个广泛应用在认知网络的 MAC 帧结构。假设次用户接入某个子信道，T 秒帧包含了两个时隙：感知时隙 τ 和传输时隙 $T-\tau$。因此，在感知时段内吞吐量为

$$C=\frac{T-\tau}{T}R\tag{5.30}$$

很明显，如图 5.4(a)所示，增长的 τ 能使传输时隙变短，进而相应次用户吞吐量减少。尽管如此，自 $N=\tau f_s$ 后，长时间的感知可以改善检测性能，这里 f_s 表示采样频率(如次用户接收端为得到测试数据而收集更多的样本)，参见图 5.4(b)。

在文献[11]中，Liang 等人研究了有关单频段认知网络的权衡问题。用最优化问题的数学公式可以表示为

$$\begin{aligned}&\max C(\tau)\\&\text{subject to } P_D(\lambda)\geqslant\beta,\ 0<\tau<T\end{aligned}\tag{5.31}$$

其中，β 被称为目标检测概率。

额外的限制会带来其他的变化。举例来说，这些限制可能出现在错误报警率上，或当使用多频段感知时间自适应联合(MSJD)检测器时，检测器的临界值能与感知时间一起优化(如 $o=\{\lambda,\tau\}$)。

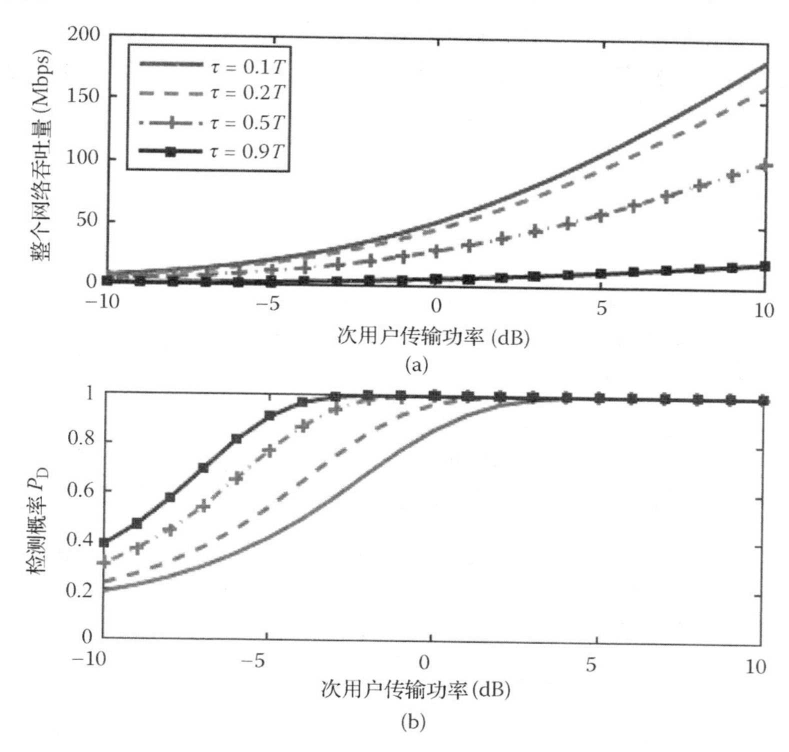

图 5.4　感知时间对吞吐量性能的影响。(a)吞吐量对次用户传输功率;(b)检测概率对传输功率

接下来，将要讨论一些能用来平衡感知时间-吞吐量权衡的技术。

5.4.1.1　MAC 帧结构

文献[11]的作者提出一个修正帧结构，见图 5.5(b)，其中感知时间 τ 被分解成 S 个等量感知时隙。从中可以看到，不断增长的时隙数量将会降低优化感知时间，因此，吞吐量也有所改进，而且令人感兴趣的是，错误报警率同样也会减少。在文献[12]中，帧被扩展应用到多频段系列感知中，文献中作者解析了两个不同的帧结构：多频段时隙帧和多频段持续帧，其中，前者的每个子信道都会被分配固定数量的时隙，后者的每个子信道都有一个受总感知时间约束的任意长度的持续时间，分别参考图 5.5(c)(每个子信道有两个时隙帧)和图 5.5(d)。在实际感知过程中，时隙帧更容易实现。然而，如果使用持续帧的话，优化时间的解决方法并不那么复杂。同时，不断增长的信道数量会改进吞吐量。

文献[13]提出一个新的帧结构，即感知和传输同时发生，如图 5.5(e)所示，与频谱感知同时使用解码。基本原理如下：当一个频段空置时，次用户最先感知到并开始传输。然而，它同时向基站传输了数据和频谱占用的信息。基站将接收到的信号解码，提取次用户数据，利用剩余信号分析使用任意一种频谱感知技术分析频谱占用情况。因为解码和感知同时进行，其优点如下：越长的感知时间能够提高检测性能，越长的传输能够提高吞吐量。感知持续进行，主用户能得到更好的保护。最后，感知时间优化变得不是那么必要，因为它发生在整个帧中，但是缺点也有两点。首先，在文献[14]中提到解码错误损害性能。在使用期内，虽然这个新的帧优于并超越传统帧，但是由于连续帧下不断累积的解码错误和次用户数据传输对先前帧中的感知结果的依赖，新帧将会失去优势。第二，本地区中其他次用户的存在要求接收端成功解码多信息源发出的众多信号。因此，检测混合信号将会变得更有挑战性。

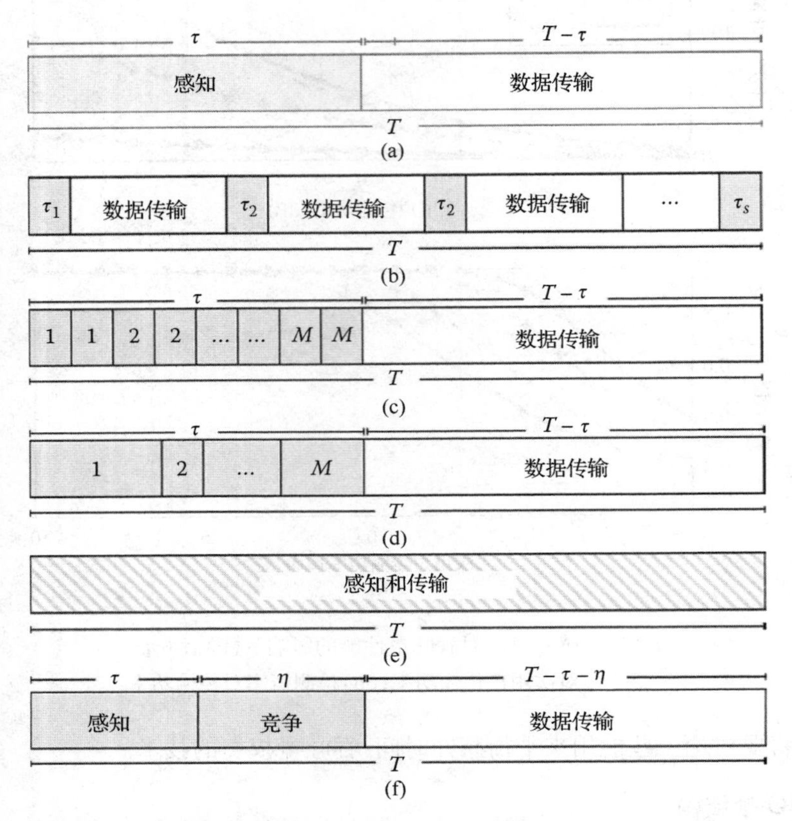

图 5.5 (a)认知网络中传统的 MAC 帧；(b)时隙帧的结构；(c)多频段时隙帧；(d)多频段任意时长时隙帧；(e)传输和感知同时出现的新帧；(f)基于竞争的帧

5.4.1.2 双射频

文献[15]提出了双射频结构，在这个结构中，接收端有一个专用感知射频和一个专用传输射频。这将会改善频谱感知性能，更重要的是，它能提供更高的吞吐量。很明显，缺点就是成本高、功率消耗高和接收端更复杂。

5.4.1.3 自适应感知算法

文献[16～19]中探讨了几种使用自适应感知时间算法对网络吞吐量的影响。使用动态感知时间可减少对样本数量的需要，特别是当子信道的信噪比较高时，整个网络吞吐量会发生重大的改进[16]。在文献[17]中，Datla et al. 提出了一个自适应算法，长时间感知高空闲概率的信道，因为在吞吐量方面它们更有用。每一次某个信道被宣告占用，它所需要的感知时间在接下来的感知中会减少。这种算法的缺点在于它可能会错失一些可用信道，特别是那些被前期感知结果宣布占用的信道。文献[18]提出了一个两阶段自适应算法。在第一阶段，次用户在每次迭代后通过排除那些低空闲概率的信道反复搜寻可用的空闲信道，因此备选信道的数量呈指数下降。第二阶段，次用户可能会有一小群备用信道，并将会分配样本预算以此完成精细的感知。文献[19]对此有扩展，即现有目标是检测所有可用的空闲子信道而不是信道的子集。这个算法很大意义上改变了低信噪比状态下的吞吐量。在高信噪比状态下，对自适应性算法变得活跃，其中每个子信道都有相同的样本预算。Yang et al. 提出 QoS 预期低复杂性的方案，在这个方案中次用户可以不经过频谱感知就接入一些信道(如 $\tau=0$)[20]。这些信道或是空闲率高或是干扰容限高。这种算法可以改进吞吐量。下一步需要深入分析的是如何获得信道空闲率以及对不经过感知就接入频谱的风险进行量化评估。

5.4.1.4 顺序概率比检测

在文献[21]中，平行顺序概率比检测(SPRT)用来将频谱感知所需的样本数量和感知时间最优化(如 $o=N$)。与固定样本大小(FSS)探测器相比，由于两个增益(系数)，平行 SPRT 将会大幅度减低样本数量：一个是使用 SPRT 的增益(系数)，另一个是同时感知多频波段(平行感知)的增益(系数)。但是，在 SPRT 中一个关键的挑战是每一个检测器可能产生不同大小的样本。一般来说，样本大小是一个因检测数据而变化的任意变量。由此，整体的感知时间是由平行检测器的最大感知延迟来决定的。Caromi et al. 研究了限制和无限制感知时间条件下的平行和顺序 SPRT[22]。因为 SPRT 对产生决策的样本数量没有上限要求，作者假设一些截断的 SPRT 为限制 N。在顺序感知方面，N_{opt} 会随着感知信道的增长而增长。相反，对于平行感知，当信道数量增长时，N_{opt} 将会减少。另一方面，文献[23]对信道感知顺序展开了研究。它认为直观感知顺序，即次用户按照从高到低的空闲概率来感知信道，这种方法不是最佳的。特别是，如果使用非自适应传输，直观顺序最佳，但是在使用自适应传输时这种最优性就会丧失。

5.4.1.5 协同用户数量

这里的最优化问题是

$$\begin{aligned}&\max C(\tau,k)\\&\text{subject to } 0<k\leqslant K,\ 0<\tau<T\end{aligned}\tag{5.32}$$

在此想联合优化使用感知时间的次用户数量。

文献[11]分析了软组合和硬组合。该文献指出增加次用户总数 K 可以减少最优感知时间，并由此改进总吞吐量。这是因为当次用户变多，检测概率将会增加。因此，对于一个预定目标概率，当增加次用户数量的同时能够减少感知时间。同样，在其他硬组合规则之中，多数表决规则的性能表现最佳，因为它的最优感知时间最短和获取的吞吐量最大。然而，如果次用户数量保持增长，那么增益就会达到饱和。在文献[24]中，Peh et al. 研究了协助次用户的最优数量 K_{opt}，在硬组合方案下达到最大化的吞吐量。据研究，最优值取决于无线环境，对于不同的信噪比，要优化吞吐量是缺乏单一的表决规则。优化 K 值可以缩减感知时间并改进吞吐量。有趣的是，当信道条件不好时(低 SNR)，在感知上就更利于分配到更多的时间(如缩减 $T-\tau$)；当信道条件特别差时(特别低的 SNR)，给传输上分配时间要比感知上多得多。原因在于，在这种范围内，无论 τ 值多少 P_{FA} 都非常高，因此

增加 $T-\tau$ 变得更有益。文献[12]分析了软组合，它表明增加次用户数量能够改变网络吞吐量，当 k 增加时增益会降低。文献[25]中，软组合和硬组合用来研究多频段检测。它表明软组合提供了更好的吞吐量，但是硬组合对主用户的干扰更少，原因在于它的负荷较小。

虽然增加协同次用户的数量可以改进检测的可靠性并缩短 τ_{opt}，但是，由于需要从所有次用户处搜集信息，会造成长时间的延迟。要解决这个问题，次用户可以同时在正交频频段上发送其决定[26]，当然完成这样的工作有更大的带宽需求。文献[31]则提出了另一种解决方法，作者推导出获取目标性能所需的最小次用户数量。另一方面，文献[27]中则谈论在感知中限制协同次用户的数量。基本原则是，如果检测结果被认为有用，那么用户间只是协作而已。此种技术缩减了协同用户数量的同时也节省了功率预算。同样，基于选择的协同频谱感知在文献[28～30]中被提及，即假设算法不仅减少开销，还能调解那些可靠性不高的次用户发来的错误报告。基本原则不仅仅是限制协同次用户数量，而且只承认那些基于几个方面的可靠决定，如信道的 SNR 和感知的质量。最后，文献[31]提出了针对固定值 K 的最佳表决规则，用来最小化误报警率和误警报 Q_M+Q_{FA}，此处 $Q_M=1-Q_D$。如果将与 K 相关的总和的导数设置到0，那么就会获得

$$k_{opt}\approx\left\lceil\frac{K}{1+\varepsilon}\right\rceil \tag{5.33}$$

其中

$$\varepsilon=\frac{\ln\left(\frac{P_{FA}}{P_D}\right)}{\ln\left(\frac{1-P_D}{1-P_{FA}}\right)} \tag{5.34}$$

因此

1. 如果 $P_{FA}\approx P_D$，$\varepsilon\approx0$，主要规则是最适合的。
2. 如果 $P_{FA}\ll1-P_D$，$\varepsilon\approx K+1$，OR 逻辑规则最适合。
3. 如果 $P_{FA}\gg1-P_D$，$\varepsilon\approx1$，AND 逻辑规则最适合。

5.4.2 多样性和采样权衡

将协同通信模型与认知网络整合到一起需要在空间多样性和昂贵的硬件需求之间有一权衡，其中前者通过协同获得，而后者可感知超常带宽频谱。图5.6为展示这种权衡。假设一个多频段帧模型，拥有 M 个带宽为6 MHz 的子信道。同样，样本采用奈奎斯特速率。可以看到，如果向完全多样性妥协，即允许每个次用户去感知只用 M 个信道的子集，那么采样代价会有很大的缩减。例如，当每个子信道只有两个次用户同时监控(即多样性为2)时，它的采样代价就会少于完全多样性的成本，因为在完全多样性中所有次用户必须全部监控这个子信道。同样，增加协同用户的数量将会进一步减少采样代价，因为每个单独的次用户只需要感知较少量的信道。另外，当 M 增加时，需要更高的采样代价。在图5.7中，很容易能看到多样性和采样代价之间不可避免的权衡。观察发现，当次用户越多，权衡影响变得越小。Wang et al. 在他们的研究中[32]提出一个基于次用户搜集标准参数最小化的协同检测算法，可以通过这个算法来压缩采样以减少权衡影响。

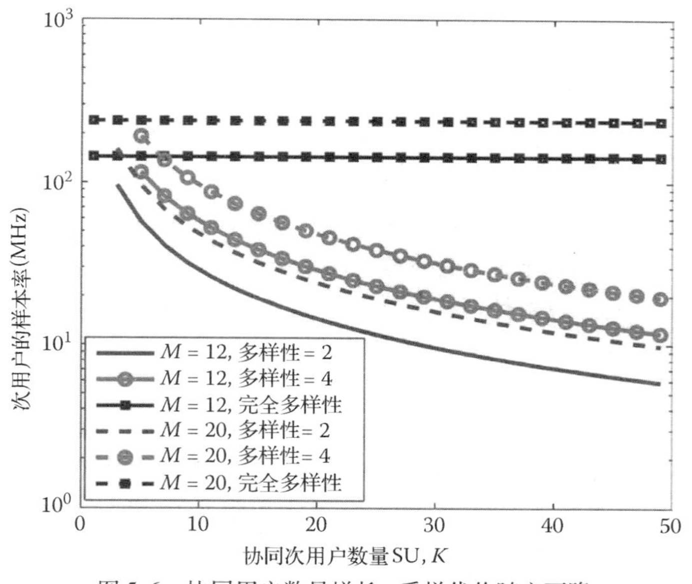

图 5.6　协同用户数量增长，采样代价随之下降

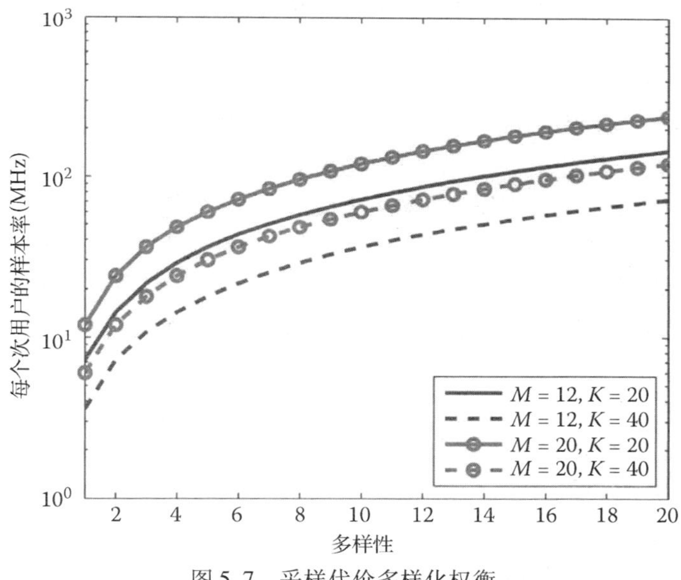

图 5.7　采样代价多样化权衡

5.4.3　功率控制和干扰限制权衡

最佳功率配置对改进网络吞吐量和保护主用户同样重要。当使用重叠方案时它变得更为重要，因为这必然涉及功率的调整。许多论文都在研究功率和感知时间的联合优化来最大化吞吐量。其他研究则将增加传输功率和干扰限制作为约束功能。

5.4.3.1　平均和最大发射功率

次用户在传输功率上有两种常用的描述，名称上讲一个是平均功率 ρ_{avg}，另一个是峰值功率 ρ_{peak}。当想维持长期功率预算时多使用前者，而考虑到功率放大器的非线性情况时多使用后者来限制峰值功率[33]。如果假设次用户接入 l 个信道，那么平均功率约束可表述为

$$\sum_{m=1}^{l} E[\rho_m] \leqslant \rho_{\text{avg}} \tag{5.35}$$

峰值功率限制可以表述为

$$\sum_{m=1}^{l} \rho_m \leqslant \rho_{\text{peak}} \tag{5.36}$$

要理解为什么后者有更多限制，要考虑下列情况。即两个次用户一起进入 l 信道，那么功率范围是 $\rho_{\text{avg}} = \rho_{\text{peak}} = 1$ W。简化来说，假设传输功率为固定值，没有指定任何衰减条件。那么在功率分配期间，在平均约束条件下，只要平均值是 1 W，次用户就能够以任何功率传输。举例来说，可能的组合为 $\rho_1 = 0.5$ W，$\rho_2 = 1.5$ W，以此类推。尽管如此，在峰值约束条件下，次用户要满足 $\rho_1 + \rho_2 \leqslant 1$ W 的条件。

Pei et al. 研究了以这些功率约束为对象的感知时间和功率分配的联合优化[34]。这些研究表明这两种约束都有注水(water-filling)功率控制，其中次用户在拥有更高 SNR 的子信道上能分配到更高的功率。不同之处在于 ρ_{peak}，其分配策略取决于空闲信道的数量，而不像 ρ_{avg} 的分配策略那样功率分配是指定的，不考虑其他信道上的活动性。换句话说，ρ_{peak} 的功率分配在次用户频谱感知结果后发生。这就表明了，与 ρ_{peak} 相比，ρ_{avg} 的限制条件更少，因此当被它应用时，总吞吐量更高。同样，频谱感知时间 τ_{opt} 会随着功率预算的增长而增长。有趣的是，对于不同的功率来说 τ_{opt} 的变量很小，因此，对不同的功率预算采取固定的感知时间可能只轻微降低总吞吐量。不管怎么说，固定感知时间能够保证其他次用户之间的感知同步，减少网络的复杂性。同样，在文献[35]中，Wang 提出基于注水的原理，他认为通过联合优化功率分配和被感知的信道可以使总吞吐量最大化。在文献[36]中，Barbarossa et al. 将功率分配和能量检测固件联合优化，表明了功率分配只是依靠功率预算、信道质量和检测可靠性的多层注水过程。在文献[37]，Zou et al. 提出在多个次用户竞争整个网络资源的条件下基于竞拍模式的功率分配方案。运行方式如下：如果次用户在一个交织频谱的帧中运行，那么次用户的功率分配将会是均衡的。但是，如果次用户在重叠模式中运行，那么功率分配将会被约束起来以保护主用户网络的 QoS。为 MAC 帧增加额外的时隙将会允许主用户对传输功率的竞争，可参见图 5.5(f)。这意味着对于固定的 T，传输时间减少总吞吐量也会减少，或者感知时间缩短检测性能也会降低。另一方面，取决于次用户和主用户之间的距离，感知时间和功率控制也将会联合最优化[38]。基本原理是，当主用户距离较远时，最好只使用功率控制以使得次用户同时与主用户共存。这是因为，要检测到微弱的主用户信号需要花费更长的感知时间 τ，这个时间将会影响总的吞吐量。但是，如果主用户与次用户之间非常接近，那么就只需要一个非常短的感知时间就能可靠地检测到主用户。因此，功率控制就不需要了，因为次用户会停止传输来保护主用户。仿真结果证明，当两者距离较远时，所建议的技术要优于自适应功率分配，而在距离较近时，所建议的技术优于自适应感知时间。然而该方法容忍了主用户位置信息的不准确。

5.4.3.2 平均和最大干扰

当次用户和主用户同时出现时，对主用户的干扰就会发生。即当次用户没有检测到主用户时，或者是当次用户使用重叠模式时，次用户改变其功率对主用户的干扰就会发生。为了保护主用户，在最优化问题上设置一个干扰范围。有两个常用限制，平均干扰约束 I_{avg} 和

峰值干扰约束 I_{peak}。前者可用数学公式表达为

$$\sum_{i=1}^{K^{(m)}} E[\rho_i] \leqslant I_{avg} \tag{5.37}$$

$K^{(m)}$代表在 m 个子信道上传输的次用户数量，峰值干扰约束为

$$\sum_{i=1}^{K^{(m)}} \rho_i \leqslant I_{peak} \tag{5.38}$$

文献[39]的作者 Zhang 表明，当约束条件 I_{avg} 设定好时，次用户网络的吞吐量将变高。原因是，$I_{avg}=I_{peak}$ 的条件下，平均干扰约束 I_{avg} 比峰值干扰约束 I_{peak} 要更复杂一些。令人吃惊的是，当期待后者能够提供更好的主用户网络保护时(峰值范围限制非常严)，结果却相反，这是因为产生了关于主用户的一个有趣的干扰多样性现象。这个现象归因于涉及干扰功率的吞吐量功能的凸性。与在 I_{peak} 情况下一样，当干扰功率是固定值时，在 I_{avg} 的情况下，任意干扰水平有所升高，优势明显。换句话说，I_{avg} 约束不仅仅对次用户有好处，同样也减少了主用户吞吐量的损失。甚至，在 I_{avg} 的情况下注水功率将会最优化分配，在 I_{peak} 情况下缩减信道分配功率会得到最优化配置，这是一对功率分配方案，能够依靠转变信道衰减来获取持续功率[40]。在文献[41]中，I_{avg} 被推荐应用于延时-不敏感主用户系统；I_{peak} 则倾向于用在延时-敏感系统中[41]。Stotas 和 Nalanathan 两位作者分析了感知时间过程中干扰容忍对主用户的影响[42]。它表明了较高的平均干扰范围会缩减最佳感知时间，并且能够按照预期改善吞吐量。

5.4.3.3　波束合成

联合波束合成对克服感知-吞吐量权衡是非常有用的[43]。特别是，Fattah et al. 证明了波束可合成以缩减感知时间、改进吞吐量，更为重要的是，能为主用户提供很好的保护[44]。但是，同天线阵一样，它在次用户传输端和接收端需要信道状态信息。在认知无线电网络中这一点更具有挑战性，因为主用户网络众多，并且主用户可能并不愿意向次用户反馈信道状态信息。这就促成一个新的研究方向，即研究稳健波束形成算法来应对不完美的信道状态信息。

5.4.3.4　功率和资源分配

在文献[45]，功率控制、信道选择和速率适配的联合优化用来最大化吞吐量。文中提出了两种算法。第一种，次用户选择出最好的可用信道，之后完成功率和速率适配。为保证每个次用户能够选到最好的信道，频繁的信道选择变得不可避免，因此，会导致高消耗。为减少这种消耗，提出了一种可选算法，即在它能支持最小的可能传输率时，次用户可以选择一个信道。否则就随机选择可用的信道。这个算法的吞吐量较低，然而它可以降低信道选择的频度。如果有要将网络的吞吐量进一步增大，书中建议对多频段认知无线电网络使用自适应带宽选择。在文献[46]中，联合任务控制和功率配置用来研究 MB-CRN 中 QoS 和功率消耗的不同约束条件下如何最大化吞吐量。文献[47]提出对检测装置、信道指派和功率配置进行联合优化来最大化吞吐量。在文献[48]中，感知时间和信道选择则被联合起来优化最大吞吐量。特别是，一旦选定每个子信道的优化感知时间，次用户就会从 m 个子信道中选出一个子集(l)，总吞吐量就能获得优化。研究表明，对于固定的 M，l 的增长将会减少吞吐

量，对于固定的 l，增长的 M 会随着正在减少的增量来改进吞吐量。在文献[49]中，迭代集中的功率和调度算法被提出来以提高吞吐量。

5.4.4 资源分配权衡

近年来，资源分配成为认知无线电网络研究中一个比较活跃的领域[50]。它所涉及的资源包括功率分配、信道（或带宽）选择、接入控制（链接访问）等。用户间的公平性也是资源分配的一个重要因素。

5.4.4.1 带宽选择

可以假定，接入所有可用频段将会理论上增加吞吐量。但是，当次用户接入所有频段时，主用户很有可能回到至少其中的一个频段，随后，切换行为不可避免，最终增加网络的额外消耗并阻断次用户的传输。因此，为频谱接入而做的子信道数量的优化变得十分必要。Dan et al. 研究了利用优化带宽（或者优化子信道集 l_{opt} 数量）来最大化吞吐量[51]。作者调查了关于延迟-敏感和延迟-不敏感通信的持续（CON）和非持续（NCON）信道配置。对于串行感知，主要讨论了当空闲信道概率非常高时，l_{opt} 会更高。同样，NCON 有更大的 l_{opt}，因为在 CON 方案中需要花费更多来搜寻 l_{opt} 持续信道。和 NCON 相比，CON 对于信道空闲时间没有那么敏感。如果信道的空闲率比较高，那么就会建议使用并行感知，因为和串行感知相比，l_{opt} 变得极高[51]。如果信道的占用是关联的，并且次用户预先知晓这种情况，那么总吞吐量的进一步改变将会发生，在 CON 也会观察到这个成果，因为持续信道之间的关联性通常都会很高。另外，当邻近有多个次用户时，在 CON 中信道重构会非常重要。原因是，假设在网络中有 4 个连续不断的空闲频段（1 ~4）和两个次用户（次用户 1 和次用户 2）。假设 $l_{opt}=2$，如果次用户 1 接入频段 2 和频段 3，那么次用户 2 就不能接入 1 和 4，因为这两个频段不是连续的。尽管如此，如果次用户 1 接入频段 1 和频段 2，那么次用户 2 就推荐接入 3 和 4。很明显，信道重构的优点是可以帮助容纳更多的次用户，但是缺点就是重新配置过程造成的更大的额外消耗，即重新设置链接，必然会引起传输中断和延迟。最终，当次用户数量增加时，重构方案的增益呈现减少的趋势，原因是从信道撤出和重新连接新信道会压制增益从而造成增益减少。另一方面，要增强带宽效率，Khambekar et al. 提出一个将 OFDM 的保护间隔用于频谱感知的新方案[52]。

5.4.4.2 公平性

在资源分配中公平性是一个非常重要的标准[53]。显而易见，人们更愿意最大化网络吞吐量和允许尽可能多的用户使用网络资源。但是，给次用户配置一些信道条件较差（如衰落严重）的资源，将会大大影响到网络的吞吐量。然而，忽略这些次用户也是不公平的。因此，会存在公平性和网络性能之间的权衡。文献[54]中讨论了两种公平性算法，也就是成比例公平性和最大-最小公平性。前者是普通的调度方案，其中资源的分配以次用户信道质量为基础。这能够在公平性和吞吐量之间达到一个好的平衡，然而当用户处于不同的信道环境时，也不能保证 QoS 时就可能引起不公平。后者的方案取决于所有次用户间的平等分配。如果单个次用户不能从分配到的资源中获益，那么这些资源就会被公平地分配给其他用户。因此，就能保证获得最小的 QoS。在吞吐量方面，前者的表现要好一些。另一方面，基于一致协议就会被提出[53, 55]来增强多个次用户之间的频谱共享公平性。

文献[56]对最大公平性和均衡公平性(即每个次用户都能平等地得到资源的分配)做了拓展研究,并加以评估。

5.5 本章小结

在认知无线电网络中有几个关键参数需要精心设计。感知时间必须认真加以优化,因为它与吞吐量成反比。为了改进感知时间-吞吐量权衡会用到几个 MAC 帧。其他技术包括自适应算法和 SPRT。同样,以额外的复杂性为代价波束合成和双射频能增强感知时间和吞吐量。另外,通过探索空间多样性协同可以改善检测性能,也能够减少感知时间,最终改进吞吐量。不过,这会带来更大的额外消耗和更高的功率消耗,还有,像传感这样的技术必须用来限制协同用户数量。另一方面,多样性和采样成本之间的权衡不可避免。因此,完全多样性在次用户接收端施加了采样成本,为了缩减采样需求,需要对多样性做出妥协。其他,如功率、干扰控制和资源分配这些都是需要重点考虑的。

前面提到的主要限制和权衡都在图 5.8 中的权衡图中做出了总结。要注意的是,两个参数之间的关系用好或坏来描述,指的是增加一个参数会对另一个参数好或坏的影响。下面的例子描述了如何使用这个图表。观察搜集样本的数量 N。如果 N 增加了(如果次用户在频谱感知过程中收集到更多的样本),就会产生三种结果:

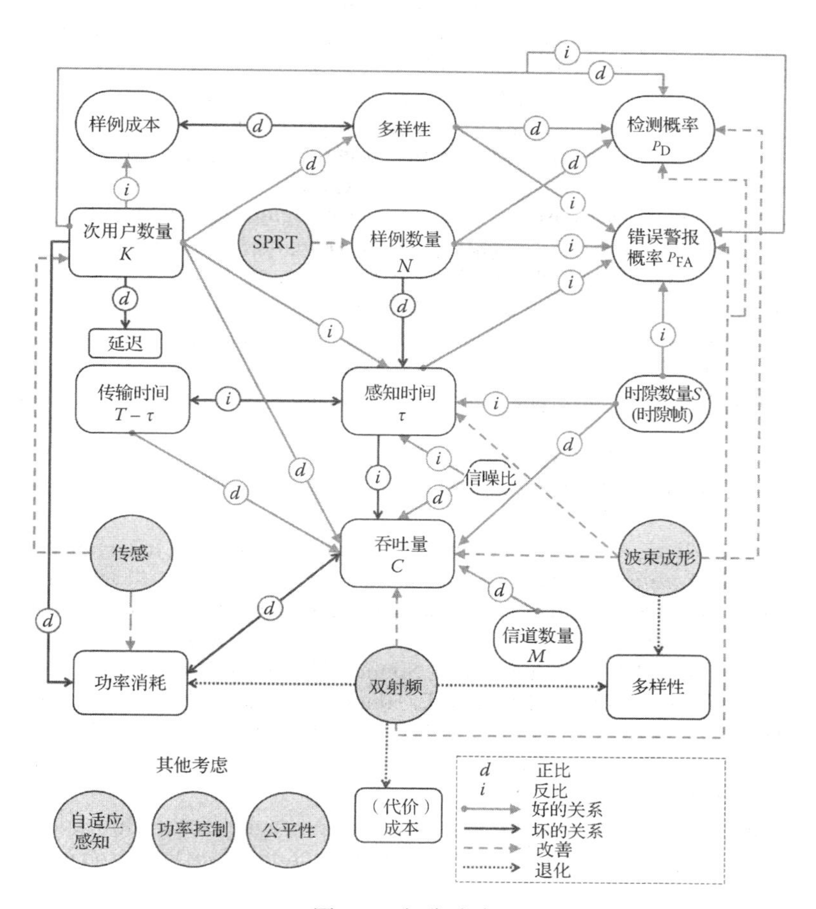

图 5.8　权衡成本

1. P_{FA}会减少。这就意味着N和P_{FA}成反比。因为N增长对系统的影响是好的。
2. P_D会增加。这就意味着N和P_D成正比。因为N增长对系统的影响是好的。
3. τ会增加。这就意味着N和τ成正比。因为N增长对系统的影响是坏的，会减少吞吐量(可回想一下感知时间-吞吐量权衡)。

参考文献

1. G. Hattab and M. Ibnkahla, Multiband cognitive radio: Great promises for future radio access, *Proceedings of the IEEE*, 102 (3), 282–306, March 2014.
2. G. Hattab and M. Ibnkahla, Multiband cognitive radio: Great promises for future radio access (long version), Internal Report, Queen's University, WISIP Laboratory, Kingston, Ontario, Canada, December 2013.
3. H. Poor, *An Introduction to Signal Detection and Estimation*, Springer, New York, 1994.
4. A. Jeffrey and D. Zwillinger, *Table of Integrals, Series, and Products*, Elsevier Science, Boston, MA, 2000.
5. S. Chaudhari, V. Koivunen, and H. Poor, Autocorrelation-based de-centralized sequential detection of OFDM signals in cognitive radios, *IEEE Transactions on Signal Processing*, 57 (7), 2690–2700, July 2009.
6. Y. Zeng, Y.-C. Liang, and M. W. Chia, Edge based wideband sensing for cognitive radio: Algorithm and performance evaluation, in *Proceedings of the IEEE International Symposium on New Frontiers in Dynamic Spectrum Access Networks (DySPAN'11)*, Aachen, Germany, May 2011, pp. 538–544.
7. Y. Xin, G. Yue, and L. Lai, Efficient channel search algorithms for cognitive radio in a multichannel system, in *Proceedings of the IEEE Global Telecommunications Conference (GLOBECOM'10)*, Miami, FL, December 2010, pp. 1–5.
8. S. El-Khamy, M. El-Mahallawy, and E. Youssef, Improved wideband spectrum sensing techniques using wavelet-based edge detection for cognitive radio, in *Proceedings of the International Conference on Computing, Networking and Communications (ICNC'13)*, San Diego, CA, January 2013, pp. 418–423.
9. X. Kang, Y.-C. Liang, H. Garg, and L. Zhang, Sensing-based spectrum sharing in cognitive radio networks, *IEEE Transactions on Vehicular Technology*, 58 (8), 4649–4654, October 2009.
10. S. Boyd and L. Vandenberghe, *Convex Optimization*, Cambridge University Press, Cambridge, U.K., 2004.
11. Y.-C. Liang, Y. Zeng, E. Peh, and A. T. Hoang, Sensing-throughput tradeoff for cognitive radio networks, *IEEE Transactions on Wireless Communications*, 7 (4), 1326–1337, April 2008.
12. R. Fan and H. Jiang, Optimal multi-channel cooperative sensing in cognitive radio networks, *IEEE Transactions Wireless Communications*, 9 (3), 1128–1138, March 2010.
13. S. Stotas and A. Nallanathan, Overcoming the sensing-throughput tradeoff in cognitive radio networks, in *Proceedings of the IEEE International Conference on Communications (ICC'10)*, Cape Town, South Africa, May 2010, pp. 1–5.
14. L. Tang, Y. Chen, A. Nallanathan, and E. Hines, Spectrum sensing based on recovered secondary frame in the presence of realistic decoding errors, in *Proceedings of the IEEE International Conference on Communications (ICC'12)*, Ottawa, Ontario, Canada, June 2012, pp. 1495–1501.
15. N. Shankar, C. Cordeiro, and K. Challapali, Spectrum agile radios: Utilization and sensing architectures, in *Proceedings of the IEEE International Symposium on New Frontiers*

in Dynamic Spectrum Access Networks (DySPAN'05), Baltimore, MD, November 2005, pp. 160–169.
16. P. Paysarvi-Hoseini and N. Beaulieu, Optimal wideband spectrum sensing framework for cognitive radio systems, *IEEE Transactions on Signal Processing*, 59 (3), 1170–1182, March 2011.
17. D. Datla, R. Rajbanshi, A. M. Wyglinski, and G. Minden, Parametric adaptive spectrum sensing framework for dynamic spectrum access networks, in *Proceedings of the Second IEEE International Symposium on New Frontiers in Dynamic Spectrum Access Networks (DySPAN'07)*, Dublin, Ireland, April, 2007, pp. 482–485.
18. Y. Feng and X. Wang, Adaptive multiband spectrum sensing, *IEEE Wireless Communications Letters*, 1 (2), 121–124, April 2012.
19. Y. Feng, L. Song, and B. Jiao, Adaptive multi-channel spectrum sensing throughput tradeoff, in *Proceedings of the IEEE Conference on Communication Systems (ICCS'12)*, Singapore, November 2012, pp. 250–254.
20. C. Yang, Y. Fu, Y. Zhang, R. Yu, and S. Xie, Optimal wideband mixed access strategy algorithm in cognitive radio networks, in *Proceedings of the IEEE Wireless Communications and Networking Conference (WCNC'12)*, Paris, France, April 2012, pp. 1275–1280.
21. S.-J. Kim, G. Li, and G. Giannakis, Multi-band cognitive radio spectrum sensing for quality-of-service traffic, *IEEE Transactions on Wireless Communications*, 10 (10), 3506–3515, October 2011.
22. R. Caromi, Y. Xin, and L. Lai, Fast multiband spectrum scanning for cognitive radio systems, *IEEE Transactions on Communications*, 61 (1), 63–75, January 2013.
23. H. Jiang, L. Lai, R. Fan, and H. Poor, Optimal selection of channel sensing order in cognitive radio, *IEEE Transactions on Wireless Communications*, 8 (1), 297–307, January 2009.
24. E. Peh, Y.-C. Liang, Y. L. Guan, and Y. Zeng, Optimization of cooperative sensing in cognitive radio networks: A sensing-throughput tradeoff view, *IEEE Transactions on Vehicular Technology*, 58 (9), 5294–5299, November 2009.
25. H. Mu and J. Tugnait, Joint soft-decision cooperative spectrum sensing and power control in multiband cognitive radios, *IEEE Transactions on Signal Processing*, 60 (10), 5334–5346, October 2012.
26. K. Letaief and W. Zhang, Cooperative communications for cognitive radio networks, *Proceedings of the IEEE*, 97 (5), 878–893, May 2009.
27. E. Axell, G. Leus, E. Larsson, and H. Poor, Spectrum sensing for cognitive radio: State-of-the-art and recent advances, *IEEE Signal Processing Magazine*, 29 (3), 101–116, May 2012.
28. A. Alkheir and M. Ibnkahla, Selective cooperative spectrum sensing in cognitive radio networks, in *Proceedings of the IEEE Global Telecommunications Conference*
32. Y. Wang, Z. Tian, and C. Feng, Collecting detection diversity and complexity gains in cooperative spectrum sensing, *IEEE Transactions on Wireless Communications*, 11 (8), 2876–2883, August 2012.
Engineering, Queen's University, Kingston, Ontario, Canada, February 2013.
30. A. Alkheir and M. Ibnkahla, An accurate approximation of the exponential integral function using a sum of exponentials, *IEEE Communications Letters*, 17 (7), 1364–1367, July 2013.
31. W. Zhang, R. Mallik, and K. Letaief, Optimization of cooperative spectrum sensing with energy detection in cognitive radio networks, *IEEE Transactions Wireless Communications*, 8 (12), 5761–5766, December 2009.
32. Y. Wang, Z. Tian, and C. Feng, Collecting detection diversity and complexity gains in cooperative spectrum sensing, *IEEE Transactions on Wireless Communications*, 11 (8),

2876–2883, August 2012.
33. X. Kang, Y.-C. Liang, A. Nallanathan, H. Garg, and R. Zhang, Optimal power allocation for fading channels in cognitive radio networks: Ergodic capacity and outage capacity, *IEEE Transactions on Wireless Communications*, 8 (2), 940–950, February 2009.
34. Y. Pei, Y.-C. Liang, K. Teh, and K. H. Li, How much time is needed for wideband spectrum sensing? *IEEE Transactions on Wireless Communications*, 8 (11), 5466–5471, November 2009.
35. X. Wang, Joint sensing-channel selection and power control for cognitive radios, *IEEE Transactions on Wireless Communications*, 10 (3), 958–967, March 2011.
36. S. Barbarossa, S. Sardellitti, and G. Scutari, Joint optimization of detection thresholds and power allocation for opportunistic access in multicarrier cognitive radio networks, in *Proceedings of the Third IEEE International Workshop on Computational Advances in Multi-Sensor Adaptive Processing (CAMSAP'09)*, Dutch Antilles, the Netherlands, December 2009, pp. 404–407.
37. J. Zou, H. Xiong, D. Wang, and C. W. Chen, Optimal power allocation for hybrid overlay/underlay spectrum sharing in multiband cognitive radio networks, *IEEE Transactions on Vehicular Technology*, 62 (4), 1827–1837, May 2013.
38. E. Peh, Y.-C. Liang, and Y. Zeng, Sensing and power control in cognitive radio with location information, in *Proceedings of the IEEE International Conference on Communication Systems (ICCS'12)*, Agadir, Morocco, November 2012, pp. 255–259.
39. R. Zhang, On peak versus average interference power constraints for protecting primary users in cognitive radio networks, *IEEE Transactions on Wireless Communications*, 8 (4), 2112–2120, April 2009.
40. A. Goldsmith, *Wireless Communications*, Cambridge University Press, Cambridge, U.K., 2005.
41. K. Hamdi and K. BenLetaief, Power, sensing time, and throughput tradeoffs in cognitive radio systems: Across-layer approach, in *Proceedings of the IEEE Wireless Communications and Networking Conference (WCNC'09)*, Budapest, Hungary, April 2009, pp. 1–5.
42. S. Stotas and A. Nallanathan, Optimal sensing time and power allocation in multiband cognitive radio networks, *IEEE Transactions on Communications*, 59 (1), 226–235, January 2011.
43. D. Palomar, J. Cioffi, and M.-A. Lagunas, Joint Tx-Rx beamforming design for multicarrier MIMO channels: A unified framework for convex optimization, *IEEE Transactions on Signal Processing*, 51 (9), 2381–2401, September 2003.
44. A. Fattah, M. Matin, and I. Hossain, Joint beamforming and power control to overcome tradeoff between throughput-sensing in cognitive radio networks, in *Proceedings of the IEEE Symposium on Computer Informatics (ISCI'12)*, Penang, Malaysia, March 2012, pp. 150–153.
45. A. Alkheir and M. Ibnkahla, Performance analysis of joint power control, rate adaptation, and channels election strategies for cognitive radio networks, in *Proceedings of the IEEE Global Telecommunications Conference (GLOBECOM'12)*, Anaheim, CA, December 2012, pp. 1126–1131.
46. A. Panwar, P. Bhardwaj, O. Ozdemir, E. Masazade, C. Mohan, P. Varshney, and A. Drozd, On optimization algorithms for the design of multiband cognitive radio networks, in *Proceedings of the 46th Annual Conference on Information Sciences and Systems (CISS'12)*, Princeton, NJ, March 2012, pp.1–6.
47. C. Shi, Y. Wang, T. Wang, and P. Zhang, Joint optimization of detection threshold and throughput in multiband cognitive radio systems, in *Proceedings of the IEEE Consumer Communications And Networking Conference (CCNC'12)*, Las Vegas, NV, January 2012, pp. 849–853.

48. H. Yao, X. Sun, Z. Zhou, L. Tang, and L. Shi, Joint optimization of subchannel selection and spectrum sensing time for multiband cognitive radio networks, in *Proceedings of the International Symposium on Communications and Information Technologies (ISCIT'10)*, Tokyo, Japan, October 2010, pp. 1211–1216.
49. L. Vijayandran, S.-S. Byun, G. Øien, and T. Ekman, Increasing sum rate in multiband cognitive radio networks by centralized power allocation schemes, in *Proceedings of the 20th IEEE International Symposium on Personal, Indoor and Mobile Radio Communications*, Tokyo, Chennai, September 2009, pp. 491–495.
50. R. Zhang, Y.-C. Liang, and S. Cui, Dynamic resource allocation in cognitive radio networks, *IEEE Signal Processing Magazine*, 27 (3), October 2010, pp. 102–114.
51. D. Xu, E. Jung, and X. Liu, Optimal bandwidth selection in multi-channel cognitive radio networks: How much is too much? in *Proceedings of the Third IEEE International Symposium on New Frontiers in Dynamic Spectrum Access Networks (DySPAN'08)*, Chicago, IL, October, 2008, pp. 1–11.
52. N. Khambekar, L. Dong, and V. Chaudhary, Utilizing OFDM guard interval for spectrum sensing, in *Proceedings of the IEEE Wireless Communications and Networking Conference (WCNC'07)*, Hong Kong, China, March 2007, pp. 38–42.
53. P. Hu and M. Ibnkahla, A consensus-based protocol for spectrum sharing fairness in cognitive radio ad hoc and sensor networks, *International Journal of Distributed Sensor Networks*, 2012 (11), 1–12, August 2012.
54. R. Fan, H. Jiang, Q. Guo, and Z. Zhang, Joint optimal cooperative sensing and resource allocation in multichannel cognitive radio networks, *IEEE Transactions on Vehicular Technology*, 60 (2), 722–729, February 2011.
55. P. Hu, Cognitive radio ad hoc networks: A local control approach, PhD dissertation, Department of Electrical and Computer Engineering, Queen's University, Kingston, Ontario, Canada, February 2013.
56. P. Hu and M. Ibnkahla, Consensus-based local control schemes for spectrum sharing in cognitive radio sensor networks, in *Proceedings of the 26th Biennial Symposium on Communications (QBSC'12)*, Kingston, Ontario, Canada, May 2012, pp. 115–118.

第6章 频谱切换

6.1 概述

频谱和信道维护已经成为现代通信系统的一个主要部分。例如，对手机用户而言，信道间的无缝切换至关重要。广义来说，在常规系统中用户所处的信道恶化时，就会启动切换以寻找更好的信道。然而在认知无线电网络中，由于主用户和次用户两种用户的存在，引出频谱切换的概念，即指的是当主用户回到被次用户占用的频段时次用户启动的切换。在认知无线电网络中，频谱切换取决于主用户的行为，由于这种行为的无序性，频谱切换面临很大的挑战。

一般来说，如果主用户回到被次用户占据的信道，会发生两种情况。第一种情况，次用户会在信道中保持沉默并延迟传输直至主用户离开。第二种情况，次用户转移到另外一个信道。很明显，因为无法预知主用户占用信道的时间，前者效率极低。对于后者来说，可以采取两种不同的方法，即被动切换和主动切换。被动切换中，当主用户回归时，次用户需要感知到其他的可用信道。因此，次用户需要浪费一些时间重新寻找频谱。主动切换中，次用户保有一份备选信道清单，一旦主用户回归，次用户就会根据备选信道清单重新选择新的信道接入，这样可以节省重新查找可用信道的时间，然而，为了获取备选信道的清单，必须精确掌握主用户活动的数据记录。

6.2 频谱移动

在认知无线电网络中，传输行为可发生在某个暂时闲置的频谱上，但是该频谱的授权用户可随时占用。因此，次用户可以阶段性地感知频谱，并在频谱空穴之间移动来完成传输活动。这种频谱频段间的移动称为频谱移动，而次用户的切换行为称为频谱切换。以下几种行为都能触发频谱切换：

- 主用户收回被次用户占用的授权信道的使用权。
- 次用户转移到一个地理区域，频谱空穴在该区域是被占用的(如另一个主用户或次用户正在使用中)。
- 次用户遭遇链路质量下降，即用户服务质量难以被满足。

频谱移动管理的最终目的在于保证主用户持续交流不中断和干涉最小化，顺利快捷地完成频谱切换。为此，频谱移动管理可以通过以下两个功能实现：

- 频谱切换　次用户监视无线电环境，并尝试预测切换触发事件。一旦切换触发事件发生，次用户会停止其正在进行中的传输行为并切换到一条合适的信道。由于需要搜寻备用信道和重新设置射频前端(如调制方式和载频等)，这个过程可能会引起长时间的延迟。

- **链路管理**　如前文所述，频谱切换过程可能引起长时间延迟。基于切换过程的持续时间，次用户可改变其上层网络协议，以确保性能下降最小化。

与其他频谱管理功能间的关系

认知无线电网络中的频谱管理通过四种功能实施。包括频谱感知、频谱决策、频谱共享和频谱移动。本节将对这些功能间的关系给予阐述。

图 6.1 是这四个频谱管理步骤的框图。首先，根据频谱感知输出，频谱决策步骤为次用户指派一个可用的信道。频谱共享的作用是保证多个次用户尝试接入通道时的公平性。频谱移动过程与频谱感知、共享和决定同时发生，负责探测出可触发频谱切换过程的事件，并选择合适的信道。

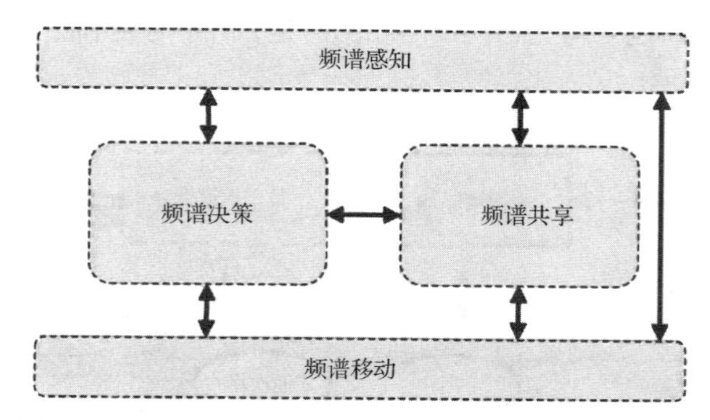

图 6.1　频谱感知、频谱决策、频谱共享和频谱移动[改编自 Wang, L. C. et al., IEEE Trans, Wireless Commun., 18(6), 18, December 2011]

频谱移动功能包含一个子功能，即结合当前频谱感知结果，分析主用户的历史使用信息，以找出有助于预测将来的可用性的频谱。次用户可以据此预测来预见频谱切换触发事件。

6.3　频谱切换策略

依据切换触发的时机，频谱切换实施可划分为 4 类策略[2]。如下面小节所示，要获取完美的性能，采取正确合适的切换策略非常重要。下面详细介绍这 4 类策略。

6.3.1　无切换策略

在本策略中，当主用户回归其信道时，次用户停止传输，保持闲置，一旦主用户离开则重新开始传输。在数据传输的单一会话过程中，如有必要，次用户会重复此过程。该过程可参见图 6.3(a)。无切换策略适用于不频繁的主用户传输以及其他授权频段过分拥挤的情况。其优点在于，其实现过程不需要复杂的算法。但是，若主用户占用当前信道的时间较长，该策略则会引起高延迟。而且，一般来说，次用户并不知道主用户占用时间的长短，因此这种延迟是无法预知的。所以，有效数据效率就会减少。这种不可预知的延迟对注重效率的应用来说不具备实际意义。另一个缺点是，次用户对主用户有不可避免的干扰。因为无法正确检测到主用户，在此之前次用户会在一段时间内一直保持传输状态。

6.3.2 被动切换策略

图6.3(b)解释了被动切换策略。一旦次用户检测到主用户，就会暂停数据传输并寻找其他空闲信道。若成功找到合适的信道，次用户就会切换到新的信道并继续未完成的数据传输。此外，此策略下也许还能找到一个备用信道。被动切换策略的表现在很大程度上依赖于频谱感知过程的速度和精度。

图6.2描述了这种情况下频谱切换的两个阶段：链路维护和评估。评估包括频谱感知。链路维护包括信道切换、转换过程以及搜寻备用信道。

因为被动切换策略只在切换请求被触发后方可发生，所以会带来长时间的切换时延。这种情况下，次用户开始频谱感知，选择备用信道并切换过去。所有这些动作都需要时间来完成，因此必然会造成时延。与无切换策略相同的是，由于时延和不完美的频谱感知，对主用户的干扰不能完全避免。

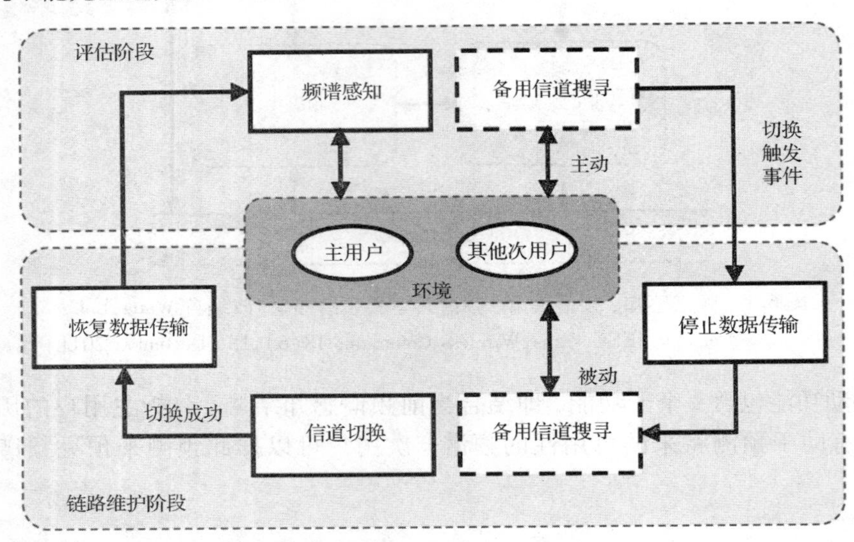

图6.2　频谱切换过程[改编自Christian, I. et al., IEEE Comm. Mag.,50(6),114, June 2012]

6.3.3 主动切换策略

在主动切换中，切换过程是计划好的，并且是在切换触发事件发生之前实施的。图6.3描述了该策略。首先，根据主用户的历史活动，次用户为主用户建立一个使用模型，而且，次用户提前完成频谱感知，并准备好备用信道清单，该清单可与接收机交换。随后，次用户预测未来频谱的使用情况，在切换要求开始前，从备选清单中挑选并打开一个合适的信道。显而易见，在切换时延和避免干扰主用户这两方面，主动切换远胜于前两个策略。

同样，备用信道清单可根据一些主要因素来排列，如信号噪声比、信号干扰噪声比、时延和预期使用期。在切换过程中，新信道被选中用来满足用户服务质量要求。

图6.2展示了主动切换链路维护阶段和评价阶段。后者包括频谱感知和主动搜寻备用信道，前者包括信道转换和切换过程。

主动切换的缺点在于：第一，在该策略中，精准的主用户活动建模起到最基础的作用。不精确的模型会引起错误的预测，会降低频谱切换表现。第二，备用信道清单可能过时无用。因此，被选中的信道有可能在切换期间被占用。特别是在高度活跃的蜂窝波段，备用信道需要比动态的电视波段的更新更加频繁。第三，该策略的使用要用到高级算法。

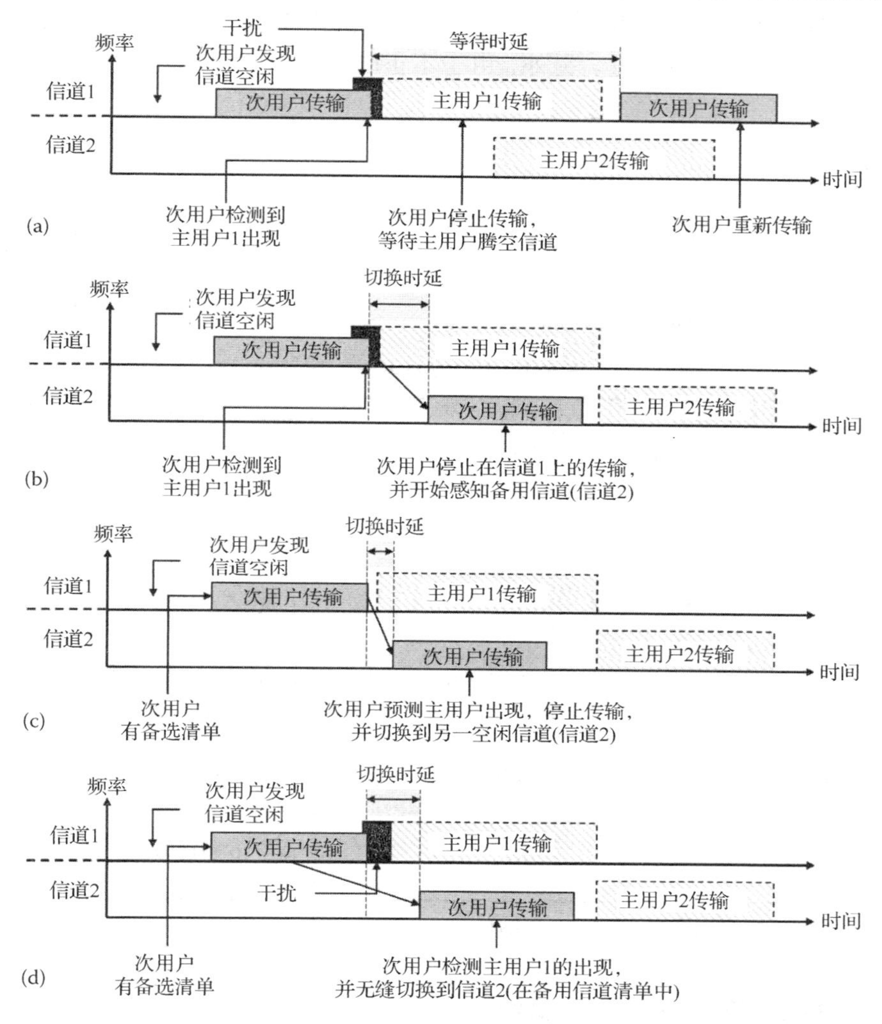

图 6.3　频谱切换过程。(a)无切换；(b)被动切换；(c)主动切换；(d)混合切换
[改编自 Christian, I. et al., IEEE Comm. Mag., 50(6), 114, June 2012]

关于主动频谱切换已有大量研究成果。例如，在文献[3]中，作者运用更新理论(renewal theory)的原理评估未来某个信道空闲的概率。模拟结果显示，与被动切换策略相比，该方法将主用户受到的干扰减少了 30%，并且相当程度上减少了次用户的吞吐量抖动率。文献[4]中，作者建立了一个统计学模型，将每个信道的使用率最大化，并为其指派可用的计量标准。次用户使用这个评估可用的计量标准来避开有大量主用户活动的信道。电视广播方案使用的这种计量标准模型表明：使用该标准时，次用户的频谱利用率最大时对主用户的干扰最小。

6.3.4　混合切换策略

该策略是被动策略和主动策略的结合体。当切换行为被动发生时，主动提供备用信道清单。图6.3(d)说明了这种情况。这种混合切换策略不需要一个精确的主用户通信模型，因为切换行为发生在切换请求之后。这个策略是被动策略和主动策略之间的较好折中。与被动策略相比，在这个策略中可以获取短暂的切换时间段。然而，混合切换面临一个难题，即备用信道清单的过时。另外，由于不正确的频谱感知而造成的主用户干扰会不可避免地出现。

6.3.5 对比

表6.1描述了四个策略之间的主要对比项。对于主用户干扰、切换延迟，主动切换策略有出众的表现，其次分别是混合切换、被动切换和无切换。尽管如此，要做好主动切换需要付出更多的复杂性和硬件需求的代价。

表6.1 频谱切换策略对比

策略	无切换	被动	主动	混合
规则	停止并等待	被动感知、被动行为	主动感知、主动行为	主动感知、被动行为
优点	低的主用户干扰，低复杂性，容易实施	中等复杂性	反应最快，好的信道选择	反应快
缺点	主用户对次用户的高度干扰	低回应	过时的可用信道选择 高计算量	过时的可用信道选择 高复杂性
切换时延	高	中间	非常低	低
相关	主用户活动	频谱感知性能	备用信道 主用户通信模型的精度	备用信道
潜在应用	短数据传输 能容忍高度迟延的应用	能容忍迟延的应用	全部主用户网络，这些网络允许主用户通信的好/精确的理论模型	全部

来源：Christian, I. et al., IEEE Comm. Mag., 50(6), 114, June 2012。

6.4 频谱移动管理的设计需求

频谱移动管理的主要作用是提供一个顺畅、快速的信道间的切换。这对频谱设计提出了一系列的要求和约束，本节内容主要针对频谱移动管理过程中的设计需求和现存问题进行讨论。

6.4.1 传输层协议修改

一个不成功的或者过慢的切换会引起路由故障，继而造成数据包丢失。传统传输层协议的设计初衷不是用来处理此种数据包丢失的。例如，TCP协议认为在网络中数据包丢失情况的增加意味着高度堵塞，通过缓解堵塞表现出的反应会造成吞吐量的降低。此外，在频谱切换后，为了调整其流参数，TCP协议将不会被告知新信道的特性。因此，在认知无线电框架中，频谱移动管理必须包括此类机制，给TCP提供线路失效反馈，从而避免将此类失效成为网络堵塞的理由[5]。

6.4.2 跨层链路维护和最优化

考虑到频谱移动问题时，常规的分层结构效率不高。频谱移动影响协议栈中的所有层。因此，通过使用跨层设计方法获得最佳性能，这可以在不同的层之间保证灵活的控制和信息交换。

6.4.3 寻找最佳备用信道

在任何时间，次用户都可以使用一些可用的备用信道，而寻找一个合适的备用信道则具有很大的挑战性。它取决于一系列的考虑，例如信道带宽、信道质量、预期主用户活动、地理位置和用户服务质量要求。不好的信道选择会使切换数量增加，减少次用户网络的整体吞吐量。因此，频谱移动管理模型必须根据以下一些标准来优化备用信道选择，如预期主用户活动、信道质量、带宽、公平要求、潜在干扰电平，等等。

6.4.4 频谱切换时的信道竞争

主用户的出现可能会引发多个次用户同时开始频谱转换。结果是，多个次用户可能去竞争同一个备用信道。这样的话，切换不成功的几率增大，并降低整个认知无线电网络的整体性能。次用户间的频谱移动管理必须包括次用户之间的频谱接入、共享和公正这些功能。

6.4.5 公共控制信道

当次用户行为表现为频谱切换时，必须通知对应的次用户接收端开始调整发射/接收参数，以完成切换，这样才可能避开主用户的干扰。没有其他次用户配合的频谱切换行为会引起链接失败。因此，频谱移动中的配合相当重要。公共控制信道(CCC)可用来保证次用户间与切换相关的信息交换，同样也可以用来支持相邻发现、协同频谱感知和信号发射。公共控制信道可以在局部范围内覆盖或者全局范围内覆盖，并可以是同信道信号传输或者不同信道信号传输。尽管全局CCC简化了次用户间的协作，但仍旧有一些缺陷。举例来说，因为频谱环境改变持续不断，所以指派一个精确的CCC网络范围不切实际。甚至CCC需要根据主用户的出现而有规律地改变(主用户可能将该公共控制信道占为己用)。

6.5 性能标准

文献[6, 7]提出一些衡量频谱管理性能的标准，以下介绍4条性能标准：

1. *链路维护概率(成功切换概率)* 一旦主用户重新适应其信道，次用户必须从该信道撤出并开始频谱转换过程。这个过程可能成功也可能失败。链路维护概率就是频谱切换过程的成功概率，就是指次用户传输行为得以维持。
2. *切换尝试次数* 指次用户在转换这一会话间的频谱切换尝试次数的计量标准。在一些会话中，尝试的平均次数可能比每个会话中的实际尝试次数让人们的认识更清晰。
3. *切换时延* 在频谱切换过程中间，假如有合适的信道，次用户会立即转移到该信道。换一种情况，如果没有合适的信道，次用户将要等待很长的时间，直到找到一个空闲的信道。这个等待时间就是切换时延的主要部分。而且，其他频谱管理功能中射频前端的重新配置也会造成一种时延。进一步来说，因为主用户检测不尽如人意，次用户可能会继续传输一段时间，并在退出信道之前干扰主用户。这类时延同样包括在切换时延中。因此，切换时延是指发生在切换过程中的个体时延积累。减少切换时延对于主用户干涉最小化和保证次用户传输质量非常重要。

4. 有效信息率　次用户传输期间，因切换原因可能发生几次中断。有效信息率可定义为一次会话中数据转换的数量。这个参数是评估数据切换策略基本功能的标准之一。

早期定义的性能标准之间的关系非常密切，并且互相影响。例如，切换尝试次数的不断增加会导致切换时延的增加，并最终减少整个网络的总吞吐量。这种性能标准间的依存关系需要通过设计折中方案和平衡度量标准来处理。

6.6 频谱切换数学模型

数学模型可以很好地探知频谱切换性能。文献[1，6～11]研究中使用了不同复杂程度的分析模型。多数研究都提出限制输出精确度的假设。例如，文献[7]所提出的模型中就假设只有一对次用户，而忽略它们与其他用户之间的互动。甚至在相同的时间，主用户的存在可以被次用户完美预测，而这在实际操作中一般不可能实现。尽管所有的研究对认知无线电网络的假设都不现实，但其获得的结果可以用来设计和评估频谱切换协议。本节提出两个数学模型，将次用户通信中主用户的影响量化，并对比了不同的频谱转换策略。

6.6.1 频谱切换策略的性能

文献[7]中，作者创建了一个分析模型用来研究无切换策略、被动策略和一种称为预设信息信道清单策略的性能。预设信息信道清单策略（不同于主动切换）和无切换策略有相同之处，不同之处在于当主用户出现在当前传输时，次用户可使用当前清单中的任意一个信道。

主用户在每个信道上的频谱使用可以用伯努利（Bernoulli）过程来建立模型。因此，不管是忙碌的还是空闲的频谱，都要遵循几何分布。其性能表现要遵循以下标准：

- 次用户能够从提供的一系列切换尝试中成功转换数据包的概率。
- 主用户的存在对次用户有效数据率的影响。

6.6.1.1 系统模型

主用户和次用户均使用时隙传输系统，信道可切分为多个时隙。为简化模型，在认知无线电网络中只考虑两个次用户通信。主用户使用面向连接方案进行传输。假设在主用户系统中，可以依靠感知连接方案的传输，完美检测到主用户的存在。此外，主用户传输时间 T_{PU} 是固定的，主用户独立接入时隙的概率为 p_{PU}。用 p_{e} 表示次用户在时隙中的传输中断概率。

用 T_{s} 表示次用户频谱感知活动所需要的时间，用 T_{c} 表示次用户重新配置射频前端所需要的时间。在被动切换中，假设在切换尝试之后只有一个空的时隙可用。在主动切换中，次用户从预设的目标信道中选择新的信道。通过评估主用户在备选信道下的活动模型，次用户可以在切换触发事件之前准备好预设目标清单。尽管如此，如果次用户选择的信道已经被主用户占据，就有可能引起错误决定。错误信道选择概率用 p_s 建模。与被动切换一样，次用户重新配置射频前端所需要的时间用 T_o 表示。

这些数学推导可查阅文献[7]。次用户的有效载荷长度(l_{su})为 1500 byte，数据率(r_{SU})为 12 Mbps。因此，没有主用户的干扰下，次用户发送有效载荷所需要的时间用 T_{SU}表示，计算公式为

$$T_{SU}=\frac{l_{SU}}{r_{SU}}=\frac{1500\times 8\ \text{bits}}{12\ \text{Mbps}}=1\ \text{ms} \tag{6.1}$$

M 为次用户发送有效载荷的时隙总数。时隙时间为 10 μs，M 可计算为

$$M=\frac{T_{SU}}{\text{时隙时间}}=\frac{1\ \text{ms}}{10\ \mu\text{s}}=100 \tag{6.2}$$

该研究中使用的系统参数可参见表 6.2。

表 6.2　系统参数

时隙	10 μs
主用户传输时间	2.5 ms
次用户传输的有效载荷长度	1500 bytes
次用户传输率	12 Mbps
频谱切换尝试的执行时间	1 ms
次用户无线电感知时间	100 μs ~ 10 ms
次用户传输帧错误率	10^{-2}
错误信道选择概率	10^{-3} ~ 10^{-1}
主用户在时隙中的出现概率	10^{-3} ~ 10^{0}
主用户干扰下次用户发送有效载荷的所有时间	1 ms
次用户发送有效载荷的时隙数	100

来源：Wang, L. and Anderson, C., On the performance of spectrum handoff for link maintenance in cognitive radio, in Proceeding of the International Symposium on Wirless Pervasive Computing, Santorini, Greece, 2008。

6.6.1.2　链路维护概率

链路维护概率 p_m可定义为，在 N 个切换尝试中，次用户发送有效载荷的概率。次用户传输需要 M 个时隙，p_m可以写为

$$p_m \triangleq \Pr\{\text{次用户发送有效载荷所需切换尝试的数量小于 } N \mid M \text{ 个时隙中的传输}\} \tag{6.3}$$

对次用户来说，给出的时隙若不可用，则可用 p 表示这种概率。对于无切换和预设信道清单策略，链路维护概率可表示为

$$p_m=\sum_{i=0}^{N}\binom{M-2+i}{i}p^{i}(1-p)^{M-1} \tag{6.4}$$

当 $N\to\infty$，此处 $p_m=1$。

在无切换和预设信道清单方案中，由于持续的主用户传输或者错误的预定信道选择，在一个切换尝试后，下一个时隙可能不可用。因此，对于有限次数的切换尝试来说，p_m总小于 1。

无切换和预设信道清单策略的不同之处在于概率 p。假设在一个时隙中，主用户的接入概率为 p_{PU}，主用户传输的帧运行中断概率为 p_e，概率 p 在无切换方案中可以写为

$$p = p_{PU} + (1 - p_{PU}) p_e \tag{6.5}$$

然而对于预设信道切换，必须计算错误信道选择概率 p_s。在此方案中，概率 p 可以写为

$$p' = p + (1 - p) p_s \tag{6.6}$$

考虑被动频谱切换的案例，链路维护概率 p_m 和前面提到的两个案例不同。因为目标信道的选择已经在频谱感知之后完成了，至少，在一次切换尝试后，有一个时隙总是可用的。因此，链路维护概率 p_m 可以写为

$$p'_m = \sum_{i=0}^{N} \binom{M-1}{i} p^i (1-p)^{M-1-i} \tag{6.7}$$

其中，$N = M$，$p'_m = 1$。

假设频谱感知的输出总是正确的。那么，在时隙可用率 p 的计算中，错误的信道选择概率可以忽略。

图 6.4 描述了三种策略的链路维护。在此，可以假设 $N = M/2$。可以观察到被动切换有最佳的链路维护概率。这是因为切换尝试后如果至少有一个时隙可用，这种最佳概率就是可预期的。另外，无切换的链路维护要好于预设信道策略。这是由错误信道选择对该策略的影响造成的。当 p_s 减退时，预设信道清单策略的链路维护概率就会提高。应该注意的是，同样条件下，如果 $p_s = 0$，预设信道清单策略的链路维护概率就是受无切换策略的链路维护概率这个上限操纵的。这个模型表明宁可不要实施切换，也不要盲目从预定清单中选择一个信道。

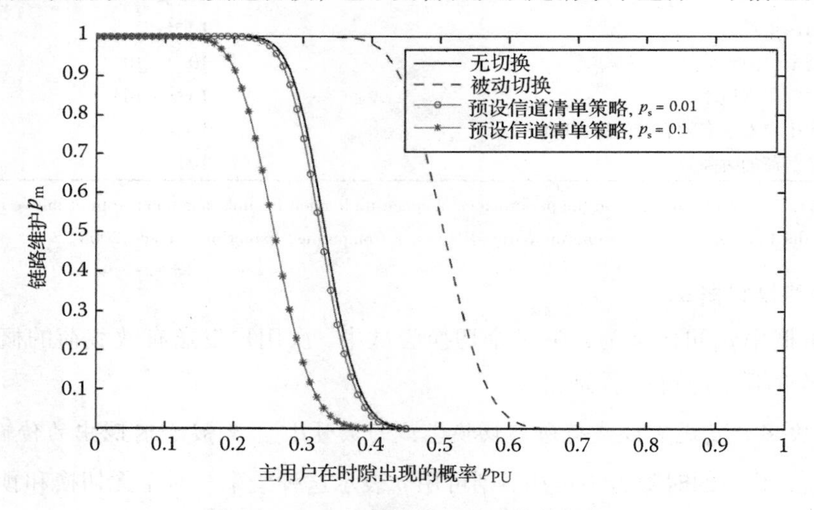

图 6.4 三个切换策略的链路维护概率

在实际情况中，频谱感知不是十全十美的，并且由于误报率的影响，无切换策略中的链路维护率会比较低。最后，可以这么预期，不管使用任何切换策略，伴随着主用户出现概率的增长，链路维护的质量会降低。举例来说，和无线电视信道相比，由于主用户高度活跃，给蜂窝频段分配的信道中链路维护的质量就较低。为规避这种情况，切换尝试的数量 N 就必须增加。

6.6.1.3 有效信息率

设次用户有效载荷长度为 l_{SU}，其有效数据率 R_{su} 可定义为

$$R_{SU}=\frac{l_{SU}}{E[t_{SU}]} \tag{6.8}$$

其中，$E[t_{SU}]$ 表示次用户的平均传输时间。它取决于所使用的频谱切换策略，这也是下面阐述的重点。

在无切换方案中，次用户将会被每一主用户在信道上出现的时间 T_{PU} 所推迟。因此，对于式(6.4)中 p_m 的派生，采取无切换策略的次用户的平均传输时间可表示为

$$E\left[t_{SU}^{NHO}\right]=\sum_{i=0}^{N}\binom{M-2+i}{i}p^{i}(1-p)^{M-1}\,(iT_{PU}+T_{SU}) \tag{6.9}$$

此处 T_{SU} 由式(6.1)得出。当 $N\to\infty$，平均传输时间集中于

$$E\left[t_{SU}^{NHO}\right]=T_{SU}+T_{PU}\frac{(M-1)p}{(1-p)} \tag{6.10}$$

对于预设信道清单切换方案，次用户的传输时间会因执行时间 T_o 而推迟。和式(6.9)相同，平均传输时间为

$$E\left[t_{SU}^{PHO}\right]=\sum_{i=0}^{N}\binom{M-2+i}{i}p'^{i}(1-p')^{M-1}\,(iT_{o}+T_{SU}) \tag{6.11}$$

当 $N\to\infty$，平均传输时间聚合为

$$E\left[t_{SU}^{PHO}\right]=T_{SU}+T_{o}\frac{(M-1)p'}{(1-p')} \tag{6.12}$$

最终，对于被动频谱切换策略，每一个切换尝试，次用户都需要频谱感知时间 T_s 加上执行时间 T_o。因此，平均传输时间可以表示为

$$E\left[t_{SU}^{RHO}\right]=\sum_{i=0}^{N}\binom{M-1}{i}p^{i}(1-p)^{M-1-i}\,(i(T_s+T_o)+T_{SU}) \tag{6.13}$$

当 $N=M$，式(6.13)中的传输时间可表示为

$$E\left[t_{SU}^{RHO}\right]=T_{SU}+(T_s+T_o)(M-1)p \tag{6.14}$$

模拟结果见文献[7]。

当次用户经常维护链路的时候，要考虑到有效数据率，即 $p_m=1$。图6.5(a)和图6.5(b)描述了主用户流量对次用户有效数据率的影响。在图6.5(a)中可观察到，当 p_s 处于合理低值时，在预设信道清单切换方案中次用户的有效数据率比无切换方案中的数据率要高。但是，当 $p_s=0.1$ 时，由于主用户的出现概率低，无切换方案可以提供更高效的数据率。图6.5(b)揭示了感知时间对被动切换策略的影响。t_s 为 0.1 ms，被动切换策略优于无切换策略，反之，当感知时间足够长时(如 T_s 为 10 ms)，无切换策略的性能会更好一些。

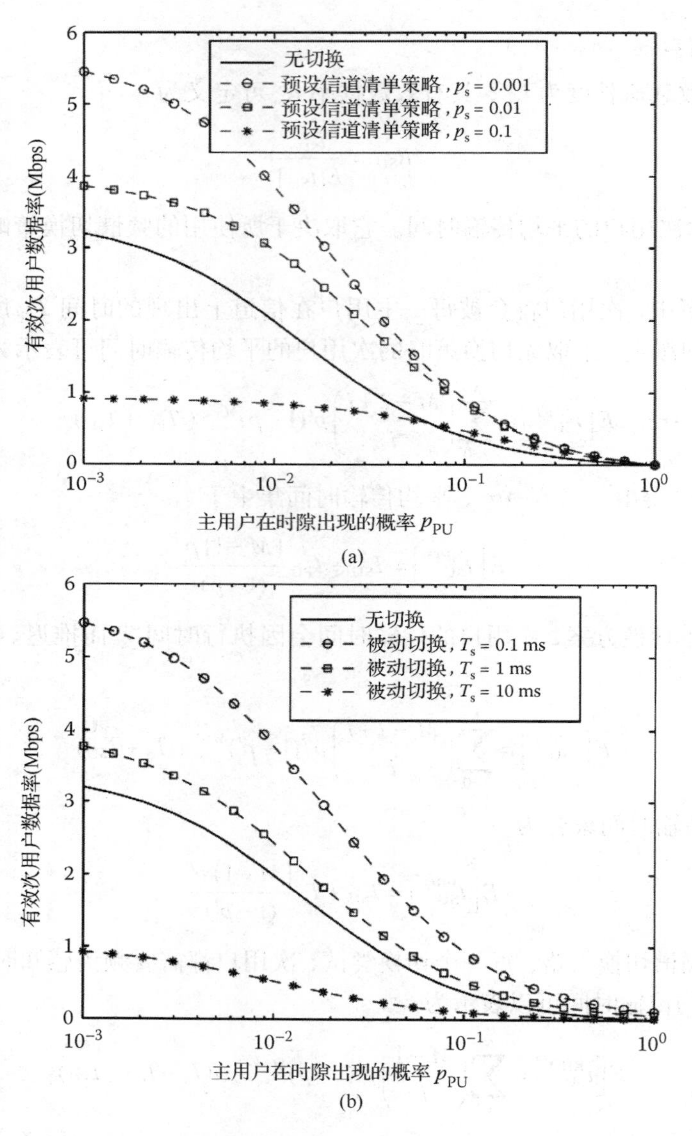

图6.5 主用户通信载荷对次用户有效数据率的影响。(a)无切换与预设信道清单策略之间的对比；(b)无切换和被动切换之间的对比

6.6.1.4 频谱切换方案的系统参数设计

本小节将讨论预设信道清单切换和无切换方案的系统参数[7]。图6.6(a)揭示了给出的有效数据率(轮廓曲线)下，切换尝试 N 需要的数量和最大错误信道选择概率 p_s。图6.6(b)揭示了给出的有效数据率(轮廓曲线)下，切换尝试 N 需要的数量和最大频谱感知时间 T_s。在此，系统满足链路维护概率 $p_m > 0.9$ 的标准。图6.6(a)和图6.6(b)中，切换执行时间设置为 $T_o = 100$ μs，主用户出现概率设置为 $p_{PU} = 0.1$。在两个图中，可以观察到对于每一个给出的有效数率，所需的切换尝试数量会随着 p_s 或 T_s 的增长而增长。但是，当切换尝试数量超出一定的限制时，最大可允许的 p_s 或 T_s 值将会减少。这种行为方式可做下列解释：当最大可允许的 p_s 或 T_s 增长时，需要更多的切换尝试来增加链路维护概率 p_m。另一方面，过多的切

换尝试表示需要更长的传输时间。因此，最大可允许的 p_s 或 T_s 必须减少，以获得给出的有效速率所需要的平均传输时间[7]。

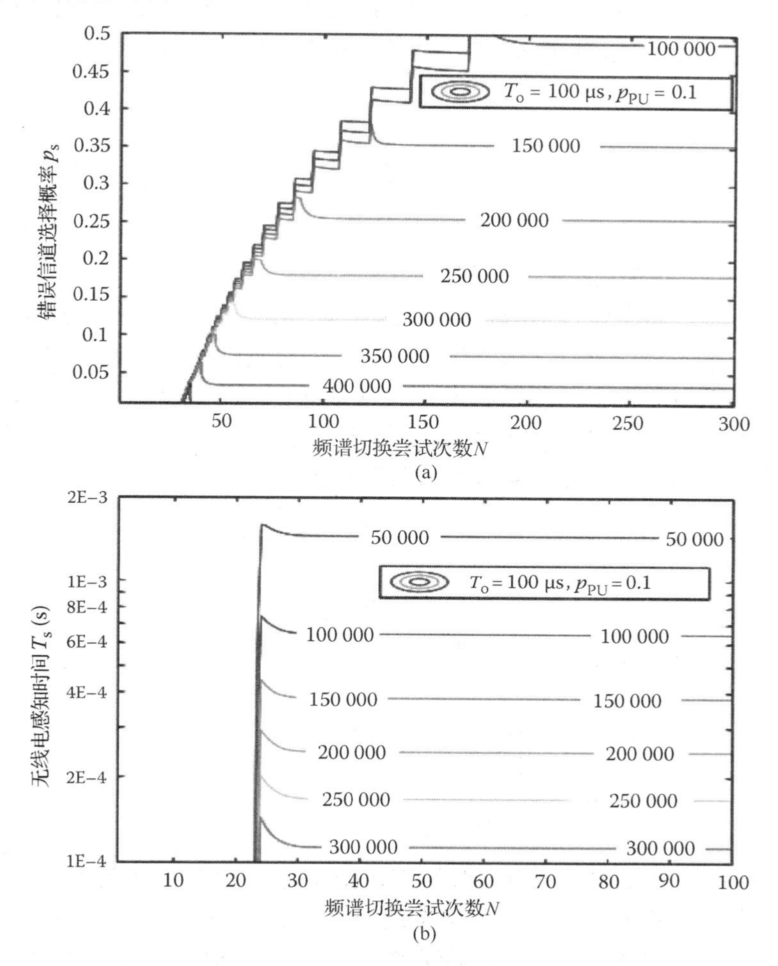

图 6.6　系统参数中有效数据率的等值线。(a)预设信道清单策略方案中的 p_s 和 N；(b)被动切换方案中 T_s 和 N(改编自 Wang, L. and Anderson, C., On the performance of spectrum handoff for link maintenance in cognitive radio, in *Processdings of the International Symposium on Wireless Pervasive Computing*, Santorini, Greece, 2008)

6.6.2　频谱切换的关系模式

文献[8]中为频谱空穴构建了模型，即将一连串信道编号，每个信道总是可用的，只是持续时间是随机的。另外，次用户的到达和离开都遵循泊松随机过程。频谱切换概率可被定义为在某次服务通话时长内拥有 n 个频谱切换尝试的概率。这个模型描述了占用频谱空穴的时间对次用户通信的影响。它假设在某次服务通话时长内次用户的位置不发生改变。

6.6.2.1 模型

1. 次用户通话时长模型　认知用户服务通话的到达和离开都是泊松随机过程。因此，该服务通话时长呈现负指数分布。次用户通话时长的概率密度函数可用下面的模型表示：

$$g(x)=\begin{cases}\mu e^{-\mu x} & x\geqslant 0\\ 0 & x<0\end{cases} \tag{6.15}$$

其中，$1/\mu$ 为通话时长的平均时间。

2. 频谱空穴模型　将某次通话时长中，次用户使用的频谱空穴用数字标记为 0，1，2 并以此类推。假设每个频谱空穴的保持时间 X_i 为普遍持续任意变量，$X_i(i=0, 1, \cdots)$ 有相同的独立分布。概率密度函数用 $f(x)$ 来表示。也可以考虑一些特殊的例子，如频谱空穴的到达和离开也遵循泊松随机过程。假设每个空穴持续时间的均值为 $1/\lambda$，$X_i(i=0, 1, \cdots)$ 的密度函数和分布函数分别为

$$f(x)=\begin{cases}\lambda e^{-\lambda x} & x\geqslant 0\\ 0 & x<0\end{cases} \tag{6.16}$$

均值和变量都要满足下列要求：

$$\begin{cases}E[X_i]=\dfrac{1}{\lambda}<\infty\\ \mathrm{Var}[X_i]<\infty\end{cases} \quad i=0,1,2,\cdots \tag{6.17}$$

当服务通话开始时，接入的首个频谱空穴排序为 0，随后接入的为 1，2，以此类推。

3. 频谱切换概率　图 6.7 展示了某个次用户在一次服务通话时长内所经历的频谱空穴的图示。X_r 代表服务通话开始之后频谱空穴 0 的剩余时长。X_i 代表次用户占用的频谱空穴 i 的持续时长。R_0 代表次用户的整个服务通话时长。R_i 代表次用户占用的频谱空穴 i 由起始到当前服务通话结束的这一时间段。

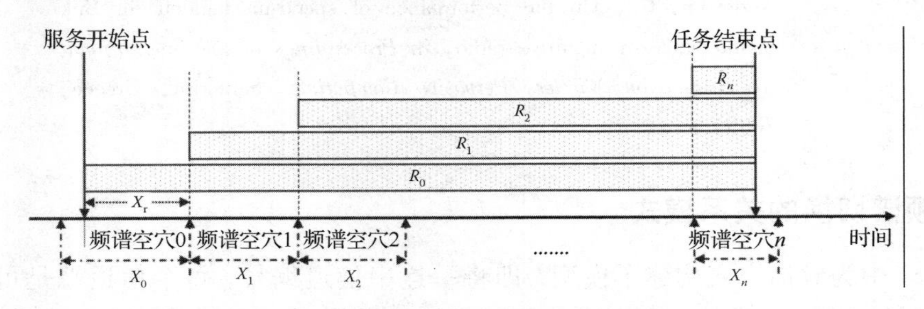

图 6.7　一次服务呼叫保持时间内的时间关系

在图 6.7 中，在服务通话时长 R_0 时间段内有 n 次频谱切换。在 R_0 时间段内发生 n 次的频谱切换的概率可以用 P_n 来表示。在 R_0 时间段内没有频谱切换时用 P_0 来表示。因此，P_0 等于 $R_0\leqslant X_r$。

从图 6.7 中可以看到在 R_0时间段内发生 n 次频谱切换尝试的概率与下列事件同时发生的概率相等：

(a)频谱空穴 0 的剩余时长 X_r小于当前通话时长 R_0

(b)次用户在当前服务通话结束之前切换到频谱空穴 1，2，…，$n-1$

(c)次用户在当前服务通话结束之后切换到频谱空穴 n

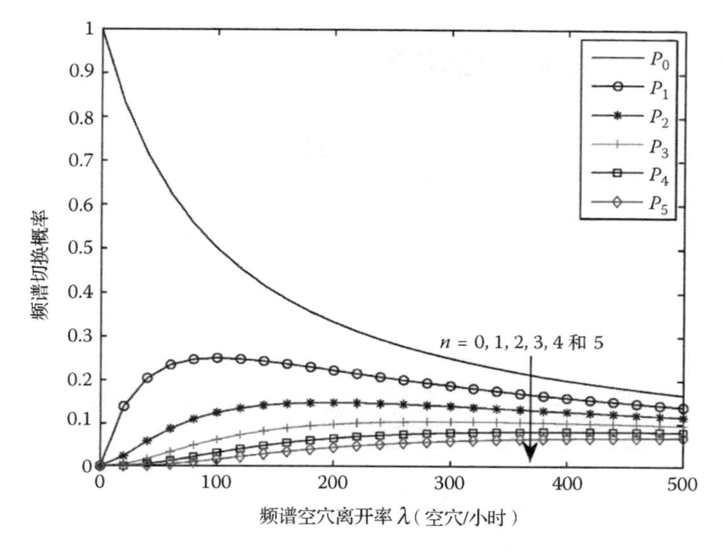

图 6.8　λ 对频谱切换概率的影响

6.6.2.2　λ 和 μ 对频谱切换概率的影响

详细分析可参考文献[8]。在本节将给出一些模拟结果，以展示不同参数对切换性能的影响。

$\mu=100$ 通话/小时和 $\lambda=0\sim500$ 频谱空穴/小时。如图 6.8 所示，频谱切换概率随着 λ 的增长而增长。这是因为当 λ 值增长时，频谱空穴的移动率变得更快，并且每个频谱空穴的平均保持时间减少，这就意味着次用户在单次服务通话过程中能够使用更多的频谱空穴。

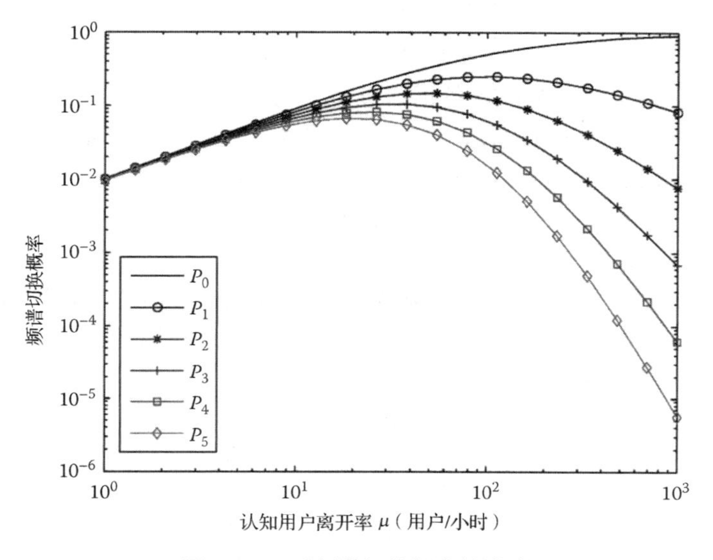

图 6.9　μ 对频谱切换概率的影响

图 6.9 中显示，当 λ 固定在 100 频谱空穴/小时，$\mu = 0 \sim 1000$ 通话/小时。可以看到，在 μ 经过一些限制开始进入稳定状态后，μ 频谱切换概率会随之发生非常明显的增长。这是因为当 μ 增长时，每次服务通话的平均持续时间变短。另外，当与次用户离开率相比时，频谱空穴的移动率相对较低。因此，单次服务通话接入的频谱空穴的数量越少，频谱切换尝试的数量也就越少。

6.7 多频段认知无线电网络切换

使用多频段认知无线电网络可以减少频繁切换的需求[12]。例如，图 6.10 表明，时间 $t = T_1$ 时，有 3 个次用户，次用户 1 和次用户 3 使用单频段探测。前者使用被动切换，后者有一个备用信道清单(在此处有 1 个信道)。次用户 2 则使用多频段感知，能够接入到两个相邻信道。

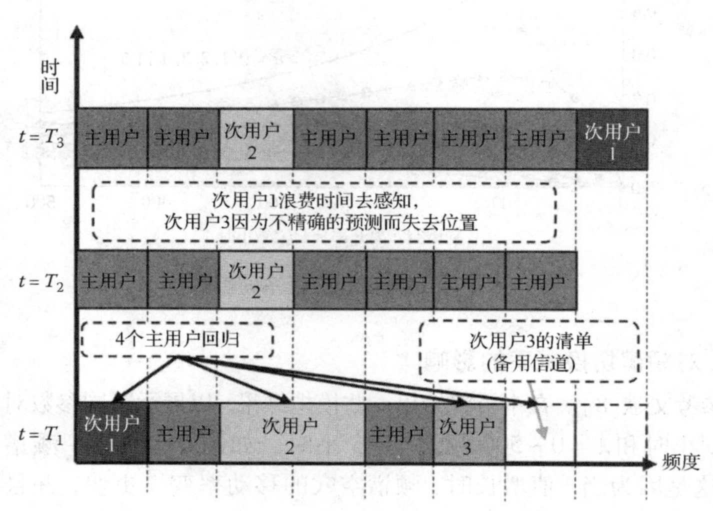

图 6.10 多频段认知无线电网络中的切换描述

如图 6.10 所示，时间 $t = T_2$ 时，4 个主用户回到其授权频段。然后，次用户 1 已开始感知其他可用信道。次用户 3 因为已有备用信道而不用感知其他信道。然而，由于不精确的预测或信息，其中一个主用户回到次用户 3 的备用信道上。因此，次用户 3 就无法无缝切换到该信道。在另一个频段，次用户 2 停止传输并将功率重新配置到另一个频段。因此，尽管当带宽变小后的吞吐量会减少，但主用户 2 上的传输并未受到干扰。

时间 $t = T_3$ 时，次用户 1 通过感知寻找到另一条信道，结果是，次用户 1 强制执行数据中断，次用户 2 的数据没有中断，次用户 3 因为没有掌握频谱占用的精确数据记录而找不到信道。这个简要的描述说明，多波段感知不仅是有益的，还是有用的，因为它可以减少切换频度，并最终缩减通信开销和网络负载。

6.8 本章小结

本章涵盖了认知无线电网络环境下的切换策略。主要讨论了 3 个策略：无切换、被动切换和主动切换。不同切换策略的分析研究则应用了部分数学工具。而且，本章也讨论了多频段认知无线电网络环境下的切换过程，该过程有望通过减少切换频率来获取更加有效的切换工作。

参考文献

1. L. C. Wang, C. W. Wang, and K.-T. Feng, A queueing-theoretical framework for QoS-enhanced spectrum management in cognitive radio networks, *IEEE Transactions on Wireless Communications*, 18 (6), 18–26, December 2011.
2. I. Christian, S. Moh, I. Chung, and J. Lee, Spectrum mobility in cognitive radio networks, *IEEE Communications Magazine*, 50 (6), 114–121, June 2012.
3. L. Yang, L. Cao, and Z. H., Proactive channel access in dynamic spectrum network, in *Proceedings of the Cognitive Radio Oriented Wireless Networks and Communications (CROWNCOM)*, Orlando, FL, 2007.
4. K. Acharya, P. Aravinda, S. Singh, and H. Zheng, Reliable open spectrum communications through proactive spectrum access, in *Proceedings of the First International Workshop on Technology and Policy for Accessing Spectrum*, Boston, MA, 2006.
5. V. Balogun, Challenges of spectrum handoff in cognitive radio networks, *Pacific Journal of Science and Technology*, 11 (2), 304–314, November 2010.
6. Y. Zhang, Spectrum handoff in cognitive radio networks: opportunistic and negotiated situations, in *Proceedings of the International Conference on Communications*, Dresden, Germany, 2009.
7. L. Wang and C. Anderson, On the performance of spectrum handoff for link maintenance in cognitive radio, in *Proceedings of the International Symposium on Wireless Pervasive Computing*, Santorini, Greece, 2008.
8. H.-J. Liu, Z.-X. Wang, S.-F. Li, and M. Yi, Study on the performance of spectrum mobility in cognitive wireless network, in *Proceedings of the IEEE International Conference on Communications Systems*, Singapore, 2008.
9. C. Wang and L. Wang, Modeling and analysis for proactive-decision spectrum handoff in cognitive radio networks, in *Proceedings of the IEEE International Conference on Communications*, Dresden, Germany, 2009.
10. L. C. Wang and C. W. Wang, Spectrum handoff for cognitive radio networks: Reactive-sensing or proactive-sensing?, in *Proceedings of the IEEE International Conference on Performance, Computing and Communications*, Dalian, China, 2008.
11. C. W. Wang, L. C. Wang, and F. Adachi, Modeling and analysis for reactive-decision spectrum handoff in cognitive radio networks, in *IEEE GLOBCOM*, Miami, FL, 2010.
12. G. Hattab and M. Ibnkahla, Multiband cognitive radio: great promises for future radio access, *Proceedings of the IEEE*, 102 (3), 282–306, March 2014.

第 7 章　认知无线电网络的 MAC 协议

7.1　概述

本章主要介绍了认知无线电网络环境下的介质访问控制(MAC)协议，提出了在缺乏公共控制信道(CCC)时可以使用的合作式与非合作式 MAC 层协议，专门研究了公平性协议与移动性支持。假设读者已经具备了经典网络 MAC 协议的一些基本知识(见文献[15]等)。

7.1.1　无线通信频谱访问中 MAC 协议的功能

在开放系统互连(OSI)参考模型中，MAC 层是数据链路层的一个子层，它提供寻址和信道访问控制机制，使得多个终端能够通过通信介质相互访问。MAC 层提供的信道访问控制机制使得连接在一起的几个站点能够共享同一物理层(PHY)介质。

认知无线电概念被认为是解决无线频谱资源不足和频谱利用率有限的潜在技术。认知无线电网络允许用户在主用户(PU)不使用的时候访问空闲的频谱资源，同时还不会干扰主用户使用频谱资源。这样，有些工作是必须要做的，包括根据动态变化的无线环境调整系统参数、了解频谱占用情况、确定可用信道的质量，等等。这些工作激发了对认知无线电网络 MAC 协议的研究热情。研究目标包括控制频谱侦听过程、决定信道占用情况、在认知无线电用户之间共享频谱、维护主用户可接受的干扰等级以及保证多个认知无线电用户之间的公平性。图 7.1 给出了认知无线电网络环境中分层协议栈的通用结构[17~18]和不同分层可能的功能。

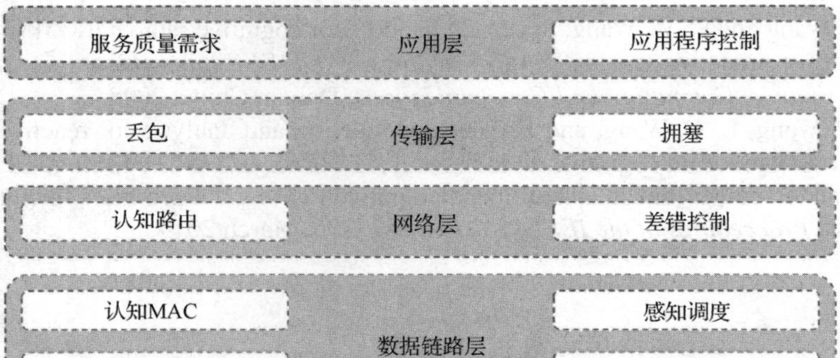

服务质量需求　应用层　应用程序控制
丢包　传输层　拥塞
认知路由　网络层　差错控制
认知MAC　感知调度
数据链路层
资源分配　移动性
无线电重配置　物理层　频谱感知

图 7.1　五层认知无线电协议栈的通用结构

无线信道自然的共享特性使得在多个认知无线电用户之间进行协调成为必然。在这方面，频谱共享能够保证次用户享受的服务质量(QoS)，且不会引起对主用户的干扰。这可以通过协调次用户访问介质以及通过以自适应的方式给次用户分配资源(如功率、带宽等)来实现[1]。

7.1.2　传统 MAC 与认知无线电 MAC 之间的差异

认知无线电 MAC 协议的相关研究[1~6]给出了传统 MAC 与认知 MAC 协议之间的几点差异，特别是：

- MAC 层的载波侦听机制不能获得信道占用的全部信息，因为很难区分辐射的能量是来自次用户还是活动的主用户。例如，如果次用户 1 访问一个空闲的信道，同时次用户 2 想侦听同一信道(通过载波侦听协议)，次用户 2 要区分这个信道是被次用户占用还是被主用户占用是很困难的。
- 在和其他认知无线电用户出现冲突时，简单的解决办法是数据包重传。如果丢包是因为主用户活动，则次用户必须立刻停止传输。为了区分这些原因，在执行侦听策略和区分辐射能量来源时，物理层可以支持 MAC 层协议。

图 7.2 给出了频谱功能和层间耦合的一般性框架结构。基于来自物理层射频环境的信息，MAC 层的侦听调度程序能够决定侦听和传输时间。只要数据包需要发送，频谱访问功能就会协调访问介质以实现传输。

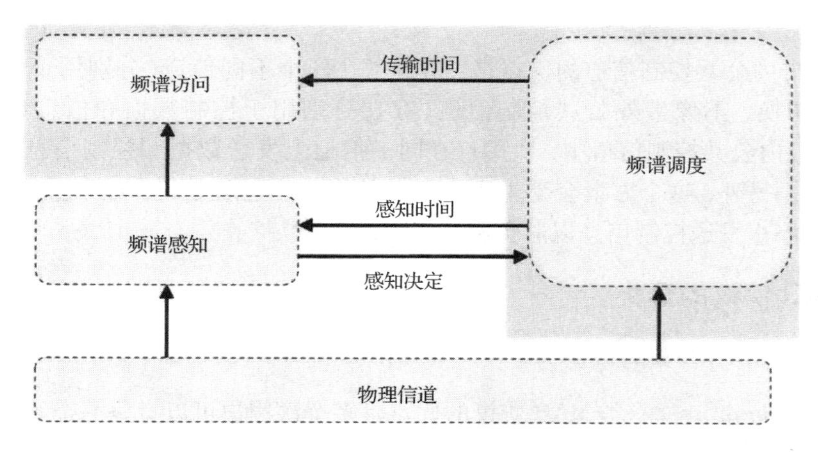

图 7.2　CR MAC 中的频谱功能

7.1.3　集中式与分布式体系结构的对比

在交织模式中，次用户会搜索未占用的信道并建立备用信道的列表。由于该信道列表依赖于次用户的侦听性能，次用户可能会有不同的列表。然而，对于传输来说，每对通信的次用户都需要在使用的信道上达成一致。这样一来，在选择和访问信道时，通信的两个次用户之间需要进行仔细协调。这样的协调工作在集中式或者分布式的体系结构中都可以进行。

集中式的体系结构依赖于融合中心(Fusion Center，FC)[也称为认知无线电基站(CBS)或者汇聚节点]。融合中心负责协调和控制次用户的访问(如哪个用户将努力获取哪个信道，占用多长时间)。特别是要在融合中心创建一个数据库。这个数据库可以通过次用户的帮助来创建。需要访问信道的次用户必须与融合中心进行协商。集中式方案的主要局限性是附加的开销，这些开销来自次用户和融合中心之间必需的通信。另外，主用户的活动总是在不停地变化，因此数据库的周期性更新显得尤为重要。

与此相反，分布式体系结构的方案不依赖于集中式的基站。在这种方式中，次用户之间必须相互协调以实现共存和访问可用的带宽。特别是，每个相互协调的次用户必须执行本地的频谱侦听活动并与其他次用户分享侦听结果。次用户必须相互协作，公平共享可用的频谱资源。

7.1.4 认知无线电 MAC 中的公共控制信道概念

在传统的无线通信系统中，控制信道用于在多用户之间更容易地进行频谱共享和频谱访问。然而，由于认知无线电网络问题的特殊性，用于用户之间协调的公共控制信道带来了多个新的挑战，比如控制信道是预先设定还是依赖于侦听结果？控制信道能否根据主用户的活动而动态变化？

对于公共控制信道，可以采用两种不同的方法[5]：

1. 带内公共控制信道　传输次用户信息数据使用的信道同样用于传输控制数据。
2. 带外公共控制信道　采用不同的信道发送控制信息，比如可以临时或永久保留一个信道作为公共控制信道。

很明显，带内公共控制信道的优点是，避免了在两个不同信道(分别用于信息数据和控制数据)之间切换，不像带外公共控制信道(存在分别用于控制数据和信息数据的专用信道)。由于在带内公共控制信道中，次用户在同一信道上发送数据和控制信息，次用户的吞吐量将会减少。另外，这个方案会受主用户活动的影响。也就是说，如果主用户突然返回，则次用户必须停止发送控制信息以避免和主用户发生冲突。

7.1.5 MAC 协议的分类

认知无线电 MAC 协议可以分为三类[1]：

1. 随机访问协议　这一类 MAC 协议的优点是多个次用户可以竞争一个给定的信道。这类协议采用带有冲突检测的载波侦听多路访问(CSMA/CA)方式。次用户必须侦听频谱占用情况，如果发现信道未被主用户和次用户占用，则可以使用该信道。
2. 时分协议　次用户在专用的时隙发送信息。在这种方案中，时序和时间同步是关键。
3. 混合协议　这类协议是上述两种方案的结合。时间被分为不同时隙，次用户在相应的时隙内竞争信道。控制信息一般在专用的时隙内发送。

本章的其他部分讨论了与认知无线电 MAC 协议设计相关的主要问题。这主要通过研究最近发表在文献中具有代表性的一些协议来实现。集中讨论认知无线电 MAC 协议的一些重要问题，并通过一些例子来说明(也就是研究解决这些问题的一些协议)，而不是讲解 MAC 协议的基本知识。7.2 节提供了基于 CSMA 和基于 CS 的协议和帧间间隔，然后给出了没有包括公共控制信道的 MAC 协议情形，分别研究了集中式和分布式体系结构中多种具有代表性的 MAC 协议。最后，7.3 节和 7.4 节分别介绍了认知无线电 MAC 中的服务质量和移动性支持。

7.2　帧间间隔与无公共控制信道的 MAC 挑战

本节将介绍基于 CSMA/CA 的协议中的帧间间隔。讨论不包括公共控制信道，且帧间间隔需要细致管理的协议类别。

7.2.1　基于 CSMA/CA 的协议中的帧间间隔

无线网络中的 MAC 协议设计比有线网络中的 MAC 协议更具挑战性，主要是由于以下原因：在无线传输介质中，由于衰落效应，信号强度会产生衰退，这会导致信号特性高度依赖所在位置。因此，传统的 CSMA 协议无法发挥作用，这引发了隐藏终端和暴露终端问题。为了处理这些问题，IEEE 802.11 协议支持两种运行模式：分布式协调功能(DCF)和点协调功能(PCF)[15]。在分布式协调功能中，各站点独立工作，无中心控制。在点协调功能框架中，接入点会控制本单元内的所有活动。

无线局域网的随机访问控制协议中，在发送实际的数据包之前，可以通过交换短的请求发送(RTS)和允许发送(CTS)控制包来使用信道保留技术。这允许为数据分组传输临时保留信道。此外，接收方(接收请求发送和允许发送包)的相邻节点会推迟一个网络分配向量(NAV)的持续时间再传输它们的信息。网络分配向量持续时间是通过每个潜在的发送方共同建立的，为当前发送方完成其传输及相应响应数据包(ACK)所需的时间。

点协调功能和分布式协调功能可以在同一单元中共存，通过认真定义帧间时间间隔来实现。文献[15]将其描述如下。

一个帧发送后，在任何站点发送帧之前，需要一定数量的时滞时间。定义了四种时间间隔，每种都有不同的目的。最短时间间隔是短帧间间隔(SIFS)。它用于允许单对话中的双方最先进行。例如，这包括允许接收方发出请求，作为对发送方的响应，允许接收方为段或完整的数据帧发送响应数据包，也允许段突发的发送方在不重新发送请求发送的情况下直接发送下一个段。在一个短帧间间隔之后，仅仅有一个站点有资格进行响应。如果利用该信道失败并且点协调功能帧间间隔(PIFS)时间耗尽，基站可以发送信标帧或者轮询帧。该机制允许站点发送数据帧或者段序列来完成发送，而不会有其他站点来进行妨碍，但是这给了基站一个机会来截获信道，时机是前一个发送方不需要与期望发送数据的用户竞争信道就完成了发送。如果基站没有要发送的数据且分布式协调功能帧间间隔(DIFS)时间耗尽，任何站点都可以试图获取该信道。此时执行通常的竞争规则。最后一种时间间隔是扩展的帧间间隔(EIFS)，只用于需要报告损坏帧或者未知帧的站点。给予该事件最低优先级是由于接收方不知道该如何处理这类帧，因此，它应该等待一定时间以避免和正在进行的两个站点间的对话发生冲突，如图 7.3 和图 7.4 所示。

带有分布式协调功能的 MAC 协议有一条专用信道用于交换控制信息，其他信道全部用于交换数据信息，这就是前面提到的公共控制信道。图 7.4 展示了认知无线电 MAC 中一般的控制帧和数据帧交换过程。该示例包括 RTS/CTS 帧交换和空闲信道列表(FCL)信息。空闲信道列表包括可用信道，可用于通信的次用户双方的数据传输。

7.2.2　无公共控制信道的 MAC 挑战

有些 MAC 协议设计并没有公共控制信道[2]。本节介绍 4 个该类协议，并讨论它们带来的挑战：

- 基于拥塞的 MAC
- 交替载波侦听多路访问
- 多频道介质访问(MMAC)
- 同步 MAC(SYN-MAC)

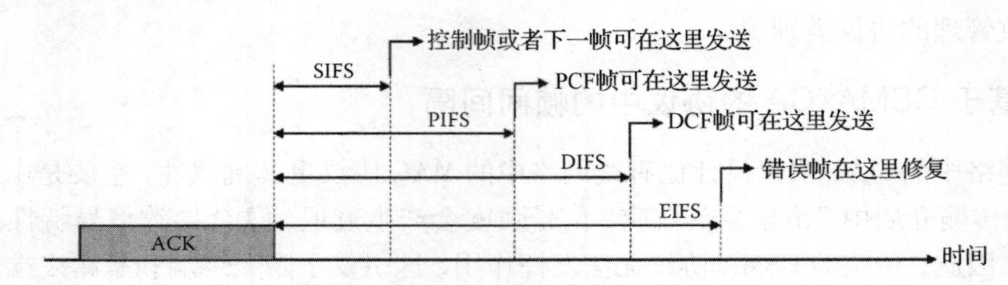

图 7.3 802.11 中的帧间间隔(引自 Tanenbaum, A. and Wetherall, D. ,Commputer Networks, 5th ed. , Prentice Hall, Upper Saddle River, NJ, October 2010)

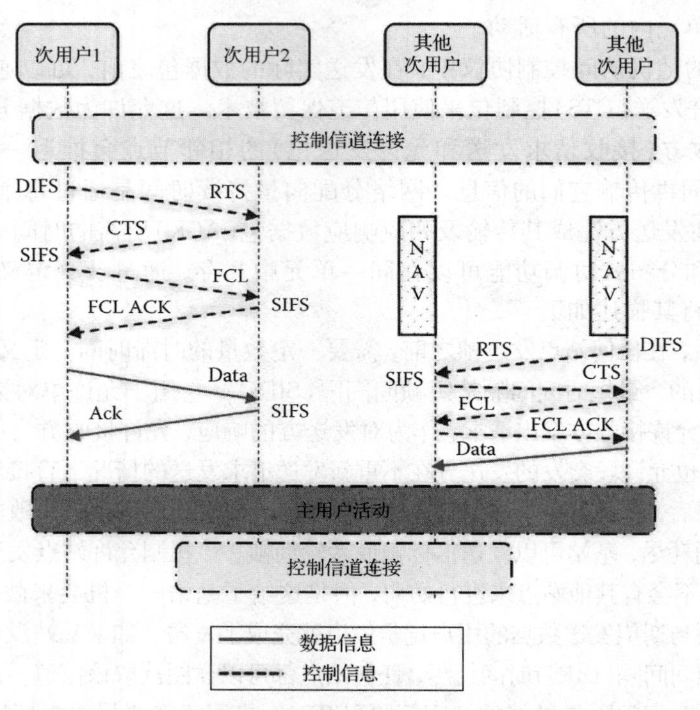

图 7.4 使用帧间间隔的认知无线电 MAC 协议的一般通信(引自 Shah, M. et al., An analysis on decentralized adaptive MAC protocols for cognitive radio networks, in Proceedings of the 18th International Conference on Automation & Computing, Leicestershire, U. K., September 2012)

1. 基于拥塞的 MAC(JMAC)。在该协议中,该信道被划分为两个子频带,如图 7.5 中 S 和 R 所示。这两个子频带不必带宽相等。前者用于传输请求发送和信息数据,后者用于传输响应数据和允许发送。该协议中访问机制如下:首先,如果信道 R 声明至少空闲一个分布式协调功能帧间间隔持续时间,发送端必须在信道 S 上发送一个请求发送帧。然而,如果信道 R 被占用,则发起一个回退(Backoff)进程。然后,目的端必须在信道 S 上监听请求发送帧。在成功接收请求发送帧的基础上,目的端必须发送一个允许发送给源端。其间，源端必须在 R 信道上监听允许发送帧。一旦源端收到允许发送，就开始在信道 S 上发送有用的数据。最后，当目的端收到数据，则在信道 R 上发送 ACK 帧给源端。该过程如图 7.5 所示。

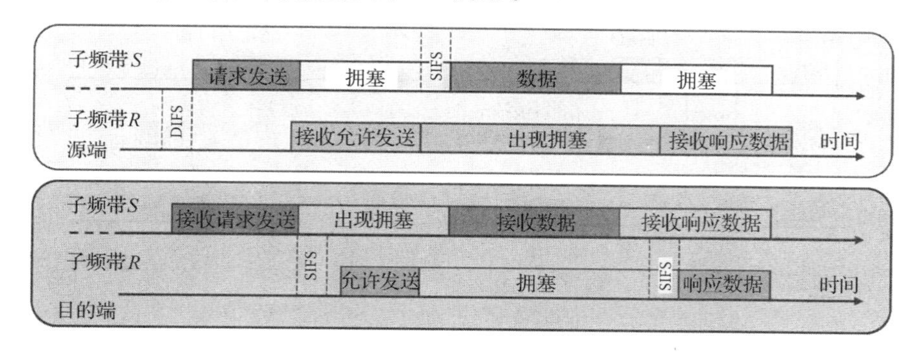

图 7.5　JMAC 协议的访问过程

即使 IEEE 802.11 的保留程序类似于 JMAC 协议，只要需要，在 JMAC 中介质就会拥塞。此外，在 JMAC 协议中的目的端在信道 S 上接收数据的过程中也会拥塞信道 R。这是必需的，因为拥塞信道 R 可以避免其他用户发送请求发送帧（回想一下，请求发送帧仅仅在信道 R 会空闲 DIFS 时间时才会在信道 S 上发送）。

2. 交替载波侦听多路访问（ICSMAC）[2]。在该协议中，信道也是划分为两个子频带。然而，不像 JMAC 协议，这里的子频带必须带宽相同，更重要的是，数据传输可以在任何一个子频带上发起。图 7.6 给出了该协议的访问机制，在这里实现了同时传输。特别是，如果源端在信道 1 上发送请求发送，那么数据必须在同一信道上进行传输，目的端也必须在同一信道上发送允许发送和响应数据。为了使传输同步进行，目的端必须在另一信道上发送请求发送和数据（在该示例中为信道 2）。

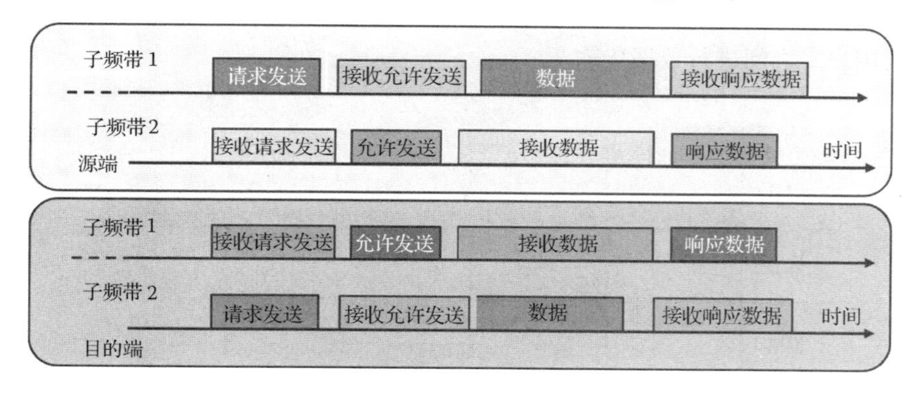

图 7.6　ICSMAC 协议的访问过程

3. 多频道媒体访问体控制（MMAC）[2]。在该协议中，每个用户有一个首选信道列表（PCL），他们必须更新附近被占用的信道信息。该列表是核心，因为该协议允许每个用户利用多个信道，用户会在这些信道上动态地进行切换。图 7.7 给出了 MMAC 协议的访问机制。为了选择一个信道，用户必须向其他用户发送 Ad Hoc 流量指示信息（ATIM）。也就是说，在 Ad Hoc 流量指示信息窗口，使用首选信道列表中的优先信息，用户可以正确选择频谱访问信道。一旦选定信道，其他用户则发送回退的 Ad

Hoc 流量指示信息响应数据(ATIM-ACK)来表明该信道将被发起 Ad Hoc 流量指示信息的用户使用。随后，同一用户必须响应 Ad Hoc 流量指示信息保留帧(ATIM-RES)。然后，正常的握手进程在选择的信道上进行。

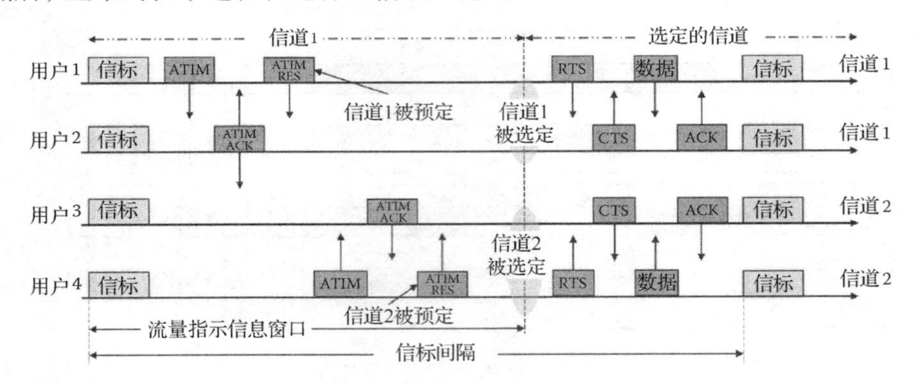

图 7.7 MMAC 协议的访问进程(引自 Kosek-Szott, K., Ad Hoc Networks, 10(3), 635, May 2012)

4. 同步 MAC(SYN-MAC)[1]。在该协议中，需要指定接收方来发送/接收控制信息。换句话说，每个用户必须有一个设备用于发送/接收信息数据，一个设备用于发送/接收控制信息(参见图 7.8)[1]。该访问机制是：每个时隙指定给一个信道，控制信息可以在这些时隙上进行传输。然而，信息数据传输可以占用其他任何一个可用的信道。也就是说，跳频用于控制信息，用户周期性地在不同的频带上传送这些信息。例如，在图 7.8 中，有 5 个信道和 5 个时隙。对于每个频道来说，控制信息仅仅在指定的时隙上发送。用户在随机的回退期之后在这些时隙上发送他们的控制数据。假设次用户 1 需要和次用户 2 通信，则次用户 1 侦听到信道 1，2，3 将会可用，然而次用户 2 侦听到信道 1，3，5 将会可用。次用户 1 挑选信道 1 并等待时隙 1 开始，以便调谐到该信道上。在一个回退期之后，次用户 1 竞争信道 1。在竞争成功的基础上，在次用户 1 和次用户 2 之间进行数据传输。

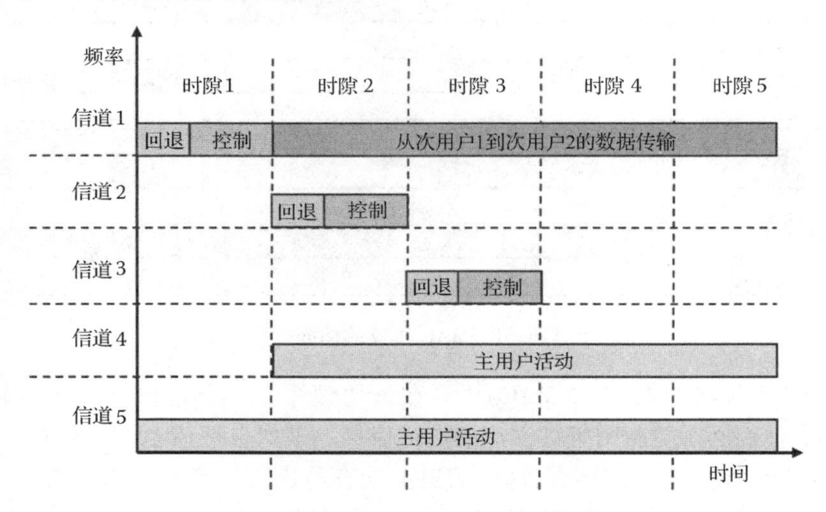

图 7.8 SYN-MAC 中的控制数据和信息数据包交换(引自 Cormio, C. and Chowdhury, K., Ad HocNetworks, 7, 1315, 2009)

7.2.3 无公共控制信道的网络设置

在集中式体系结构和分布式体系结构中，网络设置问题都需要提出来。比如，当选定控制信道的主用户返回后，需要指定新的控制信道。重要的是，需要知道第一个节点如何与控制基站进行联系以及如何第一次通知其关于选定控制信道的信息。文献[16]的作者给出了三个协议来解释这个问题，都是无公共控制信道设计：

1. 穷举(EX)协议
2. 随机(RAN)协议
3. 时序(SEQ)协议

为了初始化该网络，这些协议包括了针对控制基站和次用户的扫描和搜索过程。高优先级用户流量比例(PUTR)定义为主用户改变其状态(活动/非活动)的平均比例。信道的可用性与高优先级用户流量比例直接相关(也就是说，较高的流量比例意味着次用户的信道可用性以较高的比例波动)。次用户可用的全部频谱划分为固定数量的信道，为 N。

该协议还假设主用户的流量在一个搜索周期内不变。穷举协议假设信道数 N 是已知的，控制基站和次用户会按照频率从低到高搜索信道。不像确定的/穷举方法，随机协议采用的是概率性方法。在信道数 N 不确切可知的情况下，该方法是有用的。另一方面，时序协议是穷举协议的改进版，它混合了多跳的情况。在时序协议中，假设总的信道数 N 是已知的。

协议的基本访问过程

● 集中式体系结构

对于穷举协议，系统中有一个带定时器的控制基站。开始时，该基站初始化定时器，并且开始从频率最低的信道上进行搜索。定时器持续时间为 T_s 秒，也就是一个时隙的长度。定时时间结束后，控制基站搜索下一个信道。在每个时隙中，都要扫描信道以便确定是否存在主用户。若信道被占用，则控制基站扫描下一个信道，并重新开启定时器。如果信道可用，则发送一个信标表明该信道可用。控制基站会一直等待响应直到定时时间到，然后搜索下一个信道。同时，如果收到了来自次用户的响应，则与次用户进行协商，同时控制基站继续搜索以寻找其他可能的信道。所有信道搜索完毕后，控制基站将从频率最低的信道重新开始搜索。在这个过程中，次用户监听各信道并等待来自控制基站的信标。等待时间用 T_w 表示，它等于 NT_s。如果收到了信标，则次用户通过发送信标信号来响应。

在随机协议中，控制基站采用同样的机制，不同的是信道采用随机方式搜索。如果次用户没有侦听到信标信号，则从一个信道移到另一个信道。在这种方式下等待时间为 $T_w = W_s T_s$，其中 $W_s \leq N$。

● 多跳分布式体系结构

在多跳分布式体系结构中，没有中心控制基站。穷举协议修改如下，次用户等待信标观察网络是否已经初始化。如果没有，次用户就会通过发送信标来初始化网络。为了知道网络是否已经初始化，次用户不得不确定它是否是该网络中的第一个用户。这样，它会在每个信道上等待信标 T_w秒(T_w是在预定义的一组值中随机选取的)。如果次用户收到了信标，则会响应该信标(并开始分享控制数据)。如果没有收到信标，则认为自己是该网络中的第一个次用户，并开始发送信标(和控制基站在集中式体系结构中的做法一样)。

在随机协议中，次用户采用与集中式想定场景中同样的规则。此外，它们会在总计 T_w秒

的等待时间内每 T_s秒发送一个标记($T_w = W_s T_s$，其中每个周期 W_s都会从预定义的集合中选择)。在次用户成功接收信标的基础上，次用户响应它并和发送者交换信道信息。

在时序协议中，次用户也是从随机信道开始的。下一个信道按照频率递增的顺序选择。达到最后一个信道后，下一个信道按照频率递减的顺序选择(不是从最低)。如果选择的信道不可用，次用户搜索下一个信道。如果信道可用，则在该信道上停留一个时间 T_s，在该时间内发送一个信标。如果收到了相邻次用户的响应(确定它收到了信标)，则两个次用户互相交换控制数据。对于其他的多跳协议，可参见文献[10]。

在文献[16]中，这些协议已经通过计算机仿真进行了评价。图 7.9 中，每种协议的平均搜索时间作为信道数的函数已经给出。搜索时间定义为次用户收到来自控制基站的信标所花费的时间，也就是次用户连接到控制基站所花费的时间。注意，整个网络的建立时间与搜索时间成正比。

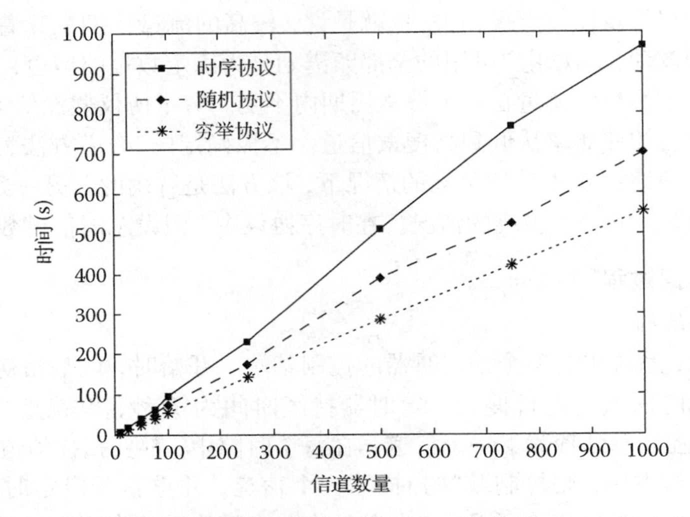

图 7.9　文献[16]中的平均搜索时间性能，时隙时间 $T_s = 1$ s(引自 Kondareddy, Y. et al., Cognitive radio network setup without a common control channel, in Proceedings of IEEE Military Communications Conference (MILCOM), San Diego, CA, 2008)

在文献[16]的仿真中，采用了以下参数：时隙的持续时间 $T_s = 1$ ms；信标时间持续时间为100 ms；移动到一个信道并检查其可用性的时间 = 100 ms。可以看出，穷举协议的搜索时间最短，时序协议的搜索时间最长。因此，当信道的总数已知时，穷举协议是最有效的。然而，如果信道数未知，那么比起时序协议，随机协议是更好的选择。

7.2.4　公共控制信道中的公平分配

文献[12]的作者介绍了一种分散的地域性 MAC 协议(DNG-MAC)，该协议基于时分多路机制，将控制信道公平分配给所有等待的次用户。

DNG-MAC 协议的基本访问过程[12]，该协议工作过程如下。如图 7.10 所示，次用户节点选择一个最佳信道作为公共控制信道来初始化该协议的操作。在该示例中，选择最佳信道的标准是任意的。控制信道分为固定长度的时隙，每个时隙分为侦听段和收发段。该网中所有的认知无线电节点在每个时隙的侦听段同步。在收发期间，控制信息在次用户通信对

(SUCP)之间交换。时隙的持续时间是精心选择的，通过计算每对次用户在可用的公共控制信道上完成协商所需的平均时间来实现。

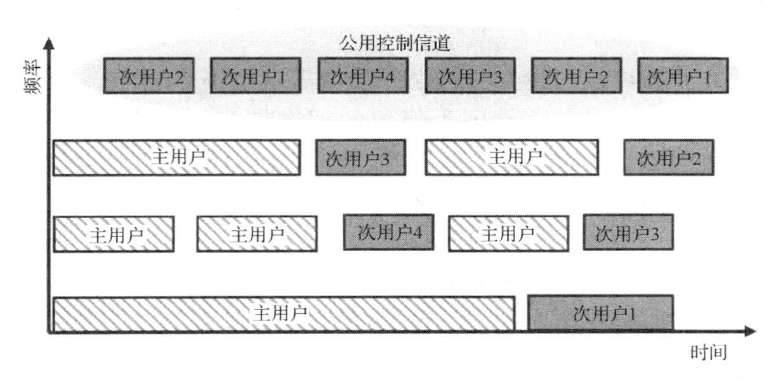

图 7.10　DNG-MAC 协议中 CCC 的分配

与其他的 MAC 协议等待时间相比，该机制中次用户访问公共控制信道的等待时间总体上是短的。在这里，每个次用户都在访问公共控制信道的队列中。频谱中的空闲信道可同时被不止一组通信方使用。期望通过它能够提高认知无线电网络的整体吞吐量。然而，该协议的局限性是它假设认知无线电节点之间是同步的。

以下部分介绍 Shah et al. 在文献[12]中所做的仿真工作。在该工作中，假设基于 Ad Hoc 的想定环境中有 10 个认知无线电节点。所有设备使用 1 Mbps 的最大传输速率，5 mW 发射功率，差分相移键控(DPSK)调制，时隙为 10 ms。控制帧大小为 20 字节。图 7.11 给出了两个认知无线电节点之间实际的数据交换速率。由于流量的突发性，曲线并不平滑。由于认知无线电节点只能在协商完成后才能传输，而且还要等待传输的时机，在开始的 50 s 内，发送流量低于 50 kbps，随后逐渐增加，在 200 s 以后达到约 100 kbps。

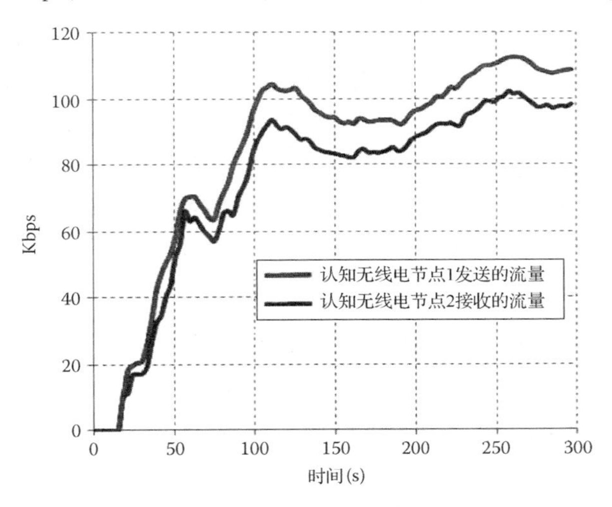

图 7.11　DNG-MAC 协议中两个认知无线电节点的收发流量(引自 Shah, M. et al., An analysis on decentralized adaptive MAC protocols for cognitive radio networks, in Proceedings of the 18th International Conference on Automation & Computing, Leicestershire, U. K., September 2012)

7.3 认知无线电 MAC 中的服务质量

次用户的流量类型多样，这些类型的服务质量需求也不尽相同。另一方面，次用户可用的资源也是高度动态变化的，这是因为保留的频谱带宽也是主用户随机使用的。次用户的访问取决于一些因素，比如主用户的存在、其他次用户的出现、干扰级别、信道质量，等等。因此，给次用户设计高效且带有服务质量保障的频谱感知 MAC 协议是非常具有挑战性的。

服务质量感知 MAC 协议的需求包括实时（RT）流量和不同业务流量（如视频、音频、数据，等等）以保证竞争节点之间的公平性，尽量缩短访问时延，尽量扩大信道利用率和吞吐量，等等。

接下来，讨论两个协议来说明认知无线电网络中服务质量保障面临的挑战以及如何解决这些挑战。

7.3.1 服务质量保障的分布式认知无线电 MAC 协议（QC-MAC）

文献[9]中提出了该协议，目的是给认知无线电用户的要求实时性的多媒体应用程序保证服务质量。授权的频谱访问方案已经应用，以满足不同业务类型次用户对服务质量的多级别要求。此外，在考虑主用户和次用户行为的基础上，开发了分析模型来研究 MAC 协议的延迟性能。

在系统模型中，假设次用户处于单跳模式，在分布式工作方式中他们之间可以直接通信。次用户会抓住一切机会来访问数据信道，而且在同一时刻只能侦听一个信道。假设在基本的侦听周期，如 1 ms 内，次用户能够准确判断信道状态。如果在侦听周期中侦听到信道空闲，在侦听到第一个信道后就开始数据传输。为了减少次用户冲突的可能性，每个次用户将在任意的侦听周期（ASP）内侦听信道状态。任意侦听周期包括基本的侦听周期（保证令人满意的侦听准确性）加上某些随机的时间间隙，时间间隙选自窗口$[0, SW_i]$。如果侦听到信道繁忙，次用户就切换到第二个信道。为了收发信双方同步，发送方会在控制信道上在信道侦听周期的开始向其接收方发起一个握手。如果在数据传输过程中出现主用户，次用户将切换到下一个可用信道。次用户能够根据两种不同的策略判断信道侦听序列。

1. 贪心策略　次用户简单地将各信道按照降序进行排列，总是使用具有最大成功可能性的信道（根据分析模型进行计算），以达到低延迟和高吞吐量。然而，主用户活动较少的信道更可能被次用户选择，这可能会导致在分享相同无线资源的次用户之间出现激烈的竞争。
2. 基于服务质量的策略　次用户选择一组可以满足服务质量需求的信道集，并开始侦听这些信道。如果延迟是服务质量中不可避免的，就按照延迟由小到大的顺序依次侦听这些信道。

QC-MAC 协议的服务质量保障通过在不同流量的任意侦听周期中引入差异化服务来得到进一步强化。该方法将较小的侦听窗口（SW）应用于高优先级的实时应用程序中，这样它们就具有了较高的机会来访问数据信道，如 $SW_{voice} < SW_{video} < SW_{data}$。这样，通过仔细选择 SW，就可以给不同的流量提供不同层级的服务质量保障。

7.3.2　服务质量感应 MAC 协议

文献[13]介绍了服务质量感应 MAC 协议(QA-MAC)，其中带有实时流量的次用户的优先级高于带有非实时(NRT)流量的次用户。

模型假设在同一带宽中有 $N+1$ 个信道可用。这些信道包括一个公共控制信道，它被分为两个阶段：报告阶段和竞争阶段。报告阶段被进一步分为 N 个 mini 时隙，每个时隙对应于 N 个可用信道中的一个，如图 7.12 所示。

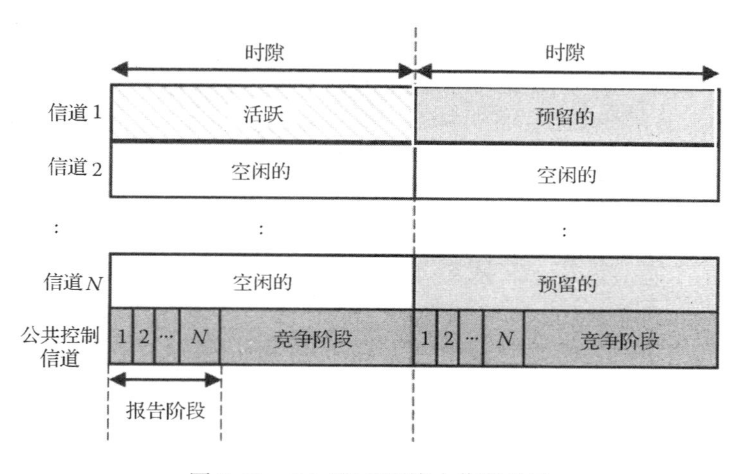

图 7.12　QA-MAC 环境中信道描述

在每个时隙的开始，次用户侦听信道，然后在对应的 mini 时隙报告信道状态。在竞争阶段，次用户将其频谱信息(也就是次用户侦听过程的结果)和服务类型(SST)写入 RTS/CTS 分组。当次用户交换 RTS/CTS 分组时，相邻的次用户监听这些正在执行的 RTS/CTS 分组，就可以知道它们是否侦听了相同的信道。如果有侦听了相同信道相邻的次用户在第 t 个时隙内作为发送方，那么每个次用户要在第 $t+1$ 个时隙侦听另一个不同的授权信道。在 RTS/CTS 交换完成后，每个次用户将得到剩余的授权信道的部分信息。基于每个次用户的服务类型，无竞争算法和基于竞争的算法也因此得以使用。这意味着，带实时流量的次用户将保留特定的信道，而带非实时流量的次用户将要竞争其他剩余的信道。

性能分析

图 7.13(a)(实时流量)和图 7.13(b)(非实时流量)给出了 QA-MAC 的数值结果[13]。对于实时流量，当不考虑侦听误码时，流量会随着次用户数量的增加呈线性增长。当次用户数量等于总的信道数量时，得到最大的吞吐量(在这里，信道数 $N=10$)。当次用户的数量大于可用的信道数量时，则吞吐量成为一个常数。这是因为带有实时流量的次用户会保留信道，因此其总吞吐量不会减少。注意，当存在侦听误码时，吞吐量会降低。图 7.13(b)给出了非实时流量的吞吐量结果。注意，在次用户数量达到信道总数时，非实时流量会降低，这是因为实时流量比非实时流量具有更高的优先级。

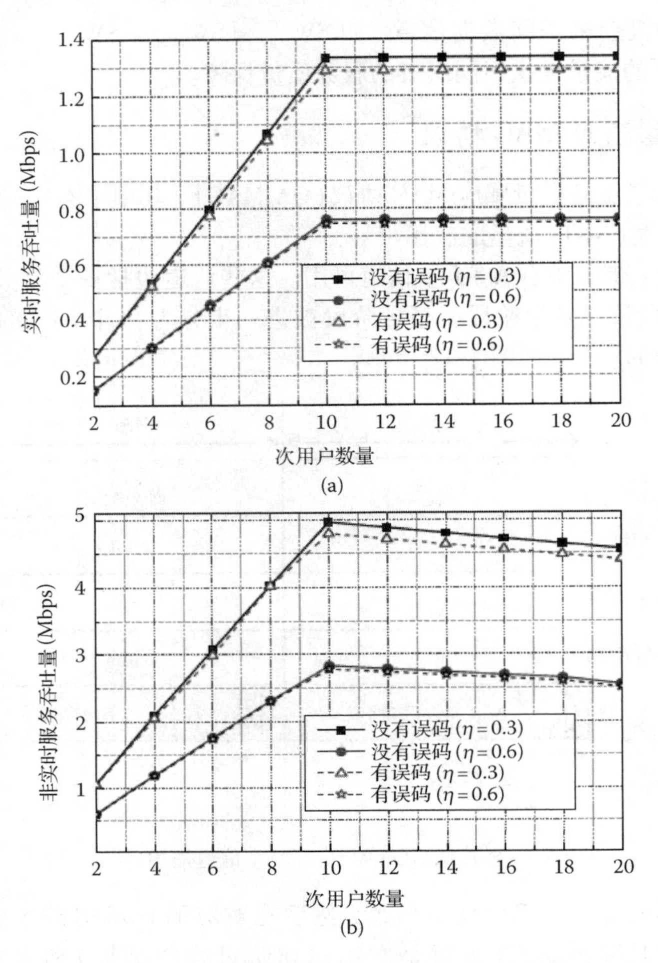

图7.13　QA-MAC中的(a)实时服务吞吐量和(b)非实时服务吞吐量，其中η为主用户的信道利用率，$N=10$(引自Jiang, F. and Liu, X., A QoS aware MAC or multichannel cognitive radio networks, in Proceedings of ICCTA, Beijing, China, 2011)

7.4 移动管理

在现实的认知无线电网络中，移动性支持非常重要。对于MAC协议来说，在确保服务质量需求的同时研究移动性问题更重要。这一节介绍了两个协议来支持主用户和次用户的移动模式。第一个协议需要有公共控制信道，而第二个协议是完全分布式的，不需要公共控制信道支持。

7.4.1 带有公共控制信道的授权用户体验与移动性支持

为解决移动性问题，提出了几种模型。例如，文献[7]的作者认为，位于网络中心的主用户发送方与主用户接收方在一个称为主要独占区(PER)的圆形范围内进行通信。在主要独占区内，没有次用户可以发送信息。这保证了预定义的时间间隔内主用户的掉线概率。在主要独占区外，如图7.14所示，倘若次用户位于授权接收方的保护半径上，则次用户可以发送信息。

主要独占区也有一些挑战。例如，当认知无线电节点移动到主要独占区内以后并没有停止发送，则认知无线电节点和主用户都会遇到干扰。这种情形可能是由侦听或者定位误差引起的。而且，MAC 协议应该是主要独占区感知的，这样它就能管理次用户的访问，特别是当次用户和/或主用户处于移动状态时。

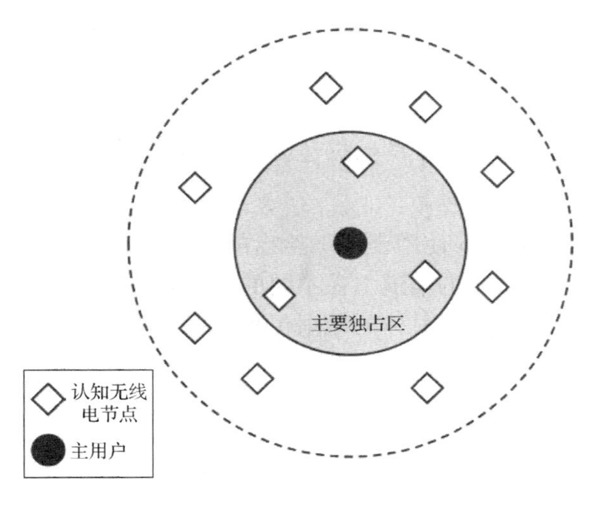

图 7.14　认知无线电网络中的主要独占区概念

文献[8]介绍了支持移动性的认知 MAC 协议(CM-MAC)，它基于 CSMA/CA 技术，其中 CM-MAC 协议会响应临近主要独占区的认知无线电节点。带外公共控制信道用于交换控制信息。为了克服认知无线电节点在获悉主要独占区范围附近存在的不足，在物理层采用了无线信号强度指示器(RSSI)。该协议将在第 9 章进行讨论。

7.4.2　无公共控制信道移动支持

文献[11]采用了一种分布式的信道选择策略，来动态选择所受干扰最小的信道(如图 7.15所示)。

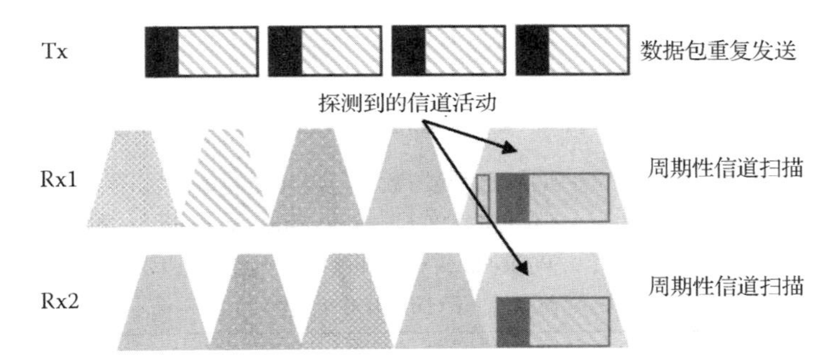

图 7.15　多信道侦听和数据包传输(引自 Ansari, J. et al., A decentralized MAC for opportunistic spectrum access in cognitive wireless networks, in Proceedings of CoRoNet'10, Chicago, IL, September 2010)

该协议采用多信道载波侦听原理，次用户按顺序扫描池中所有的信道。发送方次用户确保在选定信道上的发送要持续足够长的时间，以便在该时间内，异步接收方次用户扫描该特定信道时能够探测到它。在探测发送数据包活动的基础上，接收方次用户不扫描后来的信道，保持在该信道的侦听直到接收到数据包。为了占用该信道，次用户发送方会重复发送数据包。重复发送数据包的总数 N_{pkt} 决定上限值。

$$N_{pkt} \geqslant \left(T_{CS} + T_{Switch}\right) N_{ch} / T_{pkt}$$

其中，T_{CS} 为载波侦听持续时间；T_{Switch} 为信道切换持续时间；N_{ch} 为信道数；T_{pkt} 为发送数据包需要的时间。

如文献[11]所述，次用户发送方首先扫描信道池中的全部信道，以确保在试图发送数据包前没有正在进行的数据包发送活动。既然信道的活动可能是由于干扰者或者主用户引起的，该协议使用超时方案以描述干扰方的特征。如果检测到信道活动而且在预置的时间间隔内未收到有效的数据包(如两个最大长度的包传输)，则认为该信道为干扰信道。

性能分析

图7.16使用表7.1给出的参数绘制出了文献[11]的试验结果。图7.16表明了该协议在不同数量的信道上在不同的侦听持续时间内成功的数据包交付率。可以观察到，信道侦听持续时间对总体的数据包交付率影响不大。采用8条信道，侦听持续时间为25 ms时，数据包交付率接近90%。

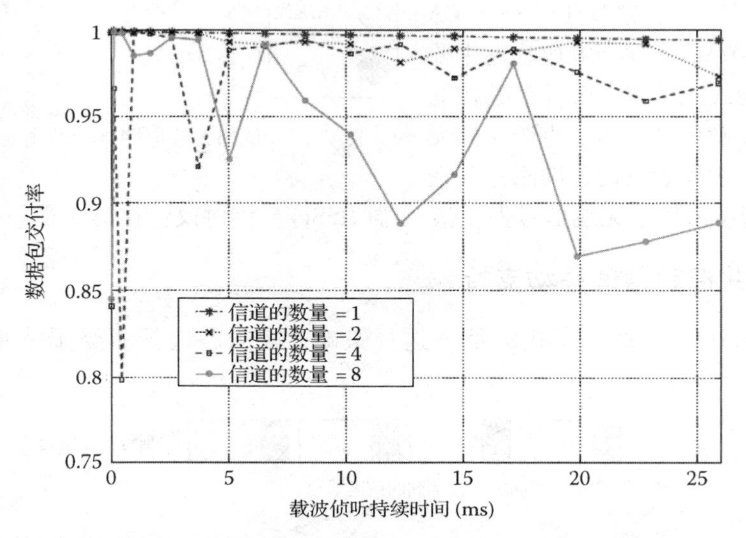

图7.16　不同数量信道的侦听持续时间与数据包成功交付率性能图(引自Ansari, J. et al., A decentralized MAC for opportunistic spectrum access in cognitive wireless networks, in Proceedings of CoRoNet'10, Chicago, IL, September 2010)

表7.1　PHY/MAC参数

参　数	值
已用最大的数据包长度($L_{max\text{-}pck}$)	1000 bytes
最大的数据包发送时间($T_{max\text{-}pck}$)	1.48 ms
信道切换时间间隔($T_{ch\text{-}switch}$)	35 μs
干扰方暂停时间间隔($T_{int\text{-}time\text{-}out}$)	2.96 ms

来源：From Ansari, J. et al., A decentralized MAC for opportunistic specturm access in cognitive wireless newtorks, in Processdings of CoRoNet10, Chicago, IL, September 2010。

7.5　本章小结

本章讨论了与MAC协议设计相关的不同问题，包括网络设置、无公共控制信道、分布式体系结构、主用户和次用户的移动性、次用户之间的控制数据交换和服务质量支持。本章集中讨论了大量具有代表性的协议，解释了这些协议如何解决目标问题。例如，JMAC，ICS-MAC，MMAC和SYN-MAC设计用于解决无公共控制信道的网络；穷举协议、随机协议和时序协议解决了分布式和集中式环境中初始化网络的设置问题；DNG-MAC协议考虑了信道的公平分配；QC-MAC 和 QA-MAC 是分布式的协议，用于服务质量保障；CM-MAC 协议提供了动态认知无线电网络中的移动性支持。

参考文献

1. C. Cormio and K. Chowdhury, A survey on MAC protocols for cognitive radio networks, *Ad Hoc Networks*, 7, 1315–1329, 2009.
2. K. Kosek-Szott, A survey of MAC layer solutions to the hidden node problem in ad-hoc networks, *Ad Hoc Networks*, 10, 635–660, 2009.
3. I. Akyildiz, W. Lee, M. Vuran, and S. Mohanty, NeXt generation/dynamic spectrum access/cognitive radio wireless networks: A survey, *Computer Networks*, 50 (13), 2127–2159, September 2006.
4. S. Kumar, V. Raghavan, and J. Deng, Medium access control protocols for ad hoc wireless networks: A survey, *Ad Hoc Networks*, 4 (3), 326–358, 2006.
5. I. Akyildiz, W. Lee, and K. Chowdhury, CRAHNs: Cognitive radio ad hoc networks, *Ad Hoc Networks*, 7, 810–836, 2009.
6. S. Jha, M. Rashid, and V. Bhargava, Medium access control in distributed cognitive radio networks, *IEEE Wireless Communications*, 18 (4), 41–51, August 2011.
7. M. Vu, N. Devroye, and V. Tarokh, On the primary exclusive region of cognitive networks, *IEEE Transactions on Wireless Communications*, 8 (7), 3380–3385, July 2008.
8. P. Hu and M. Ibnkahla, CM-MAC: A cognitive MAC protocol with mobility support in cognitive radio ad hoc networks, in *IEEE International Conference on Communications (ICC)*, Ottawa, Ontario, Canada, June 2012, pp. 430–434.
9. L. Cai, Y. Liu, X. Shen, J. Mark, and D. Zhao, Distributed QoS-aware MAC for multimedia over cognitive radio networks, in *Proceedings of IEEE GLOBECOM*, Washington, DC, 2010.
10. M. Zeeshan, M. Fahad, and J. Qadir, Backup channel and cooperative channel switching on-demand routing protocol for multi-hop cognitive radio ad hoc networks (BCCCS), in *Proceedings of the Sixth International Conference on Emerging Technologies (ICET)*, Islamabad, Pakistan, 2010.
11. J. Ansari, X. Zhang, and P. Mähönen, A decentralized MAC for opportunistic spectrum access in cognitive wireless networks, in *Proceedings of CoRoNet'10*, Chicago, IL, September 2010.
12. M. Shah, S. Zhang, and C. Maple, An analysis on decentralized adaptive MAC protocols for cognitive radio networks, in *Proceedings of the 18th International Conference on Automation & Computing*, Leicestershire, U.K., September 2012.
13. F. Jiang and X. Liu, A QoS aware MAC or multichannel cognitive radio networks, in *Proceedings of ICCTA*, Beijing, China, 2011.
14. K. Cheng and R. Prasad, *Cognitive Radio Networks*, John Wiley & Sons Ltd., Chichester, U.K., 2009.
15. A. Tanenbaum and D. Wetherall, *Computer Networks*, 5th ed., Prentice Hall, Upper Saddle River, NJ, October 2010.
16. Y. Kondareddy, P. Agrawal, and K. Sivalingam, Cognitive radio network setup without a common control channel, in *Proceedings of IEEE Military Communications Conference (MILCOM)*, San Diego, CA, 2008.
17. I. F. Akyildiz, W. Y. Lee, M. C. Vuran, and S. Mohatny, A survey on spectrum management in cognitive radio networks, *IEEE Communications Magazine*, 46 (4), 40–48, April 2008.
18. Y. Liang, K. Chen, G. Li, and P. Mahonen, Cognitive radio networking and communications: An overview, *IEEE Transactions on Vehicular Technology*, 60 (7), 3386–3407, September 2011.
19. K. Kosek-Szott, A survey of MAC layer solutions to the hidden node problem in ad-hoc networks, *Ad Hoc Networks*, 10 (3), 635–660, May 2012.

第8章 认知无线电自组网和传感器——网络模型和本地控制方案

8.1 概述

随着认知无线电技术的发展，出现了认知无线电自组网(CRAHN)的概念[1]。相比传统的认知无线电网络或CRAHN、CRSN模型和局部控制方案，认知无线电自组网提出了更多的挑战。这些挑战根源在于依赖频谱的通信链路、多跳传输、不断变化的拓扑和节点移动引起的易变无线环境。

认知无线电自组网是由认知无线电(CR)节点和主用户以自组网方式构成的一种易变无线环境，这种易变性是由时间、位置和主用户行为造成的。为了确保数据传输成功，访问频谱资源时需协调一致以防止冲突。同样，利用频谱共享模块，认知无线电用户能够与其他认知无线电用户共享频谱资源[1]。图8.1(a)是一个认知无线电自组网的示例，认知无线电用户和主用户放置在一处，并且都能移动。为了使认知无线电用户能够发现可利用的频带，要求频谱共享模块确保一定范围内的频谱资源能够为所有的认知无线电用户平等分享[2]。同样地，如图8.1(b)所示，认知无线电传感器网络(CRSN)[3]也要求频谱共享模块确保传感器节点能够获取频谱资源。

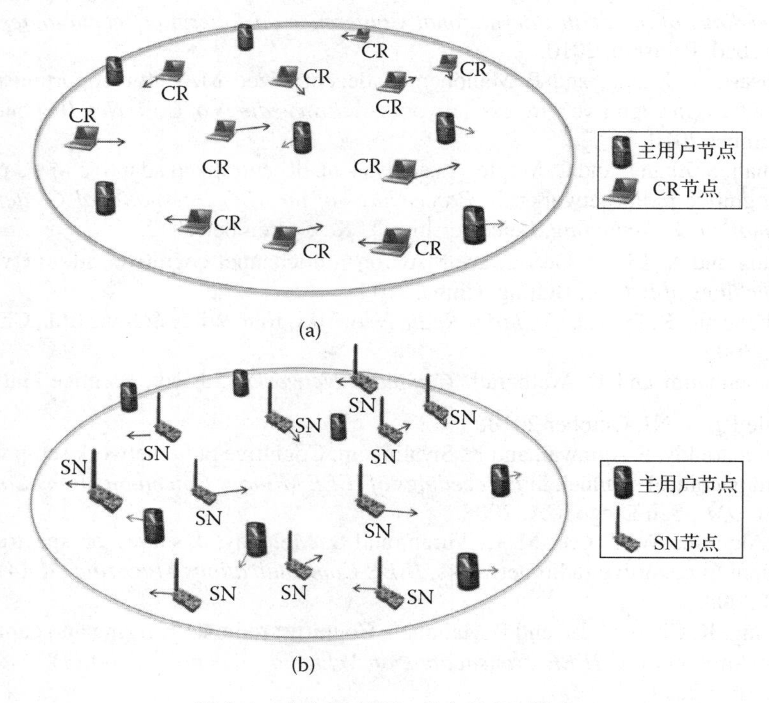

图8.1 (a)CRAHN；(b)CRSN 模式

本章内容根据文献[4,71~73]研究结果进行组织，内容如下所述。

8.2节将介绍认知无线电自组网和一般认知无线电网络的主要区别。8.3节将说明认知无线电自组网中的频谱共享问题。8.4节将研究认知无线电自组网中的MAC协议。8.5节和8.6节将分别介绍度量规则和认知无线电自组网模型。8.7节将阐述频谱共享的局部控制方案和公平性协议。

8.2 认知无线电网络与认知无线电自组网

认知无线电网络可以定义为由主用户和次用户，也就是认知无线电用户组成的无线网络[5]。传统的认知无线电网络在当前的IEEE 802.22网络中常被建模成授权频道上的由一个主用户和多个次用户构成的小型网络。然而，由于认知无线电规则可扩展到未授权的工业、科学和医学(ISM)频带，因此可以在Ad Hoc网络和无线传感器网络环境中使用。在最近的研究中可以找到有关认知无线电网络的研究课题[6,7]。

与认知无线电相比，认知无线电自组网有显著不同的研究重点。由于继承了传统的Ad Hoc网络的特征，认知无线电自组网中的节点能够在没有固定基础设施的情况下相互进行通信[8]。Ad Hoc拓扑结构、Ad Hoc网络的数据传输和认知无线电网络的认知能力共同为认知无线电自组网带来了新的特征和新的挑战。

8.3 认知无线电自组网中的频谱共享

频谱共享是认知无线电自组网中频谱管理的一个重要功能。在文献[1]中，频谱共享被定义为在避免对主用户网络造成干扰的同时，为多个认知无线电节点提供条件性共享频谱资源的能力。大致来说，频谱共享包含频谱获取、频谱配置和跨层信息频谱感知。从这个意义上来说，从协议构成的角度出发，频谱共享功能需要与物理(PHY)、介质访问控制(MAC)和网络层次相互协调。

为了确保数据通信，认知无线电节点需要将自身享有的频谱资源最大化来进行数据传输。同时，在选择最佳频段时，认知无线电节点需要进行频段选择和能量配置。相邻认知无线电节点的合作可以帮助提高频谱共享的效果。然而，认知无线电节点通过对无线电环境的局部观测从相邻的认知无线电节点获取的电磁环境信息十分有限。就吞吐量和频谱利用方面来说，这种限制可能会影响网络性能。

以下文献提出了几种解决频谱共享问题的分布式方案和算法。文献[9]中为频谱选择和能量控制提出了一种单通道异步分布定价方式，在该机制下每个认知无线电节点通过将最大接收功率减去相关干扰来确定(自身)发射功率。文献[10]提出了一种基于图着色的方法，本质上来说这是一种全局优化算法。这种全局优化算法是中心式的，每当认知无线电自组网中出现变动就需要重新进行计算。鉴于分布式方法在各种无线电环境(如结构方式和可获得性等)中的稳健性，与中心式方案相比，分布式方案更加适合认知无线电自组网。文献[11]中提出了一种分布式的频谱分配方式，也称为局部协商定价，在这种方式下，认知无线电节点可以自行组织并组成本体群组来改进系统效用。文献[11]中的研究结果表明，使用局部协商定价方式的通信开销要显著低于高耗费的着色算法。文献[12]中介绍了一种用于频谱分配问题的装置中心式的频谱接入方法，这种方法对单个的认知无线电节点应用5种不同的规则。尽管这些规则相比局部协商定价方式[12]的表现较差，但它们的计算复杂性和通信开销较低。此外，学习算法，如强化学习[13,14]也可用于频谱共享问题，但是这类算法在层间和多跳之间需要更多的信息和协作。

另一种被称为群集智能的算法也在文献中提出并用于解决频谱共享问题。文献[15]通过群集算法来解决频谱共享问题。文献[16]研究了一种基于鱼群形成机制的算法。一致性也用于传感器网络中的数据融合、机器人控制和多代理系统问题(MAS)。近期，为了控制感知数据的融合，Li et al.[17]将一致性应用于频谱感知。文献[18]的作者提出了一种分布式和可扩展方案用于基于一致性算法的频谱感知。

上述参考文献给出了一些在认知无线电自组网中使用协议一致性的提示，但是在认知无线电自组网中却很难处理频谱共享的公平性。本节展示了认知无线电自组网和认知无线电网络中协议一致性应用的情况。此外，本节继续探讨协议一致性在频谱共享公平性方面的运用。

8.4 认知无线电自组网中的介质访问控制协议

认知无线电自组网的介质访问控制协议的目标不仅仅是要在不降低主用户通信能力的情况下提高频段的利用率和吞吐量，还包括控制频谱管理模块，如频谱接入和频谱共享功能，以此来确定数据传输的时间[1]。

几种MAC协议中都讲到了通过使用多频段来提高吞吐量。提高吞吐量的一个可行的解决方案就是找到一组高质量的频段。文献[19]中提出了一种双频段(DUCHA)MAC协议，与IEEE 802.11 MAC协议相比，该协议下的单跳吞吐量提升了0.2倍，多跳吞吐量提升了4倍。文献[20]中提出了一种伺机多频段MAC(OMMAC)协议，这种协议采用了基于多频段的分组调度算法，信息包将在具有最佳频谱效率的频段(也就是有着最高比特率的频段)上发送。文献[21]提出了一种基于避免冲突的载波侦听访问(CSMA-/CA)的多频段认知无线电介质访问控制(MCR-MAC)协议。

在认知无线电网络中，如果选择了与传输率要求相符的频段，就能够提高频谱的利用率。文献[22]提出了一种基于统计的频段分配(SCA)MAC协议，该协议使用频段聚合方法来提高吞吐量并采用动态运算范围来降低计算复杂性。文献[22]的研究结果表明，SCA-MAC能够在保证与主用户共存运行的同时，有效地利用频谱空穴来提高频谱效率。为了满足数据传输的数据速率要求，文献[23]中提出了一种被称为多频段并行传输的MAC协议，该协议下所选择的频段的最小数量要符合一定的数据速率。文献[23]的研究结果表明，文献中提出的MAC协议与文献[24]中提出的协议相比，具有更高的频谱利用率和系统吞吐量，文献[24]中的协议仅通过最佳的信干比(SINR)值来选择频段。在文献[25]中，将伺机自动速率MAC协议用于使单个频段的利用最大化。

文献[26]明确提出了频谱共享和频谱接入功能，文献还将频谱接入和频谱分配方法引入到所提出的认知无线电MAC(COMAC)协议之中。文中还明确指出，提高频谱利用率，要通过提供足够的频段而不是将所有可能的频段指派给一个认知无线电节点，这样就可以将其他可获取的频段留给其他认知无线电节点的传输。文献[27]中，作者在DDMAC协议中应用了距离相关频段分配方法。

实际上，上述的文献都没能够全面考虑几个重要的因素。首先，尽管频谱感知可以同时进行[28]，但是不能忽略感知的时间，因为这个时间可能相对较长并造成吞吐量下降[29]。其次，由于主要独占区(PER)的存在，当认知无线电节点通信在该主要独占区内时可能会干扰主用户的通信，如果保持主用户通信优先，那么认知无线电节点在该区域需要保持静默。

由于认知无线电网络的 MAC 协议更倾向于分布式解决方法，因此在设计协议时可选择分布式功能，如分布式协调功能(DCF)就是不错的选择。实际上，前文中所提到的大部分 MAC 协议[20,21,23~29]都是基于分布式协调功能且带有请求发送(RTS)和允许发送(CTS)的握手协议，在本质上都是用来解决隐藏终端问题的。其他基于非 CSMA/CA 的 MAC 协议，如多频段 MAC(MMAC)协议[30]和认知 MAC(C-MAC)协议[31]同样也是解决隐藏终端问题的，但它们需要周期同步，很难应用于大规模的认知无线电网络中。

如第 7 章所述，基于 CSMA/CA 的 MAC 协议在处理隐藏终端问题上有优势，并且能够进行分布式操作(如 IEEE 802.11 MAC 中的分布式协调功能)。因此，一些最新的 MAC 协议[21~27,32]相继提出。然而，目前的文献并没有全面地研究主要独占区，主用户行为和认知无线电节点的移动性。

8.5　认知无线电网络中的量度规则

无线网络的量度规则分析能够给出吞吐性能的理论界限。Guptar 和 Kumar[33]给出了一般无线网络的吞吐界限。他们指出当节点的数量增加时吞吐量将会降低。但是，Guptar 和 Kumar[33]提出的界限在认知无线电网络中是不稳定的，因为网络中的认知无线电节点间的通信会受到主用户行为的影响。在数据通信中利用多频段，可以提高系统容量、多径分集和数据速率[34]。然而，如何在随机配置的认知无线电网络中全面选定不同层间的设计参数，是一个挑战。Vu et al.[35]分析了认知网络中的吞吐量，但是作者在文献中仅谈论了具有一个主用户发射机的网络模型。这种分析仅仅适用于一些认知网络，比如只有一个电视塔和多个认知无线电节点的认知网络。但是，这种分析并不适用于认知无线电网络，因为网络中可以存在多个主用户发射机与认知无线电节点。值得注意的是，鉴于认知无线电自组网灵活的调度功能，需要在不同的传输模式下分析吞吐量的量度规则。

目前已经有一些针对认知无线自组网吞吐量量度规则的研究。Shi et al.[36]最近通过使用两个辅助网络为随机分布式的认知无线电自组网给出了吞吐量的上、下界。但是文中并没有考虑到主用户行为和多跳传输的影响。

文献[37]中阐述了主要独占区的概念，针对双极网络模型和最近邻网络模型推导出干扰和中断概率。文献[38]中分析了认知无线电自组网中的伺机多频段 MAC 协议，通过建立马尔可夫模型测算感知到的频段数量。文献[39]分析了延迟、连通性和干扰这三者之间的关系。除此之外，由于认知无线电自组网的新特征不断被提出，不同的频谱管理方法会导致新的认知无线电自组网量度规则的产生。尽管最近提出的一些物理层技术，如物理层网络编码(PLNC)[40,41]或者基于干扰的网络能够帮助建立新的量度规则，但还是需要进一步探索影响认知无线电自组网中吞吐量的重要因素。此外，将随机几何作为无线网络基本限制的分析工具[42]，使得几种传输方案[43]被纳入分析中。

8.6 认知无线电自组网模型

8.6.1 频谱可用性图谱

在认知无线电自组网中，频谱可用性在节点与节点之间、链接与链接之间都有所不同。在相同的无线环境中，节点频谱可用性与链接频谱可用性可以相互转化。认知无线电网络中的频谱可用性的模型经常为冲突图[11,44]。但本章从主用户的角度出发建立频谱可用性模型。从这个意义上讲，先介绍具有控制拓扑的认知无线电自组网中的频谱可用性图谱(SAM)。

频谱可用性图谱是根据时间定义的，它是指在某一时隙 Δt 中所具有的获取某些频谱波段的可能性。尽管在一个时间段内，一个认知无线电节点可能会出现频谱跳跃，从一个频段跳到另一个频段，这里考虑的是一种极端的情况：在某一时隙 Δt 中，只有两个可获取的数据通信频段。值得注意的是，两个频谱可用性图谱的相互关系是基于前面的时隙 $\Delta(t-1)$ 和紧邻的时隙 Δt 的。关于频谱可用性图谱的知识是一个先验，可以看成总体信息；关于局部频谱可用性图谱的知识也是一个先验，可以看成局部信息。

对于认知无线电自组网中的认知无线电节点来说，局部频谱可用性图谱就足够了，它由以下部分构成：

1. 对可利用的频段进行感知。
2. 从不同的主用户捕获可利用的频段并将其存于内部存储器中。

8.6.1.1 基于元胞的频谱可用性图谱

元胞自动机(CA)是一种离散模型，各个学科包括计算机科学领域都对它进行了广泛的研究[45]。一个元胞自动机是由元胞组成的网格，每个元胞有着有限数量的状态。

认知无线电自组网的频谱可用性可以通过元胞自动机的概念建立一个图谱，称它为基于单元的可用性图谱(C-SAM)。假设每个认知无线电节点在时间 t 有不同的频谱，可以研究大规模认知无线电自组网中可利用频谱的动态特征。根据这个模型，认知无线电自组网系统行为的动态特征可以通过这个 2D 元胞自动机模型来评估。图 8.2 是一个认知无线电自组网中的基于单元的可用性图谱模型，其中每个认知无线电节点有三个频段。图中的数字代表不同的频谱标记。这个基于元胞自动机的模型的设定如下：

1. 在时间 t，所有的认知无线电节点的可获取的频谱相同。
2. 每个认知无线电节点只能与相邻的认知无线电节点通信。它们的状态决定认知无线电节点 i 的频谱可用性。

8.6.1.2 无线电环境图谱

文献[46,48]中提出的无线电环境图谱(REM)可以用来存储环境和操作信息，而不是获取认知无线电节点的无线电环境参数。无线电环境图谱可以为认知无线电网络提供多种无线电环境信息，如地理特征、可用服务、光谱调节、定位和无线电活动与技能。无线电环境图谱可以划分为全局无线电环境图谱和局部无线电环境图谱[47]。这两种无线电环境图谱可以用于认知无线电区域网络(如 IEEE 802.22 网络)或认知无线电局域网(如认知无线电自组网)。根据文献[48]中对链接层和网络层的分析，使用无线电环境图谱可以通过减少适应时间、平均时延和缓解隐藏终端问题来显著提高网络的性能。

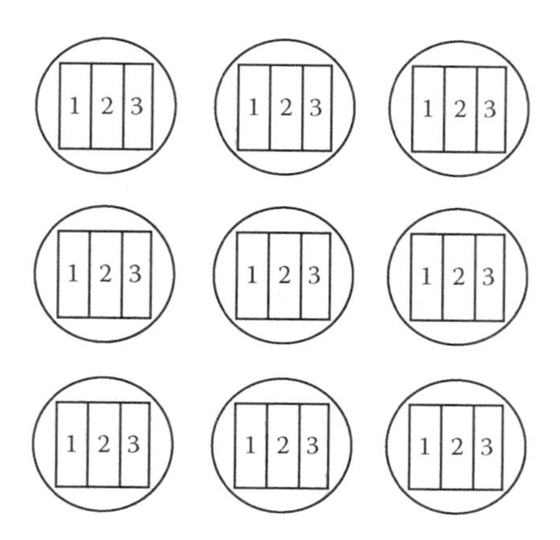

图 8.2　认知无线电自组网中的 C-SAM 模型示例，图中每个认知无线电自组网有三个频段

当认知无线电自组网需要有关无线电环境的可靠信息(如一定量的局部信息和全局信息)时，无线电环境图谱是一种很实用的解决方案。图 8.3 中是基于无线电环境图谱结构的例子，簇首(CH)负责与局部无线电环境图谱服务器的信息交换。局部无线电环境图谱服务器包含从每个簇中的认知无线电自组网中收集的信息。局部无线电环境图谱的数据将会发送到全局无线电环境图谱服务器。

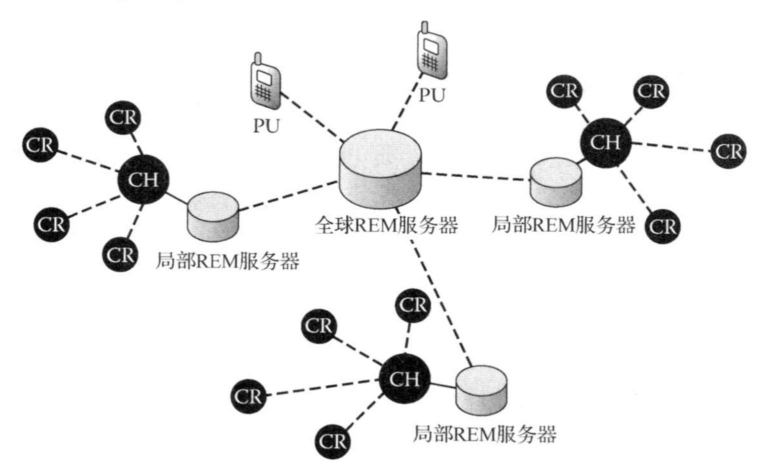

图 8.3　带有 REM 服务器的认知无线电自组网结构

8.6.2　频谱可用性概率(SAP)

根据频谱共享协议，可以很自然地看到频谱可用性图谱与认知无线电自组网之间的关系。事实上，这两个模型可以相互转换。根据频谱可用性概率，可以将认知无线电自组网划分为不同的分区。从这个意义上来讲，数据传输想定可以转换为分区中心的认知无线电自组网发送的概率和该发射机在该点的频谱可用性概率。

定义 8.1　频谱可用性概率[SAP = 概率 $\rho(\Delta t, k, s)$]可以定义为某一时间段 Δt 内，在某一区域 s 中，一个认知无线电自组网能够接入频段 k 的概率。

根据在某一区域 S 内部署的主用户的泊松通信流量，可以知道在某一区域 $s \in S$，频谱可用性概率可以由三个参数决定，分别是 Δt，k 和 s。

注意，如果考虑到每个传输流需要不同的带宽，必须要改善前面提到的频谱可用性概率和频谱可用性图谱。根据专用的服务质量(QoS)要求，如果比率不符合可利用的频段，那么该频段被看成不能利用。

8.6.3 可变大小的频段

假设在同一个通信模型中频段的大小相同。如果考虑到一般情况时频段的不同大小，那么问题就复杂多了。这意味着，一段大的频谱可以分成两个或更多小的频谱，或者小的频谱可以合并成一段大的频谱。我们认为这种情况仅在当前可利用的频段不符合通信流的带宽要求时才发生。

实际上，可以将多个可利用的频段合并形成一个频段，并使用频道集合增加网络吞吐量。例如，一个大的信息包可以分成两个并通过两个频道以更快的速度传输。根据这些假定，可以将这个数据组转化成一个与频谱可用性概率相似的数据组，该数据组中的频段具有相同的大小。这样就可以计算不同频段的概率范围了。

8.6.4 多频道多无线电支持

认知无线电自组网可以被看成一个具有多频道多无线电支持的网络范例。认知无线电网络的多频道多无线电性能可以提升该网络的吞吐量。网络层协议可以利用认知无线电自组网的多频道多无线电性能，因为这种性能带来的多通道可以增加单位时间内的数据传输。为了阐明这个过程，图 8.4 展示了基于不同路由协议的认知无线电自组网的吞吐量，该网络有 K 个频段和 R 个无线电。从图中可以看出，当能够获取更多的频道和无线电时，加权值的累计期望传输时间协议可以利用多通道多无线电性能来提高吞吐量，并且效果要好于按需距离向量路由协议。文献[48 ~53,55]中讨论了其他更多的认知路由协议。

8.6.5 合成频道模型

随着频谱可用性图谱概念的提出，可以轻松地看到，在一个给定的时间 t 的频谱可用性。如果可以使给定时间 t 的不同频段的频谱可用性在一个频段内显示，那将会十分实用。可以通过使用合成频道模型来实现这种目的[54]。

图 8.5 是合成频道模型。如图所示，第 i 个主用户的忙时和闲时时间呈指数分布，平均数分别为 α_i 和 β_i。在这个模型中，主用户的行为由一个 ON-OFF 模型决定，ON 或“1”表示主用户处于忙碌状态并占有一个频道，OFF 或“0”表示主用户不在进行传输并且不占有频道。值得注意的是，通过使用合成频道模型，多主用户传送器可以被模拟为一个虚拟的主用户传送器[55]。

8.6.6 接收端和全局信息

接收端信息是指通过局部观测(如局部感知)或与相邻终端的通信而获取的信息。可以查阅 IEEE 1900.4 标准中的局部信息分类[56]，其中信息可以分为终端信息和网络信息。终端信息可以用来分类局部信息，网络信息可以用来分类全局信息。终端信息包括应用信息和设备信息。应用信息包括应用提供的量度信息，如延迟率、丢包率和带宽。设备信息包含当前的活动链接和频道的信息。链接信息包括块错误率、功率、信干比(SINR)，等等，频道信息包括频道 ID、频率范围，等等。

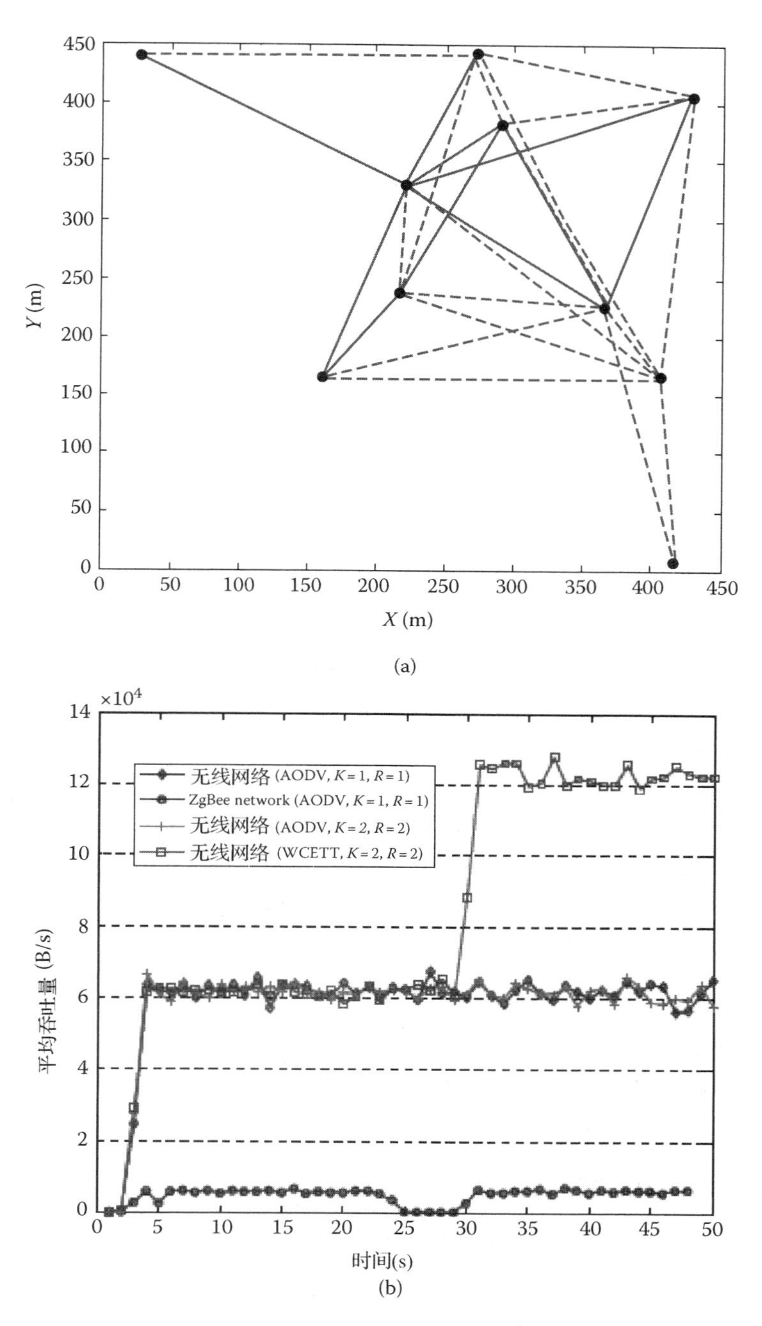

图 8.4　在不同环境下，具有多频道多无线电支持的认知无线电自组网中的吞吐量。该网络有10个认知无线电节点，每个节点的通信范围为250 m，带宽为2 GHz。(a)网络部署；(b)运行结果

在获取信息时，需要考虑获取信息的通信成本。由于认知无线电自组网多变的无线电环境，有些成本是动态的，而其他的则不是。此外，成本可以作为分布式协议设计的量度。作为示例，表 8.1 给出了一些局部信息的成本。

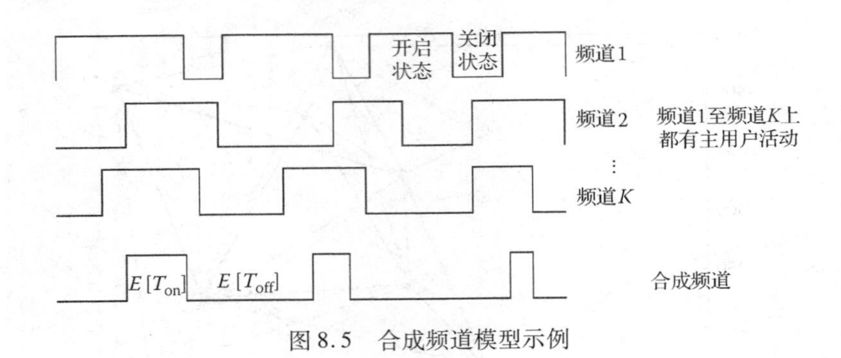

图 8.5　合成频道模型示例

表 8.1　局部信息和相关的成本

局部信息	成本
频道状态(忙/闲)	C1
相邻终端的数量	C2
临近终端的频谱使用	C2
频谱利用	C3
串音 MAC 信息	0
信号强度	0

从表 8.1 中可以看到，获取频道状态和频道利用信息的成本分别为 C1 和 C3。获取相邻终端的数量和紧邻终端的频谱使用信息的成本相同，为 C2。而在有些信息能够通过监听输入包来估算时，例如相邻终端的数量，两者尤为一致，监听输入包的信息包括相邻终端频谱利用的 MAC 地址字段和数据字段。因此，可以判断这些 MAC 信息的获取不需要成本。而关于信号强度，可以通过大部分的接收机轻易地估算出来，因此可以认为获取的成本为零。如果创造一种单独的通信过程来获取频道状态和频道利用的信息，那么 C1 和 C3 的值就要比 C2 大得多。

全局信息指的是整个网络的信息。例如，IEEE 1900.4 标准中规定[56]网络信息包括频道信息、单元信息和基站信息。频道信息主要是关于频道频率的，包括频道的 ID，频率的范围，等等。单元信息是有关单元结构的综合信息，包括单元 ID、定位和覆盖区域等。基站信息包括当前的基站机构的综合信息，如发射功率、负载，等等。

8.6.7　频谱管理的局部控制

局部控制可以看成认知无线电自组网中单个认知无线电节点的分布式控制。由于缺少中心控制器和多变的无线电环境，集中式控制并不适用。此外，认知无线电节点之间的协作可以帮助创建并分配无线电环境信息，从而使每个节点对整个网络状态都能有一个整体的了解。认知无线电节点间的协作可以帮助改善频谱共享过程，这一点已经被证实。但协作可能造成通信开销和潜在干扰的增加。这样，基于全局信息的频谱管理的方法就会十分昂贵。

文献[57]探讨了局部控制方案和频谱规范(spectrum etiquette)的不同。局部控制方案包括一组协议、规则或方案，实现系统层和协议层对频谱管理问题的建模和分析，包括频谱分享、频谱移动性和频谱决策。频谱规范仅仅是一组规则，用来规定频谱的获取和使用[57](也就是一组规定了设备传输的时间、地点和方法的规则[58])。因此，这两个概念在某种程度上有所重合，但实际上它们关注的是不同的问题。

8.6.8　博弈方法

由于认知无线电自组网的特征，频谱的共享和分配需要一种非协作方案，这种方案可以降低通信开销和隐藏的干扰。在博弈方法中，纳什均衡是测量频谱管理问题中非协作博弈[59~64]结果的一种重要工具。

文献[65]提出了一个关于频谱配置的博弈方法，这种方法中认知无线电节点(也就是参与者)的选择是基于效用函数做出的，并且能够在不对其他节点造成干扰的情况下选择频道。文献[66]中提出了一种用于主从结构模型的基于博弈方法的频谱共享方案，其中的寡头垄断市场模型被用于使所有认知无线电节点的利益最大化，这种模型是基于所有认知无线电节点的均衡。

要对博弈方法中的频谱共享问题建模，参与者要按顺序进行决策，也就是说需要控制运行顺序的协调器。要将博弈方法转化为分布形式，需要采用伯努利试验使参与者按可能性依次进行决策。换句话说，在每个迭代的开始，都要由获得伯努利试验胜利的参与者进行决策。

从前面的讨论可以看到，博弈方法能够模拟采用形式化激励结构的介质之间的策略互动行为。博弈方法的一般方法为：

1. 找到适合某一问题的博弈模型
2. 规划效用函数
3. 检验平衡态

鉴于认知无线电节点的自主性和学习性，博弈方法是解决认知无线电自组网问题的合适方法。

但是，需要注意的是将一个问题模拟成博弈并不总能得到最佳的解决方案。例如，文献[54]的作者就指出，当节点有整个网络的完整信息时，恒稳态拓扑并非最佳的解决方法。为了获得博弈聚合，效用函数需要符合某些条件。

文献[67]中指出，纳什均衡设定的参与者都是理性的，意味着每个参与者都有自己的利益。作者还强调纳什均衡有两个实际限制：

1. 要达到纳什均衡，需要最佳反应策略，然而最佳反应策略并不总是有效的。例如，在两个参与者的博弈中，如果一个参与者采取了非平衡策略，另一个参与者的最佳反应也是非平衡的。
2. 将非合作博弈的描述完全地限定为平衡状态，这还不足以用在具有潜在活力的认知无线电之中。

在最新的研究文献中，尽管在频谱配置和频谱共享的决策中博弈方法十分盛行，但是这种方法的实现还取决于 MAC 层或 NWK 层的一种集中式的流控制协议。局部控制方案中可能包含一个零参与者博弈来显示系统层的特征。

8.6.9　基于图着色的算法

基于图着色的算法可以直接用来解决频谱分配问题。当每个认知无线电节点获取的频段转换成图谱中的颜色时，将图着色算法用于频谱配置的目的就是将颜色的使用数量最小化。

在这里，对文献[10]中提出的典型的图着色算法进行说明。在无向图 $G=(V,E)$中，使用者的数量为 $N=|V|$，而 $E=e_{ij}$，如果在顶点 i 和 j 之间有一个边缘，那么 $e_{ij}=1$；如果 i 和 j 使用的是相同的频段，那么 $e_{ij}=0$。图 G 的顶点上可获得的频段用一个 $N\times K$ 矩阵 $L=(l_{ik})$来表示，为一个着色矩阵。例如，当 $l_{ik}=1$ 时，表示在顶点 i 有一个色彩（频段）k 可获取。

信道分配策略由 $N\times K$ 矩阵 $\boldsymbol{S}=(s_{ik})$表示，其中 $s_{ik}=0$ 或 1。若 $s_{ik}=0$，频道 k 则分配给节点 i；若 $s_{ik}=1$，则分配给其他节点。如果分配满足干扰限制和色彩获取限制，那么 $\boldsymbol{S}$ 就是可行分配，可以表示为

$$s_{ik}s_{jk}e_{ij}=0,\qquad i,j=1,\cdots,N,k=1,\cdots,K \tag{8.1}$$

前面的限制意味着两个相连的节点不能分配给相同的色彩（频道）。

资源分配的目的是为了使频谱的利用最大化。频谱分配问题可以表示为

$$\text{最大值:}\sum_{i=1}^{N}\sum_{k=1}^{K}s_{ik} \tag{8.2}$$

$$\text{满足条件:}\ i,j=1,\cdots,N,\ k=1,\cdots,K:$$
$$s_{ik}\leqslant l_{ik}$$
$$s_{ik}=0,1$$
$$s_{ik}s_{jk}e_{ij}=0$$

若考虑到网络节点间的时隙交流，那么在每个时间单元，式(8.2)中的最优化问题需要重新计算。

由式(8.2)可以看出，由于认知无线电自组网中多变的无线电环境，最优化问题需要执行多次，这使得图着色算法效率低下。另外，图着色算法本质上是集中式算法，因此并不适用于认知无线电自组网。但是，它可以作为与分布式算法相比较的基准点。

8.6.10 部分可观测马尔可夫决策过程

部分可观测马尔可夫决策过程（POMDP）是马尔可夫决策过程（MDP）的扩展。部分可观测马尔可夫决策过程模拟了认知无线电节点的决策过程，其中系统的动态由马尔可夫决策过程决定，但是认知无线电节点无法直接观察到一个频道的潜在状态。因此解决频谱获取问题时，部分可观测马尔可夫决策过程比马尔可夫决策过程模型更加实用。

例如，如果把一个频道模拟为马尔可夫频道并具有良好和不良两个状态、由 p_{ij}赋予四种转换可能性，$i,j=0,1$，那么传感器能够在基于自身前期观察的情况下选择一个频道并对其感知。所选择的频道如果是在良好状态，则能够获得固定的奖励。这个问题可以用部分可观测马尔可夫决策过程描述，因为马尔可夫链的状态没有完全被观测到。文献[68]中讨论了一种近视策略（也就是一种将一个步骤的回报最大化的政策）。研究结果显示，当 $p_{11}\geqslant p_{01}$ 时，无论频道数量为多少都处于最优化；当 $p_{11}\leqslant p_{01}$时，当频道数为 $n=3$ 时为最优化。

可以看到，部分可观测马尔可夫决策过程适用于模拟频道获取问题，因为认知无线电节点没有完整地观测到频道状态，使用部分可观测马尔可夫决策过程的好处是它以分布式状态运行。但是，部分可观测马尔可夫决策过程也包含一些限制。例如，部分可观测马尔可夫决策过程在计算上较难处理。另一个问题是部分可观测马尔可夫决策过程适用于具有多种状态的单一参与者。

8.6.11　仿生方案

最近出现了一些群集智能算法。Atakan 和 Akan[15]提出了一种频谱共享算法，称为仿生频谱分享(BIOSS)，这种算法是基于蚁群的任务配置模型。与非仿生算法相比，这种算法不需要认知无线电节点间的任何协调。Doerr et al[16]提出了另一种群集智能算法，是由鱼群的突现行为所启发的。文献[16]中指出，认知无线电节点的行为与鱼群相似，认知无线电节点通过局部观测感知无线电环境，并针对变换的无线电环境做出反应。每个认知无线电节点的智能有限，但是在整个网络中，在针对某项任务时，它们的整体智能比个体智能更高。

8.7　频谱共享的局部控制方案

本节首先介绍了局部控制方案的概念，依据该方案，认知无线电节点可以在局部进行频谱感知。其后，本节定义了频谱共享的公平性，并探究了将一致性协议方案应用到频谱感知时的收敛条件。基于使用频谱相关信息的局部观察和局部控制方案，一个独立的认知节点可以有效地进行频谱共享。

8.7.1　如何在认知无线电自组网中应用局部控制方案

和传统自组织网络相比，认知无线电自组网可以解决由于无线电环境改变引起的问题，并保证认证用户传输。与传统认知无线电网络(CRN)相比，认知无线电自组网从自组织网络继承了一些重要的特征，比如节点移动(节点运移率)、逐跳频谱可用性和单向链路。认知无线电自组网其他的特征包括频谱依赖性链路(spectrum-dependent link)、拓扑控制、多信道传输和频谱移动，这些特征比传统认知无线电网络或自组织网络的特性更具有挑战性。由于认知无线电自组网缺乏中央网络实体[69]，对于每一个认知无线电节点来说，所有与频谱相关的认知无线电节点性能和分布式操作必须建立在局部观察的基础之上。

在认知无线电传感器网络中，每个认知传感器网络都具备认知性能，并且网络往往与搭配的主用户紧密地部署在一起。因此，这种类型的网络继承了与认知无线电自组网一样的认知模块。认知无线电传感器网络可以在频谱感知模块中使用相同的局部控制方案。鉴于其有限的覆盖率和电源供应，认知无线电传感器网络可以被认为是认知无线电自组网的延伸，所以局部控制方案可以用于认知无线电传感器网络。

此外，局部控制方案对于另一个被称为认知无线电自组网传感器网络的网络模型也是适用的，这种传感器网络支持认知驱动。具有局部观察和局部知识，传感器网络履行频谱共享、监督和决策这些集体行为。文献[70]讨论了在该网络中所启用的传感器网络辅助认知无线电技术。该网络中的传感器网络的局部控制方案与认知无线电自组网中的认知无线电节点的方案相同，本节将不再对此进行详细讨论。

基于前面的讨论可以得知，认知无线电自组网比认知无线电传感器网络更为普遍，用于认知无线电自组网的局部控制方案也可用于认知无线电传感器网络。因此，本章的重点将会放在如何在认知无线电自组网中应用局部控制方案。

在认知无线电自组网中，无线电环境随时发生变化，而这将成为频谱共享功能的最主要的难题。通常，引起无线电环境改变的原因有：

- 主用户活动
- 通信期间的(无线电信号)干扰
- 无线电信号的时空数据特性

本文中，只考虑前两个因素。

举例来说，图 8.6 展示了在不断变化的无线电环境中的认知无线电节点。每个认知无线电节点都在感知和观察局部无线电环境。当认知无线电节点向主用户使用的频谱波段发出请求时，需要激活局部控制来共享频谱资源。自然而然就会产生一个问题，通过局部观察，频谱共享的局部控制将要如何实施？为解答这一问题，将用一个框架图来展示局部控制方案，其中每一个认知无线电节点将要竞争频谱共享过程。

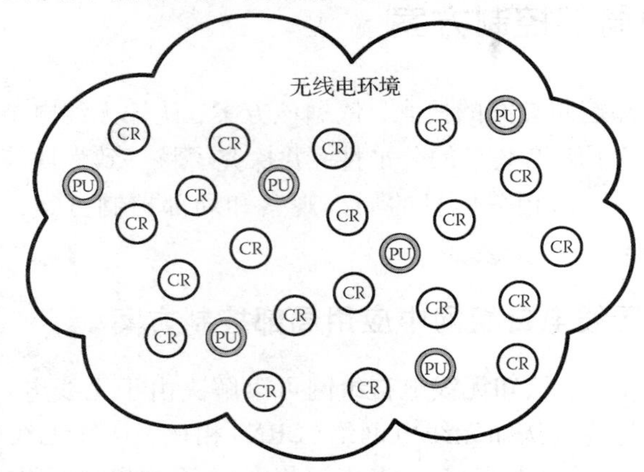

图 8.6　CRAHN 在无线电环境中的配置

8.7.2　局部控制方案框架

图 8.7 中，用框架图来表示局部控制方案构架。在此，当认知无线电节点接收到来自感测器(如频谱感测器或全球定位系统等)的感知输入以及反馈信息，该认知无线电节点处理此信息并做出频谱共享决定。由于不同的感知性能，在感知输入时，认知无线电节点可能得到综合的、部分的或者严格限制的感知信息。在感知和反馈的交叉部分，可以采用任何类型的组合，可以使用符号“·”表示任何组合。在图 8.7 中，反馈模块对决策过程至关重要，它可能包含了一个一致反馈信息(consensus feedback)(也就是来自认知无线电自组网中节点一致过程的反馈)(consensus process)，或者部分一致反馈信息(也就是部分来自一致过程的反馈)，或者无反馈信息。在频谱共享过程模块中，可能涉及动态的或者静态的过程。当在认知无线电自组网中主用户或认知无线电节点的频谱可用性或者位置发生改变时，单个的认知无线电节点就会出现动态过程。当主用户和认知无线电节点的频谱可用性或者位置不改变时，就会出现静态过程。在决策输出部分，有不同的解决方法，如最优方法、次优方法或者中间方法。如果最优方法不可得，那么还可能找到一个次优方法。中间方法可能不是最优的也不是次优的；尽管如此，这种方法或许能通过迭代得到最优或者次优的解决方法。

给上述的局部控制方案框架举个例子，可以考虑在认知无线电自组网中每个认知无线电节点都有一个局部控制方案，每个认知无线电节点只将局部信息，如附近的网络相关信息和频谱信息作为感知输出。局部控制方案中频谱共享功能运行一遍之后，认知无线电节点将会根据可用的频谱资源来决定使用什么样的频谱频段。

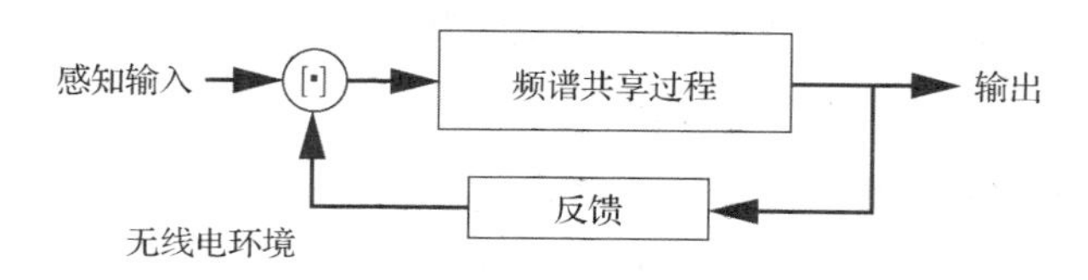

图 8.7　局部控制方案框架

8.7.3　频谱共享公平性

定义 8.2　公平性：在时间 t，如果可用的频谱资源在认知无线电节点间平均分布，就表示在这一时间段内，对于每个认知无线电节点来说，频谱资源分配是公平的。

因为频谱资源的公平性需求，将会重点考虑可用频谱波段。频谱共享公平性的重要性如下：

1. 可确保每个认知无线电节点都要有相同的通信机会。
2. 是根据可用频谱频段做出的对不断变化的无线场景的最好响应。

通过局部观察来获得公平性，每个认知无线电节点需考虑到周边的可用频谱频段，从而尝试获得公平。局部控制方案采用共同反馈来达到这个目标，可用下面的数学公式构建出来。

假设用图 $G=(V(t), E(t))$ 来表示认知无线电自组网，其中在时间 t，$V(t)$ 表示顶点集，而 $E(t)$ 表示通信界限(communication edge)。借助每个认知无线电节点都要执行的局部控制方案，可以分析系统的性能。在理想条件下(无任何时延)，共同反馈可用下面的变量形式来定义：

$$\dot{x}_i(t)=\sum_{j\in N_i(t)} a_{ij}\left(x_j(t)-x_i(t)\right) \tag{8.3}$$

此处，$\dot{x}_i(t)$ 上的点表示认知无线电节点 i 和相邻节点中 $x(t)$ 值的变量。$x_i(t)$ 表示时间 t 内节点可用的频谱频段数量；$N_i(t)$ 表示时间 t 内的相邻节点集；a_{ij} 指 G 网络的相邻矩阵中 0 ~ 1 个因素。

式(8.3)表达了如何决定频谱配置，这个决定是以从 $\dot{x}_i(t)$ 和相邻频谱信息 $x_i(t)$ 计算而来的反馈信息为基础的。借助前面所提到的标记符号，就可以用下面的表达式来衡量公平性：

$$\sigma_F=\sqrt{\frac{\sum_{i=1}^{M}\left(x_i(t)-m\right)^2}{M}} \tag{8.4}$$

此处，m 为公平性目标(如 m 等于一个认知无线电节点所需的频谱频段数)；M 为认知无线电节点的总数。

从式(8.3)来看，如果能够确保认知无线电节点间的频谱频段能公平地得到分配，公平性就得到了保证。但是由于认知无线电自组网实施逐跳通信，从当前网络紧邻处接收频谱可用性信息时，单跳时延 λ 就不可避免。式(8.3)可转换为

$$\dot{x}_i(t)=\sum_{j\in N_i(t-\tau)} a_{ij}\left(x_j(t-\tau)-x_i(t-\tau)\right) \tag{8.5}$$

注意式(8.3)和式(8.5)都承继于 Vicsek 模型[71]。

某些案例中，不是所有的认知无线电节点都对频谱资源有需求。这就是说，不同组别的节点有不同程度的公平性，公平性的程度需要被定义。

定义 8.3 公平性程度：共同反馈称为节点的公平性程度，可表示为

$$\mathrm{DF}(i)=\min E\left(X_{i,j}-X_{i,j+1}\right),\quad j\in N_i \tag{8.6}$$

X_{ij}表示在第 i 个节点群组内的第 j 个节点上的频谱频段数量。可以用 $\mathrm{DF}_j(i)$来表示第 i 个节点群组内的第 j 个节点的公平性程度。

定义 8.4 公平群组(FG)：拥有相同程度公平性的一组认知无线电节点可以称为公平群组(FG)。这就是说，如果 $\mathrm{DF}(i)=\mathrm{DF}(j)=p$，其中 p 为常数，则符号 FG 可以用来表示认知无线电自组网中公平群组的数量。

当描述到那些具有不同频谱频段需求的各种各样的节点时，公平群组非常有用。这个概念甚至可以实际运用到大规模网络的划分上，可以根据不同程度的公平性将网络划分为不同的组群。

8.7.4 协议设计与图解

计算机模拟的一般系统模型的构建以图 8.6 和图 8.7 为基础，在这个模型中，每个认知无线电节点运行一个局部控制方案。认知无线电节点将会使用一个普通控制信道来互相交流频谱效能信息。此外，这里的重点是频谱分配和局部控制方案的收敛性能。

为评估开环局部控制方案(也就是没有持续反馈的局部控制方案)，认知无线电自组网使用了网格拓扑。M 表示认知无线电节点数量。每个认知无线电节点在网格中用相应的行与列表示，即(i,j)。

在开环局部控制方案中，感知输入是相邻认知无线电节点选择的频谱波段。最初的频谱波段是任意指派给各个认知无线电节点的。此处使用的局部信息是由认知无线电节点的相邻认知无线电节点选择的频谱波段。局部控制方案过程任意选择相邻认知无线电节点的可用波段，即局部信息是 8 个直接相邻节点选择的可用频段(这种情况下相邻节点数平均数 N_i 等于 8)。为保证局部控制方案的可配置性，在此过程中控制参数 λ 代表某个认知无线电节点从相邻节点任意选择部分频段时所用的倍频参数。这个参数可作为反馈信息，如图 8.7 所示。

图 8.8 展示了上述开环局部控制方案(同样可认为是一个零玩家游戏)的结果，频谱利用结果反映了方案的收敛性能(每 20 次迭代，结果就平滑一次)。频谱利用定义为已配置给单个认知无线电节点的频段和单个认知无线电节点可用的全部频段之间的比例。从图 8.8 中可看到，尽管根据其邻居的频谱可用性和参数 λ 来任意选择频段，但是频谱利用仍呈现出一个固定模式。通过 λ 值从 1.0 ~ 1 +0 的改变，此处 ε 为一个小的正数，当 $\lambda>1.0$ 时发生相位转变，频谱利用在可用频段间浮动。尽管如此，当 $\lambda=1.0$ 时，网络上的频谱利用分为两个组群——一个增长而另一个减少。为表明相位转变是否适用于更多的频段(也就是 $|K|>3$)，绘制了图 8.8(b)。在此图中，当 $|K|=8$ 时，相位转变仍可以发生。当 $|K|>1$ 时，可以发现结果是相同的。实际上，发现相位转变只取决于控制参数 λ。

从这个例子可以总结出，频谱利用的整体性能在使用有限局部信息的范围内是可控制的。尽管如此，一旦收敛无法实现，这种可控性对于某些应用来说就不太有效，因为要考虑

更多的变量。此外，如果在某个有反馈的闭环局部控制中使用局部信息，它可能对频谱共享很有用。

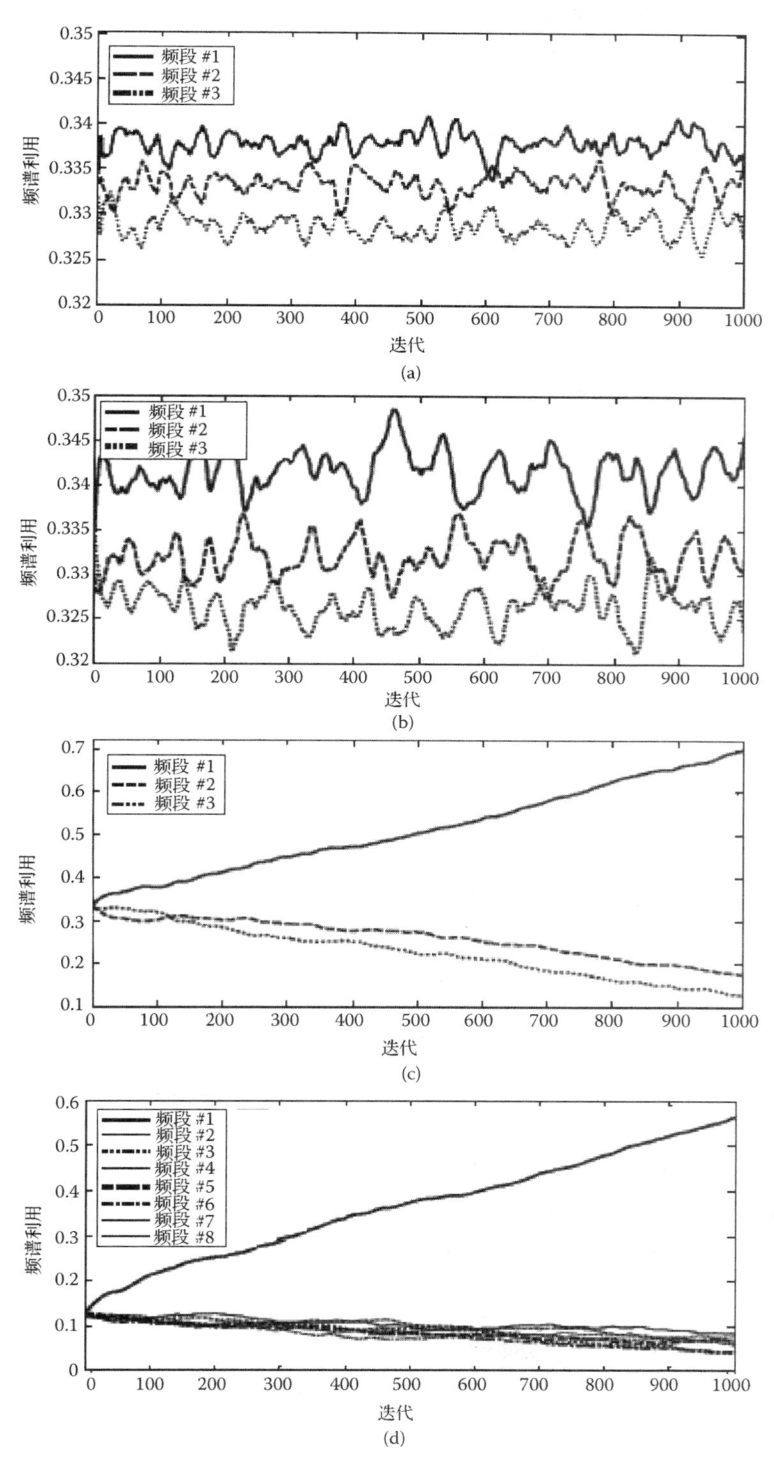

图 8.8　CRAHN 网络中频谱配置的开环局部控制方案的结果。(a) $\lambda=1.2$, $M=300$, $|K|=3$; (b) $\lambda=1.1$, $M=300$, $|K|=3$; (c) $\lambda=1.0$, $M=300$, $|K|=3$; (d) $\lambda=1.0$, $M=300$, $|K|=8$

8.7.4.1 协议

协议的详细描述可参考图 8.9，步骤 1 的目的是处理来自邻近节点的共同反馈信息，步骤 2 执行了 RTS/CTS MAC 协议中的标准数据通信。

例如，当一个认知无线电节点从其他相邻认知无线电节点接收到带有频谱信息的握手帧，那么它将会更新可用频段目录的本地缓存，并且它所属的公平群组来自 p 值。然后，认知无线电节点可以从相邻认知无线电节点的反馈来获知可用频谱波段的信息并且随后以相似的方式通知其他认知无线电节点。

另外，为了查明相邻认知无线电节点正在使用的频段，假设某个认知无线电节点通过监听邻居认知无线电节点的通信能够获取该信息。监听该信息的一个可行且经济的方法是封装一个包含该信息的数据字段，然后由一个邻近认知无线电节点发送的帧携带。例如，一致反馈来自特定协议的数据帧或数据包捎带的频谱信息，如基于 IEEE 802.11 的 MAC 协议中的 RTS 或 CTS 帧。类似 802.11 的 MAC 协议中的时隙特性也符合所提出的协议的要求。因此，所提出的协议可以轻松融入基于 IEEE 802.11 的认知无线电自组网中。更重要的是，所提出的基于协议一致性将不会造成额外通信量或引起延迟而影响吞吐量。

```
在时隙 t, for 每个认知无线电节点 i
if 每个被检测到的频谱改变均在频谱感知时发生
    监听邻近认知无线电节点的输入 RTS/CTS 帧
    if 帧捎带了频谱信息
    分析帧中的信息, x_i(t) = k, DF_i(j) = p
    在相同的公平群组中, 执行局部控制方案, 此方案以频谱信息一致反馈为基础
    else
    与其他认知无线电节点正常通信
    end if
  else
    与其他认知无线电节点正常通信
    end if
end for
```

图 8.9 基于一致的频谱分配协议伪代码

现在，分析所提出协议的复杂性。用 M 表示认知无线电节点数量，d 表示单个认知无线电节点的平均程度。频谱感知占用 s_1 个时间单元；步骤 1 和步骤 2 分别占用 s_2 和 s_3 个时间单元。步骤 1 最多将重复 dM 次，那么每个认知无线电节点上花费的平均时间是 $dM(cs_2+(1-c)s_3)+s_1$，这里 c 是个常数，表示协议进行到步骤 1 所用的时间。因为不同公平群组中的认知无线电节点可以单独运行协议，并且每个组群大约有 (M/FG) 个节点，总数为 $(M/\mathrm{FG})(dM(s_2+s_3)+s_1)$。于是得到时间复杂性 $O((M/\mathrm{FG})^2)$，而且更多的公平群组会减少复杂性。

8.7.4.2 模拟/性能分析以及与其他协议的比较

将所提出的协议与以设备为中心规则 A 的经典方案做比较[12]，从相邻认知无线电节点的可用频段起算的地界线可用于频谱共享。与规则 A 对比的原因在于，规则 A 是与所提出的协议最相近的方案，它的基本局部信息（也就是相邻认知无线电节点的联系性和频谱可用性）无须额外通信量，而像局部协商方案或者图着色方案之类的其他方案是集中式的，需要

通过额外通信量来取得额外信息。此外，最大基于公平性方案和定义 8.2 的频谱共享目标不同，在比较中将不会被考虑。

假设认知无线电节点最初频段的数量是任意配置的。每个认知无线电节点运行所提出的基于协议一致性，以确保频段的数量是从认知无线电节点近邻的公共反馈而决定的。每一次迭代都会执行基于一致的通信协议，而且一次成功的运行需要多次迭代。考虑到次用户的活动，频段可用性在每轮运行之初都是不同的。而且，网络中可用频段的总数对于随后的模拟均等于 1900。

图 8.10 展示了一个有 350 个认知无线电节点的密集的认知无线电自组网(也就是 $M=350$)。每一个链接都有一个可忽略不计的数据传输延时。节点上的黑色表示更多数量的可用波段。认知无线电节点颜色越黑，可用频谱数量越多。

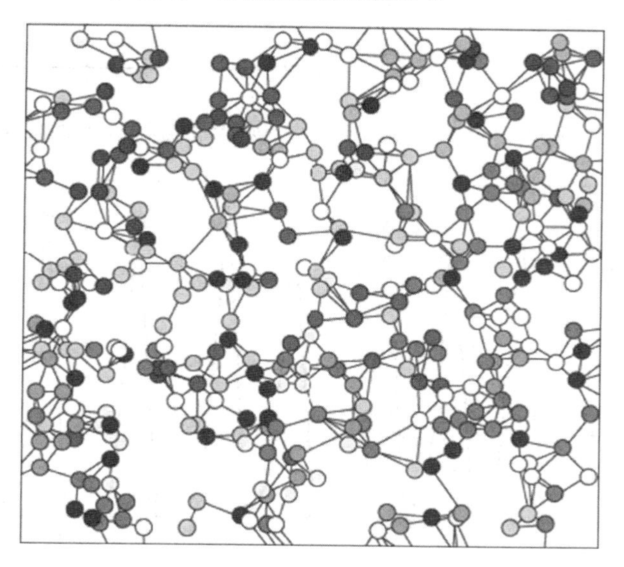

图 8.10　随机分布的 CRAHN 网络，具有 350 个认知无线电节点以及初始分配的频段

运行所提出的基于协议一致性和以硬件为中心的规则 A 后获取的无指派频段量度值被用来比较收敛性能。图 8.11 和图 8.12 呈现了该结果。

图 8.11 展示了规则 A 和所提出的基于协议一致性的收敛性能。在单次迭代中，所提出的基于协议一致性收敛非常快，规则 A 和规则 A(P)则表现得非常稳定。规则 A(P)是规则 A 的改良版本，它增强了地界线精确度来作为反馈；它比规则 A 的表现更好。每次迭代结束时，所有的认知无线电节点均可分配到频段。一致协议更好是因为在频谱共享过程中一致频谱可用信息很精确，而以硬件为中心的规则 A 和规则 A(P)使用基于地界线的反馈信息，这些信息不能精确地评估认知无线电节点的频谱可用性。

在图 8.12 中，可以看到基于协议一致性是如何在多个迭代之上收敛的，而在每次迭代(也就是协议每次运行)结束时，所有节点都会成功分配到所需要的波段。可以在每次迭代期间将随机生成的拓扑结构用于认知无线电自组网，在此过程中，一致协议将会如预期所料那样收敛，这就是说，它可以使所有的认知无线电节点共享所有的频段。而且，即使在每次迭代前改变网络拓扑，它的收敛时间也会相当稳定。除此之外，该模拟中用到的频谱信息在图 8.9 的步骤 1 中就提到过，其实就是频段。

这个方案的表现超过规则 A，原因是在规则 A 中将所谓的不精确的地界线作为反馈。在局部控制框架中，不精确的地界线被视为低质量的反馈。

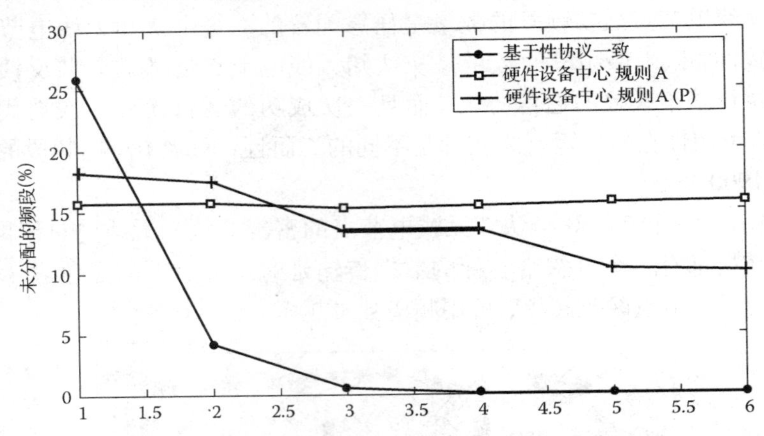

图 8.11　所提出的基于协议一致性、规则 A 和规则 A(P)的收敛性能

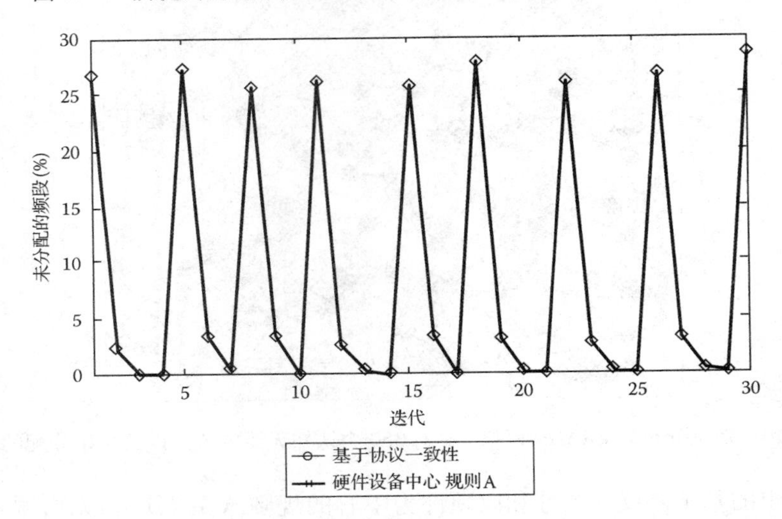

图 8.12　基于协议一致性、规则 A 在多次迭代中的收敛性能

8.7.4.3　不同规模网络中的公平性性能

图 8.13 为大家呈现了不同规模网络中的公平性性能。从中可以看到，当网络规模变化时，规则 A 的公平性量度要比基于协议一致性的量度大，这就意味着一致协议的公平性性能要优于规则 A。而且可以看到如何通过两个算法实现频谱共享目标。图 8.13(a)到图 8.13(d)表明，比起规则 A 来，所提出的一致协议能够更好地公平分派和满足频谱共享目标。

接下来讨论公平性群组。首先，图 8.4 展示了频谱分配时使用一致协议产生的中间结果。在此，箭头指向的节点代表着公平性群组中不同的首节点，在最初的阶段只有首节点被分配了频段。从图 8.14(a)可以看到，运行一致协议的认知无线电节点可以根据首节点来调整频谱可用性，这样就响应了不断改变的频段，也引起了相邻认知无线电节点的频谱重新配置。相邻认知无线电节点将会运行一致协议来自发地改变它们的频段。换句话说，在这种情况下，首节点可以与剩下的认知无线电节点共享频段。同样，在图 8.14(b)和图 8.14(c)

中，首节点可以与其他认知无线电节点共享频段。因此，可以看到追随首节点频谱信息的那些节点属于相同的公平性群组。再者，如果首节点被当成可以精确反映无线电环境变化的簇首，那么群组中所有的认知无线电节点可以立刻被告知相应的频谱改变。如果考虑到公平性群组的数量等于认知无线电节点的数量这种极端情况，那么这种情况实际上就成为与图 8.10 相似的认知无线电自组网。

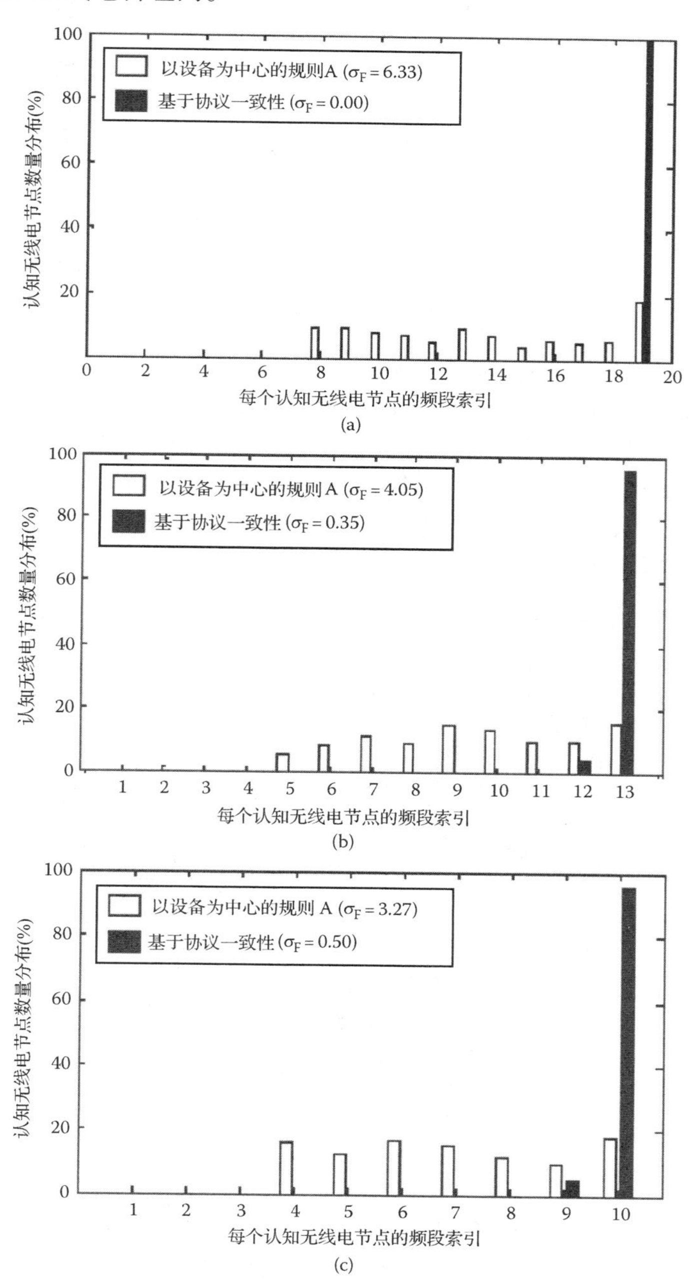

图 8.13　(a) $M=100$；(b) $M=150$；(c) 当 $M=200$ 时，公平性性能与不同规模的网络的关系图；(d) 当 $M=350$，公平性性能与不同规模的网络的关系图

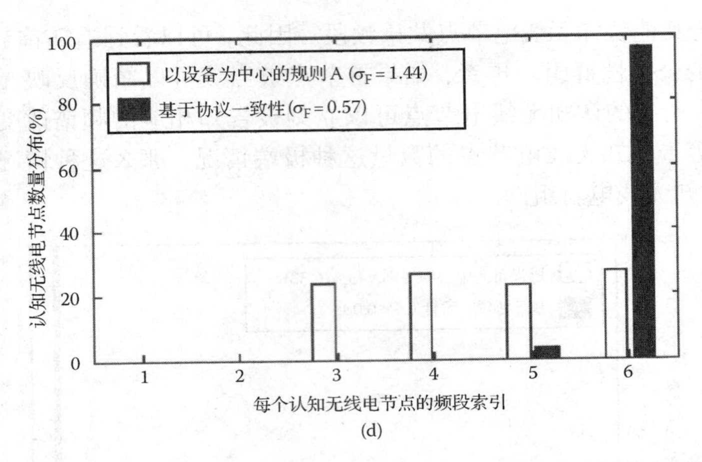

(d)

图 8.13(续) (a) $M = 100$; (b) $M = 150$; (c) 当 $M = 200$ 时，公平性性能与不同规模的网络的关系图；(d) 当 $M = 350$，公平性性能与不同规模的网络的关系图

为了看到两者之间收敛性能的对比，将在1个公平性群组、2个公平性群组、3个公平性群组这三种网络环境中分别对收敛性能做出评估。试验结果可在图8.15中看到，所有节点在每轮运行结束时可以共享频段。而且，当 FG = 1 时，每次迭代的收敛时间要比 FG = 2 或者 FG = 3 时的时间大体上要长一些。这种情况是合理的，原因是网络中公平性群组越多，每个公平性群组中的节点就越少，因此一致协议就能更快地做出决定。

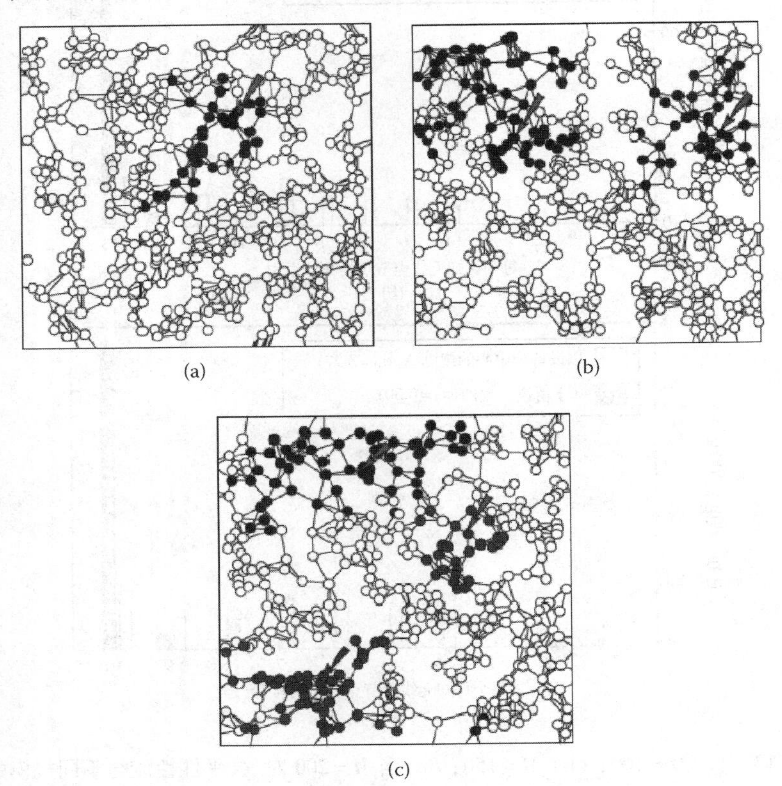

(a) (b) (c)

图 8.14 (a) 当 FG = 1; (b) FG = 2; (c) FG = 3 时，CRAHN 网络中的中等频谱的共享结果

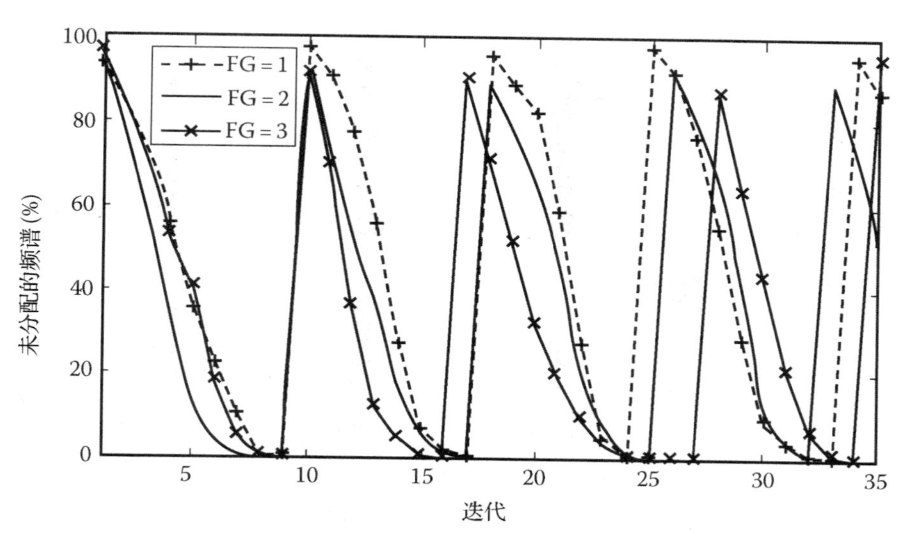

图 8.15　公平性群组数量不同时的收敛性能

接下来评估 FG = 2 和 FG = 3 时的公平性性能（如图 8.16 所示）。在图 8.16(a) 中，网络被平均分为两个公平性群组，它们的频谱共享目标却不同。一个群组想要获得 3 个频段（$m=3$），另一个群组想要获得 6 个频段（$m=6$）。从图 8.16(a) 中的结果来看，在运行了这两个方案之后，基于协议一致性能够公平分派频段并满足频谱目标。同样，在图 8.16(b) 中，网络被分为 3 个公平性群组，频谱目标分别为 $m=2$，$m=4$ 和 $m=6$。从图 8.16(b) 中的结果来看，基于协议一致性能够满足频谱共享目标，同时还能获得比规则 A 更好的公平性。结论是，与规则 A 相比，基于协议一致性能够满足不同公平性群组情况下的频谱共享目标。

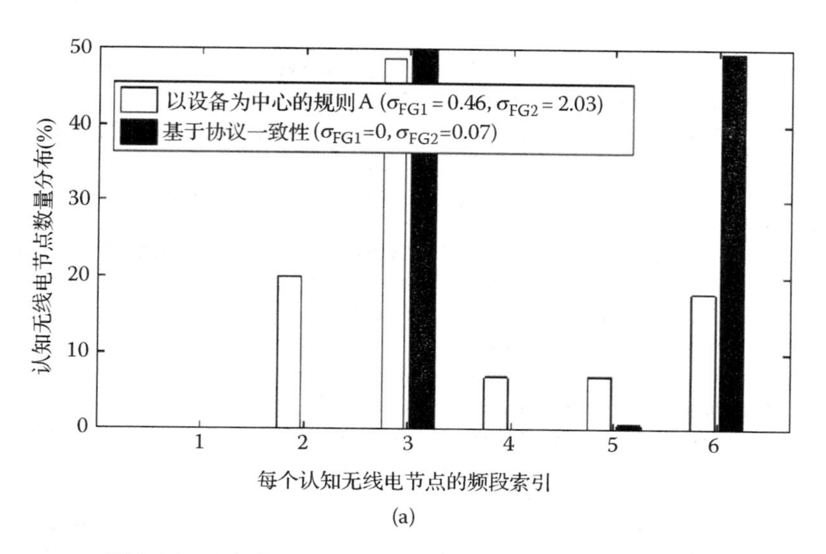

图 8.16　(a) 当 FG = 2；(b) FG = 3 时，网络的公平性性能

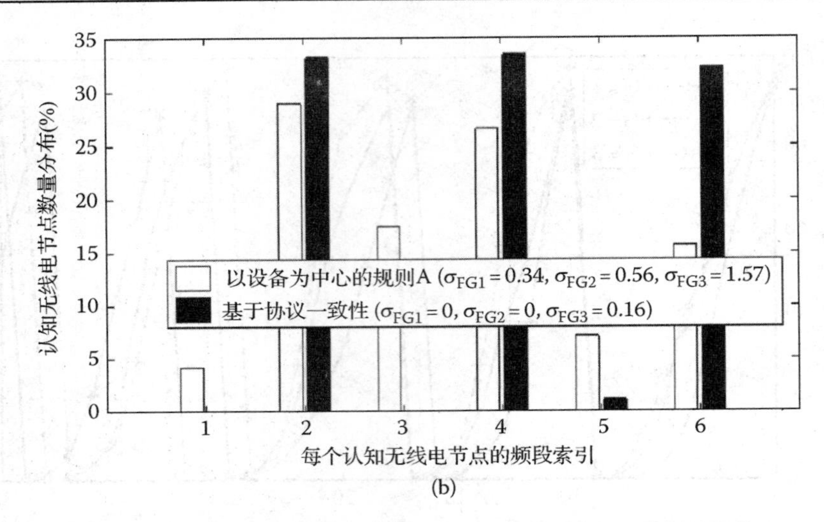

图 8.16(续) (a)当 FG = 2；(b)当 FG = 3 时，网络的公平性性能

8.8 本章小结

本章对以频谱可用性图谱和组合信道模型为基础的认知无线电自组网进行了简要的介绍，并在认知无线电自组网环境下讨论了几种 MAC 协议。在这个环境下，公平性标准发挥了重要的作用。本章同样探索了如何有效使用基于协议一致性来解决频谱共享中的公平性问题。基于协议一致性能为认知无线电自组网提供一个轻便且有效的解决方法。尽管如此，频谱共享公平性的理论基础还需要进一步探索[4,71~73]。

参考文献

1. I.F. Akyildiz, W.Y. Lee, and K.R. Chowdhury, CRAHNs: Cognitive radio ad hoc networks, *Ad Hoc Networks*, 7 (5), 810–836, 2009.
2. J.M. Peha, Sharing spectrum through spectrum policy reform and cognitive radio, *Proceedings of the IEEE*, 97 (4), 708–719, 2009.
3. O. Akan, O. Karli, and O. Ergul, Cognitive radio sensor networks, *IEEE Network*, 23, 34–40, 2009.
4. P. Hu, Cognitive radio ad hoc networks: A local control approach, PhD dissertation, Queen's University, Kingston, Ontario, Canada, 2013.
5. N. Devroye, M. Vu, and V. Tarokh, Cognitive radio networks, *IEEE Signal Processing Magazine*, 25 (6), 12–23, November 2008.
6. B. Wang and K.J.R. Liu, Advances in cognitive radio networks: A survey, *IEEE Journal of Selected Topics in Signal Processing*, 5 (1), 5–23, February 2011.
7. P. Lassila and A. Penttinen, Survey on performance analysis of cognitive radio networks, Technical report, Helsinki University of Technology, 2008.
8. L. Zhou and Z.J. Haas, Securing ad hoc networks, *IEEE Network*, 13 (6), 24–30, 1999.
9. J. Huang, R.A. Berry, and M.L. Honig, Spectrum sharing with distributed interference compensation, in *Proceedings of the First IEEE International Symposium on New Frontiers in Dynamic Spectrum Access Networks (DySPAN)*, November 2005, pp. 88–93.

10. C. Peng, H. Zheng, and B. Zhao, Utilization and fairness in spectrum assignment for opportunistic spectrum access, *Mobile Networks and Applications*, 11 (4), 555–576, 2006.
11. L. Cao and H. Zheng, Distributed spectrum allocation via local bargaining, in *Proceedings of the Second Annual IEEE Communications Society Conference on Sensor and Ad Hoc Communications and Networks*, 2005, pp. 475–486.
12. L. Cao and H. Zheng, Distributed rule-regulated spectrum sharing, *IEEE Journal on Selected Areas in Communications*, 26 (1), 130–145, 2008.
13. C. Wu, K. Chowdhury, M. Di Felice, and W. Meleis, Spectrum management of cognitive radio using multi-agent reinforcement learning, in *Proceedings of the Ninth International Conference on Autonomous Agents and Multiagent Systems: Industry track (AAMAS'10)*, Richland, SC, 2010, pp. 1705–1712.
14. T. Jiang, D. Grace, and P.D. Mitchell, Efficient exploration in reinforcement learning-based cognitive radio spectrum sharing, *IET Communications*, 5 (10), 1309–1317, 2011.
15. B. Atakan and O.B. Akan, Biologically-inspired spectrum sharing in cognitive radio networks, in *Proceedings of the IEEE Wireless Communications and Networking Conference (WCNC)*, 2007, pp. 43–48.
16. C. Doerr, D. Grunwald, and D. Sicker, Local control of cognitive radio networks, *Annals of Telecommunications*, 64 (7), 503–534, 2009.
17. Z. Li, F. Yu, and M Huang, A cooperative spectrum sensing consensus scheme in cognitive radios, in *Proceedings of the IEEE International Conference on Computer Communications (INFOCOM)*, 2009, pp. 2546–2550.
18. F. Richard Yu (ed.), *Cognitive Radio Mobile Ad Hoc Networks*, Springer, New York, 2011.
19. H. Zhai, J. Wang, and Y. Fang, DUCHA: A new dual-channel MAC protocol for multihop ad hoc networks, *IEEE Transactions on Wireless Communications*, 5 (11), 3224–3233, 2006.
20. F. Chen, H. Zhai, and Y. Fang, An opportunistic multiradio MAC protocol in multi-rate wireless ad hoc networks, *IEEE Transactions on Wireless Communications*, 8 (5), 2642–2651, 2009.
21. R. Hasan and M. Murshed, A novel multichannel cognitive radio network with throughput analysis at saturation load, in *Proceedings of the 10th IEEE International Symposium on Network Computing and Applications (NCA)*, August 2011, pp. 211–218.
22. A. Chia-Chun Hsu, D.S.L. Weit, and C.C.J. Kuo, A cognitive MAC protocol using statistical channel allocation for wireless ad-hoc networks, in *Proceedings of the IEEE Wireless Communications and Networking Conference (WCNC)*, 2007, pp. 105–110.
23. T. Shu, S. Cui, and M. Krunz, Medium access control for multi-channel parallel transmission in cognitive radio networks, in *Proceedings of the IEEE Global Telecommunications Conference (GLOBECOM)*, 2006, pp. 1–5.
24. N. Jain, S.R. Das, and A. Nasipuri, A multichannel CSMA MAC protocol with receiver-based channel selection for multihop wireless networks, in *Proceedings of the International Conference on Computer Communication Networks*, 2001, pp. 432–439.
25. B. Sadeghi, V. Kanodia, A. Sabharwal, and E. Knightly, OAR: An opportunistic auto-rate media access protocol for ad hoc networks, *Wireless Networks*, 11 (1–2), 39–53, 2005.
26. H.B. Salameh, M. Krunz, and O. Younis, MAC protocol for opportunistic cognitive radio networks with soft guarantees, *IEEE Transactions on Mobile Computing*, 8 (10), 1339–1352, 2009.
27. H.B. Salameh, M. Krunz, and O. Younis, Distance- and traffic-aware channel assignment in cognitive radio networks, in *Proceedings of the IEEE International Conference on Sensing, Communication, and Networking (SECON)*, 2008, pp. 10–18.
28. D. Cabric and R.W. Brodersen, Physical layer design issues unique to cognitive radio systems, in *Proceedings of the International Symposium on Personal, Indoor and Mobile Radio Communications (PIMRC)*, vol. 2, 2005, pp. 759–763.

29. K.R. Chowdhury, M. Di Felice, and I.F. Akyildiz, TP-CRAHN: A transport protocol for cognitive radio ad-hoc networks, in *Proceedings of the IEEE International Conference on Computer Communications* (*INFOCOM*), Vols. 1–5, 2009, pp. 2482–2490.
30. J. So and N.H. Vaidya, Multi-channel MAC for ad hoc networks: Handling multi-channel hidden terminals using a single transceiver, *Proc. MOBIHOC'04*, May 2004, Roppongi, Japan.
31. C. Cordeiro and K. Challapali, C-MAC: A cognitive MAC protocol for multi-channel wireless networks, in *Proceedings of the IEEE International Symposium on New Frontiers in Dynamic Spectrum Access Networks* (*DySPAN*), 2007, pp. 147–157.
32. H. Su and X. Zhang, Cream-MAC: An efficient cognitive radio-enabled multi-channel MAC protocol for wireless networks, in *Proceedings of the 2008 International Symposium on a World of Wireless, Mobile and Multimedia Networks* (*WoWMoM*), 2008, pp. 1–8.
33. P. Gupta and P.R. Kumar, The capacity of wireless networks, *IEEE Transactions on Information Theory*, 46 (2), 388–404, 2000.
34. C. Cordeiro, K. Challapali, and M. Ghosh, Cognitive PHY and MAC layers for dynamic spectrum access and sharing of TV bands, in *Proceedings of the First International Workshop on Technology and Policy for Accessing Spectrum* (*TAPAS'06*). ACM, New York, 2006.
35. M. Vu, N. Devroye, and V. Tarokh, On the primary exclusive region of cognitive networks, *IEEE Transactions on Wireless Communications*, 8 (7), 3380–3385, 2009.
36. Y. Shi, C. Jiang, Y.T. Hou, and S. Kompella, On capacity scaling law of cognitive radio ad hoc networks, in *Proceedings of the IEEE International Conference on Computer Communication Networks* (*ICCCN*), 2011 Maui, HI, pp. 1–8.
37. C. Lee and M. Haenggi, Interference and outage in doubly Poisson cognitive networks, in *Proceedings of the 19th International Conference on Computer Communications and Networks* (*ICCCN*), August 2010, pp. 1–6.
38. H. Su and X. Zhang, Cross-layer based opportunistic MAC protocols for QoS provisioning over cognitive radio wireless networks, *IEEE Journal on Selected Areas in Communications*, 26 (1), 118–129, 2008.
39. W.C. Ao, S.M. Cheng, and K.C. Chen, Phase transition diagram for underlay heterogeneous cognitive radio networks, in *Proceedings of the IEEE Global Telecommunications Conference* (*GLOBECOM*), December 2010, pp. 1–6.
40. C. Chen and X. Haige, The throughput order of ad hoc networks with physical-layer network coding and analog network coding, in *Proceedings of the 18th IEEE International Conference on Communications* (*ICC*), 2008, pp. 2146–2152.
41. P. Hu and M. Ibnkahla, A survey of physical-layer network coding in wireless networks, in *Proceedings of the 25th Biennial Symposium on Communications* (*QBSC*), May 2010, pp. 311–314.
42. M. Haenggi, J.G. Andrews, F. Baccelli, O. Dousse, and M. Franceschetti, Stochastic geometry and random graphs for the analysis and design of wireless networks, *IEEE Journal on Selected Areas in Communications*, 27 (7), 1029–1046, September 2009.
43. P.H.J. Nardelli, M. Kaynia, and M. Latva-aho, Efficiency of the ALOHA protocol in multi-hop networks, in *Proceedings of the 11th IEEE International Workshop on Signal Processing Advances in Wireless Communications* (*SPAWC*), June 2010, pp. 1–5.
44. M.C. Golumbic, *Algorithmic Graph Theory and Perfect Graphs*, 2nd ed., Elsevier, February 2004.
45. S. Wolfram, *A New Kind of Science*, Wolfram Media, 2002.
46. Y. Zhao, L. Morales, J. Gaeddert, K.K. Bae, J.-S. Um, and J.H. Reed, Applying radio environment maps to cognitive wireless regional area networks, in *Proceedings of the Second IEEE International Symposium on New Frontiers in Dynamic Spectrum Access Networks* (*DySPAN*), April 2007, pp. 115–118.

47. A.B. MacKenzie, J.H. Reed, P. Athanas, C.W. Bostian, R.M. Buehrer, L.A. DaSilva, S.W. Ellingson et al., Cognitive radio and networking research at Virginia Tech, *Proceedings of the IEEE*, 97 (4), 660–688, April 2009.
48. Y. Zhao, J. Gaeddert, K.K. Bae, and J.H. Reed, Radio environment map enabled situation-aware cognitive radio learning algorithms, in *Proceedings of the Software Defined Radio Forum (SDRF) Technical Conference*, Orlando, FL, 2006.
49. R. Draves, J. Padhye, and B. Zill, Routing in multi-radio, multi-hop wireless mesh networks, in *Proceedings of the 10th Annual International Conference on Mobile Computing and Networking (MobiCom'04)*, ACM, New York, 2004, pp. 114–128.
50. J. Li, Y. Zhou, and L. Lamont, Routing schemes for cognitive radio mobile ad hoc networks, in F. Richard Yu (ed.), *Cognitive Radio Mobile Ad Hoc Networks*, Springer, New York, 2011, pp. 227–248.
51. I. Pefkianakis, S.H.Y. Wong, and S. Lu, SAMER: Spectrum aware mesh routing in cognitive radio networks, in *Proceedings of the Third IEEE International Symposium on New Frontiers in Dynamic Spectrum Access Networks (DySPAN)*, October 2008, pp. 1–5.
52. G. Cheng, W. Liu, Y. Li, and W. Cheng, Spectrum aware on-demand routing in cognitive radio networks, in *Proceedings of the Second IEEE International Symposium on New Frontiers in Dynamic Spectrum Access Networks (DySPAN)*, April 2007, pp. 571–574.
53. M. Cesana, F. Cuomo, and E. Ekici, Routing in cognitive radio networks: Challenges and solutions, *Ad Hoc Networks*, 9 (3), 228–248, 2011.
54. R. Hasan and M. Murshed, Provisioning delay sensitive services in cognitive radio networks with multiple radio interfaces, in *Proceedings of the IEEE Wireless Communications and Networking Conference (WCNC)*, March 2011, pp. 162–167.
55. R. Olfati-Saber, J.A. Fax, and R.M. Murray, Consensus and cooperation in networked multi-agent systems, *Proceedings of the IEEE*, 95 (1), 215–233, January 2007.
56. S. Filin, H. Harada, H. Murakami, K. Ishizu, and G. Miyamoto, IEEE 1900.4 architecture and enablers for optimized radio & spectrum resource usage, in *Proceedings of the International Conference on Ultra Modern Telecommunications and Workshops (ICUMT)*, 2009, pp. 1–8.
57. D.P. Satapathy and J.M. Peha, Etiquette modification for unlicensed spectrum: Approach and impact, in *Proceedings of the 48th IEEE Vehicular Technology Conference (VTC)*, vol. 1, 1998, pp. 272–276.
58. D.P. Satapathy and J.M. Peha, Performance of unlicensed devices with a spectrum etiquette, in *Proceedings of the IEEE Global Telecommunications Conference (GLOBECOM)*, vol. 1, 1997, pp. 414–418.
59. Z. Ji and K.J.R. Liu, Cognitive radios for dynamic spectrum access—Dynamic spectrum sharing: A game theoretical overview, *IEEE Communications Magazine*, 45 (5), 88–94, May 2007.
60. M.M. Halldórsson, J.Y. Halpern, L. Li, and V.S. Mirrokni, On spectrum sharing games, in *Proceedings of the 23rd Annual ACM Symposium on Principles of Distributed Computing (PODC'04)*, ACM, New York, 2004, pp. 107–114.
61. R. Etkin, A. Parekh, and D. Tse, Spectrum sharing for unlicensed bands, *IEEE Journal on Selected Areas in Communications*, 25 (3), 517–528, April 2007.
62. I.F. Akyildiz, W.-Y. Lee, M.C. Vuran, and S. Mohanty, Next generation/dynamic spectrum access/cognitive radio wireless networks: A survey, *Computer Networks*, 50 (13), 2127–2159, September 2006.
63. C. Zou, T. Jin, C. Chigan, and Z. Tian, QoS-aware distributed spectrum sharing for heterogeneous wireless cognitive networks, *Computer Networks*, 52 (4), 864–878, March 2008.

64. R.S. Komali, A.B. MacKenzie, and R.P. Gilles, Effect of selfish node behavior on efficient topology design, *IEEE Transactions on Mobile Computing*, 7 (9), 1057–1070, September 2008.
65. N. Nie and C. Comaniciu, Adaptive channel allocation spectrum etiquette for cognitive radio networks, in *Proceedings of the First IEEE International Symposium on New Frontiers in Dynamic Spectrum Access Networks* (*DySPAN*), November 2005, pp. 269–278.
66. D. Niyato and E. Hossain, A game-theoretic approach to competitive spectrum sharing in cognitive radio networks, in *Proceedings of the IEEE Wireless Communications and Networking Conference* (*WCNC*), March 2007, pp. 16–20.
67. S. Haykin, Cognitive radio: Brain-empowered wireless communications, *IEEE Journal on Selected Areas in Communications*, 23 (2), 201–220, 2005.
68. S. Ahmad, M. Liu, T. Javidi, Q. Zhao, and B. Krishnamachari, Optimality of myopic sensing in multichannel opportunistic access, *IEEE Transactions on Information Theory*, 55 (9), 4040–4050, September 2009.
69. I.F. Akyildiz, W.Y. Lee, and K.R. Chowdhury, Spectrum management in cognitive radio ad hoc networks, *IEEE Network*, 23 (4), 6–12, 2009.
70. B. Mercier, V. Fodor, R. Thobaben, M. Skoglund, V. Koivunen, S. Lindfors, J. Ryynanen et al., Sensor networks for cognitive radio: Theory and system design, *Proceedings of the ICT Mobile and Wireless Communications Summit* (*ICT*), 2008.
71. P. Hu and M. Ibnkahla, Consensus-based local control schemes for spectrum sharing in cognitive radio sensor networks, *Proceedings of the 26th Biennial Symposium on Communications* (*QBSC*), May 2012, pp. 115–118.
72. P. Hu and M. Ibnkahla, Fairness and consensus protocol for cognitive radio networks, *Proceedings of the IEEE International Conference on Communications* (*ICC*), June 2012, pp. 93–97.
73. P. Hu and M. Ibnkahla, A consensus-based protocol for spectrum sharing fairness in cognitive radio ad hoc and sensor networks, *International Journal of Distributed Sensor Networks*, 2012.

第9章　认知无线电 Ad Hoc 网络介质访问层

9.1　概述

通常情况下 Ad Hoc 的 MAC 协议与认知无线电的 Ad Hoc 网络的 MAC 协议不同。在认知无线电自组网中[1]，MAC 协议必须通过频谱共享功能[2]来提升总吞吐量和频谱效率。此外，认知无线电自组网的主专属区（PER）[3]可以对主用户和次用户通信产生重大影响；因此，当主用户和/或 次用户处于移动状态时，MAC 协议应该解决 PER 问题。

基于传统 CSMA/CA 的 MAC 协议可以很好解决隐藏终端问题和分布式操作（如 IEEE 802.11 MAC 中的分布式协调功能）。由此提出了一种最新的 CRN MAC 协议。

本章提出了认知无线电自组网基于 CSMA/CA 的 MAC 协议，也就是 CM-MAC。文献[32]和文献[33]中首先提出了该协议，它的目标是提高网络的性能。该协议使用移动性支持算法（MSA），专门用于解决文献[32]和文献[33]中提到的 PER 问题。选择在 MAC 层解决 PER 问题的动力来源于以下两点：

（1）MAC 层是解决 PER 问题的正确位置。如果在上层方案，如路由方案中处理该问题，MAC 层的运行机制仍然要解决由 PER-like 频谱共享、移动性和主用户检测而产生的一系列问题。

（2）在 MAC 层解决 PER 问题要比在网络层解决问题更加轻松（因为无论是路径形成或路由调度开销都较大）。

第8章已经就认知无线电自组网中的 MAC 协议问题进行了研究。在这里再简单总结一下。文献[10]提出了 Ad Hoc 网络环境下的双通道 MAC 协议，与 IEEE 802.11 MAC 协议相比，它可以将单跳网络吞吐量提高至原来的1.2倍，将多跳网络吞吐量提高5倍。文献[11]提出了随机多频段 MAC（OMMAC）协议，采用基于多频段的分组调度算法，数据包在具有最高比特率的信道上传输。文献[4]提出了一个基于统计信道分配（SCA）的 MAC 协议，它使用一个通道聚合的方法来提高吞吐量和动态工作范围以减少计算的复杂度。文献[4]的研究结果表明，SCA 可以有效提高频谱空穴的频谱效率，同时保证多个主用户的共存。为了满足数据传输的速度要求，文献[7]中提出一个被称为多通道并行传输协议的 MAC 协议，它可以挑选出满足一定传输速度的最小信道数量。文献[7]提出的协议比文献[8]中的协议性能更好，文献[8]中的协议是依靠最优信干比（SINR）值来选择信道的。在文献[9]中，随机速率自适应 MAC 协议被用来将单独信道的利用率最大化。文献[6]对频谱共享和频谱接入功能进行了明确的阐述，并在提出的认知随机 MAC 协议（COMAC）中引入了频谱接入和分配方案。在文献[5]中，作者提出了一个依靠距离和流量意识的 MAC 协议（DDMAC），它采用的是一种依靠距离进行频谱分配的方案。然而上面提到的这些研究都没有全面考虑以下几个重要的因素。例如，文献[12]中提到频谱感知可以同时进行，然而感知时间也不能被忽视，因为时间也许相对很长，进而可能会导致吞吐量降低[13]。大多数提到的协议都基于 CSMA/CA 的过程。当然，也提到了一些不是基于 CSMA/CA 的 MAC 协议[14]中的 MMAC 协议和文献[15]中的认知多信道 MAC(C-MAC)，它们已经被用来解决需要定期同步的隐藏终端问题。

基于文献[32,33]的研究结果，本章的内容安排如下。9.2 节将提出网络模型及其要求。9.3 节将描述移动支持方案下的 CM-MAC 协议。9.4 节将对相关协议的性能进行深入分析。9.5 节将通过计算机模拟给出了一些说明性的例子。特别是模拟说明了影响协议性能的网络参数(如主用户和次用户的流量及移动模式)。

9.2 网络模型和需求

9.2.1 系统模型

在进一步讨论之前，首先介绍本章使用的系统模型。认知无线电自组网在平面展开包含 N_p 主用户和 N_{CR} 认知无线电节点(CR)[32,33]。在一定时间内，频段[用 $\boldsymbol{K}_i(t)$ 表示]对认知无线电节点可用。因此，对 CR 节点 i 可用的频道总数用 $|\boldsymbol{K}_i(t)|$ 表示。节点 i 和节点 $i+1$ 之间频道传输的连接用 $\boldsymbol{K}_{i,i+1}(t)$ 表示。在认知无线电环境下主用户可用波段总数用 $\boldsymbol{K}$ 表示，而 $(K+1)$ 个带外公共控制信道[16]被用来交换控制信息。当第 j 个主用户是活动的，其数据流量需要一个频道 C_k，也就是说，$\boldsymbol{K}_j^P(t)=\{C_k\}$。为简便起见，写成如下表达：$\boldsymbol{K}_j^P(t)=\{K\}$。当第 j 个主用户是活动的，$\boldsymbol{K}_j^P(t)=\{k|k>1,k\leqslant K\}$。本章中假设主用户的传输流量符合参数 λ 的泊松分布。注意，在这一章中，一个主用户占用多个信道被等同视为多个用户占用多个不同信道加以处理。

图 9.1 说明了一个认知无线电自组网的 PER(主专属区)情况。PER 处于网络的中心，主接收机在 PER 界限范围内，半径范围在 $R_0+\varepsilon$ 和 ε 之间。处于频道 k 的 PER 用 $\boldsymbol{S}_{PER}(k)$ 表示。$\boldsymbol{S}_{PER}(k)$(即图 9.1 所示的阴影区域)的半径为 $R_0+\varepsilon$，ε 是围绕在 PER 周围的保护信道，主用户的覆盖半径(即图 9.1 由虚线圈出的区域)半径为 R，$R_0<R$。在 $\boldsymbol{S}_{PER}(k)$ 中，认知无线电节点通信将严重影响主用户通信，反之亦然。

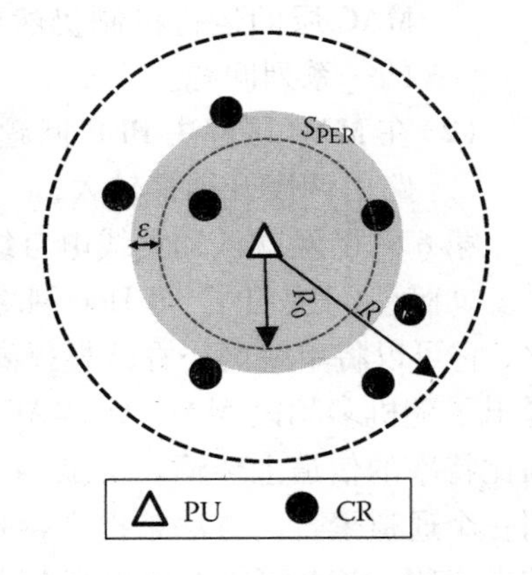

图 9.1 具有 PER 和多认知无线电节点的 CRAHN

9.2.2 需求

MAC 协议需要确定当前可用和未来可用的数据传输频段。这些频段可以促进上层协议(如路由协议)以获得数据传输的优化路径。此外，为保持一个理想的吞吐量，MAC 协议在没有其他传输需求的情况下，执行局部观测。因此，信息交换的首选解决方案是基于 CSMA/CA 的 MAC 协议的握手过程。

通常情况下，MAC 子层处于链路层，链路层负责相邻节点之间的通信。因此，从链路层认知无线电自组网协议栈的角度来看，和相邻节点间保持通信的同时共享频谱资源是一个重大的挑战。

为了确认认知无线电自组网 MAC 对于数据传输的重要性，可以参见图 9.2 所示的一个典型传输案例。次用户 S 试图通过节点 A 和 D 的路径向次用户 E 传输数据帧。在上一个时隙使用未被主用户 1 或主用户 2 占用的信道 3 传输数据。当信道 3 被主用户 2 占用，C 和 D、

D 和 E 之间的链接中断。因此，其他节点需要了解 D 和 E 的频谱变化。由于这种主用户状态变化的特点在每个数据传输之前都能有效地更新频谱的状态变化。因为主用户频谱的可用性依赖于其 PER 区域，因此 MAC 协议要考虑到 PER 的区域。

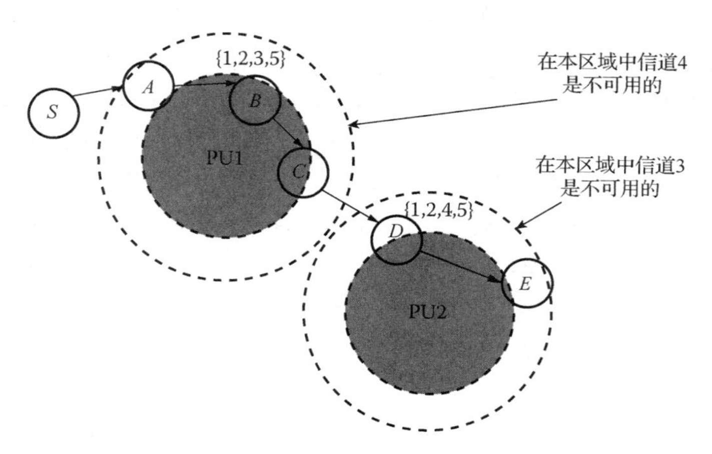

图 9.2　MAC 层 CRAHN 的必要性：花括号内节点的可用频带被主用户覆盖，信道 3 中 S 到 E 的数据传输中断

图 9.1 显示了 PER 区域对认知无线电节点和主用户吞吐量的影响，当认知无线电节点和主用户在信道 k 上活动，认知无线电节点分布在 PER 区域外。Mai et al.[3] 推导出此种情况下，主用户发射机和接收机距离为 R_0 时，主用户接收机在所有认知无线电节点上的最坏情况干扰功率可写为

$$E[I_0]_{\alpha=4} = d\pi P\left[\frac{R^2}{(R^2-R_0^2)^2}+\frac{(R+\varepsilon)^2}{\varepsilon^2(2R_0+\varepsilon)^2}\right] \tag{9.1}$$

其中，α 是路径损耗指数；R_0 是 $S_{\mathrm{PER}}(k)$ 的半径；R 是主用户的覆盖半径；ε 是保护信道半径，确保来自认知无线电节点的干扰不会影响主用户通信密度为 θ 的节点认知无线电节点分布在 PER 外的圆形区域。

因为 CSMA/CA 的 MAC 协议基于时间帧，设定一个时间帧为 $[0,T]$。如果主用户发射机/接收机组在单位时间 ν 内活动，同时节点认知无线电节点在整个时间帧内活跃，认知无线电节点会影响单位时间 ν 内的主用户通信。基于文献[3]中所述速率方程，主用户的数据速率 D_{PU}，以及认知无线电节点的数据率 D_{CR}，可以表示为

$$D_{\mathrm{PU}} \leqslant \frac{\nu}{T}\log\left(1+\frac{P_{\mathrm{PU}}}{R_0^2(N_0+E[I_0])}\right) \tag{9.2}$$

$$D_{\mathrm{CR}} \leqslant \frac{\nu}{T}\log\left(1+\frac{P_{\mathrm{CR}}}{(R_0+\varepsilon)^2(N_0+P_{\mathrm{PU}})}\right)+\left(1-\frac{\nu}{T}\right)\log\left(1+\frac{P_{\mathrm{CR}}}{(R_0+\varepsilon)^2 N_0}\right) \tag{9.3}$$

其中，N_0 是噪声功率谱密度；P_{PU} 和 P_{CR} 分别是主用户和认知无线电节点的传输功率。

实际情况下，主用户的活动可能并不连续，ν 也不是常数而是一个随机变量。突发性传输遵循某时间段内的泊松过程，主用户的活动是符合参数 λ 的泊松过程[18]，干扰时间概率的均值是 $1/\lambda$。平均来看，在时间段 $[0, T]$ 内没有主用户干扰的情况下，节点认知无线电节点拥有 $\nu=T(1-x/\lambda)$ 个时间单位，其中 x 是主用户的传输数据量。此外，ν 的值可以进行调整，以反映式(9.2)和式(9.3)所述的频谱共享技术。例如，用 ν 代替式(9.3)中的 T，

式(9.2)和式(9.3)就可以代表一个频谱共享模型，其中，主用户和认知无线电节点可以同时接入频谱资源，避免未知信号的干扰。

依据式(9.2)和式(9.3)，图9.3显示了两个示例，将认知无线电节点的传输功率 P_{CR} 或 PER 的半径加以调整，可以改变认知无线电节点和主用户的数据传输速率。这两种情况体现了 PER 区域对吞吐量的影响。为了得到一个最优 D_{PU}，应该选择一个适当的 R/R_0 的值，如图9.3所示这个值为1.33。在图9.3(a)中，随着 P_{CR} 增加，D_{CR} 的增加比 D_{PU} 下降得更快。这就是当 P_{CR} 增加时吞吐量总是随之增加的原因。在图9.3(b)中，D_{CR} 增长比 D_{PU} 下降得更慢。事实上，为了选择一个合适的 P_{CR} 值，必须考虑一个可行的 P_{CR} 范围。一个合理的方法是，在当前无线网络监管标准下选择 P_{PU} 和 P_{CR} 最大传输功率，如全球移动通信系统(GSM)(P_{PU} 大约是 1 ~ 2 W)，IEEE 802.22(P_{PU} 小于 4 W[4])，IEEE 802.11(P_{CR} 小于 100 mW)，IEEE 802.15.4(P_{CR} 小于 100 mW)。

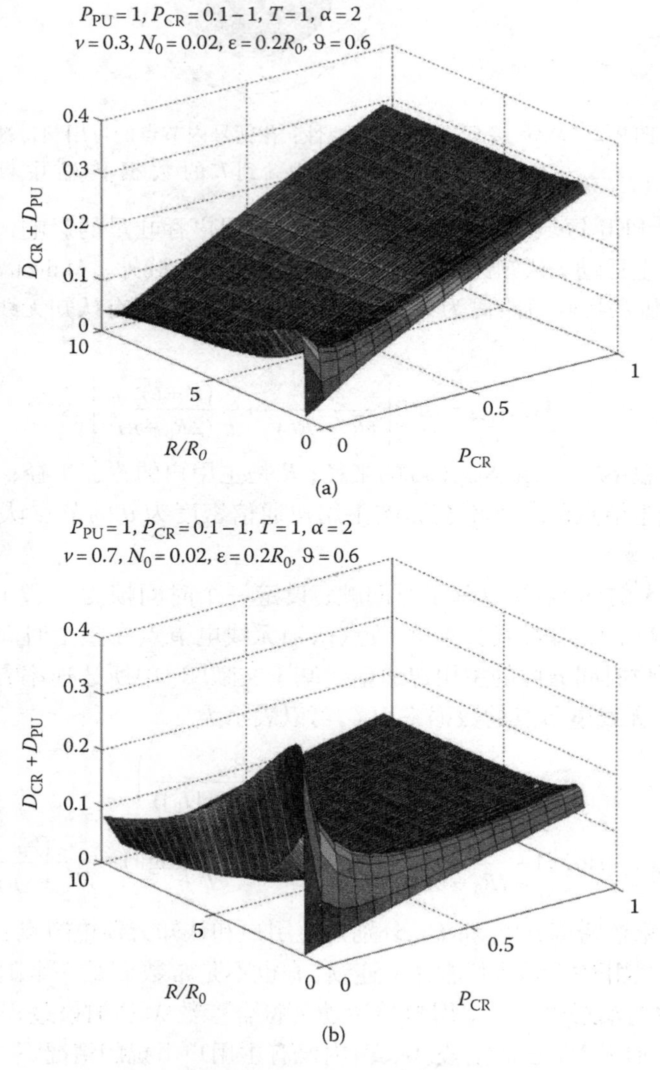

图9.3 (a)$\nu=0.3$；(b)$\nu=0.7$ 时，主用户和认知无线电节点与 P_{CR} 和 R/R_0 的规范化吞吐量

综上所述，PER 区域对主用户和认知无线电节点的吞吐量有重大影响。此外，只要设定主用户的数据速率 C_0，认知无线电节点的输出功率 P_{CR}，就可以为 R/R_0 选定一个最优值。

9.3 CM-MAC：基于 CSMA/CA MAC 协议的认知无线电自组网

9.3.1 协议描述

RSS：接收机频谱传感器	CW：竞争窗口
TSS：发射机频谱传感器	RTS：请求发送
SIFS：短帧间空间	CTS：清除发送
MPDU：MAC 协议数据单元	ACK：确认
ACTS：确认 CTS	

正如 9.2 节中讨论的，为了满足认知无线电自组网 MAC 协议的要求，传统上基于 CSMA/CA 的 MAC 协议[参见图 9.4(a)]需要改善。在图 9.4(b)中，公共控制信道被用来交换控制帧，如请求发送(RTS)，清除发送(CTS)和确认发送(ACK)。MAC 协议数据单元(MPDU)传输之后，节点将等待一段短帧间空间(SIFS)，然后发送确认帧(ACK)。发送一个 RTS 帧之前，频谱感知过程会被一个认知无线电节点启动，以确保某个频道 k 上有一个数据传输链路。

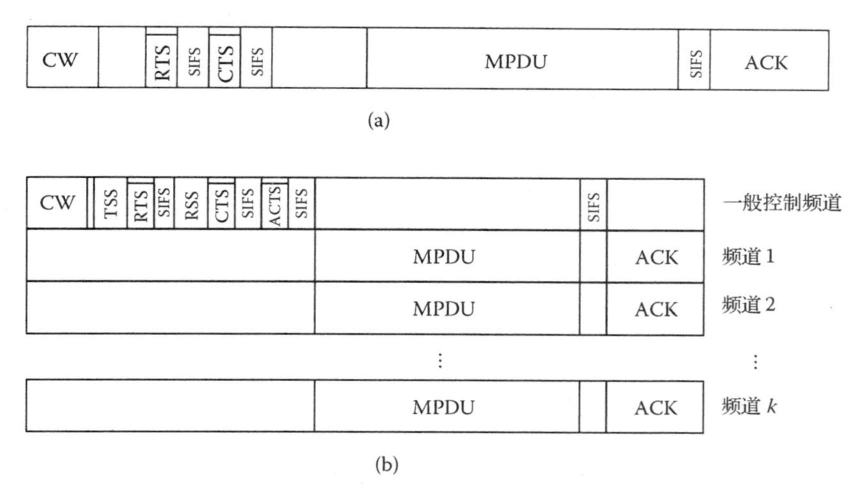

图 9.4　帧结构。(a)传统的 CSMA/CA MAC 协议；(b)CM-MAC 协议

认知无线电自组网使用公共控制信道有两个优点。首先，可以避免控制帧和数据帧的碰撞；其次，当频谱可用性发生变化，分配公共控制信道可以减轻向其他新频段的认知无线电节点寻求控制信息交换所需的努力。

采用发射机频谱器(TSS)和接收机频谱传感器(RSS)，可以确保即将开始的数据传输链接的频谱可用性。数据传输之前进行频谱可用性检查可以避免传输失败。通过一个认知无线电节点发射机将频谱信息发送至最近的 RTS(请求发送)帧域可以完成发射频谱传感(TSS)。同时，将频谱信息发送至 CTS(清除发送)帧可以完成接收机频谱传感(RSS)。RTS/CTS 帧经过广播阶段之后搭载频谱信息，附近的认知无线电节点发射机和接收机可以获得跳范围频谱可用性信息。

值得注意的是，将频谱信息集成到 RTS/CTS 后，邻近认知无线电节点频谱信息的更新频率取决于 RTS/CTS 请求频率(即数据传输负载)。在认知无线电自组网饱和模式下(即认知无线电节点总是有效负载发送)，频谱信息可以经常更新。如果数据传输较少，认知无线电自组网频谱信息可能更新不频繁，由此造成的频谱信息不准确，可能引起数据传输的失败。

传递认知无线电节点频谱可用性信息的另一种解决方案，是使用定期更新机制维护含有频谱可用性信息的广播帧。关于这个解决方案可能会导致与路由控制帧的冲突并造成重大延误的情况，本章中不做进一步讨论。

9.3.2 信道聚合

公共控制信道和数据信道的分离并不能显著提高吞吐量，这是因为 RTS/CTS 成功运行之前根本不可能使用数据传输信道。

提高吞吐量的一个比较可行的方法是降低数据的传输时间。本章提出的信道聚合方式方法与文献[4,20]中所提的方法类似。与图 9.4 相比，图 9.5 显示当 MPDU 被分成三个部分并且同时在三个频段传输时，每个数据负载的传输时间减少。三个部分中每个单独的数据负载都被赋予了序号。

应该指出的是，这种技术中所使用的频段都依赖于频谱共享方案。在图 9.5(b)中可以看出，在协商阶段之后，得到了实际的传输频段。在 MSA 中，这个阶段可以是 RSS/TSS 进程或者是 MSA 中的 SPEC_CHANGE 通知进程，这将在稍后讨论。因为通道是聚合的，发送方预计接收 3 个 MPDU 的 ACK 应答。

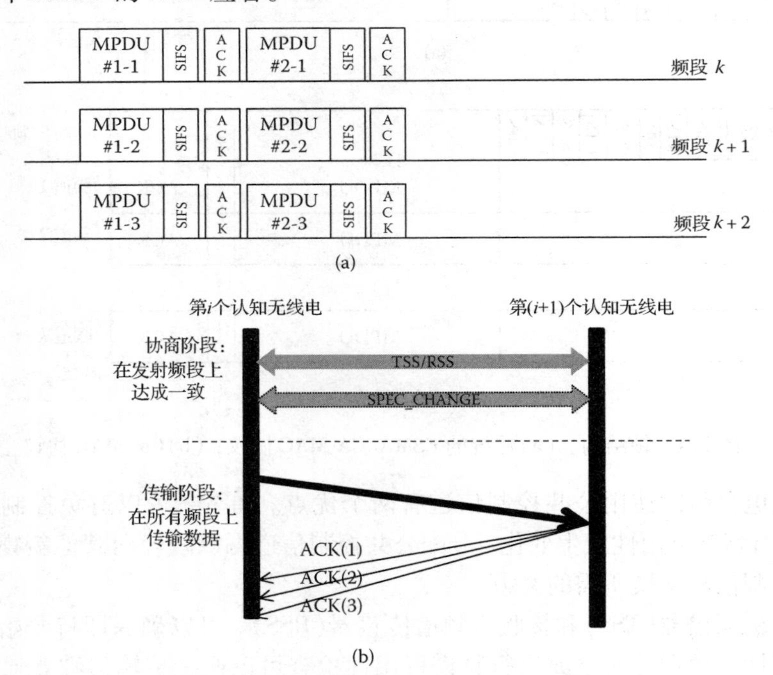

图 9.5 (a)MAC 帧通道聚合示例；(b)Ad Hoc 中认知无线电 MAC 层

9.3.3 频谱访问和共享

CM-MAC 协议采用一个简化的频谱接入方案，认知无线电节点以一定的速率访问最小可用的频段，D_{CR} 表示连接第 i 个和第 $i+1$ 个认知无线电节点。因此，整个的频段接入可以用两个公式表示：

$\boldsymbol{K}_{i,i+1}(t) = \boldsymbol{K}_i(t) \cap \boldsymbol{K}_{i+1}(t)$ 和 $D_{CR} = \sum_{k=1}^{|\boldsymbol{K}_{i,i+1}(t)|} r(k)$，其中 $r(k)$ 是 k 频段支持的速率

此外，考虑另外一种情况：一个认知无线电节点使用所有可用的渠道来满足速率 D_{CR}，将有 $|\boldsymbol{K}_{i,i+1}(t)|$ 个可用频段进行数据传输。

频谱共享，不使用 IEEE 802.22 标准[21, 22]下的中心协调算法，而使用分布式频谱进行信息交换。CM-MAC 的主要目标是确保下一跳传输成功，因此，有必要显示 TSS/RSS 过程中信息交换频谱的收敛程度。

例如，图 9.6 说明在 TSS 过程后，认知无线电节点 2，4，6 获得节点 1 的最新频谱信息。RSS 过程之后，认知无线电节点 1，节点 3，节点 5，节点 7 可以从节点 6 接收更新后的频谱信息。认知无线电节点 2 和节点 4 无法从节点 6 获得更新后的频谱信息，这不是问题，因为节点 2 和节点 4 不在节点 6 的下一个传输连接中。下一个传输的候选认知无线电节点为节点 1，节点 3，节点 5 和节点 7。可以看出，RTS/CTS /ACTS 握手中的 TSS/RSS 过程是足够的，并不需要过多的通信开销。所有相邻的认知无线电节点都可以接收频谱信息并保证下一跳传输成功。

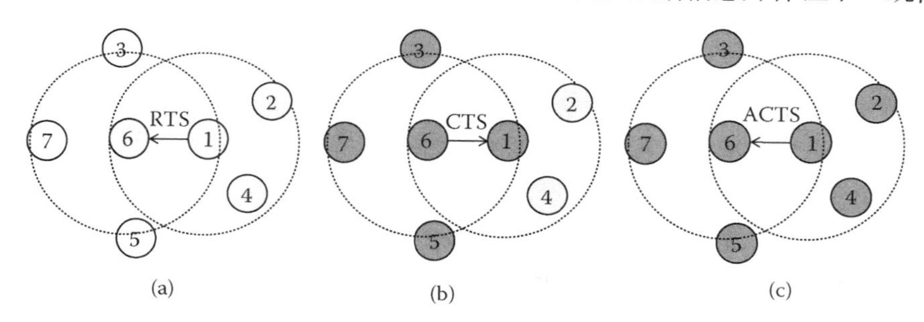

图 9.6　(a) RTS 传输；(b) CTS 传输；(c) ACKS 传输后的频谱共享过程的中间结果示例。虚线是认知无线电节点1和节点6的传输范围

在提出的 CM-MAC 协议中，频谱感知所花费的时间并不是微不足道的。因为频谱感知过程通常只需要 20 μm[11]，类似于一个典型的短帧间空间(SIFS)的持续时间。虽然当主用户不活跃时，最好是减少频谱感知的次数，但是在并不提前知道主用户活动性的情况下 TSS/RSS 的 RTS/CTS(请求/清除发送)过程仍然是灵活的。此外，还要探讨感知错误对 TSS/RSS 过程的影响。本章假设在 TSS/RSS 过程中没有感知错误。然而，在 TSS 或 RSS 关联帧的传输过程中，频谱感知功能可能引发感知错误。如果频谱传感功能引发了频谱感知错误，数据速率将受到影响。从文献[23]中可以看出，当认知无线电节点错误地识别一个空闲信道和重复检测引起延迟，以使传输失败，感知错误可能会影响数据率。然而，通过物理层(PHY)技术[24,25]，在上层[26]感知调度协议以及多个访问协议的设计[27]可以减少感知错误。例如，在 TSS/RSS 过程中，在 RTS/CTS /ACTS 链路层传输中如果出现频谱感知错误，可以通过物理层技术或者重新安排频谱传感方案，减少可能发生的频谱感知错误。

9.3.4　移动性支持

在认知无线电自组网，由于认知无线电节点能够移动，同时对主用户流量造成严重干扰，需要重点考虑认知无线电节点有可能进入 PER 区域。可能会产生如下影响：(1) 认知

无线电节点造成的主用户间通信干扰；(2) 认知无线电节点间通信干扰造成的主用户间通信干扰。这两种结果都是因为主用户并不知道频带已经被认知无线电节点所占用。因此，需要一种有效的算法来解决这些问题。

问题是：认知无线电节点怎样才能很容易地知道附近的 PER 区域？物理层的无线电信号强度指示符(RSSI)可以解决这个问题。无线电信号强度与 RSSI 值成正比，根据主用户数据传输接收到的信号，次用户可以知道主用户在其附近。

虽然 RSSI 本身不能准确地估计距离，而且可能报错，然而，使用 RSSI 获得 PER 区域节点距离的方法成本低，而且可以通过三角测量或更复杂的方案提高这种 RSSI 方法的精度。公共控制传销中第 i 个认知无线电节点收到信号，RSSI(i,j) 与第 i 个认知无线电节点和第 j 个主用户之间的距离 d 成反比，如果 RSSI(i,j) 阈值接近常数 $\text{RSSI}_{\text{thres}}$，RSSI 值可以很容易地显示附近的主用户。假设主用户有相同的传输功率，对于所有认知无线电节点来说，$\text{RSSI}_{\text{thres}}$ 值就足够了。第 $i+1$ 个认知无线电节点与第 i 个认知无线电节点就可以进行通信。移动性支持算法方案可以描述如下[32, 33]：

```
移动性支持算法：
输入：RSSI(I, j), State(i), K_{i, i+1}(t), K_j(t)
对于每个认知无线电节点
  If RSSI(i, j) > RSSI_thres AND State(i) = = MAC__OPER
    K_j(t) ←func_SS(j)
  If K_j(t) ∈ K_{i, i+1}(t)
    if State(i) = = MAC_TRANSMIT
      if |K_{i, i+1}(t)| = =1
        在 CCC 相应频段发送一个停止帧给第 i+1 节点，第 i+1 节点将停止数据传输
        else if |K_{i, i+1}(t)| >1
        K_{i, i+1}(t) ←{k|k∈K_{i, i+1}(t), k∉K_j(t)}
        发送 K_{i, i+1}(t)的 SPEC_CHANGE 帧到第 i+1 节点
      end if
    end if
    if State(i) = = MAC_IN_TRANSMIT
      在 CCC 相应频段发送一个停止帧给第 i+1 节点
      第 i+1 节点记录已经传输完的数据帧
      第 i+1 节点重新开始剩余帧的传输
    end if
    if State(i) = = MAC_CTS/ACTS
      K_{i, i+1}(t) ←{k|k∈K_{i, i+1}(t), k∉K_j(t)}
      发送 CTS 或 ACTS 帧 K_{i, i+1}(t)到 CCC 的发射机
      end if
      State(i) ←MAC_PER
    end if
  end if
  if RSSI(i, j) ≤RSSI_thres AND State(i) = = MAC_PER
    State(i) ←MAC_OPER
  end if
end for
```

State(i)记录当前认知无线电节点的 MAC 状态。如果第 i 个认知无线电节点在 PER 区域内，State(i) = MAC_PER；如果第 i 个认知无线电节点在 PER 区域外，State(i) = MAC_OPER；如果认知无线电节点在发射机的 CTS /ACTS 进程，State(i) = MAC_CTS/ACTS；如果认知无线电节点正在传输数据帧，State(i) = MAC_TRANSMIT；State(i) = MAC_IN_TRANSMIT 这意味着帧采用信道聚合技术；在第 j 个主用户占用频段的情况下，func_SS(j)是频谱传感函数。当前频段的停止帧包含控制信息，而 SPEC_CHANGE 帧包含可用的信道信息。当第 $i+1$ 个认知无线电节点收到 SPEC_CHANGE 帧时，使用可用的通道发送数据帧。如果认知无线电节点正在发送 CTS/ACTS 帧，会将更新的信道信息通过 CTS/ACTS 发送给发射机/接收机。

从移动性支持算法可以看出，一旦认知无线电节点处于 PER 区域，数据传输会立即停止，可能导致帧的重发。当 State 的值是 MAC_IN_TANSMIT 时，意味着全部帧或部分帧正在传输的过程中，为了恢复其他认知无线电节点传输剩余的帧或部分帧，PER 中的认知无线电节点应该立即通知发射机。

9.4 结构分析

与文献[32，33]分析一样，本节将主要对 CM-MAC 协议的吞吐量进行分析。主用户拓扑结构的吞吐量可以影响性能。如图 9.7 所示，假定两个 PER 区域圆心之间的距离至少为 $2R$。

9.4.1 移动性影响

移动性对于频谱感知和移动性支持算法所花费的时间有影响，因此吞吐量分析应加以考虑。认知无线电节点的覆盖率是 $\boldsymbol{S}_{\mathrm{CR}}$，$\|\boldsymbol{S}_{\mathrm{PER}}\| > \|\boldsymbol{S}_{\mathrm{CR}}\|$，假设认知无线电自组网中所有认知无线电节点有相同的覆盖面积。认知无线电节点部署在面积为 S_{PER}（半径为 R）的区域内，单位面积符合密度为 θ 的齐次泊松分布。

认知无线电节点进入 PER 区域内时，运行移动性支持算法程序。如图 9.7 所示，感兴趣的是半径为$[R_0-r_0,\ R_0+\varepsilon+r_0]$区域内移动节点数量。PER 区域内和区域外节点距离为 r_0，邻居节点的数量为

$$E[\mathrm{Deg}] = 2\pi\theta \int_{R_0-r_0}^{R_0+\varepsilon+r_0} P(\Lambda(i,i+1)\,|\,s(i,i+1))s\,\mathrm{d}s \tag{9.4}$$

当距离为 $s(i,\ i+1)$时，$\Lambda(i,\ i+1)$表示第 i 个和第 $i+1$ 个认知无线电节点的无线连接，文献[28]认为，假设 $s(i,\ i+1) = r_0$，那么

$$P(\Lambda(i,i+1)\,|\,s(i,i+1)) = \frac{1}{2} - \frac{1}{2}\mathrm{erf}\left(\frac{10\alpha}{\sqrt{2}\vartheta}\log\frac{r_0}{10^{\frac{\beta_{\mathrm{th}}}{\alpha 10\,\mathrm{dB}}}}\right) \tag{9.5}$$

其中，β_{th}是维持无线电连接接收功率的阈值；ϑ 是阴影信号衰落的方差；α 是路径损耗指数。

当认知无线电节点发生移动时，认知无线电节点与 PER 区域外保持连接的概率为：$P(\mathrm{Deg}>0) = 1 - \mathrm{e}^{-E[\mathrm{Deg}]}$。通过式(9.4)和式(9.5)进行计算，可以确定 r_0 的值。

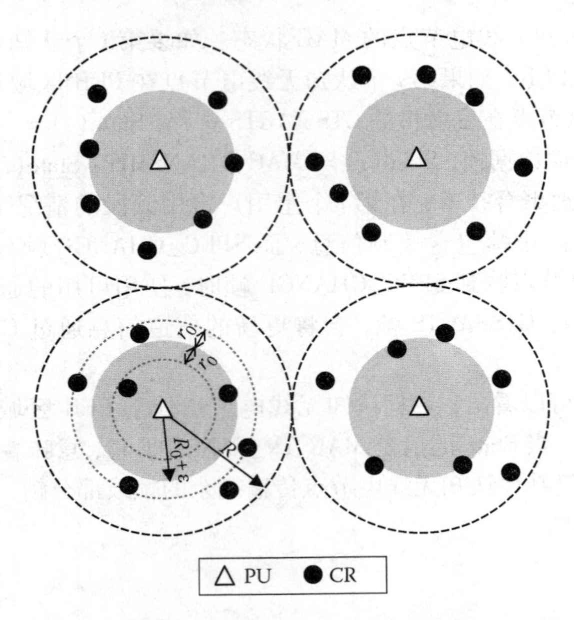

图 9.7 CRAHN 多个主用户和认知无线电节点示例

假定所有认知无线电节点都移动，在某个时刻 t，PER 中半径为 $[R_0-r_0,\ R_0+\varepsilon+r_0]$ 圆内的节点认知无线电节点就会移动，对于 MSA 来说，所用平均时间为

$$E[T_{\mathrm{MSA}}]=P_0(T_{\mathrm{SS}}+(P_{11}T_{\mathrm{STOP}}+P_{12}T_{\mathrm{S\_CHANGE}})P_1+T_{\mathrm{STOP}}P_2+T_{\mathrm{CTS}}P_3) \tag{9.6}$$

其中，$P_1=P$(state = MAC_TRANSMIT)；$P_2=P$(state = MAC_IN_TRANSMIT)；$P_3=P$(state = MAC_CTS/ACTS)；P_{11}表示发送 STOP 帧的概率；P_{12}表示传感 S_CHANGE 帧的概率。

频谱感知所用的平均时间为 T_{SS}，T_{STOP}和 $T_{\mathrm{S_CHANGE}}$分别表示 STOP 和 SPEC_CHANGE 帧传输所用时间。P_0表示第 i 个认知无线电节点进入某个 PER 区域的可能性，可以得出 $P_0=P$(state(t) = MAC_PER | state($t-1$) = MAC_OPER)。

准确给出 P_1、P_2和 P_3的值比较困难，由于它们都是基于特定情况下的应用，可以赋予它们一个估值。

赋 P_1值为$\dfrac{T_{\mathrm{data}}}{T_{\mathrm{data}}+T_{\mathrm{CTS}}+\omega}$，$\omega$ 为延误时间或空槽时间。

赋 P_3值为$\dfrac{T_{\mathrm{CTS}}}{T_{\mathrm{data}}+T_{\mathrm{CTS}}+\omega}$。$P_2$值难以确定，因为当发送大量数据时，$P_2$很大，当发送少量数据时；$P_2$很小，但是 P_2有一个最大值为 $\dfrac{\omega}{T_{\mathrm{data}}+T_{\mathrm{CTS}}+\omega}$。

P_0的值取决于认知无线电节点的移动模式，如果认知无线电节点运动轨迹遵循 1-D-correlated 随机模型(在$[0,\ 2R]$范围内，等概率朝两个相反方向移动)的概率相等，在任意位置的稳态概率为$1/4R$[29](假设速度为时间单位长度)，这个值就是 P_0的估计值。

9.4.2 吞吐量

本章定义了认知无线电节点的链路吞吐性能，引用的是文献[30]中的归一化吞吐量定义

$$\eta = \frac{E[\text{在时隙隙中传输的有效载荷}]}{E[\text{时隙长度}]} \tag{9.7}$$

如图 9.8 所示，如果认知无线电节点传输成功，应该注意的是，频谱可用性因为主用户的活动可能会改变。让 TSS 过程中数据传输的时间为 T_{ct}，RSS 过程中数据传输的时间为 T_{cr} 可得出

$$T_{ct} = T_{CTS+RTS} + SIFS + D + SIFS\_T_{RSS} \tag{9.8}$$

$$T_{cr} = T_{CTS} + SIFS + D \tag{9.9}$$

其中，D 是传播延迟。

在时间区间$[0, T_s]$，主用户活动符合泊松分布($\{N(t), t \geqslant 0\}$，速度参数为 λ)。因此，在时间 T_s 内，用概率 $P_{re}(k)$ 表示数据信道 k 可用的概率。如果某个时间帧的主用户流量大于 0，主用户会使用数据信道 k，在这种情况下，有

$$P_{re}(k) = P(N(t+T_s) - N(t) > 0) = 1 - e^{-\lambda T_s} \tag{9.10}$$

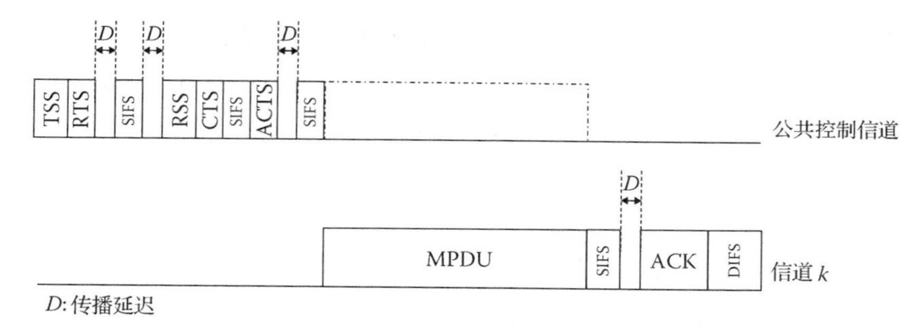

图 9.8　数据传输成功示意图

除 $P_{re}(k)$ 之外，影响时隙长度的概率还包括：

1. 无传输的认知无线电节点概率 $1 - P_{tr}$，P_{tr} 表示在一个时隙内至少有一次数据传输的概率。
2. 数据载荷成功传输的概率 $P_{tr}P_s$，P_s 是经信道传输成功的概率。
3. 由于碰撞的原因，数据载荷传输不成功的概率为 $P_{tr}(1 - P_s)$。

根据以上所述，结合式(9.7)的定义，式(9.11)的吞吐量可以表示为

$$\eta = \frac{P_s P_{tr} E[P]}{(1-P_0)\left((1-P_{tr})\sigma + P_{tr}P_sT_s + P_{tr}(1-P_s)T_c + \dfrac{P_{re}(k)T_s}{1-P_{re}(k)}\right) + P_0 T_{MSA}} \tag{9.11}$$

其中，T_s 是数据成功传输的时间长度；T_c 是碰撞产生的信道忙的时间长度；σ 是空余时隙长度；P_0 是认知无线电节点进入 PER 区域的概率（$P_0 < 1$）；T_{MSA} 是当 MSA 移动并进行数据传输时，移动性支持算法所用的平均时间；P 是数据帧长度（如 MPDU 的长度）。

为了推导出式(9.11)的运算，式(9.7)中有效载荷的长度可以很容易由计数得出。分母是由帧结构以及上文提到的与每个块的帧估计长度有关的概率决定的，传输一个数据包的概率由 P_0 决定。

此外，从图 9.8 可以看出，尽管有公共控制信道和其他数据传输信道，结合几个信道的

因素可以得出

$$T_s = \mathrm{DIFS} + T_{\mathrm{RTS+CTS+ACTS}} + 4D + 4\mathrm{SIFS} + T_{\mathrm{RSS}} + T_{\mathrm{TSS}} + T_{\mathrm{data}} + T_{\mathrm{ACK}} \tag{9.12}$$

其中，$T_{\mathrm{RTS+CTS+ACTS}} = T_{\mathrm{RTS}} + T_{\mathrm{CTS}} + T_{\mathrm{ACTS}}$，$T_{\mathrm{TSS}}$和$T_{\mathrm{RSS}}$分别表示发送器和接收机频谱的感知时间，$T_c$与公共控制信道中 RTS 碰撞帧相关

$$T_c = \mathrm{SIFS} + D + \mathrm{DIFS} \tag{9.13}$$

基于这一点，假设数据帧有相同的长度（如$E[P] = P$），p是认知无线电节点帧传输的平稳概率，P_{tr}和P_s是p的函数的表达式，利用式(9.8)和式(9.13)，可以得到平均吞吐量为

$$\eta = \frac{P\zeta}{(1-P_0)\left(\sigma + (T_c - \sigma)\zeta' + (T_s - T_c)\zeta + \frac{CT_s}{1-C}\right) + P_0 T_{\mathrm{MSA}}} \tag{9.14}$$

其中，$\zeta = np(1-p)^{n-1}$；$\zeta' = (1-p)^n$；$C = \dfrac{1-\mathrm{e}^{\lambda T_s}}{\mathrm{e}^{-\lambda T_s}}$；$n$是进行传输认知无线电节点的个数。

假设 MPDU 的载荷在第i个和第$(i+1)$个认知无线电节点之间可用的传输信道上传输，每个可用信道上所用的时间最多不超过$\boldsymbol{K}_{i,i+1}(t)$（假设每个可用的信道带宽相同）。然而，为复原在接收端接收的分割数据帧，每个可用的信道必须保存同一个 MPDU 头。因此，数据帧传输的平均时间为

$$T'_{\mathrm{data}} = T_{\mathrm{data}}\left(\varphi + \frac{1-\varphi}{\left|\boldsymbol{K}_{i,i+1}(t)\right|}\right) \tag{9.15}$$

其中，φ是 MPDU 中头长度与载荷长度的比值，通常小于 1。

根据式(9.12)，由T_{data}和T'_{data}可以得出新的吞吐量η，表示为$\eta(n, p, \lambda, |\boldsymbol{K}_{i,i+1}(t)|, P_0)$。

9.4.3 案例研究[32, 33]

如果认知无线电节点流量模型符合泊松分布$\{N'(t), t \geq 0\}$，λ'为平均到达参数，通过类似的分析来估计认知无线电节点连接吞吐量。前面对饱和模式实例进行了分析（即认知无线电节点总是有数据有效负载传输）。现在讨论非饱和方式的特殊情况（即认知无线电节点并不总是有数据有效负载发送）。上述分析模型是有两个变化值的泊松分布模型。一个值是数据帧固定传输概率p，另一个是数据帧的传输次数。

用p'表示数据帧新的固定传输概率。从文献[31]中可知，假设每个认知无线电节点都有帧缓冲区，帧到达的概率是q，认知无线电节点的非饱和方式模式将最终影响传输的概率值。此外，对于流量的泊松模型，$q = P\{N'(t) = 1\} = 1 - \mathrm{e}^{-\lambda' T}$。$p'$的值可以通过碰撞概率$p_c$和阶段$p$和$q$的总数来计算。

某个信道k的传输概率$P'_{re}(k)$，可以表示为

$$P'_{\mathrm{re}}(k) = P\{N(t) > 0 \mid N'(t) > 0\} = 1 - \mathrm{e}^{-\lambda T_s} \tag{9.16}$$

因此，根据主用户和认知无线电节点基于泊松分布的流量模型，可以估计链路吞吐量。

如果没有移动性支持算法和 TSS/RSS 过程，重传概率$P_{\mathrm{re}}(k)$，可以根据信道可用性和充足的频谱空穴来计算[4]。结合信道聚合的因素，可以得到文献[4]中的$P_{\mathrm{re}}(k)$

$$P_{re}(k) = 1 - \left(1 - \frac{U_{CR} \cdot n}{(1 - U_{CR+PU})r}\right)\frac{1}{m+1} \tag{9.17}$$

其中，r 是动态工作范围（如正在工作的主用户信道数量）；U_{CR} 是认知无线电节点的信道利用率；U_{CR+PU} 是主用户和认知无线电节点的信道利用率；m 是信道 k 的聚合因子。

因此，可以用式(9.17)替换式(9.14)中的变量 C。从这个意义上来讲，可以将 SCA-MAC 协议与 CM-MAC 协议进行比较，因为 SCA-MAC 属于基于 RTS-/CTS 的 CSMA/CA，这与所提到的 MAC 协议具有相同性质。

9.5　数值结果

本节根据上述分析给出的数值结果最初在文献[32，33]提及。表 9.1 中列出了相关参数。除此之外，所有从发射到接收的中间时间间隔设置为零。假设认知无线电节点的数量 N 与式(9.14)中的 n 是相同的，认知无线电自组网中认知无线电节点的发射机可能会相互干扰。此外，为了在相同的条件下进行协议之间的比较，没有对 SCA-MAC 和 CM-MAC 进行信道聚合。基本参数如表 9.1 所示。例如，$\varphi = 0.03$，$P = 8584$ bits，$T_{RTS+CTS+ACTS} = 768$ μs，$T_c = 141$ μs，$T_{ACK} = 240$ μs。

根据上述参数值，可以计算出 $T_s = 1151.03 + 7938/|\boldsymbol{K}_{i,i+1}(t)|$。可以根据式(9.14)，得出

$$\eta = \frac{8584}{\left(\frac{91\zeta'}{\zeta} + \frac{257.6P_0 + 50 + \left(1151.03 + 7938.48\frac{1}{K - K_p}\right)C/(1-C)}{\zeta}\right) + \left(1010.03 + \frac{7938.48}{K - K_p}\right)} \tag{9.18}$$

其中，K 为可用频带总数；ζ 和 C 在式(9.14)已经定义；$K_p = K - E[|\boldsymbol{K}_{i,i+1}(t)|]$，主用户为占用信道数的平均值。

表 9.1　参数估计值

参　　数	值	参　　数	值
MAC 数据载荷	8184 bits	传播延迟(D)	1 μs
MAC 头	272 bits	频带序列(K)	6
PHY 头	128 bits	PHY 最大传输功率	100 mW
RTS 载荷	160 bits + PHY 头	PHY 灵敏度	−100 dBm
CTS 载荷	112 bits + PHY 头	Rx 频谱传感时间(T_{RSS})	20 μs
ACTS 载荷	112bits + PHY 头	Tx 频谱传感时间(T_{RSS})	20 μs
SIFS	20 μs	空余时隙 (σ)	50 μs
DIFS	120 μs	接收阈值功率(β_{th})	50 dB
时隙	50 μs	路径损耗指数(α)	4
信道比特率	1 Mbps	动态工作范围(r)	1000
ACK 长度	112 bits + PHY 头	认知无线电节点数据传输的固定概率 p（饱和模式）	0.02

正如9.5节中提到的，对于非饱和模式下吞吐量，变量 C 和 p 会变化。此外，预计 λ 值越大，主用户流量占用可用谱带越频繁。注意，吞吐量 η 定义为单位时间帧传输成功的概率。

如图9.9(a)所示，对于所有的连接，$K_p=1$ 时，认知无线电节点的数量与吞吐量性能进行对比（假定为饱和模式）。同等条件下，所有节点使用 $K_p=1$ 比较三个协议，例如，为支持某个频带上的数据传输，CSMA/CA 和 RTS/CTS 的 MAC 作为基线。当 λ 值增加，认知无线电节点的吞吐量减少，这是因为随着 λ 值增加，主用户流量影响 TSS/RSS 过程的可能性也增加，主用户更加活跃，也减少了认知无线电节点的接入。图9.9(a)中，给定任意的 λ 值和 N 值，CM-MAC 的吞吐量性能优于 SCA-MAC。

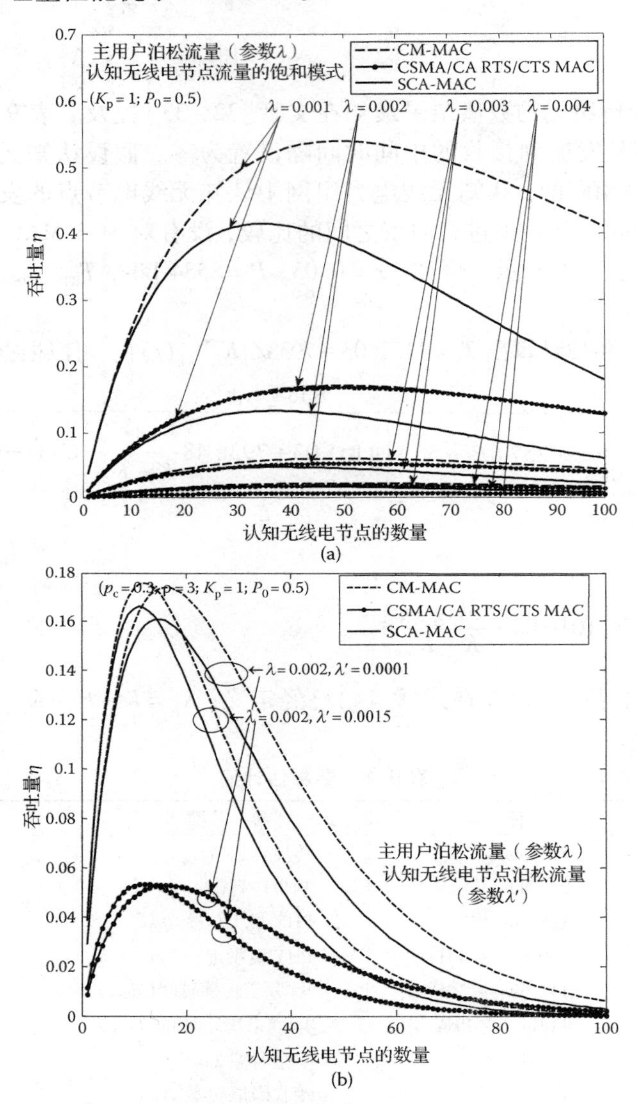

图9.9 (a)饱和模式下认知无线电节点链路吞吐量的理论值；(b)非饱和模式下认知无线电节点链路吞吐量的理论值

这是因为，CM-MAC 中 MSA 和 TSS/RSS 引起的延迟小于 SCA-MAC 中的 TSS/RSS 引起的延迟。此外，大量主用户流量下，CM-MAC 可以成功地减少 PER 区域的影响。此外，如果考虑到认知无线电节点流量的非饱和方式[如图 9.9(b)所示]，仍然可以看到 CM-MAC 的性能优于 CSMA/CA MAC 和 SCA-MAC 协议。

图 9.10 显示了认知无线电节点吞吐量与 N 和 λ' 的比较。当认知无线电节点流量增加时，吞吐量曲线上升，达到最大值，然后下降。当 N 从 10 增加到 20 时，认知无线电节点吞吐量增加。然而，当 $N = 50$，且 λ' 值较小时，吞吐量急剧下降，降低速度比其他吞吐量曲线还大。原因是更多的认知无线电节点存在会增加流量，数据传输冲突的机会大大增加，导致认知无线电节点的吞吐量大幅降低。

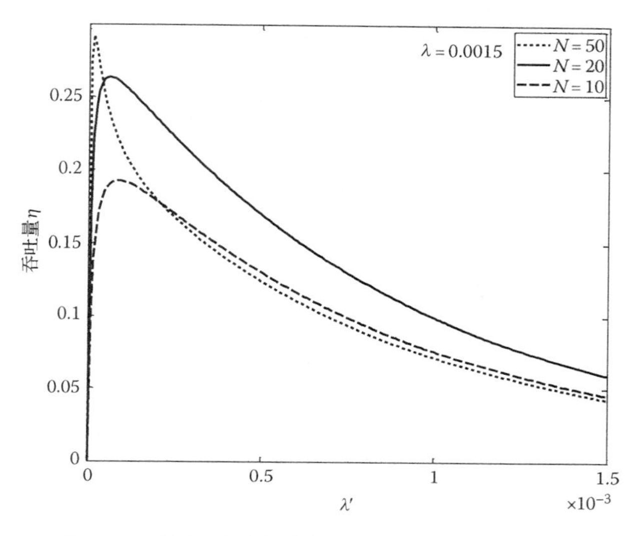

图 9.10　认知无线电节点 N 和 λ' 链路吞吐量对比

图 9.11 中，对比 N 和主用户流量参数 λ 的认知无线电节点吞吐量变化，可以看出吞吐量曲线随着主用户流量的增加而下降。当 N 从 10 ~ 20 增加时，认知无线电节点吞吐量相应增加。然而，当 $N = 50$ 时，总体吞吐量略低于 $N = 20$ 时的吞吐量。这是符合预期的，因为认知无线电节点数量的增加导致数据传输冲突增加，影响了吞吐量性能。

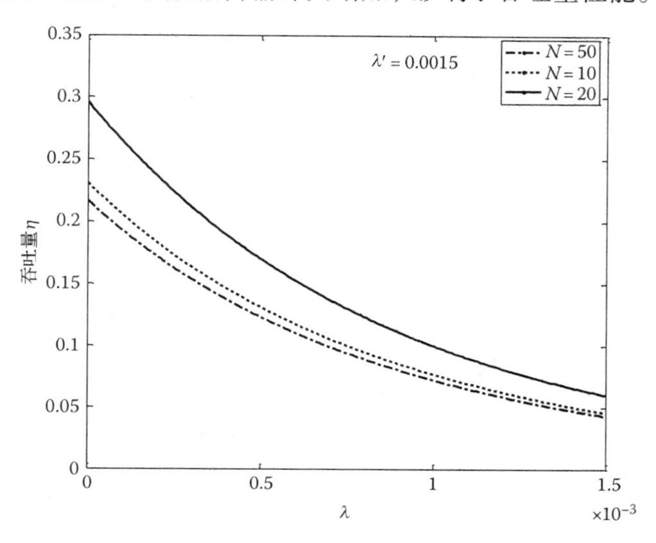

图 9.11　认知无线电节点 N 和 λ 的链路吞吐量对比

图9.12中显示，K_p值的不同如何影响吞吐量性能（即被主用户占用的独立信道的数量）。图9.12(a)显示了认知无线电节点流量在饱和模式下的分析结果。认知无线电节点的泊松流量模型(非饱和模式)结果在图9.12(b)和图9.12(c)中可以看到，考虑认知无线电节点泊松流量模型不同强度的情况下(受λ'影响)，吞吐量性能将相应地变化。从图9.12(a)可以看出，当认知无线电节点可用频带数量增加(即K_p减少)，吞吐量性能相应提高。这些结果符合预期，因为额外的频带可用，总体吞吐量将增加。

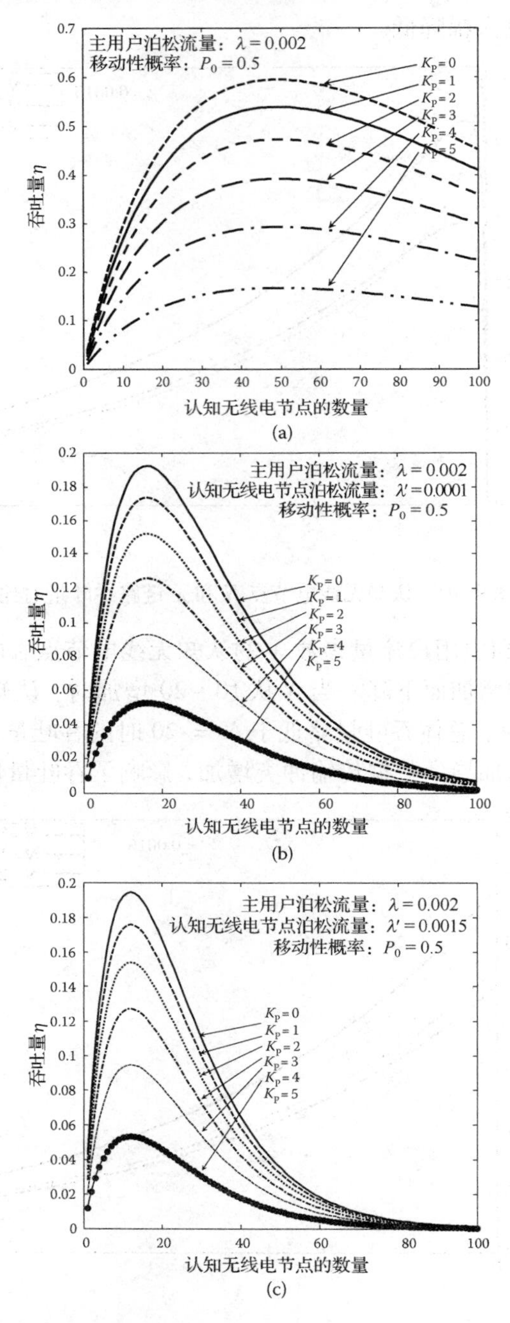

图9.12 K_p在不同模式下的认知无线电节点链路吞吐量性能。(a)饱和模式；(b)和(c)非饱和模式

图 9.13 显示，认知无线电节点移动性因素 P_0 如何影响 CM-MAC 吞吐量性能。图 9.13(a) 主要显示了在饱和模式下认知无线电节点的移动性支持算法。图 9.13(b) 和 (c) 显示了泊松分布的认知无线电节点的吞吐量性能结果。很明显，吞吐量性能 P_0 仅略有降低，因为移动性支持算法可以应对造成数据传输中断的移动性。因此，可以得出结论，CM-MAC 在认知无线电节点移动情况下是健壮的。

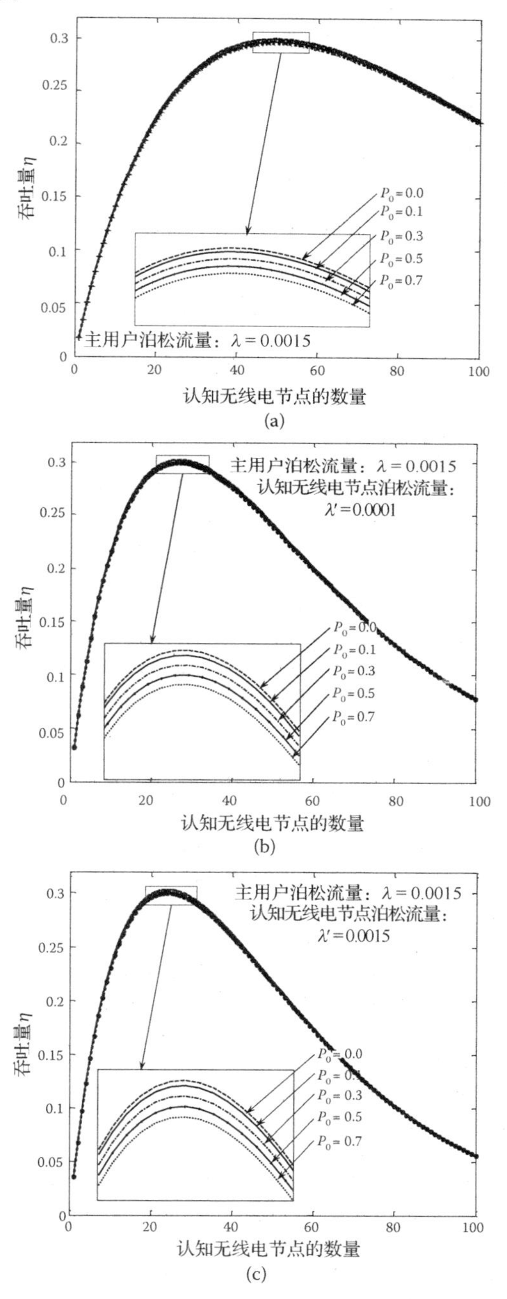

图 9.13　认知无线电节点流量与主用户流量在不同模式下链路吞吐量性能 P_0 值对比。(a) 饱和模式；(b) 和 (c) 非饱和模式

9.6 本章小结

本章提出了基于 CRAHN 的 MAC 协议 CM-MAC，主要考虑 PER 区域内认知无线电节点和主用户节点的移动性[32, 33]。协议包括握手过程的频谱感知，因此，认知无线电节点的频谱信息更新高度依赖于主用户传输和认知无线电节点数据传输。通过分析链接的吞吐量性能，说明了 CM-MAC 的有效性。其性能主要取决于认知无线电节点数量，认知无线电节点帧传输的固定概率，认知无线电节点移动性，主用户传输，认知无线电节点传输和一组可用的信道[32, 33]。结果表明，CM-MAC 的吞吐量性能优于 IEEE 802. 11 MAC 协议和 SCA-MAC 协议。结果还表明，CM-MAC 协议对于认知无线电节点移动性来说是健壮的。本章所研究的协议的性质，是认知无线电自组网部署的合适备选。

参考文献

1. I. F. Akyildiz, W.-Y. Lee, and K. R. Chowdhury, CRAHNs: Cognitive radio ad hoc networks, *Ad Hoc Networks*, 7, 810–836, 2009.
2. I. F. Akyildiz, W. Y. Lee, M. C. Vuran, and S. Mohanty, A survey on spectrum management in cognitive radio networks, *IEEE Communications Magazine*, 46, 40–48, 2008.
3. V. Mai, N. Devroye, and V. Tarokh, On the primary exclusive region of cognitive networks, *IEEE Transactions on Wireless Communications*, 8, 3380–3385, 2009.
4. A. Chia-Chun Hsu, D. S. L. Weit, and C. C. J. Kuo, A cognitive MAC protocol using statistical channel allocation for wireless ad-hoc networks, in *Proceedings of WCNC'07*, Hong Kong, China, 2007, pp. 105–110.
5. H. B. Salameh, M. Krunz, and O. Younis, Distance- and traffic-aware channel assignment in cognitive radio networks, in *Proceedings of SECON'08*, San Francisco, CA, 2008, pp. 10–18.
6. H. B. Salameh, M. Krunz, and O. Younis, MAC protocol for opportunistic cognitive radio networks with soft guarantees, *IEEE Transactions on Mobile Computing*, 8, 1339–1352, 2009.
7. S. Tao, C. Shuguang, and M. Krunz, Medium access control for multi-channel parallel transmission in cognitive radio networks, in *Proceedings of GLOBECOM'06*, San Francisco, CA, 2006, pp. 1–5.
8. N. Jain, S. R. Das, and A. Nasipuri, A multichannel CSMA MAC protocol with receiver-based channel selection for multihop wireless networks, in *Proceedings of ICCCN'01*, Scottsdale, AZ, 2001, pp. 432–439.
9. B. Sadeghi, V. Kanodia, A. Sabharwal, and E. Knightly, OAR: An opportunistic auto-rate media access protocol for ad hoc networks, *Wireless Networks*, 11, 39–53, 2005.
10. Z. Hongqiang, W. Jianfeng, and F. Yuguang, DUCHA: A new dual-channel MAC protocol for multihop ad hoc networks, *IEEE Transactions on Wireless Communications*, 5, 3224–3233, 2006.
11. C. Feng, Z. Hongqiang, and F. Yuguang, An opportunistic multiradio MAC protocol in multirate wireless ad hoc networks, *IEEE Transactions on Wireless Communications*, 8, 2642–2651, 2009.
12. D. Cabric and R. W. Brodersen, Physical layer design issues unique to cognitive radio systems, in *Proceedings of PIMRC'05*, Berlin, Germany, vol. 752, 2005, pp. 759–763.
13. K. R. Chowdhury, M. Di Felice, and I. F. Akyildiz, TP-CRAHN: A transport protocol for cognitive radio ad-hoc networks, in *Proceedings of Infocom'09*, Washington, DC, 2009, pp. 2482–2490.

14. J. So and N. H. Vaidya, Multi-channel MAC for ad hoc networks: Handling multi-channel hidden terminals using a single transceiver, in *Proceedings of MobiHoc'04*, Tokyo, Japan, ACM, 2004, pp. 222–233.
15. C. Cordeiro and K. Challapali, C-MAC: A cognitive MAC protocol for multi-channel wireless networks, in *Proceedings of DySPAN'07*, Dublin, Ireland, 2007, pp. 147–157.
16. P. Pawelczak, R. Venkatesha Prasad, L. Xia, and I. G. M. M. Niemegeers, Cognitive radio emergency networks—Requirements and design, in *Proceedings of DySPAN'05*, Baltimore, MD, 2005, pp. 601–606.
17. V. S. Frost and B. Melamed, Traffic modeling for telecommunications networks, *IEEE Communications Magazine*, 32, 70–81, 1994.
18. P. Tran-Gia, D. Staehle, and K. Leibnitz, Source traffic modeling of wireless applications, *AEU—International Journal of Electronics and Communications*, 55, 27–36, 2001.
19. C. Corderio, K. Challapali, D. Birru, and S. Shankar, IEEE 802.22: An introduction to the first wireless standard based on cognitive radios, *Journal of Communications*, 1, 38–47, 2006.
20. D. Skordoulis, N. Qiang, C. Hsiao-Hwa, A. P. Stephens, L. Changwen, and A. Jamalipour, IEEE 802.11n MAC frame aggregation mechanisms for next-generation high-throughput WLANs, *IEEE Wireless Communications*, 15, 40–47, 2008.
21. J. M. Peha, Sharing spectrum through spectrum policy reform and cognitive radio, *Proceedings of the IEEE*, 97, 708–719, 2009.
22. C. Stevenson, G. Chouinard, L. Zhongding, H. Wendong, S. Shellhammer, and W. Caldwell, IEEE 802.22: The first cognitive radio wireless regional area network standard, *IEEE Communications Magazine*, 47, 130–138, 2009.
23. T. Shu and M. Krunz, Throughput-efficient sequential channel sensing and probing in cognitive radio networks under sensing errors, in *Proceedings of the 15th Annual International Conference on Mobile Computing and Networking*, Beijing, China, ACM, 2009, pp. 37–48.
24. D. Cabric, S. M. Mishra, and R. W. Brodersen, Implementation issues in spectrum sensing for cognitive radios, in *Signals, Systems and Computers, 2004 Conference Record of the 38th Asilomar Conference on*, vol.771, Pacific Grove, CA, 2004, pp. 772–776.
25. A. Ghasemi and E. S. Sousa, Collaborative spectrum sensing for opportunistic access in fading environments, in *Proceedings of DySPAN'05*, Baltimore, MD, 2005, pp. 131–136.
26. I. F. Akyildiz, B. F. Lo, and R. Balakrishnan, Cooperative spectrum sensing in cognitive radio networks: A survey, *Physics Communications*, 4, 40–62, 2011.
27. A. A. El-Sherif and K. J. R. Liu, Joint design of spectrum sensing and channel access in cognitive radio networks, *IEEE Transactions on Wireless Communications*, 10, 1743–1753, 2011.
28. C. Bettstetter and C. Hartmann, Connectivity of wireless multihop networks in a shadow fading environment, *Wireless Networks*, 11, 571–579, 2005.
29. S. Bandyopadhyay, E. J. Coyle, and T. Falck, Stochastic properties of mobility models in mobile ad hoc networks, *IEEE Transactions on Mobile Computing*, 6, 1218–1229, 2007.
30. G. Bianchi, Performance analysis of the IEEE 802.11 distributed coordination function, *IEEE Journal on Selected Areas in Communications*, 18, 535–547, 2000.
31. K. Duffy, D. Malone, and D. J. Leith, Modeling the 802.11 distributed coordination function in non-saturated conditions, *IEEE Communications Letters*, 9, 715–717, 2005.
32. P. Hu, Cognitive radio ad hoc networks: A local control approach, PhD dissertation, Queen's University, Kingston, Ontario, Canada, 2013.
33. P. Hu and M. Ibnkahla, A MAC protocol with mobility support in cognitive radio ad hoc networks: Protocol design and performance analysis, *Elsevier Ad Hoc Networks Journal*, 17, 114–128, June 2014.

第 10 章　多跳认知无线电网络路由协议

10.1　概述

路由协议的主要任务是为数据包从源地址到目的地址选择路径并转发，由于并不是所有的节点都一跳直达，数据通常都要经过中间节点的转发。

多跳认知网络中的路由必须充分考虑次用户的无线多跳路径的建立和维护。对于路由表中的每一条路由，次用户必须决定经过哪些转发节点、使用哪些信道。这些问题在传统的多信道多网络中也需要考虑，但是在认知无线电网络中一方面为了有效利用频谱资源要在不同的信道之间切换，另一方面还要避免干扰主用户，这增加了路由问题的复杂性。

本章主要覆盖了多跳认知无线电网络路由问题，包括：移动性、频谱感知、网络拓扑变化、可扩展性。文献[14]讨论了一系列的路由协议，以及在认知无线电网络中路由协议设计面临的挑战。

本章的剩余部分组织如下：10.2 节描述认知无线电网络中的路由问题，10.3 节详述其分类。10.4 节提供在深入研究分层图协议基础上的中心的和分布式的解决方案。10.5 节描述一个基于地理位置的分布式算法认知无线电网络中频谱感知路由（SEARCH）。10.6 节详述 SEARCH 的一种可以应用到高度动态的环境中的扩展方法。10.7 节阐述主要应用在主用户高速移动的环境中的认知无线电多跳优化协议主用户。10.8 节对这些协议进行了总结。10.9 节在现有协议的基础上得出了一些结论，并讨论了进一步的工作。

10.2　认知无线电网络中的路由问题

传统的多跳网络中必须克服大量的挑战以获得最好的结果，设计者们必须时刻考虑下面这些协议[1]。

能源效率　多数多跳网络不存在一个中心固定提供无限供电的基础设施。因此，路由协议必须确保不至于快速把资源很快消耗掉。

网络拓扑变化　如果节点失效，例如，由于电力耗尽或技术原因，路由协议必须能够及时发现并适应这些变化，并确定新的路由。在此过程中，必须考虑由此带来的延迟并尽可能减小延迟。

可扩展性　算法的性能必须不受网络规模增加带来的影响。这对于移动自组织网络等网络拓扑变化剧烈的网络尤其重要。

移动性　网络中的一些节点可能持续处于运动状态，因此，路由协议必须能够适应这些节点变化，检测失效路由，并提供替代路径。

在认知无线电网络中，在考虑上述挑战的同时，由主用户的出现带来的下述问题也必须考虑。

频谱感知　由于主用户建立的限制，认知无线电节点，必须能够感知不会影响主用户工作的局部频谱。由于认知无线电网络多信道的影响，即使是相邻节点，看到的频谱视图和可用频谱也不同，因此，当两个节点通信时必须确保双方采用的信道是合适的[4,5,6]。为了确保整个网络的感知，必须实现下面三个问题：

1. 必须由一个中心的实体，监控整个网络和可用频谱，并把可用频谱信息提供给所有节点。
2. 节点负责搜集局部可用频谱资源，并且分发给需要这些信息的邻近节点。
3. 第一种和第二种方式的结合。

路由质量　在传统的多跳网络中，路由质量是一个主要的考虑因素，但是在认知无线电网络(中)，必须重新考虑额外的要素。网络的拓扑受主用户行为的影响很大，因此，传统检测路由质量的方式(带宽、吞吐率、延迟、能源效率和公平性)必须考虑新的指标，比如路由稳定性，可用频谱/效率和主用户状态。

路由维护　在认知无线电网络中，主用户离开和加入网络非常频繁。因此，在数据发送过程中有很高的概率发生路由中断。因此，协议必须能够快速检测路由中断，停止发送，并提供替代路径。有几种协议通过存储备份路由的方法，即当存在路由失败的时候，快速切换到其他路由上去。

复杂性问题　不像传统的多跳网络，路由必须处理频谱感知问题：这势必增加算法的复杂性。高复杂性会导致过多的能源消耗，或导致收敛时间过长。

考虑图 10.1 中的小型网络。在这个网络中，存在两个可用的信道 f_1 和 f_2。如果次用户 A 要传送到次用户 F，则有两种选择，A→C→F 或者 A→B→D→E→F。每条路径花费的时间如下：

A→C→F：10 ms

A→B→D→E→F：14 ms

假设切换信道所需的时间为 γ 秒。

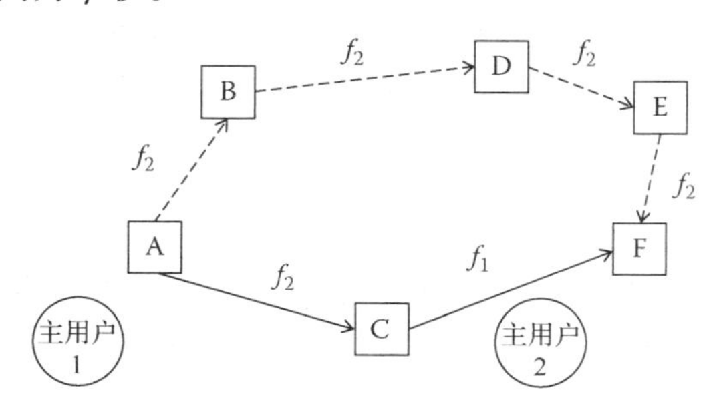

图 10.1　路由和频谱周期示例

如果路由过程与频谱周期是单独的，路由协议会选择 A→C→F，因为这条路径跳数较少。然而，却没有考虑这条路径需要两次改变信道(在 A 点处需要切换到信道 f_2，C 点需要切换到信道 f_1)。假设 $\gamma=6$ ms。在这种情况下，A→C→F 这条路径花费的总时间为 22 ms。然而，A→B→D→E→F 这条路径仅涉及一次信道切换，即在 A 处切换到信道 f_2，因此，这条路径总的耗时只有 20 ms。因此，如果路由过程考虑频谱周期，则会选择 A→B→D→E→F 这条路径。

10.3 认知无线电网络的分类

在设计认知无线电网络的时候必须满足几种需求。下面，依据这些需求和假定，提出认知无线电网络的分类。

10.3.1 频谱知识

频谱知识是有关可用信道和信道质量的信息，是每个次用户选择路径的依据。这方面主要有两大分类：中心式和分布式。图 10.2 显示的是频谱知识分类的主要类型，以及基于这些类型分类的实例。

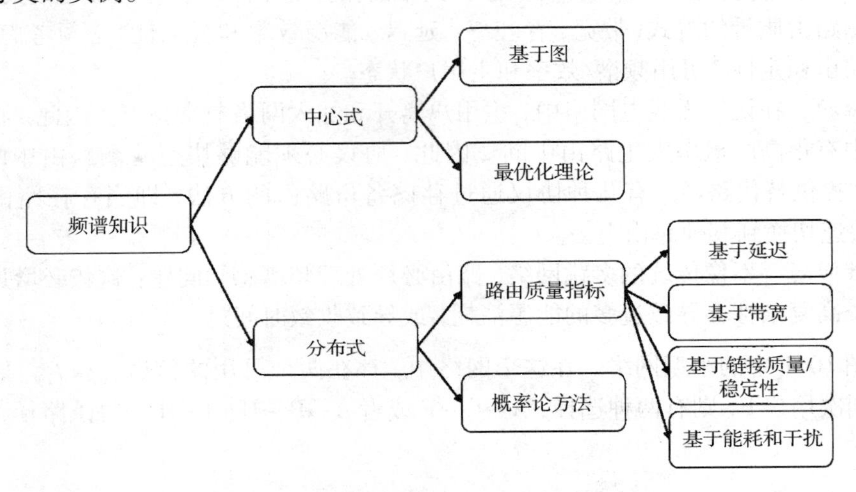

图 10.2 基于频谱知识的路由协议分类

10.3.1.1 集中型网络

集中型网络，也称为全频谱知识网络，假定每个次用户都具备整个网络的全频谱知识，必须设计一个众所周知的中心节点用来监控所有可用的频谱，并且转发这些信息到网络中的用户。

10.3.1.2 分布式网络

分布式网络，或者称为局部频谱知识网络，假定(是指)频谱知识由每个次用户自身确定，并转发到邻居。这要求路由当测量频谱或者识别可能频道时能够决定合适的路径以便用户能够切换(transmit on)。

局部频谱的选择可以通过确定性的方法或者是概率的方法。节点测量频谱并根据当前频谱信道情况做出选择。基于概率的方法，次用户周期性的测量频带情况并根据统计情况做出选择。基于这些统计，次用户基于特定频道的过去表现来做出更好的选择。例如：如果特定频道显示主用户的通断状态经常发生改变，那么这个频道对于长时间的传输来说并非一个最好的选择。

10.3.2 主用户活动

主用户对认知无线电网络路由选择影响巨大。在文献[8]中，作者基于主用户活动把路由协议分为静态，动态和随机协议。图 10.3 显示了路由是如何考虑主用户平均空闲时间进行分类的。

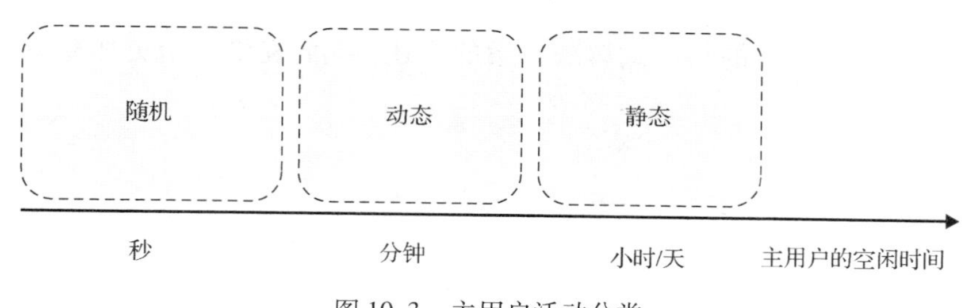

图 10.3　主用户活动分类

10.3.2.1 静态感知多跳网络

在这种分类中，主用户的信道对于整个过程，平均时间，超过次用户的通信时间均可用。次用户通常假定可用的波道频率是永久性资源。传统的多跳网络和静态的认知网络的主要区别就在于，静态感知网络使用不同的频道，并且可以在不同的波道频率之间切换。

在大多数情况下，传统的多跳协议可以被修改使用到这种网络中。

10.3.2.2 动态感知多跳网络

主用户假定存在分钟级别的空闲时间。这种网络中，频段资源不被认为是永久性资源。因此，传统的多跳协议是不能用了。这种协议必须考虑纳入稳定的路由、交换控制信息和信道同步的问题。

路径稳定性可以通过处理频谱周期的路由协议进行改善、使用过去的信道统计和关注的稳定信道。这种网络需要快速的计算才能适应频谱的动态变化。

10.3.2.3

在随机的感知多跳网络中，频谱可用的时间段小于平均的通信持续时间。因此，由于高度的动态性，每个数据包感受到的网络属性可能大不相同。所以，通常情况下使用随机方案是比较好的选择，每个数据包发送和转发都是经过优选的信道。这意味着，每个包基于信道和经过的转发路径做出选择。算法处理每个包或一组包，可以减少确立端到端路由的复杂性，增加提出方案的效率。

信道选择对于数据转发是很重要的，因为在这些协议中一个数据包可能从源头到目的地要经过多个信道。路由表可以更好地决定选择哪个信道。比如，一条路径长时间不用，它就会阻止主用户经过。

虽然随机网络是最灵活的，但是仍然有一些挑战，特别是为了使算法运算更快些需要减少一系列的复杂性。

10.4 集中和基本的分布式协议

10.4.1 集中协议

集中协议采取每个次用户拥有的整个网络的频谱知识。这些知识通常决定通过一个中心节点。首先给出三种基本的集中式解决方案的概述，继而提供一个更加复杂协议的细节描述。

10.4.1.1 彩色图形路由

彩色图形方法[11]利用图论对网络建模并且使所有信道都是可用的。这种方法可以划分为两个部分：

1. 图的建立
2. 路由计算

当建立图的时候，次用户由图的顶点表示，并且当两个用户要通信的时候，可以选择 M 个彩色边的一条。而 M 是一组可用的信道。边的颜色代表载波频率。网络可以用式(10.1)代替

$$G_C=(N_C,E_C) \tag{10.1}$$

其中，N_C是顶点的集合；E_C是边的集合。

每个顶点可以由好多条不同的边连接，如图 10.4 所示。图被建立之后，开始产生路由。产生所有路由的目标是网络中使用的最少数量的信道，以确保干扰最小。

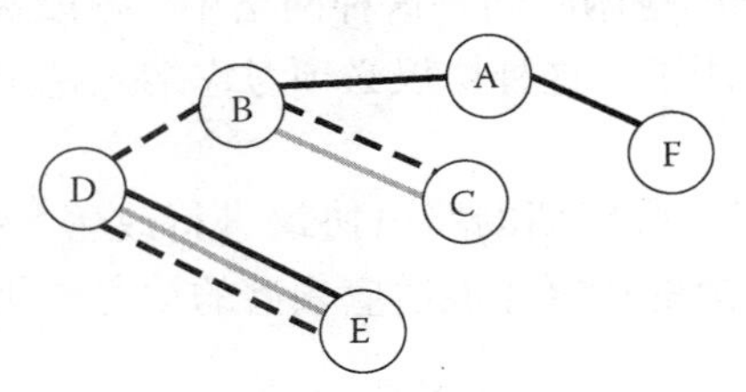

图 10.4 彩色图协议

这个算法非常基础，通常应用在主用户很少移动的静态网络。这种算法是不能扩展的。搜索最佳路由有很大概率需要很长时间，以至于当它完成的时候网络已经发生变化。

路由维护在这里并不处理，因此当一个路由损坏时或者协议改变时，就需要另外一个图来重新运行路径分配算法。这势必会因为条件改变而导致大量的日常开支。

10.4.1.2 冲突图路由协议

冲突图的算法[12]与彩色图协议类似。然而，这种方法把选择信道和路由分为两个部分。使用图的方法选择信道，路由选择部分使用基本的路由算法。这个协议考虑源到目标之间的所有可用路由，对于每一个路由考虑每一次延迟所有可用的信道。最佳组合被选为路由。

如果两个用户不是同时活动的则在两个顶点间画一条边。图可以由式(10.2)表示

$$G_F = (N_F, E_F) \tag{10.2}$$

其中，N_F代表顶点的集合；E_F代表顶点间边的集合，如图 10.5 所示。

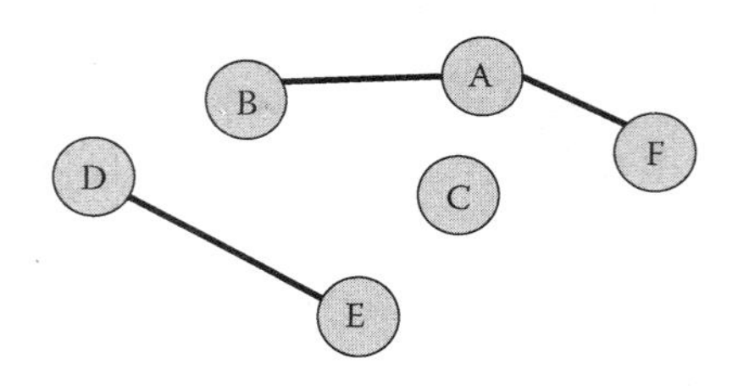

图 10.5　冲突图协议

图通常用来确定相邻次用户之间无冲突的信道，一旦信道确定，路由可使用任意的基本路由协议。这是一个 NP(非确定性多项式)问题，意味着要么需要很强的计算能力，要么需要很长的收敛时间。

这个算法与彩图算法类侧。因为在图中需要较少的边而需要较短的计算时间。然而，由于路由是详尽的，收敛时间依旧是一个问题。

10.4.1.3　优化算法

Hou et al. 把路由问题建模为整数规划问题[7]。协议的目标是最大化整个网络的频谱使用因子。系统的限定条件如下所述。

1. 链路容量　这个限定条件规定了每条链路通信流量不能超过链路容量。香农定理通常用来定义链路容量。如下面等式所示：

$$c_{ij}^{L} = W^{L} \log_2\left(1 + \frac{g_{ij}Q}{\eta}\right) \tag{10.3}$$

其中，W^L 是子信道 L 的带宽；$g_{i,j}$是链路 link(l, j)的传播增益；Q 是传输功率谱密度；η 噪声功率谱密度。

2. 范围　传送范围 R_T，其定义如下：

$$R_T = \left(\frac{Q}{Q_T}\right)^{1/\alpha} \tag{10.4}$$

其中，Q_T是保证正确接收的功率谱密度阈值，α 是路径损耗指数。因此，如果两个用户处于相互范围，则它们不能在相同的频道传输。

3. 路由　路由通过流均衡限制进行管理，要求每个节点流入流量等于流出流量。这允许分支路径的建立，这可以增加网络的鲁棒性。

10.4.1.4　分层路由

分层路由协议[13]是单个信道网络中基本权重图的扩展。

协议的目标是最大化网络容量，并且使相邻节点的干扰最小化。要完成这个目标，这个协议产生一个分层图，而后计算最大化网络链接，并提供各种信道选择以防止路径中相邻跳之间的干扰。

分层图的建立

图的每一层代表可被节点使用的频道。M 代表网络中可用的频道(层)数，N 代表网络中节点的个数。图 10.6 是一个 $M=2$，$N=4$ 的网络。在这个示例中，网络中的每个节点由不同层的两个子节点表示(如节点 3 包含子节点 3_1，3_2)。子节点可以是活动的或非活动的。如果节点工作在频率 1，并且子节点在频率 1 是活动的子节点，则所有其他子节点将是非活动的。

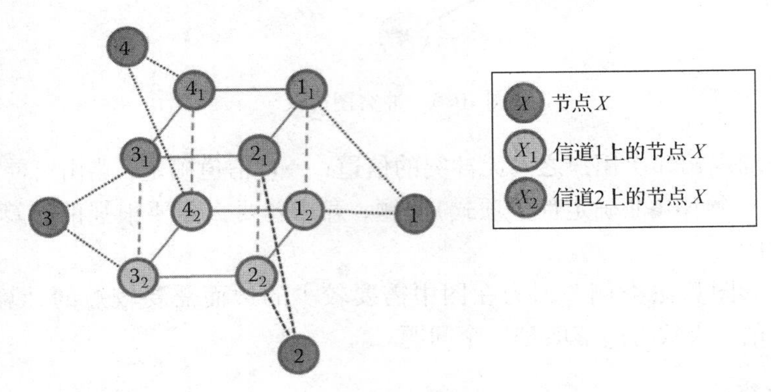

图 10.6　分层图实例，$M=2$，$N=4$

图中的边由连接两个子节点的线表示，网络中的边主要分为三类。

1. 水平边　水平边连接处于同一层的子节点。水平边代表两个节点可以在特定的频率传输数据。
2. 垂直边　垂直边代表属于同一节点处于不同层的子节点之间的连接。如果一个节点可以在信道 Y 或信道 X 工作，则在 Y 层子节点和 X 子节点之间建立一条边。
3. 内部边　内部边连接子节点到辅助节点。辅助节点是指允许可以连接到非直接连接的上层或下层的节点。

路由和接口分配

这种路由协议基本的思想是遍历分层图以找到最小的边权重。因此，边权重对于确保搜索优化是非常重要的。

为了减少网络中的干扰尽量不使用垂直边以避免发生信道变化。水平边可以多加使用且它与边的有效容量相关。因此，权重主要依赖于给定信道的节点数和当前通过该节点传输的数据量。

路由算法的流程：

1. 根据当前网络情况产生图。
2. 选择一个路径以减少遍历代价。
3. 确定节点之间的连接使用的信道以减少干扰。

这种协议没有考虑路由维护问题(而是产生一个完整的新图)，这将导致潜在的资源浪费，也许只有少数几个节点发生改变，整个图都需要重建。因此，这种算法可以修改一下，即当网络环境发生变化的时候，通过节点通知中心节点或基站，从而只需仅仅更新图的一小部分。

仿真

使用 MATLAB 对两个网络进行了仿真，一个网络 15 个节点，另外一个 30 节点[13]。使用笛卡儿坐标系，并且其 X，Y 坐标是服从[0，100]之间的均匀分布，假定 10 Mbps 的带宽各有 6 个可用的频道。每个节点可用信道的数目服从 1～3 之间的随机选择。每个节点可用信道的随机数代表在特定区域主用户活动的主用户。在 MAC（媒体访问控制）层使用的是 CSMA/CA（载波侦听媒体访问避碰）协议，每条边的代价如表 10.1 所示。

如果一个路径完成，水平边权重增加 1。内部边设置足够大以防止产生离开本层又返回本层的路径。

表 10.1 边权重

边类型	权重	额外信息
水平	10	网络初始化时
垂直	-10	
内部	40	

来源：Source：Xin，C. et al.，A novel layered graph model for topology formation and routing in dynamic spectrum access networks，in Proc. First IEEE International Symposium on New Frontiers in Dynamic Spectrum Access Networks（DYSPAN），Baltimore，MD，2005，pp. 308-317.

15 个节点网络的吞吐量如图 10.7 所示。4 个图分别代表不同的传输范围。将本算法与串行干扰分配（SeqAssign）方法进行比较。串行干扰分配方法按照每个信道可以到达的邻居数降序将信道分配到节点。

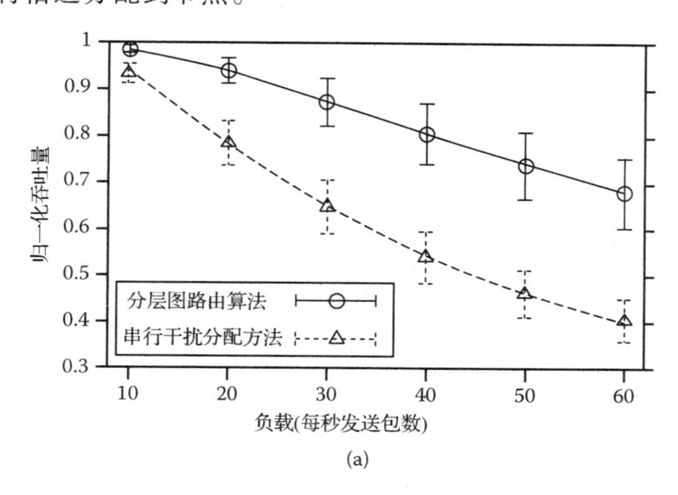

图 10.7 吞吐量对负载，15 个用户，改变传输半径（引自 Xin，C. et al.，A novel layered graph model for topology formation and routing in dynamic spectrum access networks，in Proc. First IEEE International Symposium on New Frontiers in Dynamic Spectrum Access Networks（DYSPAN），Baltimore，MD，2005，pp. 308－317）。(a) 传输半径 =［0.1，0.4］；(b) 传输半径 =［0.2，0.4］；(c) 传输半径 =［0.1，0.5］；(d) 传输半径 =［0.2，0.5］

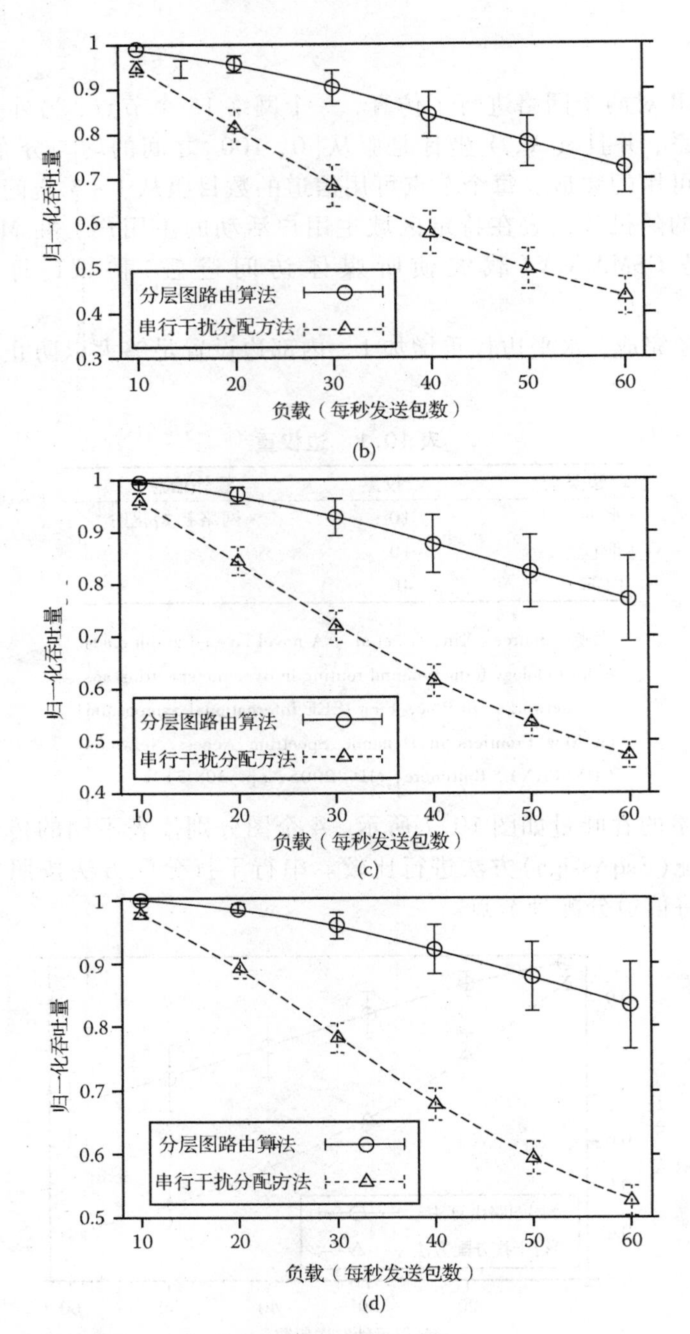

图 10.7（续）　吞吐量对负载，15 个用户，改变传输半径（引自 Xin, C. et al., A novel layered graph model for topology formation and routing in dynamic spectrum access networks, in Proc. First IEEE International Symposium on New Frontiers in Dynamic Spectrum Access Networks (DYSPAN), Baltimore, MD, 2005, pp. 308 - 317）。(a) 传输半径 = [0.1, 0.4]; (b) 传输半径 = [0.2,0.4]; (c) 传输半径 = [0.1,0.5]; (d) 传输半径 = [0.2,0.5]

结果表明提出的算法的吞吐量总是优于串行干扰分配算法，这得益于前者在路径计算和干扰控制上的优化。当负载增加时，两种算法间的吞吐量差距越来越大，这是由于提出的算法在相邻跳中选择不同的信道从而有效地避免了干扰，这导致了较高的信道利用率。串行干扰分配算法没有在相邻跳选择不同信道的机制，因此，在高负载的时候其吞吐量非常低。

图 10.8 显示了 30 个节点传输距离[0.1，0.3]的仿真结果，此图显示了此协议的可扩展性方面的限制。当用户由 15 个增加到 30 个的时候，吞吐量急剧下降 42%，特别是在高负载的时候。

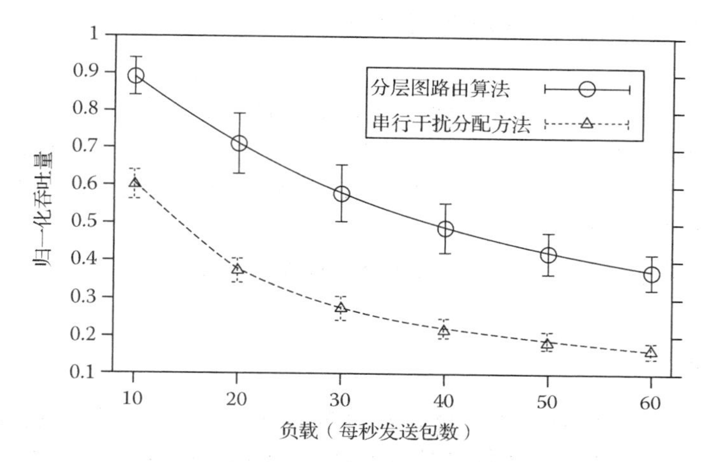

图 10.8　吞吐量与负载，传输半径范围[0.1，0.3]，30 个用户（引自 Xin，C. et al.，A novel layeredgraph model for topology fomation and routing in dynamic spectrum access networks，in Proc. First IEEE International Symposium on New Frontiers in Dynamic Spectrum Access Networks（DYSPAN），Baltimore，MD，2005，pp. 308-317）

10.5 分布式协议

不像集中式协议，分布式协议不假定所有次用户知道所有有关频谱的信息。因此，每个次用户必须检测频谱，对可用频谱做出决策，并且通过网络广播结果。这里频谱讨论分布式网络面临的问题。

10.5.1 控制信息

分布式和集中式的网络最重要的区别是用户只能测量局部频段。如果次用户仅仅基于本身感知的频谱信息做出路由选择，对于整个网络可能会带来负面影响。因此，要做出更好选择必须收集全局信息，通常通过一个专门的控制信道来收集。当次用户在控制信道广播的时候，必须确保不干扰主用户。因此，协议必须采用智能的方法传输控制信息而不影响主要节点的数据传输。

10.5.2 基于源或目标的路由

路由协议必须选择是否使用基于源或基于目标的路由方法。基于目标的路由需要周期性的路由表，潜在的广播路由请求和路由副本。这种类型的路由应用在传统自组网中。在认知无线电网络中，通常使用多个信道；因此，这些信息必须通过所有信道广播，这会间接导致费用增加。另一个选择就是使用控制信道。但是，这会导致大量的信息注入到控制信道，进而会导致丧失将网络状态告知节点的目的。

基于源的路由协议，节点在开始通信的时候，使用用户发送的控制信息计算到目标路径。基于源路由协议的优点在于没有路由表(因此，减轻了当网络改变时减少更新路由表的负担)，数据包基于在头部找到的信息进行转发。

10.6 动态网络中基于地理信息的协议

这部分描述在动态网络中包含地理位置更复杂的分布式路由协议，讨论 SEARCH(认知无线电网络中频谱感知路由)协议[4]。SEARCH 是一个完全的分布式路由协议，它对主用户、感知用户的移动性做出解释，综合考虑路径和信道选择因素以减少延迟。它应用在主用户具有动态属性的主用户网络中。

如果主用户发现另一主用户，这个算法给节点提供两个选择：

1. 切换信道
2. 主用户轮转

如果节点选择主用户轮转，通常会导致更多的跳数。因此对数据包来说增加了延迟。如果新信道比较繁忙，信道切换可能导致延迟过大。还有一个潜在的问题就是：如果切换到临近信道可能不解决问题，因为主用户可能会将功率泄漏到临近信道。

这里，作者对网络做出以下假定条件[4]：

- 使用公共控制信道
- 发送者知道目标的位置
- 每个节点知道自己的位置
- 存在 M 个已知带宽的信道

这个算法可以分为两部分，初始路由建立和路由扩展/修复[4]。

10.6.1 初始路由建立

源用户在每一个不受邻近主用户影响的信道发送路由请求，路由请求经过中间用户转发直到找到目标为止，每个中间节点都附带上自己的

1. 身份
2. 当前位置
3. 时间戳
4. 一个标志，代表工作在什么模式

每个节点检查其关注区域寻找跳数并按照贪婪算法转发请求。如果没有跳数，意味着附近可能有一个主用户。因此，节点转发其操作标志，改变其工作模式到主用户避免模式。围绕主用户，将切换回到贪婪模式。如果目标接收到所有路由信息，将利用联合信道路径优化选择最佳路由。

10.6.2 贪婪转发

算法默认工作在贪婪转发模式。协议的开始，通过指引信息告知节点有哪些用户在它们的传输范围之内。利用这些信息，这些协议可以确定备选的下一跳，以最小化到目标的传输距离。

有资格的转发者，节点必须满足以下三个条件：

1. 下一跳必须在同一信道
2. 下一跳不能对主用户产生干扰
3. 用户必须在当前节点的集中区域

第三个条件允许算法确定主用户的位置。这样生成从源到目标以传输范围为线画饼图，角度为 θ_{max}，线上和线下之间的区域即为集中区域。图 10.9 是一个集中区域的实例，源节点只有一个选项是通过 B 传送数据。即使 C 离目标更近，但其不在 A 的集中区域。因此，它不符合条件 3。因此，它不是一个可能的转发节点。

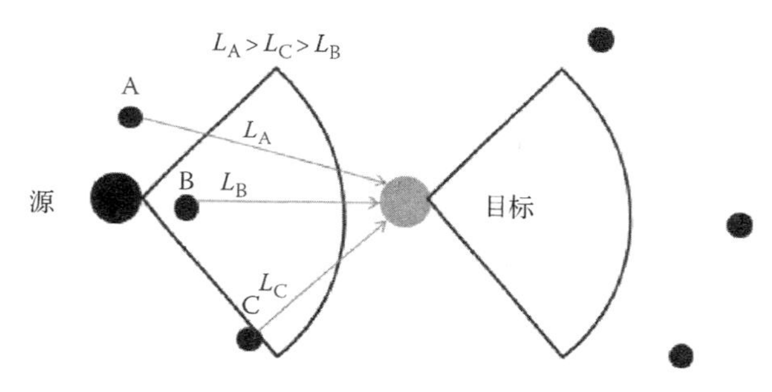

图 10.9 集中区域，示例 1

图 10.10 显示了一个源节点和目标节点，也有四个可能的转发节点 A，B，C，E。如果主用户关机，贪婪算法会选择路径，源→A→E→目标。这是最短的路由提供最少的延迟。然而，如果主用户开机，节点 A 在其集中区域没有节点，因为节点 E 不符合条件 2。在这种情况下，进入主用户避免模式和主用户轮转模式。

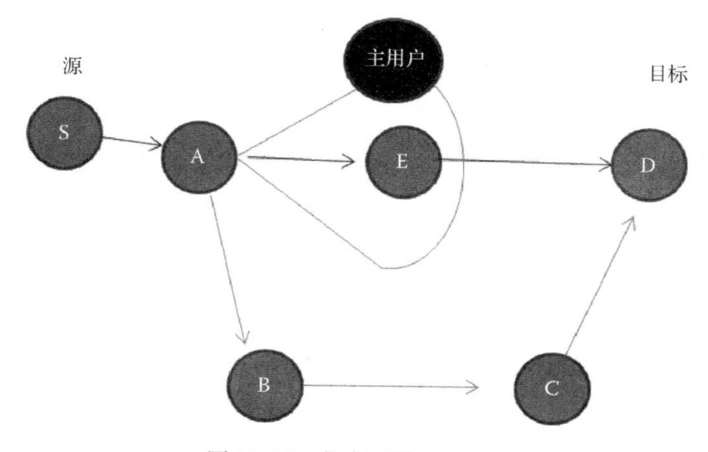

图 10.10 集中区域，示例 2

如果某节点在集中区域没有节点，该节点被称为决策节点。决策节点用来给目标一个全局的关于主用户位置和占用信道的信息。

10.6.3 主用户避免

当一个节点被确定是一个决策节点时，它会在发送路由请求到下一跳之前，设置主用户避免标志。这仅仅是放松了条件 1 和条件 2，选择下一跳转发。在下一跳中，如果有节点在其集中区域，它返回贪婪算法并继续转到目标。在示例 2 中，当主用户工作的时候节点 A 会选择节点 B。节点 B 会检查它的集中区域并发现节点 C；因此会返回贪婪算法并继续转发到节点 D。

10.6.4 联合信道-路径优化

如果主用户许可信道处于空闲，那么意味着不存在需要特别避免的区域，路由请求在不同的信道上发送应当拥有相似的路径。

如果网络中存在主用户，目标将会受到决策节点(代表了主用户位置)的路由请求。目标节点将会选择延迟最小的路径。要进一步改变性能，目标节点会查看不同信道上的路由请求，确定是否有更快的信道轮转到主用户。在决定优选信道之后，沿着优选路线发送一个路由响应到源。

10.6.5 仿真验证

这里，展示的结果来自文献[4]，主用户活动采用的是通断模型。400 个认知无线电节点在一个 1000 m×1000 m 的区域，存在 2~10 个主用户。单个主用户在其占用信道的覆盖范围是 300 m，一个认知无线电用户有传输范围是 120 m，认知无线电节点和主用户的位置随机选择。

这个算法与 GPSR(贪婪优选无状态路由协议)相比，扩展了多信道环境。这个算法对主用户是明显的，尝试获取最佳的路径。比较了两种类型的 SEARCH 算法。最小延迟不包含路由增强和信道优化，其他的则包含在内。

图 10.11 显示了 10 个信道下随着主用户数量从 10~20 的增加端到端的延迟。可以看出，在优化 SEARCH 算法中，随着主用户的增加，延迟增加很小。而 GPSR 算法增加很大，因为如果主用户打断了一个路径，此协议不尝试修正路由，但它必须形成一个新的路径。当主用户数目较多，并且只考虑主用户轮转的情况下优化 SEARCH 算法胜过最小延迟 SEARCH 算法。因此，附加的跳数增加了延迟。优化 SEARCH 算法中路由扩展在算法中可以确保一直是最佳路由。

图 10.12 显示了优化 SEARCH 算法在数据包传输率方面优于其他算法。图 10.13 显示了认知无线电用户增加时的影响。同样可以看出，优化 SEARCH 算法同样优于其他算法。

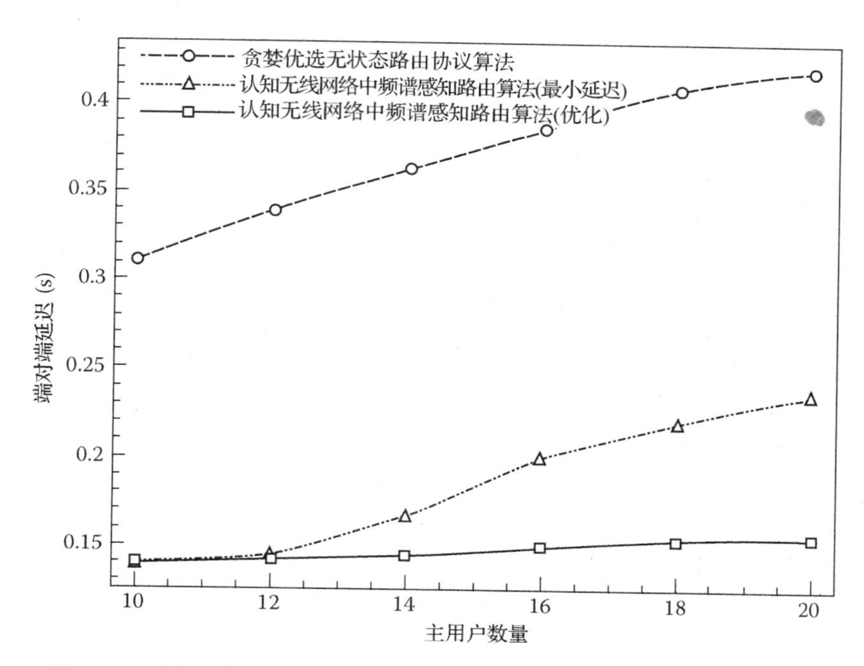

图 10.11　端对端延迟与主用户数量，10 个信道[引自 Chowdhury, K. and Felice, M., Comp. Commun. (Elsevier), 32(18), 1983, 2009]

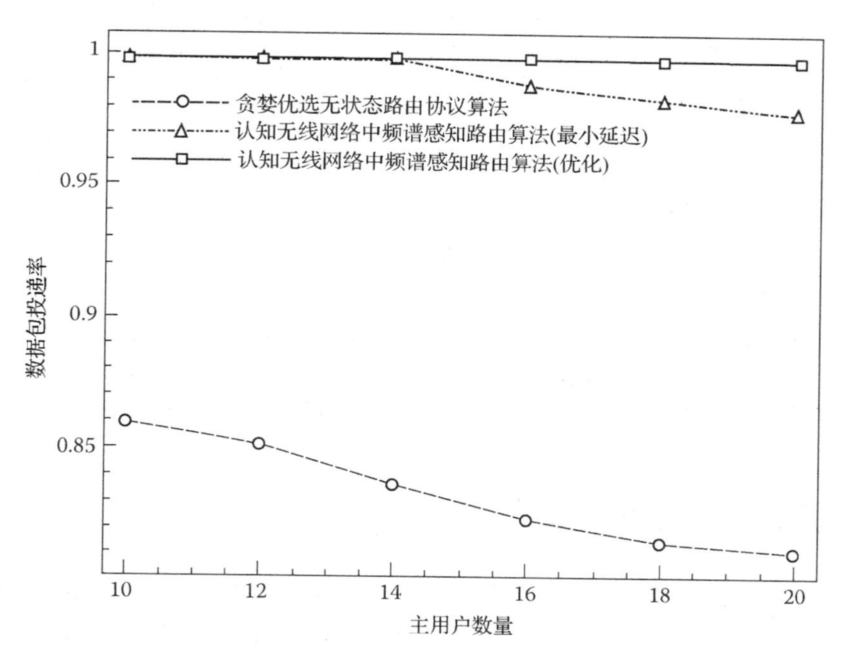

图 10.12　数据包传输率与主用户数量，10 个信道[引自 Chowdhury, K. and Felice, M., Comp. Commun. (Elsevier), 32(18), 1983, 2009]

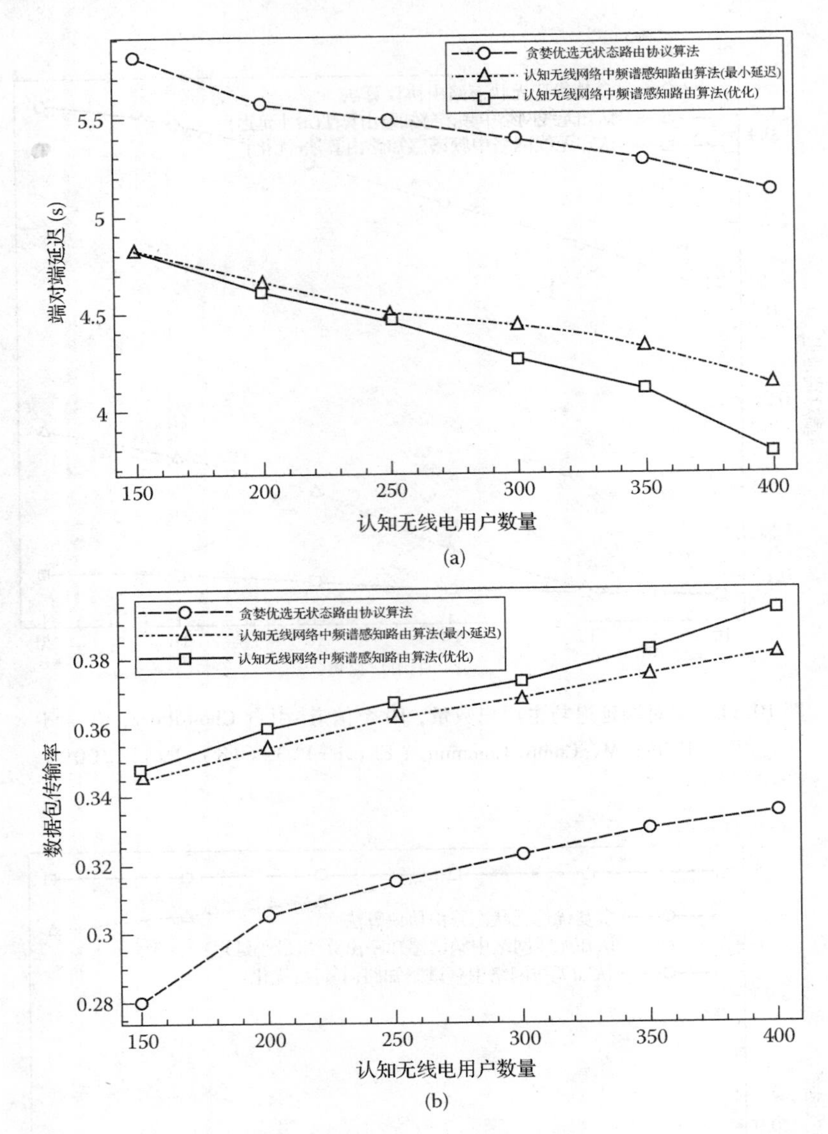

图 10.13 认知无线电用户数的影响，主用户数为 10 个。(a)端对端延迟与连接负载；(b)数据包传输率[引自 Chowdhury, K. andFelice, M., Comp. Commun. (Elsevier), 32(18), 1983, 2009]

10.7 随机认知无线电多跳协议

路由表对于静态或者较少动态变化条件下工作较好。对于具有高动态信道条件的网络，一旦路由表中的路由更新，极有可能是因为网络发生改变，因此路由表可能过期。

在文献[8]中，显示了当所有数据流中等变化特别是当信道状态经常发生改变时重建路由表带来的计算和通信负担。

本节就文献[9]中提出的一个针对主用户高动态移动的网络环境的随机认知无线电多跳路由协议进行讨论。基于每个数据包，提出的算法针对发现频谱访问机会(为了改善所有次用户的传输性能）进行信道利用统计。转发链路的选择基于局部频谱访问优化。采用路由测量尝试在维护适当复杂性的时候增加性能。

10.7.1　协议概述

这个协议考虑具有多个主用户和次用户并且共享一系列正交信道的多跳认知无线电网络。所有次用户通过一个公共控制信道进行通信，假定每个节点都拥有两个信道，一个用以传输，另外一个负责控制信息。次用户利用主用户的通断时间来对信道进行统计建模，并在路由过程中做出路由选择。

只要用户想转发数据包，必须要经过以下两个步骤。

10.7.1.1　信道感知

在信道感知阶段，次用户与邻居一起协作搜索临时的没有被占用的信道。

信道选择完之后，发送者在公共控制信道中广播一个短消息，通知邻居选择的数据信道以及发送者、接收者的位置。网络中的其他次用户接收到此消息，设置此频率的数据信道不可访问。这可以防止对当前的传输产生共信道干扰。通过公共控制信道信息中的位置信息，次用户确定是否作为合格的转发候选节点（也就是说，如果中继节点距离目标节点比当前节点近）。用户将向候选转发节点发起握手操作。

10.7.1.2　转发选择

信道选择之后，发送者从可能的转发节点中选择下一跳，这里面又分为两步：发送者首先广播路由请求信息到候选节点。当候选节点接收到路由请求信息后，并且是合格的转发点，就建立一个返回计时器直到发送一个路由响应消息到发送者。返回计时器和候选节点的吞吐量，与延迟转发距离有关。条件（网络）越好，返回时间越短。所有合格的候选节点首先侦听信道确定是否有节点已经回复，如果有则停止返回计时器，并且等待下一个路由请求信息。

发送者一直等到收到第一个 RRSP（路由响应）信息为止，并且选择其为转发节点。由于返回计时器是基于网络具体情况而工作的，第一个 RRSP 应当具有最佳网络状态。发送者与选择的转发节点建立握手并开始在选择的信道上传送数据。如果一个发送者收不到任何 RRSP 信息，则意味着没有合适的候选节点转发。则返回信道感知阶段再次进行尝试。

10.7.2　随机认知多跳网络性能标准

转发距离改进和每跳的传输延迟被用做这个协议的衡量标准。

10.7.2.1　转发距离改进

转发距离改进是由发送者到目标的距离和转发节点到目标的距离之间的差异来确定的，可表示为

$$\mathrm{Dist}(S,R)=d(S,D)-d(R,D) \tag{10.11}$$

其中：S 代表发送者位置；D 代表目标的位置；R 代表转发节点位置。

10.7.2.2　每跳延迟

随机认知多跳网络每跳传输延迟主要由三个部分组成（如图 10.14 所示）。

1. 感知延迟　感知延迟主要包括感知邀请(SNSINV)和能量检测时间，用 T_{SNS} 代替。
2. 转发选择延迟　只有在第 $i-1$ 个具有更高优先权的节点不可用或信道质量更差时，第 i 个转发候选节点 R_i 才发送它收到的第一个 RRSP 路由响应信息。因此，这个延迟可以用文献[2]中提出的公式表示

$$T_{RS}(i)=T_{RREQ}+(i+1)\mu+T_{RRSP}+2SIFS \tag{10.12}$$

其中，T_{RREQ} 和 T_{RRSP} 代表两种类型消息的传输时间；u 是返回周期中一个最小时间槽的持续时间；SIFS 是短空间隔帧。

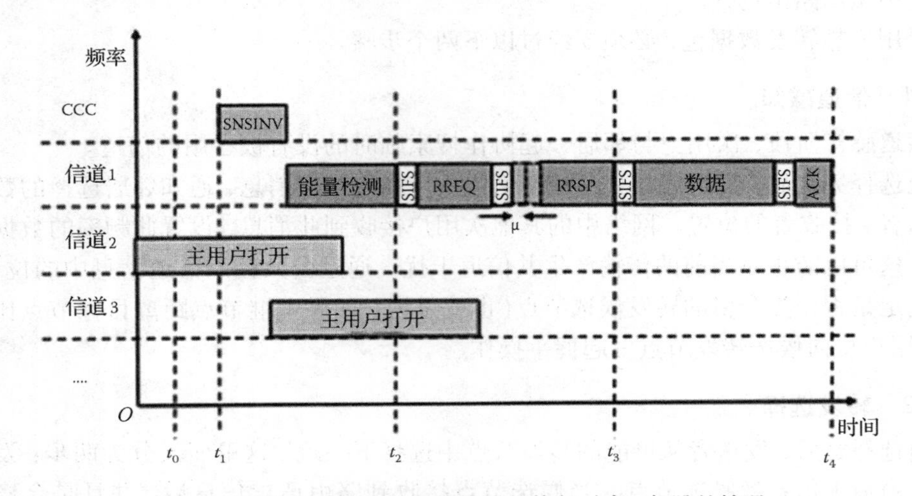

图 10.14　随机认知多跳网络协议的执行时序：每跳的情况

3. 数据包转发延迟　一旦节点被选择，数据包转发延迟可以用式(10.13)确定。其中包括数据包传输时间 T_{DATA} 和确认传输时间

$$T_{DTX}=T_{DATA}+T_{ACK}+2SIFS \tag{10.13}$$

总的延迟时间可用以下等式表示：

$$T_{relay}=T_{SNS}+T_{RS}+T_{DTX} \tag{10.14}$$

10.7.3 概率表达

10.7.3.1 信道感知

辅助设备找到空闲传输信道的概率和过去信道统计可以用来改善信道选择。

$I_R^{C_j}$ 代表次用户 R 感知到信道 C_j 是空闲的。信道 A 在 t_1 时刻被确定是空闲的且直到 t_2 时刻仍保持空闲。已知早期信道状态，就可以估计当前的信道状态。通断模型遵从参数为 $1/E[T_{ON}^{c_j}]$ 和 $1/E[T_{OFF}^{c_j}]$ 的指数分布，用下面的等式可以求出概率为

$$P_{OFF,R}^{c_j}(t_0,t_1)=\begin{cases}\rho_{c_j}+\left(1-\rho_{c_j}\right)e^{-\Delta_{c_j}(t_1-t_0)}, & 若在 t_0 时刻 c_j 为 OFF\\ \rho_{c_j}-\rho_{c_j}e^{-\Delta_{c_j}(t_1-t_0)}, & 若在 t_0 时刻 c_j 为 ON\end{cases} \tag{10.15}$$

其中

$$\begin{cases} \rho_{c_j} = \dfrac{E[T_{\mathrm{OFF}}^{c_j}]}{E\left[T_{\mathrm{OFF}}^{c_j}\right]+E[T_{\mathrm{ON}}^{c_j}]} \\ \Delta_{c_j} = \dfrac{1}{E\left[T_{\mathrm{OFF}}^{c_j}\right]} + \dfrac{1}{E\left[T_{\mathrm{ON}}^{c_j}\right]} \end{cases}$$

ρc_j代表信道 c_j处于空闲状态的概率。

下面的表达式描述了在感知周期[t_1, t_2]内一个信道处于空闲状态的概率:

$$P_R^{c_j}\left(t_1,t_2\right) = \int_{t_2-t_1}^{\infty} \frac{\mathcal{F}_{\mathrm{OFF}}^{c_j}(u)}{E\left[T_{\mathrm{OFF}}^{c_j}\right]} \mathrm{d}u \tag{10.16}$$

其中，$\mathcal{F}_{\mathrm{OFF}}^{c_j}(u)/E[T_{\mathrm{OFF}}^{c_j}]$代表一个信道从被感知为空闲状态后驻留时间的概率密度函数。因此，频谱可以说次用户 R 检测到 c_j为空闲的概率可以表示为

$$\Pr\left\{I_{\mathrm{R}}^{c_j}\right\} = P_{\mathrm{OFF,R}}^{c_j}\left(t_0,t_1\right)\cdot P_{\mathrm{R}}^{c_j}\left(t_1,t_2\right) \tag{10.17}$$

10.7.3.2　转发选择

一旦发现空闲信道，发送者需要选择使用哪个节点转发数据。在随机认知多跳网络路由算法中，会选择具有最高转发优先权的节点。然而，主用户可能会打断这个过程并且导致转发选择失败。这种情况非常少见，只有在转发选择阶段出现主用户时才可能发生，并且通常时间很短。其概率可以表示为

$$P_{\mathrm{RSfail}}^{c_j} = \Pr\left\{I_{\mathrm{S}}^{c_j}\right\}\cdot \Pr\left\{ \bigcap_{\mathrm{R}_i\in \mathrm{R}_D^c} \overline{I_{\mathrm{R}_i}^{c_j}} \mid I_{\mathrm{S}}^{c_j} \right\} \tag{10.18}$$

其中，$\Pr\{I_{\mathrm{S}}^{c_j}\}$代表发送者检测到空闲信道时，触发选择转发过程的概率。$\Pr\{\cap_{\mathrm{R}_i\in \mathrm{R}_D^c}\overline{I_{\mathrm{R}_i}^{c_j}} \mid I_S^{c_j}\}$代表所有次用户在上一个周期中感知到信道为忙的概率，与在转发选择阶段所有候选节点都没有回应的概率相等。

10.7.3.3　数据传输

选择转发节点后，如果在传输周期内没有主用户出现，则链路上的传输成功。可以用式(10.20)表示

$$P_{\mathrm{relay},R_i}^{c_j} = P_i^{c_j}\cdot P_{l_{SR_i}}^{c_j}\left(t_3,t_4\right) \tag{10.19}$$

$$P_{\mathrm{relay},R_i}^{c_j} = P_i^{c_j}\cdot P_{\mathrm{S}}^{c_j}\left(t_3,t_4\right)\cdot P_i^{c_j}\cdot P_{R_i}^{c_j}\left(t_3,t_4\right)^{\left(1-X_{\mathrm{SR}_i}^{c_j}\right)} \tag{10.20}$$

其中，I_{SR_i}代表数据传输链路。如果两个次用户受同一个主用户影响 $X_{\mathrm{SR}_i}^{c_j}=1$，否则为 0。$P_i^{c_j}$是被选择成为下一跳节点的概率。

10.7.4　进一步改进

随机认知多跳网络由协议的改进，可以从信道和转发节点选择两方面进行。由于协议性能依赖于信道和节点选择，因此对算法有利，所以需要考虑两方面的因素。要做到这一点，必须引入一个新的指标，捕获联合信道和转发选择的影响，并且把它应用到启发式算法用以选择最佳转发和信道。这个指标称为认知传输带宽(CTT)，用以表征算法一跳转发的性

能。认知传输带宽是在信道 C_j 每跳传送 L 负荷的数据包，达到的每秒速率改进。

在一系列信道和节点中选择即在所有的组合中做出选择是一个耗时的操作，这些限制了算法的可扩展性，因为网络中的节点和信道越多，搜索的聚合时间越长。因此，为了改进随机认知多跳网络协议的扩展性，作者提出了一个启发式算法以减少认知传输带宽计算转发节点数所需的时间。由于不同的信道是独立统计的，算法的优化问题可以划分为两个阶段。第一步是在每一个信道搜索所有可用转发节点，确定具有最高认知传输带宽的节点。第二步是比较所有信道的认知传输带宽值，并选择具有最高认知传输带宽值的信道。第二步通常是有限的。

10.7.5 仿真结果说明

仿真使用基于 C++ 的事件驱动模拟器[9]。主用户模型的参数为 $1/E[T_{\mathrm{OFF}}]$，$1/E[T_{\mathrm{ON}}]$ 和空闲率 $\rho=E[T_{\mathrm{OFF}}]/(E[T_{\mathrm{OFF}}]+E[T_{\mathrm{ON}}])$。网络设置为在 800 m × 800 m 的区域并具有多个主用户和次用户。源节点和目标节点距离设定为 700 m，设定为固定速率。性能测试基于端到端的延迟、数据传输递率和跳数衡量。仿真结果显示了 SEARCH（认知无线电网络中频谱感知路由）算法和下面算法的比较：

OCR(CTT)是使用认知传输带宽指标和启发式算法共同确定转发信道和节点的 OCR 协议。

OCR(OPT)，使用完全搜索确定信道的转发节点，以确定最大认知传输带宽值的路由。

基于地理位置的机会路由算法：次用户首先选择具有最大数据包传输成功概率的信道。如果信道处于空闲，次用户在此依据转发能力选择转发节点。

地理路由协议：这是一个通用的基于位置的地理路由协议。这种算法中，次用户首先通过感知空闲信道来选择一个频道。选定信道后，再选择能够提供到目标距离最远的转发节点。

表 10.2 仿真参数

参数	值
信道数	6
$\{\rho_{c1},\rho_{c2},\rho_{c3},\rho_{c4},\rho_{c5},\rho_{c6}\}$	$\{0.3, 0.3, 0.5, 0.5, 0.7, 0.7\}$
每个信道主用户的数目	11
主用户覆盖范围	250 m
$E[T_{\mathrm{OFF}}]$	[100 ms, 600 ms]
次用户数量	[100, 200]
次用户传输距离	120 m
源-目标距离	700 m
次用户公共控制信道速率	512 kbps
次用户数据信道速率	2 Mbps
CBR 延迟阀值	2 s
最小时间槽时间	4 μs
每个信道感知时间	5 ms
信道切换时间	80 μs
PHY 头	192 μs

来源：Lin, Y.L. and Shen, X., IEEE J. Sel. Areas Commun., 30(10), 1958, November 2012.

主用户活动的影响　图 10.15 针对不同的信道条件对认知无线电网络中频谱感知路由和 OCR 算法进行了比较。可以看到当主要的 OFF(断开)值减少的时候 OCR 算法大大优于认知无线电网络中频谱感知路由算法。这是由于当主用户活动的时候认知无线电网络中频谱感知路由算法更新路由表代价很大。

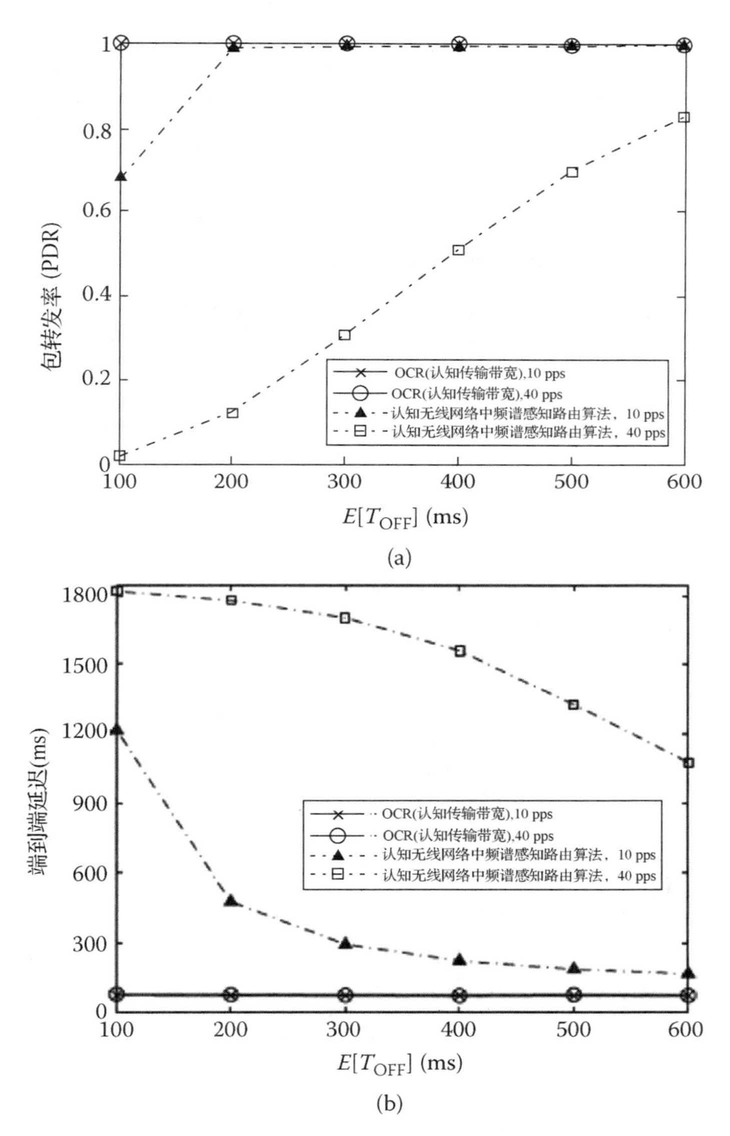

图 10.15　主用户不同活动状态下的认知无线电网络中频谱感知路由算法和 OCR 算法比较。(a)包转发率；(b)端到端延迟[引自 Lin, Y. L. and Shen, X., IEEE J. Sel. Areas Commun., 30(10), 1958, November 2012]

次用户数目的影响　次用户的数目在 100 ~ 200 之间变化。从图 10.16 可以看出次用户数目增加的时候，端到端的延迟会减少。这是因为次用户数目越多，存在越多的潜在路由。因此，有更多的机会找到低延迟的路由。OCR 算法同样大大优于基于地理位置的机会路由算法和地理路由协议算法。在基于地理位置的机会路由算法和地理路由协议算法中，首先选择信道，而后选择转发节点，随着转发节点数量的增加，协调代价增加。然而，在 OCR(CTT)算法中，信道和转发节点一起选择，减少了协调代价。也可以看出 OCR(CTT)算法和 OCR(OPT)算法在性能上非常相近。然而，在计算量上，OCR(OPT)花费 5 倍的时间才收敛，这是因为它要检测所有的路由。

路由指标的效果 图 10.17 显示了端到端延迟和流速率的对比。可以看到当流速率增加时基于地理位置的随机路由算法和地理路由协议算法的延迟增加的速度比 OCR 算法更快。这还是因为 OCR 联合考虑优化的信道和链接选择，而其他两个协议分别选择信道的转发节点。

表 10.3 基于次用户的平均邻居数

次用户数量	平均邻居数
100	7
120	8
140	9
160	11
180	12
200	14

来源：Lin，Y. L. and Shen，X.，IEEE J. Sel. Areas Commun.，30(10)，1958，November 2012.

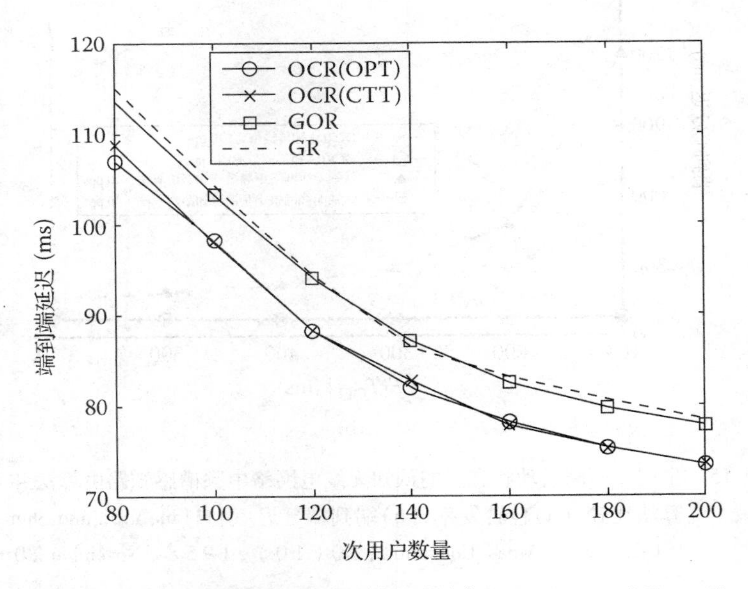

图 10.16 端到端的延迟与次用户数量[引自 Lin，Y. L. and Shen，X.，IEEE J. Sel. Areas Commun.，30(10)，1958，November 2012]

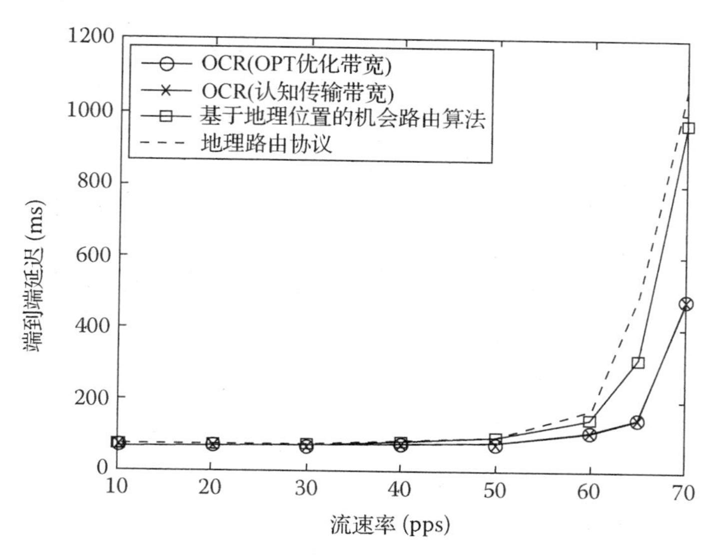

图 10.17　端到端延迟与流速率[引自 Lin, Y. L. and Shen, X., IEEE J. Sel. Areas Commun., 30(10), 1958, November 2012]

10.8　协议小结

表 10.4 显示了不同应用下服务质量需求的重要性[10]。

表 10.5 对本章提到的协议进行了总结。这个表显示了从简单的集中式到分布式的随机方案的演进。

路由指标通常具体到每个协议，如表 10.5 所示。这使得算法间的比较非常困难，因为每个协议都是基于特定指标的。

表 10.6 总结了本章讨论的几个协议的仿真结果。

表 10.4　服务质量需求

应用	带宽	延迟	抖动	丢包
电子邮件	低	低	低	中
文件共享	高	低	低	中
网页访问	中	中	低	中
语音流	低	低	高	低
视频流	高	低	高	低
IP 电话	低	高	高	低
视频会议	高	高	高	低

来源：Tanenbaum, A. and Wetherall, D., Computer Networks, 5th edn., Pearson, Boston, MA, 2011

表10.5 协议总结

协议	路由指标	集中式或分布式	地理信息	随机网络是否可用	动态网络是否可用	静态网络是否可用	路由维护	路由方法	可扩展性	未来改进
彩色图	信道数	集中	否	否	否	是	周期性	穷尽搜索	差	检查最佳路径的时候忽略冗余路由，引入彩色边权重与其他指标一起作为路由指标
冲突图	非冲突路由	集中	否	否	否	是	周期性更新	穷尽搜索	差	采用更优的搜索技术和路由维护技术以减轻路由生成新图的负担
分层图	最小的边权重	集中	否	否	否	是	周期性更新	穷尽搜索	差	引入新的方法减少路由数以减少算法复杂性
优化方法	频谱重复使用最大化	集中	否	否	否	是	优化维护	网络建模优化问题求解	差	建立二元和整数混合的规划已减少收敛时间
SEARCH（认知无线网络中频谱感知路由）	最短路径（延迟）	分布式	是	否	是	是	协调主用户感知和活动性为算法指标	生成路由表格解	中等	减少检测路由的数量以增加扩展性，协调主用户早期数据以做出更好的信道决策
频谱感知的随机路由算法	转发距离改进及每跳传输延迟	分布式	是	是	是	是	周期检测确保路由可用	每包路由决策	高	考虑各种信道条件。采用保护措施确保侯选节点可用。增加 OCR 算法中指标的冲突测量

表 10.6　协议的仿真结果总结

协议	仿真细节	仿真结果和建议
分层图	● 工具：MATLAB 仿真实验软件 ● 节点数：15 和 30 ● 100 × 100 网格 ● 10 Mbps 带宽 6 个可用信道	● 15 个节点负载从 10 ~ 60 个节点每秒。标准带宽从 98% 下降到 75%。 ● 30 个节点每秒负载 10 ~ 60 个，标准带宽从 90% 下降到 50% ● 无延迟的仿真结果
SEARCH（认知无线电网络中频谱感知路由）	● 工具：NS-2 ● 用户数据流使用通/断模型 ● 400 个节点 1000 m × 1000 m 区域 ● 10 主用户	● 端到端延迟 $E[T_{OFF}]$ 范围从 100 ~ 600 ms，延迟从 1200 ~ 150 ms ● 端到端延迟从 100 ~ 700 ms，延迟 1 ~ 3.8 s
频谱感知的机会路由算法	● 工具：AC + + 驱动的模拟器 ● 节点分布在 800 m × 800 m ● 源和目标相距 700 m ● 2 Mbps 带宽 6 个信道	● 端到端延迟 $E[T_{OFF}]$ 范围从 100 ~ 600 ms，延迟固定在 120 ms ● 端到端，次用户数目 80 ~ 120，延迟从 107 降到 75 ms ● 端到端延迟速率从 10 ~ 70，延迟从 50 增加到 425 ms

10.9　本章小结

认知多跳无线网络是无线通信领域最有前景的研究领域之一。已经实现的各种多跳网络都有利于认知无线电的实现。本章重点关注认知多跳无线网络中的路由协议。本章讨论了几个路由协议，展示了针对认知无线电网络面临的挑战采用的不同方法。每种协议都试图针对特定的网络达成一系列目标。结果显示没有哪个单独的路由算法能适用于所有的网络，并且，当针对某个特定方面的问题做出改进时总要做出均衡的考虑。

未来需要改进的工作包括集中式网络的扩展性，减少高动态性分布式网络的复杂性和负担等。跨层设计也是一个重要的探索领域，不同层之间的交互将扮演一个关键的角色[14]。

参考文献

1. S. Abdelaziz and M. ElNainay, Metric-based taxonomy of routing protocols for cognitive radio ad hoc networks, *Elsevier Journal of Network and Computer Applications*, 40 (4), 151–163. April 2014.
2. Y. Bi, L. X. Cai, X. Shen, and H. Zhao, Efficient and reliable broadcast in inter-vehicle communication networks: A cross level approach, *IEEE Transactions on Vehicular Technology*, 59 (5), 2404–2417, June 2010.
3. M. Cesana, F. Cuomo, and E. Ekici, *Routing in Cognative Radio Networks: Challenges and Solutions*, *Ad Hoc Networks*, 9 (3), 228–248, May 2011.
4. K. Chowdhury and M. Felice, Search: A routing protocol for mobile cognitive radio ad-hoc networks, *Computer Communications* (Elsevier), 32 (18), 1983–1997, 2009.
5. E. Buracchini, The software radio concept, *IEEE Communication Magazine*, 39 (9), 138–143, 2000.
6. F. S. Force, Report of spectrum efficieny working group, Retrieved from http://www.fcc.gov/sptf/files/SEWGFinalReport_1.pdf, November 2002. Last accessed April 2013.

7. Y. Hou, Y. Shi, and H. Sherali, Optimal spectrum sharing for mult-hop software defines radio networks, in *26th IEEE International Conference on Computer Communications*, 2007, pp. 1–9.
8. H. Khalife, N. Malouch, and S. Fdida, Multihop cognitive radio networks: To route or not to route, *IEEE Network*, 23 (4), 20–25, July/August 2009.
9. Y. L. Lin and X. Shen, Spectrum-aware opportunistic routing in multi-hop cognitive radio networks, *IEEE Journal on Selected Areas of Communications*, 30 (10), 1958–1968, November 2012.
10. A. Tanenbaum and D. Wetherall, *Computer Networks*, 5th edn., Pearson, Boston, MA, 2011.
11. J. Wang and Y. Huang, A cross-layer design of channel assignment and routing in cognitive radio networks, in *IEEE International Conference on Computer Science and Information Technology (ICCSIT)*, Chengdu, China, pp. 242–547, 2010.
12. Q. Wang and H. Zheng, Route and spectum selection in dynamic spcetrum networks, in *Third IEEE Comsumer Communication and Networking Conference*, 2009, pp. 625–629.
13. C. Xin, B. Xie, and C.-C. Shen, A novel layered graph model for topology formation and routing in dynamic spectrum access networks, *in Proc. First IEEE International Symposium on New Frontiers in Dynamic Spectrum Access Networks (DYSPAN)*, Baltimore, MD, 2005, pp. 308–317.
14. J. Mack and M. Ibnkahla, Routing protocols in cognitive radio networks, Queen's University, Kingston, Ontario, Canada, WISIP Lab, Internal Report, April 2013.

第 11 章　认知无线电经济学

11.1　概述

认知无线电技术的主要目标是提高频谱利用率。从毫无成本的匿名使用无授权信道到从无线服务提供商那里临时租用唯一的接入权，这就可能会涉及不同程度的经济问题。频谱接入权通常分为三类：

1. 公共
2. 共享
3. 专用

公共接入型是指所有的用户共用一个免费的未授权频谱。尽管博弈论也与该系统下的用户行为具有相关性，但是还没有经济架构用于讨论这个问题。

共享接入型也是免费的，不同点在于主用户可以优先接入信道。匿名的次用户只要不干扰主用户，也可以接入信道。这种情况也没有经济架构可供讨论。然而，如果主用户的接入权被视为是信道的财产权，那么次用户需要给主用户支付费用以获得共享信道的特权。可供次用户发射信号的时间窗口不一定是恒定的或者是可以预测的。因此，次用户需要支付的费用必须与次用户发射信号时间的长短成比例。本章将分析一个主用户和多个次用户共享频谱的合作模型。

专用接入型是指频谱所有者将他们的频谱接入权租给某个用户，或者租给无线服务提供商，由无线服务提供商再将接入权租给某个终端用户。由于存在发射专用的属性，因此，专用信道比发射机具有更高的价值。该类信道的缺点是信道一旦租出，信道所有者也将不能使用该信道。只有在所有者不需要接入或者很少接入的时候，才会采用此类模式。

本章将分析固定价格市场、单向拍卖和双向拍卖对于接入权分配的有效性。在固定价格市场中，用户没有价格控制权。用户有机会从彼此竞争的卖方中间进行挑选。例如，用户可能从无线服务提供商那里购买接入权。但是在单向拍卖中，只有一个卖方，买方可以用自己满意的价格来竞拍接入权。双向拍卖涉及买卖双方的报价。在双向拍卖过程中，买方彼此竞价，以期望获得最低出售价，而卖方彼此竞价，以期望获得最高收购价。本章根据文献[1]中的调查研究，探讨了前面叙述的模型。

11.2　博弈论

在分析根据市场类型提出的模型之前，需要简要回顾一下博弈论以便描述买卖双方市场行为的建模方法[2~11]。

11.2.1　战略型博弈模型

战略型博弈模型是设定博弈参数的标准方法，用$(N,(A_i),(u_i))$表示。其中 N 表示参与者的个数，(A_i)表示参与者(i)可以使用的行动集，(u_i)表示参与者(i)的效益/函数。

对于认知无线电网络，参与者包括买方和卖方。他们的行动集构成了可以挑选的选项，以此来优化他们各自的效益函数。例如，在固定价格市场中，卖方的行动集是他们可以选择的报价。他们可以采取某种行为，例如选择某个特定报价，就可以谋求支付最大化。卖方也意识到为了获得支付最大化，必须确定另一个参与者(买方)以某个价格租用信道的概率，还要确定能够将收益最大化的价格。买方将会根据信道的效益来考虑卖方的报价进而采取相应的行动(选择一个买方或者价格)。卖方根据买方的反应继而改变自己的策略或者行为。参与者行为严重依赖于可用的信息。在建立真实的市场模型的时候，应当谨慎设定假设。

11.2.2 市场演化与均衡

当买卖双方无法再从策略变化中获益时，就达到了市场均衡。市场通常是汇聚性或者周期性的，尽管实际上并不常常如此。当所有的参与者在非合作博弈中都选择各自的最优行动，此时达到的均衡被称为纳什均衡(NE)。从经济方面讲这并不一定是高效的，因为合作往往比竞争更能使人受益。市场可能会出现多个纳什均衡、唯一的纳什均衡或者一个也没有。

为了演示市场如何达到均衡，下面讲述了文献[3]中提出的用于预测无线服务提供商信道占用的方法。该方法针对的是固定价格市场，即无线服务提供商竞相招揽用户购买他们信道的接入权。

$N_c(t)$是某个时间(t)某个信道(c)上活跃链路的数量。某个链路的通信流量是(λ)，符合泊松分布。在某段时间(Δt)内，网络上新增发射机-接收机对(链路)的数量为($N\times\lambda\times\Delta t$)。在稳定状态下即加入网络的链路数量等于退出网络的链路数量时，($N\times\lambda\times\Delta t$)也等于退出网络的链路数量。为了确定某个信道上活跃的链路的数量，必须确定次用户从可用信道集内选择该信道的概率P_c，公式如下所示：

$$P_c=\text{Prob}\left\{c=\arg\max_{c^*\in C}\mu_i\left(c^*\right)\right\},\forall c\in C \tag{11.1}$$

对于分析信道c效益的某个用户来说，效益就可以简单表示为信噪比(SNR)函数与信道价格之差，写为

$$\mu_c=B\times\lg\left(\frac{P_o g_c}{I_c+N_o}\right)-p_c \tag{11.2}$$

其中p_c是信道价格。

对买方效益函数准确建模的卖方能够预计到理想的价格，使P_c值最大化。知道P_c值，占用信道c的新链路的数量就可以用($N\times\lambda\times\Delta t\times P_c$)来计算。任何信道的下一个状态就可以表述为当前状态加上占用信道的新链路，再减去退出信道的链路

$$N_c\left(t+\Delta t\right)=N_c\left(t\right)+\left(N\times\lambda\times\Delta t\times P_c\right)-N_c\left(t\right)\times\lambda\times\Delta t \tag{11.3}$$

信道中链路的数量被认为是恒定时，$N_c(t)$相对于时间的变动率为0。这时候次用户选择信道c的概率就是

$$\Pi_c\left(t\right)=P_c=\frac{N_c\left(t\right)}{N} \tag{11.4}$$

这也被称为信道占用度，可以用来描述信道的市场份额。

参数 P_c 取决于将次用户效益最大化的因素，这些因素有

1. 信道上的干扰 I_c
2. 频谱价格 p_c
3. 总频谱需求 ρ

这些参数中任何一个参数的改变都会影响其他参数，每个次用户的感知效益都在持续变化，这自然会趋于均衡状态。

11.3 认知无线电合作交易模型

共享类频谱市场的理念是主用户拥有频带的财产权，如果主用户愿意，可以将这些财产权出租给次用户。为了保证收费合理，次用户支付的费用必须和使用频谱的时间成比例。

文献[10]提出了一个共享类模型，该模型的基础是主用户和次用户之间存在合作。在该模型中，主用户利用次用户来获得空间分集以降低信道衰落的影响。一种中继选择技术可用来选择优质次用户来中继信号。作为交换，主用户允许那些不会对主用户造成干扰的次用户在一段时间内使用该信道。这种过程循环往复，次用户在他们使用信道的时间内给主用户中继信号，同时发射自己的信号。主用户给次用户规定单位时间点的价格，次用户选择发射功率来支持主用户发射信号。可以用博弈论来给现实中的用户行为建模，此时次用户并不了解完整的信道信息。

合作模型的目标是在不损害主用户的情况下将次用户的吞吐量最大化。为此，需要联合优化主用户和次用户的效益函数。文献[10]使用了斯塔克尔贝格博弈来解决这个问题。在斯塔克尔贝格博弈中，领导者先采取行动，跟随者随后做出响应。对于合作型认知无线电市场，主用户是领导者，选择可能最好的价格将效益最大化。次用户是跟随者，购买信道接入时间，优化他们从信号发射中获得的效益。

需要注意的是，在合作模型中，次用户触及了非合作模型中不存在的权衡问题。除了信道使用费，次用户还必须选择他们的发射功率来支持主用户。当次用户发射信号对主用户不利时，次用户必须为增大发射功率支付更多的费用。

图 11.1 表明了一段时间(由三个时间间隙构成)内的系统行为。

主用户发射机(PT)将其信道接入权租给了次用户发射机(ST)，这些次用户发射机相当于一组中继 S。该组中继中活跃中继的数量用 k 表示。主用户给第 i 个次用户规定单位接入时间 t_i 的价格是 c。接入时间购买函数包含了合作发射功率 P_i 和信道功率增益 $G_{i,\mathrm{p}}$。

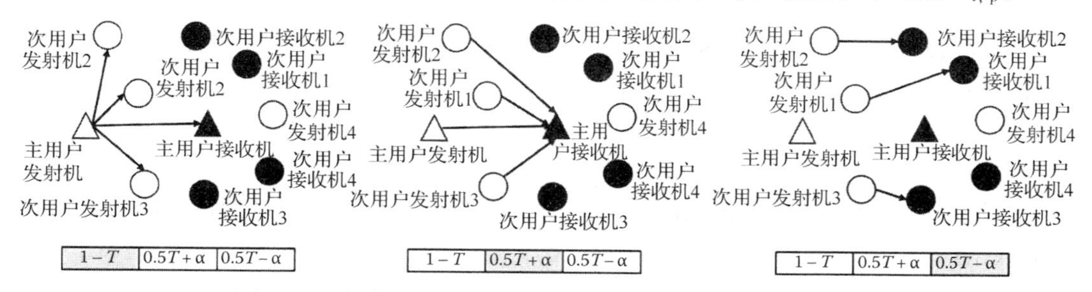

图 11.1　合作型认知无线电的三个时间间隙[引自 Wang, X. et al., IET Networks, 1(3), 116, September 2012]

$$ct_i = P_i G_{i,\mathrm{p}}, \quad i \in S \tag{11.5}$$

信道功率增益 $G_{i,\mathrm{p}}$ 在次用户发射机 ST_i 和主用户接收机(PR)之间，因为主用户的目标是获利同时又能改善其信号发射。

在图 11.1 中，第一个时间间隙$(1-T)$是指用户将数据发射到所选的中继以及主用户接收机的时间。第二个时间间隙$(0.5T+\alpha)$是本周期内剩余时间的一部分，期间主用户发射机和中继直接向主用户接收机发射信号。最后一个时间间隙$(0.5T-\alpha)$是留给次用户的，用于向自己的次用户接收机(SR)发射信号。次用户采用时分复用接入(TDMA)方式发射信号。

为了检查市场行为和均衡，有必要获得主用户和次用户的效益函数。如前所述，在斯塔克尔贝格博弈中，主用户是领导者，规定单位接入时间价格。次用户是跟随者，选择策略使其自己的效益函数最大化。发射机效能的一个关键因素是信噪比(SNR)。主用户发射机直接发射给主用户接收机的信噪比如下所示：

$$\Gamma_{\mathrm{dir}} = \frac{P_{\mathrm{p}} G_{\mathrm{p}}}{\sigma^2} \tag{11.6}$$

其中，σ^2 表示噪声功率。

中继组的信噪比与主用户接收机的信噪比相似，但是由最低信道增益决定

$$\Gamma_{\mathrm{PS}}(k) = \frac{P_{\mathrm{p}} \min\limits_{i \in S} G_{\mathrm{p},i}}{\sigma^2}, \quad i \in S \tag{11.7}$$

这两个方程表示的是第一个时间间隙内和广播相关的信噪比值。第二个时间间隙内主用户发射机及其中继混合发射如下所示：

$$\Gamma_{\mathrm{SP}}(k) = \frac{P_{\mathrm{p}} G_{\mathrm{p}}}{\sigma^2} + \sum_{i \in S} \frac{P_i G_{i,\mathrm{p}}}{\sigma^2}, \quad i \in S \tag{11.8}$$

使用解码前传(DF)合作协议与空时编码，主用户的总发射信噪比如下所示：

$$\Gamma_{\mathrm{coop}}(c,k) = \min\left\{(1-T)\Gamma_{\mathrm{PS}}(k), \left(\frac{T}{2}+\alpha\right)\Gamma_{\mathrm{SP}}(k)\right\} \tag{11.9}$$

然后利用换算因数 w_{p} 就可以定义一个简单的效益函数，将信噪比转换为一个对主用户有用的效益值

$$U_{\mathrm{p}} = w_{\mathrm{p}} \Gamma_{\mathrm{coop}}(c,k) \tag{11.10}$$

定价非常重要，因为它是主用户能够直接操控的唯一参数。它能够影响 S 中次用户的数量以及次用户购买的时长。最优的价格能够将 U_{p} 最大化。然而该模型[10]没有包含另一个术语，该术语将主用户的收益纳入了方程中。所有的用户都有某种形式的运营成本，因此收益就应该在效益函数中有所体现。

次用户从他们自己的信号发射中获得所有效益。他们的目标是通过确定理想的接入时长将效益最大化。次用户 $i(\mathrm{SU}_i)$ 的发射功率如下所示：

$$R_i = W \log_2\left(1 + \frac{P_{\mathrm{s}} G_i}{\sigma^2}\right), \quad \forall i \in S \tag{11.11}$$

令 w_1 表示单位发射数据产生的收益，w_2 表示单位功率的成本。次用户效益函数就可以表示为发射数据产生的收益减去发射主用户和次用户数据所需的成本

$$U_i = w_1 R_i t_i - w_2\left[P_{\mathrm{s}} t_i + P_i\left(\frac{T}{2}+\alpha\right)\right], \quad \forall i \in S \tag{11.12}$$

每个次用户必须决定所要购买的接入时长，以此来使自己的效益最大化。

斯塔克尔贝格均衡是一种市场均衡，为此主用户价格和次用户接入时间都要优化，分别用 c^* 和 $\boldsymbol{t}^*$ 表示。注意 $\boldsymbol{t}^*$ 是向量 $[t_1, t_2, \cdots, t_k]^{\mathrm{T}}$，对应活跃的次用户。在合作博弈中，次用户以非合作的方式彼此竞争，因为要选择接入时间来使各自的效益最大化。如此一来，斯塔克尔贝格均衡和纳什均衡结合了起来，用户只采取能够最大限度提高当前效益的行动。为了选择最优价格，主用户要了解次用户的效益函数。其编制了一组最佳响应 $\boldsymbol{t}^*$ 来对应某个价格 c，然后选择使 U_{p} 最大化的 $\boldsymbol{t}_c^*$。

用来选择接入时间 t_i 的非合作博弈被确定为策略型博弈，其中 S 表示参与者集合(次用户)，$\{T_i\}$ 表示策略集合 $T_i = [t_i]_{i\in s}$: $0 < t_i \leqslant 1$，$\{U_i\}$ 是次用户效益函数集合

$$G = \left[S, \{T_i\}, \{U_i\}\right] \tag{11.13}$$

为了确定次用户的最佳响应，采取 t_i 的一阶导数并将其设为 0。和购买时间的变化相比，当次用户效益的变动率为 0 时，效益达到最大

$$\frac{\partial U_i}{\partial t_i} = \frac{-2ct_i - c\sum_{j\in S,j\neq i} t_j - 2\alpha c}{G_{i,\mathrm{p}}} + \frac{w_1}{w_2}R_i - P_{\mathrm{s}} = 0 \tag{11.14}$$

其中 θ_i 的定义如下所示：

$$\theta_i = \left(\frac{w_1}{w_2}\right)R_i G_{i,\mathrm{p}} - P_{\mathrm{s}} G_{i,\mathrm{p}} > 0 \tag{11.15}$$

θ_i 捕获次用户的个人信息。如果 θ_i 较大，则意味着次用户自己的数据发射是高效的(即较大的信道功率增益 G_i)，或者在次用户发射机 $i(ST_i)$ 和主用户接收机(PR)之间有一个较好的中继链路(一个较大的信道增益 $G_{i,\mathrm{p}}$)。

文献[10]表明纳什均衡是独一无二的，通过计算所有次用户的接入时间方程就可以求得纳什均衡

$$t_i^* = \frac{(1+k)\theta_i - \sum_{i\in S}\theta_i - 2\alpha c}{(1+k)c}, \quad \forall i \in S \tag{11.16}$$

从该方程可以看出最佳用户接入时间取决于和与同一主用户合作的用户总数(k)。

为了获得主用户所需的最低价格以便开展合作，必须计算从主用户发射机到主用户接收机的最大效能

$$U_{\mathrm{dir}} = w_{\mathrm{p}}\Gamma_{\mathrm{dir}} = w_{\mathrm{p}}\frac{P_{\mathrm{p}}G_{\mathrm{p}}}{\sigma^2} \tag{11.17}$$

这就是前面介绍过的主用户效益函数，但是不包含次用户对信噪比的影响因素。如果从合作中可获得的效益小于该值，主用户就没有动力参与共享模型。

总体来说，文献[10]提出的模型简单实用。然而该模型没有考虑主用户之间的竞争因素。此合作模型和前面分析的固定价格模型有一些相似性。文献[3]中的概率方法可以用来考虑主用户之间的价格竞争。

11.4　固定价格交易模型

固定价格交易模型是专用型经济模型，被无线服务提供商广泛采用，用于将接入权短期租给终端用户。由于买方是出价方，与更加复杂的拍卖模型相比，实用模型只需考虑较少的

变量。固定价格市场中的买方基本上是终端用户，那么不需要终端用户竞标的系统虽然更加简单，但是可能会有更大的优势。如低准入门槛会鼓励新公司的发展。固定价格市场产生的收益没有拍卖高，这是因为用户对价格很敏感。如果价格低于用户的保留价格(用户愿意支付的最高价格)，用户就可以省下这笔差价。然而在大多数拍卖中，竞拍者不知道别人的出价，却依然得以彼此竞争。为了尽可能中标，买方会提出他们的保留价格。

文献[3]中描述了一种用于固定价格市场的交易模型。该模型考虑两个寡头厂商，也就是说两个无线服务提供商彼此竞争来使他们的利润最大化。结果表明在需求较小时，频率传播特征在用户决策中起到了很大的作用，同时还表明更低的频率更受欢迎。当需求较大时，同信道干扰比噪声对其的影响更大。正因为如此，信道间的价格差异相对于较高的同信道干扰显得无足轻重。而且同信道干扰的重要性表明用户的地理分布对定价也有影响。无线服务提供商利用次用户的地理分布可以增加收益，因为他们可以将频带租给不会彼此干扰的用户。无线服务提供商可以采用两种方式来公开报价：一种是使用专用控制信道来广播价格，另一种是向用户提供数据库查询系统。

为了给市场建模，可以采取以下三个步骤来确定参与者的行为：

1. 检查其他用户的租金对买方效益函数的影响。
2. 确定无线服务提供商给用户的最佳选择策略，使他们的效益函数最大化。
3. 依据无线服务提供商选择策略，制定非合作双寡头模型下无线服务提供商的定价策略。

对参与者行为建模之后，就可以确定市场的纳什均衡。假设两家无线服务提供商各自拥有一条带有唯一核心频率的单一授权信道的长期接入权。这里使用异构这个术语来描述带有不同核心频率和传播特征的频谱资源。异构频谱中的信道常常有不同的发射和干扰区域。文献[3]中的用户效益描述了基于频带容量和成本的购买行为。假设所有的用户都有相同的效益函数，如式(11.18)所示。

$$\mu_i(c) = B \times \lg\left(1 + \frac{P_o g_{c,i}}{I_{c,i} + N_o}\right) - p_c \tag{11.18}$$

其中，B 是信道带宽；$g_{c,i}$ 是信道增益；N_o是噪声功率；P_o是发射功率。

所有信道的带宽都是恒定的。接收机 i 在信道 c 上受到了来自其他用户的干扰 $I_{c,i}$。假设所有的用户和发射机的距离相等，此时频道增益只取决于信道频率。在此基础上，用户 i 选择信道 c_i 使效益最大化。

假设所有用户的效益函数都相同并不一定切合实际，但是它表明了固定价格异构频谱市场对买方行为的影响。

通常认为用户虚构了第二个自组网，包含有 N 个发射机-接收机对。无线服务提供商设定固定频谱价格供用户购买。由于认为用户具有认知无线电方面的能力，有广阔的频谱范围满足用户的需求。这样用户就可以灵活地选择无线服务提供商。

市场模型使用户随机分布在不同的地理区域，符合泊松分布。某区域内活跃链路的数量分布如式(11.19)所示。

$$n_A \sim \text{Poisson}(n; \rho |A|) \tag{11.19}$$

其中，n 是链路的数量，ρ 是平均浓度，A 是分布区域。

频率更低的频带具有更好的传播特征。例如，一个简单频谱传播模型如下所示。

$$P_R = P_o \times g_c(r) = P_o \times \left(\frac{c_o}{f_c}\right)^{\alpha} \times r^{-\alpha} \tag{11.20}$$

其中，P_R是接收信号功率；P_o是发射功率；c_o是光速；f_c是载波频率；r 是发射机与接收机之间的距离；α 是路径损耗指数。

可以看出，载波频率减小时，接收功率增大。

为了计算用户的同信道干扰，有必要确定一个合理的干扰区域。频率越低，区域越大，即

$$R_I^c \triangleq \sup\left\{r \in \mathbb{R} \mid P_o \times g_c(r) > \eta\right\} \tag{11.21}$$

阈值 η 界定了干扰区域，它取决于数据率、调制类型和其他因素。租用相同信道的用户通常相距较远，不会造成干扰。

假设规范化后的干扰符合高斯分布 $I_{in,c} \sim N(\mu_c, \sigma_c^2)$，记为 $I_{in,c} = \sum_{s_c} g_c(r)$，其中 S_c是干扰信道 c 的同信道组，$g_c(r)$是距离发射机 r 处的信道增益。

$$I_{in,c}(x) = \frac{1}{\sqrt{2\pi}} e^{\left(-\frac{(x-\mu_c)^2}{2\sigma_c^2}\right)} \tag{11.22}$$

规范化后的干扰的平均值和方差可以像文献[3]中那样建模。

$$m_k(\rho, c) = \frac{2\pi\rho_c}{(k\alpha - 2)}\left(\frac{c_o}{f_c}\right)^{\alpha k}\left(\frac{1}{\varepsilon^{k\alpha-2}} - \frac{1}{\left(R_I^c\right)^{k\alpha-2}}\right) \tag{11.23}$$

其中，m_1表示平均值；m_2表示方差；ε 是发射机和接收机之间的最短距离；ρ_c是使用相同信道的次用户的密度；c_o是光速；f_c是载波频率。

干扰区域以外的用户对信道 c 的总干扰可以表示为

$$I_{out,c} = 2\pi P_o \left(\frac{c_o}{f_c}\right)^{\alpha} \frac{\rho_c \left(R_I^c\right)^{2-\alpha}}{(\alpha - 2)} \tag{11.24}$$

干扰 $I_c \sim N(\mu_c, \sigma_c^2)$可以用下面两个方程式来描述：

$$\mu_c = E\left[I_{in,c}\right] + I_{out,c} = \left(\frac{c_o}{f_c}\right)^{\alpha} \frac{2\pi\rho_c P_o}{(\alpha - 2)}\left(\frac{1}{\varepsilon^{\alpha-2}}\right) \tag{11.25}$$

$$\sigma_c^2 = \frac{\pi\rho_c P_o}{(\alpha - 1)}\left(\frac{c_o}{f_c}\right)^{2\alpha}\left(\frac{1}{\varepsilon^{2\alpha-2}} - \frac{1}{\left(R_I^c\right)^{2\alpha-2}}\right) \tag{11.26}$$

这两个方程描述了某个信道的用户信干比(SIR)的干扰特征。

这里重点要说明两点：

1. 频谱异构对信道的影响是实实在在的，因为干扰与核心频率f_c以及干扰区域 R_I^c有关。
2. 信道上用户密度的改变将影响信道干扰的平均值和方差。

这些揭示了用户对彼此 SNR 的影响以及购买具有理想传播特征频率的接入权的重要性。

可以使用平均场的方法来预测异构频谱市场的发展，因为该市场会形成一种稳定状态。在平均场理论中，一大群个体对某个个体的影响可以用一种单平均影响来表示，从而降低了问题的复杂性。

用户从所有可用信道中选择信道 c 的概率，即

$$P_c = \mathrm{Prob}\left\{c = \arg\max_{c^* \in C} \mu_i\left(c^*\right)\right\}, \quad \forall c \in C \tag{11.27}$$

用户效益的方程式如下所示。

$$\mu_c = B \times \lg\left(\frac{P_o g_c}{I_c + N_o}\right) - p_c \tag{11.28}$$

正如文献[3]中讨论的双寡头模型，这里只有两个无线服务提供商可供选择。一个服务提供商可以提供信道 c，另一个服务提供商可以提供信道 a。选择信道 c 的概率可表示为

$$P_c = \mathrm{Prob}\left(\mu_c - \mu_a > 0\right) \tag{11.29}$$

为了更清楚地表示干扰和频谱价格的影响，可以改写该函数为

$$P_c = \mathrm{Prob}\left(I_a + N_o - e^{p_c - p_a}\left(\frac{f_c}{f_a}\right)^{\alpha}\left(I_c - N_o\right) > 0\right) \tag{11.30}$$

其中，f_c和f_a是这两个信道的核心频率。通常假设在稳定状态下，选择任何一个信道所得到的效益是相等的。然而，由于不同频率的异构传播特征，该假设常常不可靠。

为了研究异构频谱特征对固定价格市场行为的影响，假设两位彼此竞争的无线服务提供商报价相同。他们出租的信道的特征就成为他们之间的区别性特征。

令 $I_{ca} \sim N(\mu_{ca}, \sigma_{ca}^2)$ 表示高斯随机变量 I_c 和 I_a 之差，那么就可以简化 P_c，如式(11.31)所示。

$$P_c = \mathrm{Prob}\left(I_{ca} > 0\right) = Q\left(\frac{-\mu_{ca}}{\sigma_{ca}}\right) \tag{11.31}$$

平均值和方差为

$$\mu_{ca} = \mu_a + N_o - e^{p_c - p_a}\left(\frac{f_c}{f_a}\right)^{\alpha}\left(\mu_c + N_o\right), \quad \sigma_{ca}^2 = \sigma_a^2 + \left(e^{p_c - p_a}\left(\frac{f_c}{f_a}\right)^{\alpha}\right)^2 \sigma_c^2 \tag{11.32}$$

由于是双寡头模型，那么 $P_a = 1 - P_c$。

从上面的方程式可以看出，彼此竞争的无线服务提供商提供的信道频率对彼此的干扰平均值和方差有直接的影响。

值得注意的是，μ_c（和 μ_a）分别与 ρ_c（和 ρ_a）成比例。用户密度较低的信道受到的平均干扰也较低，但是随着用户意识到这一点并加以利用，信道的平均干扰会增大。在稳定状态下，ρ_c（和 ρ_a）是恒定的。

每个无线服务提供商的目标是以尽可能高的价格将频谱租给尽可能多的用户。由于无线服务提供商在价格博弈中彼此竞争，他们的支付函数可以表示为

$$V_c\left(p_c, p_{-c}\right) = N_c\left(p_c, p_{-c}\right) \times p_c - b_c \tag{11.33}$$

其中 N_c是以价格 p_c从无线服务提供商购买接入权的次用户的数量。

从所有者 b_c 那里租用频谱的费用和用户租用的时长成比例。文献[3]中假设这是一个固定价格。无线服务提供商的价格表示为 p_c。目标是将利润最大化，于是选择 p_c^* 将 $V_c(p_c, p_{-c})$ 最大化，如式(11.34)所示。

$$p_c^* = \arg\max_{p_c \in \mathbb{R}} V_c\left(p_c, p_{-c}\right) \tag{11.34}$$

文献[3]表明随着次用户密度趋向无穷大，选择信道 c 的概率趋向 $1/C$，其中 C 是唯一信道的数量。这就假设所有无线服务提供商的价格是相同的。换句话说，随着用户密度的增加，频谱异构对于无线服务提供商选择的重要性将下降，最终可以忽略不计。为了弄清频谱采购价格 b_c 是如何确定的，需要分析无线服务提供商拍卖市场。

11.5　拍卖模型

拍卖可以采用不同的方式进行。本章将讨论单边拍卖和双边拍卖。单边拍卖涉及单一卖方(通常是频谱所有者)和多个买家，这些买家在拍卖中彼此竞价来谋求频谱接入权。如果需求超过供应，与买方对频带的实际估价相比，频带的市场价格将会被推高。当需求没有超过供应时，买方就没有动力按照拍卖规则提出更高价格。因此，所有的买家只愿意出最低价格，卖方的收益就降到最低了。双边拍卖允许卖家彼此竞价以得到信道的最低卖方价格。与垄断性的单边拍卖相比，这种竞争就降低了出租信道的成本。然而，需求肯定会再次超过供应。如果市场中卖家增多，供应可能增加，这样就需要更大的需求来监督双边拍卖。此外，还需要一个受信任的第三方，如美国联邦通信委员会(FCC)来协助拍卖，因为卖家也在竞价。

可以采取顺序拍卖或者即时拍卖。顺序拍卖允许用户一次竞拍一个可用信道。即时拍卖允许用户同时竞拍所有可用信道，出价最高者获得信道。文献[12]表明其他条件相同时，顺序拍卖可以产生更多的收益。即时拍卖的竞拍者只能获得一个单一频带和顺序拍卖的竞拍者可以获得任意数量频带的例子都证明了这一点。

如果用户要求他们拥有自己的带宽 w_i，只要 w_i 小于或者等于被拍卖的可用总频谱 W 也可以进行拍卖，如下所示。

$$w_i \leqslant W, \quad i = 1, \cdots, n \tag{11.35}$$

顺序拍卖仅限于拍卖买方确定的带宽，这就降低了买方优化其效益的能力。如果买方要竞拍他们最理想的带宽，可以给出他们能够承受的最高保留价格。允许买方确定带宽的缺点是确定的竞拍组合使收益最大化变得更加复杂。这就必须确定为一种优化问题，即 0-1 背包问题，用于一组量的总和大于一个已知约束(如总需求大于总供应)。每个量都有一个值，在求得这些值的最大总和的时候，这些总和的值不能大于已知约束总和的值。0-1 代表了决定是否从这些量中利用 δ 函数选择某个量。优化选择后的竞拍方式不一定要利用所有可用的带宽。

为了比较，图 11.2 和图 11.3 表明了可用频谱的完全分配和不完全分配。

文献[13]表明尽管存在这种不足，但是买方确定带宽产生的收益还是稍微高于同等条件下产生的收益(见图 11.4)。而且平均频谱利用率也提高了。这种结果的竞拍相当于第二价格拍卖，其中中标者支付的是竞拍中第二高的价格。对于第一价格拍卖的情况没有给出比较图。

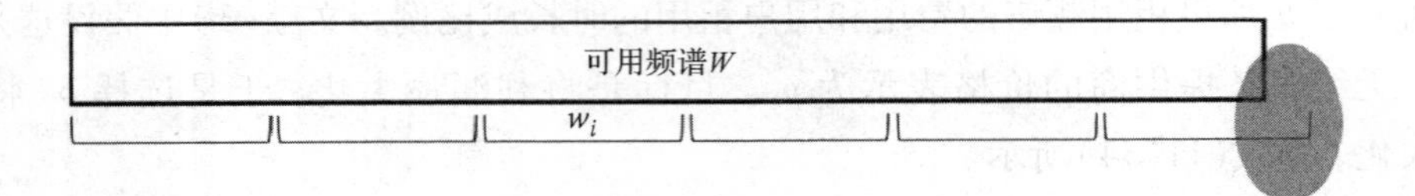

图 11.2　可用频谱完全分配与不完全分配示意图

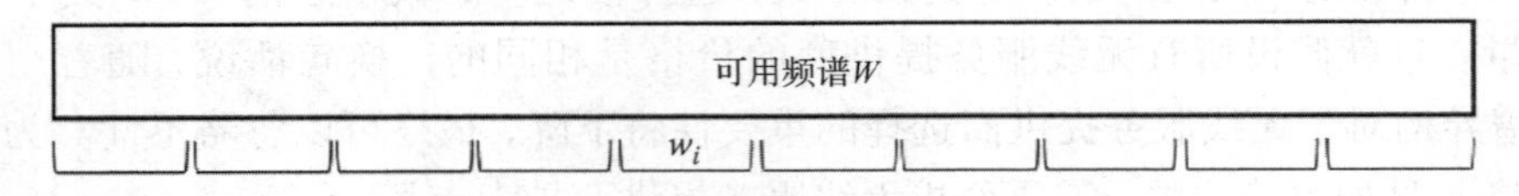

图 11.3　可用频谱完全分配示意图

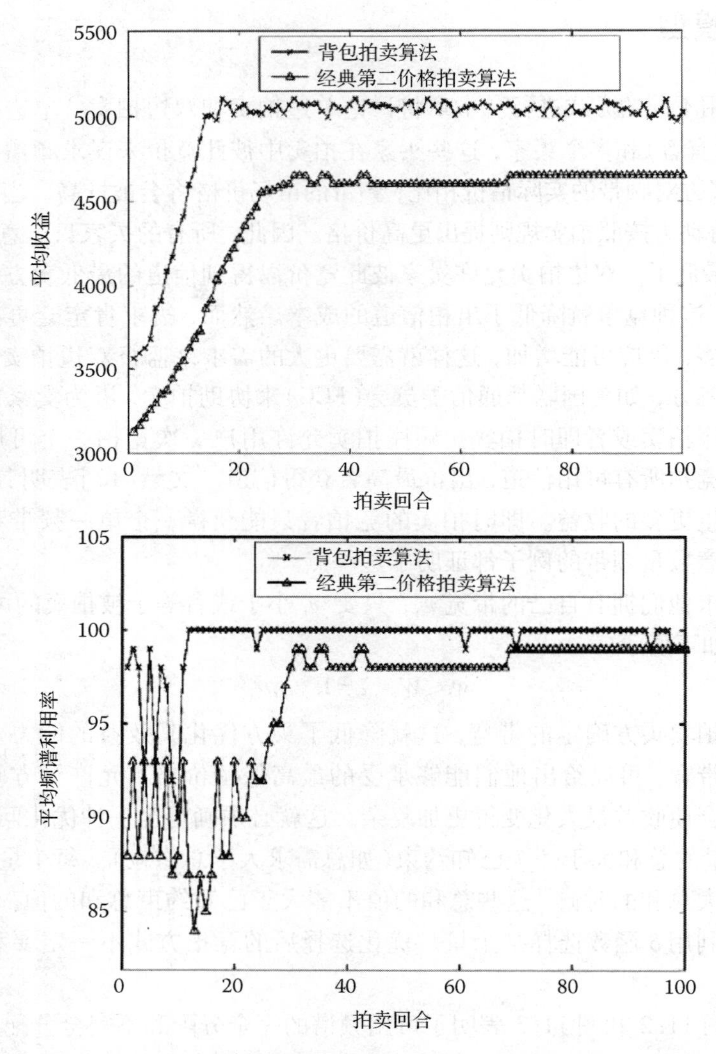

图 11.4　对于卖方确定的信道带宽，背包拍卖产生的收益和平均频谱利用率要稍微高于第二价格拍卖[引自Sengupta, S. and Chatterjee, M., IEEE/ACM Transactions on Networking, 17(4), 1200, August 2009]

11.5.1 单边拍卖

下面讨论一下文献[12]中提出的用于单边拍卖的交易模型。首先考虑竞拍者只能赢得唯一信道的竞拍模型

$$
\begin{aligned}
&S=\{s_1,s_2,\cdots,s_m\}\\
&N=\{N_1,N_2,\cdots,N_n\}\\
&B=\{b_1,b_2,\cdots,b_n\}\\
&n>m
\end{aligned}
\tag{11.36}
$$

其中，S 表示 m 个可替换的频率频带组成的集合；N 表示 n 个竞拍者组成的集合，竞拍者的数量要大于可用频带的数量；B 表示竞拍者的竞标集合。

动态分配的可用频谱 S 被称为协调接入频带(CAB)。虽然竞标者看不到彼此的出价，但都希望将自己的竞拍效益达到最大化(这种情况下，竞拍者向终端用户提供服务而从中获利)。

中标者获得相应频带 s_i 的租约。租约到期后，频带就要归还给频谱所有者。竞标失败者在以后的拍卖中会提高他们的报价，中标者会降低他们的出价。这是因为没有中标的出价低估了频带的市场价值，而中标的出价符合或者高估了市场价值。在文献[12]中，频谱所有者在每回合拍卖后都会公布最低出价，明确市场出价的下限。这样做的目的是只鼓励那些提出较高的保留价格的竞拍者参与下一回合的拍卖。

无线服务提供商利用向终端用户提供服务获得的收益来确定他们对频带的估价。如此一来，实际应用的系统严重依赖于终端用户的行为趋势。无线服务提供商对频谱的估价不尽相同，这是因为他们对相同频带的收益可能不同。

每个竞标者的回报(这里是指利润)就是频带产生的收益与从频带所有者那里租用频带的费用之差。用 V 表示估价或者收益，即

$$
\begin{aligned}
&V=\{V_1,V_2,\cdots,V_n\}\\
&\begin{cases}V_i-b_i & 第i次中标\\ 0 & 第i次流标\end{cases}
\end{aligned}
\tag{11.37}
$$

因为只有两种可能的结果，所以竞标者失败的成本就是中标者获得的收益。

对于顺序拍卖，中标者在同一次拍卖中不能参与后续频带的竞拍。顺序拍卖共有 m 个回合，每个回合过后，竞拍者的数量都在减少。相反，即时拍卖只有一个回合，所有的竞拍者都要参与。

对于竞标者密度均匀分布的顺序拍卖，投标的概率密度函数如下所示。

$$
f(b)=\frac{1}{V_{\max}-b_{\min}} \tag{11.38}
$$

在确定中标概率之前，需要一个模型来确定一个投标(i)大于另一个投标(j)的概率，如下所示。

$$
P\left(b_i>b_j \mid j\neq i;\ j\in(n-k-1)竞标者\right)=\int_{b_{\min}}^{b_i} f(b)\,\mathrm{d}b=\frac{b_i-b_{\min}}{V_{\max}-b_{\min}} \tag{11.39}
$$

其中，k 表示拍卖的前几个回合的数量。

如果出价最高的竞标者常常是中标者，那么就可以得到第 i 个竞标者中标的概率，如下所示。

$$P\left(b_i > b_j\ \forall j \neq i; j \in \left(n-k-1\right)\text{竞标者}\right) = \prod_{j=1}^{n-k-1} P\left(b_i > b_j \mid j \neq i; j \in \left(n-k-1\right)\text{竞标者}\right) \quad (11.40)$$

因此，在每位竞标者只能获得一个频带的顺序拍卖中，赢得第 $k+1$ 个回合的概率就可以用式(11.41)求得。

$$P_{\text{seq}}\left(\text{第}i\text{个竞标者中标}\right) = \left(\frac{b_i - b_{\min}}{V_{\max} - b_{\min}}\right)^{n-k-1} \quad (11.41)$$

将此概率乘以支付函数就可以描述竞标者的期望支付。为了将期望支付最大化，将期望支付函数的导数设为0。这样一来，期望支付最大化的最优投标可以表示为

$$b_{i_{\text{seq}}}^{*} = \frac{\left(n-k-1\right)V_i + b_{\min}}{n-k} \quad (11.42)$$

如前所述，失败的竞标者会提高他们的出价，使得 $b_{\min}$ 在拍卖过程中不断增大。逐渐增大的出价会趋近频带的真实价值。有人认为频带价值是恒定的或者是递增的，这种看法未免有些武断。无线传输数据的价值是可以下降的。例如，如果许多频带可以任意供非授权用户使用，那么对于终端用户来说，专用接入权的收益就必须超过免费频谱接入的效益。无线服务提供商就不得不降低价格来保证用户优先选择他们。

对于可替换频带的即时拍卖，每次拍卖只能投标一次。出价最高的 m 个竞标者获得频带。因此，为了获得频带，无线服务提供商的出价必须高于 $(n-m)$ 个出价。这种概率可以表示为

$$P_{\text{con}}\left(\text{第}i\text{个竞标者中标}\right) = \prod_{j=1}^{n-m} P\left(b_i > b_j \mid j \neq i; j \in \left(n-m\right)\text{竞标者}\right) \quad (11.43)$$

$$P_{\text{con}}\left(\text{第}i\text{个竞标者中标}\right) = \left(\frac{b_i - b_{\min}}{V_{\max} - b_{\min}}\right)^{n-m} \quad (11.44)$$

最优投标于是就变为

$$b_{i_{\text{con}}}^{*} = \frac{\left(n-m\right)V_i + b_{\min}}{n-m+1} \quad (11.45)$$

知道了顺序拍卖和即时拍卖中的最优投标，就可以比较这两种拍卖类型，来确定哪一种拍卖方式更好，当然前提是竞标者是理性的。

文献[12]分析了两种情况：非稳定状态和稳定状态。在稳定状态(市场均衡)中，竞标者改变他们的投标不会获得额外的回报，因此竞拍收益是固定的。

实践表明在频带拍卖之前，要想在顺序拍卖中中标，最优投标价必须更高。随着更多的频带可以进行拍卖，这种差异更加明显。实践还表明在非稳定状态和稳定状态中，顺序拍卖中的最优投标更高。对于频谱所有者，顺序拍卖显然更受欢迎，这是因为所有可替换的频带都要受到单频带的获取权限。

不可替换的频带要求向竞标者提供更多的信息。假设所有 m 个频带的完整信息都可用。估价价格必须通过向量组中的一个向量来描述，即

$$V = \{\{V_1\},\{V_2\},\cdots,\{V_n\}\}$$
$$V_i = \{V_{i,1},V_{i,2},\cdots,V_{i,n}\} \tag{11.46}$$

同样，在拍卖中每个竞拍者对每个频带都有一个唯一保留价格以及相应的效益函数，即

$$R_i = \{r_{i,1},r_{i,2},\cdots,r_{i,m}\}$$
$$U_i = V_i - r_{i,j};\quad j \in m \tag{11.47}$$

每位竞标者只能中标一次，正是由于这个约束，竞标者将会竞标效益最高的频带，从而使自己的利润最大化。有可能会有多个竞标者竞争同一个最优频带。如果竞标者是在即时拍卖中竞标，一些频带就有可能没人竞标(此时卖方面临零收益)。然而实践表明，在顺序拍卖中所有的频带都常常售罄。对于频谱卖方或者拍卖师来说，顺序拍卖比即时拍卖能带来更多的回报。

多单元授权的场景对上述拍卖系统是宽松的。如果拍卖允许购买多个单元，那么最优投标可以用 0-1 背包问题来界定。协调接入频带中所有的频带代表了背包的容量 W，无线服务提供商的投标代表了对他们竞标的频带的估价。这被称为动态频谱分配器背包拍卖。在这种拍卖中有 n 个竞拍者，他们不知道彼此的出价。

在单一单元交付系统中，有 n 个竞标者竞争 m 个可用频带($n > m$)，而多单元交付将供需比作一种带宽函数。W 是用于拍卖的可用总带宽，w_i 是第 i 个无线服务提供商的带宽需求，如式(11.48)所示。

$$\sum_{i=1}^{n} w_i > W \tag{11.48}$$

令 x_i 表示对频谱数量 w_i 的报价。频谱卖家的目标是将所有 x_i 之和最大化。

文献[12]分析了该方案的两种拍卖形式：同步拍卖和非同步拍卖。

同步拍卖每隔一定的时间进行分配和解除分配，同步接收投标。非同步拍卖进行分配和解除分配没有固定的时间间隔，而且也不要求同步提交投标。

在非同步拍卖中，时长 T_i(需要说明频带)在第 i 个竞标者的竞标策略 q_i^a 要予以考虑，如下所示。

$$q_i^a = \{w_i, x_i, T_i\} \tag{11.49}$$

由于在分配的时候没有约束，可以马上决定分配所请求的频带。如果投标达到了最低要价，而且频带可用，就可以交付。这种方法不一定将收益最大化，也很难建模。例如如果 q_i 向频带提供了 x_i，那么 q_j 不久就要交付 x_j，其中 $x_j > x_i$。既然已经向 q_i 交付了频带，那么就要拒绝 q_j，总体上看，频谱卖方的利润减少了。

在同步拍卖中不存在这个问题，因为投标要同步提交，而且一定时间后就要让出频带。

实践表明非同步拍卖产生的平均收益要少于同步拍卖产生的收益。

竞标策略取决于竞标者的成本状况。在第一价格拍卖中，报价最高的竞标者要支付他们的报价，但是在第二价格拍卖中，报价最高的竞标者只需要支付第二高的报价。实践表明在第二价格竞标中，竞标者的最优策略是以他们的保留价格竞标。重要的是，这保证了竞标者最多只支付他们愿意支付的最高报价，还有可能是少支付了的报价。实践还表明对于第一价格竞标，投标的上限是保留价格。

11.5.2 双边拍卖

这里将分析文献[14]中提出的用于双边拍卖的模型。该模型被称为“双边真实频谱拍卖”(DOTA)，允许单个用户竞拍多个频带。在拍卖中，双边真实是指确保买方能够基于所购频谱的真实价值做出合理的报价。由于可能存在暗中勾结的情况，竞标者需要预测其他竞标者的不真实行为。为了保证双边拍卖公正、真实地进行，需要第三方来协助拍卖，他们的费用是从每个成交的租约中抽取佣金来支付的，并且要足够支付他们的费用。频谱经纪人作为被信任的第三方，将卖方频谱的短期使用权卖给买方。卖方明确频带的要价，同时买方明确他们的报价。

双边真实频谱拍卖的目的是通过将买家的多个请求捆绑成一个单一竞标来实现一个信道费用最小化。通过模型仿真发现不但拍卖产生了额外的收益，而且频谱利用率提高了61%。

在双边拍卖中，一组卖家 S 将他们的要价作为买方的出价 B。利用这些要价和买方的出价，第三方创造了市场出清(市场机制能够自动地消除超额供给或超额需求)价格将收益最大化。换句话说，这种拍卖使买卖双方实现了双赢。卖方的效益函数是频段支付价格和卖方估价之差。相反，买方的效益函数是买方对频段的估价与支付价格之差。按照策略型博弈模型，买卖双方都想使自己的效益函数最大化。共同参数是支付价格，但是一个函数增大将使另一个函数减小(即买方回报的增大是以卖方收益的减小为代价的)。

如果两个用户互不干扰，他们可能同时各自租用了一个信道。如果两个次用户互不干扰，他们可能同时各自使用了一个信道。对于 m 个卖家，第 j 个卖家提供 k_j 个信道。对于 n 个买家，第 i 个买家请求 d_i 个信道。假设所有请求的信道具有相同的特征。冲突条件是由于干扰，两个用户不能使用同一个信道。

双边真实拍卖是并发拍卖的，有一个拍卖师。假设所有的报价都是独立提交的，没有中标的报价对于买卖双方的效益都是零。

双边真实频谱拍卖采用以下4个步骤：

1. 整合成一个报价

(a) 为了降低多个小型交易的成本，需要进行大型单一交易可表示为

$$B_i^* = B_i^b + \frac{\left(k \times C(1) - C(k)\right)}{k} \tag{11.50}$$

买方以费用 $C(k)$ 对 (k) 个信道的报价按照上述公式进行整合。

2. 买家分组规则

(a) 假设所有卖家的信道对所有的买家都可用。

(b) 为了将信道再利用最大化，把互不冲突的买家分在一起。每个小组被视为一个单一买家，他的每通道价格 π_1 是该小组买家对 λ_1 个信道报价中的最低报价。

3. 出清规则

(a) 买卖双方的报价各自按照降序排序。如果买方的报价匹配卖方的报价，这位买家在该小组中竞标的名次就会靠前。

(b) 拍卖师将报价视为单一单元请求。例如竞标 k 个信道的买家小组或者卖家小组被视为 k 个竞标者，每位竞标者都给出各自信道报价。此 k 个报价中的最低报价将被小组采用。

(i) 设定满足从 0 到 d_i 的区间要求

(ii) 设定能够满足为全部或者无(0 或者 d_i)的严格区间要求

4. 定价规则

(a) 竞价小组中报价 b_{k+1} 的竞标者是买家时，b_{k+1} 就是出清价格。于是双边真实频谱拍卖将向中标小组中所有买家对每个信道收取 b_{k+1}。向出售信道的卖家对售出的每个信道支付出清价格。

(b) 竞价小组中报价 b_{k+1} 的竞标者是卖家时，b_k 就是出清价格。该价格要乘上分配给区间要求的信道的数量，该价格还要乘上分配给严格要求的信道的数量。对于每个售出的信道，都要向卖家支付市场出清价格 b_k。

文献[14]给出了一个简单的例子来说明传统的双边拍卖是如何进行的(见图 11.5)。这并不包含双边真实频谱拍卖模型中的前两个步骤。

双边真实频谱拍卖的竞价策略和双边拍卖的竞价策略相似。双边真实频谱拍卖就是传统双边拍卖的简单扩展，只是添加了一些成分，允许将频率接入权重复拍卖给不会造成干扰的买家。例如如果两个无线服务提供商距离足够远，他们可以给各自的地区租用同一信道的接入权。

竞拍者	信道	报价(每信道)
卖家 A	2	$6
卖家 B	1	$3
卖家 C	1	$2
买家 D	1	$5
买家 E	2	$4

- 按照降序排序：{6_A, 6_A, 5_D, 4_E, 3_B, 2_C}
- $K = 4$(用于出租的信道)
- 第($K + 1$)个报价：$\$4_E$
- 中标的卖家：$\$3_B$，$\$2_C$
- 中标的买家：$\$4_E$，$\$5_D$
- 报价($K + 1$)，向所有中标的买家收取 $\$4_E$，向所有中标的卖家支付 $\$4_E$。

图 11.5　传统双边拍卖示例(引自 Wang, Q. et al., DOTA: A double truthful auction for spectrum allocation in dynamic spectrum access, in IEEE Wireless Communications and Networking Conference: MAC and Cross - Layer Design, Orlando, FL, 2012)

11.6　模拟与说明

本节将通过模拟的例子和讨论说明出现的每条策略。

11.6.1　固定价格市场

文献[3]分析了双寡头固定价格市场，其中无线服务提供商 a 和 c 在竞争用户市场份额(见图 11.6)。每个无线服务提供商都有一个信道供出租，这两个信道的极值频率差是 250 MHz。这是为了凸显频率传播特征差异进而造成的影响，但是并不一定反映了真实的竞争状况。更小的频率差(在 10 ~ 50 MHz 以内)或许能更真实地反映市场的竞争状况。

当f_a = 500 MHz 以及f_c = 750 MHz 时，发现当选择更高频率时随着用户密度趋向界限0.5，其概率不断增大。

当ρ = 10 用户/平方千米时，用户选择 750 MHz 频率的概率是 0.10。

当ρ = 200 用户/平方千米时，用户选择 750 MHz 频率的概率大约是 0.48。

接下来考虑一个更极端的情况，其中f_c = 1 GHz。发现选择概率趋向 0.5 的速度变慢了许多。于是赋予这两个信道相同的频率，结果是在任何用户密度下选择概率都相等(P_c = P_a = 0.5)。

为了评估频谱价格对利润的影响，有必要将所有其他参数设为常数(见图 11.7)。为了获得异构性，令f_c = 1 GHz，f_a = 500 MHz。次用户密度设为ρ = 50 用户/平方千米。在使用这些频率的时候，发现在双寡头模型中，无论是何种价格组合，频率较低的无线服务提供商都能够获得更大的利润[3]。

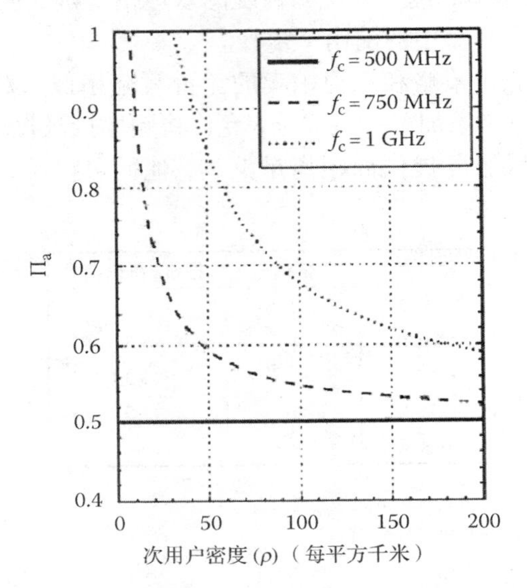

图 11.6 无线服务提供商 a 的用户密度与市场份额关系图。信道f_a = 500 MHz，Π_a是市场均衡中信道a的信道占用率[引自Min，A. W. et al.，IEEE Trans. Mobile Comput.，11(12)，2020，December 2012]

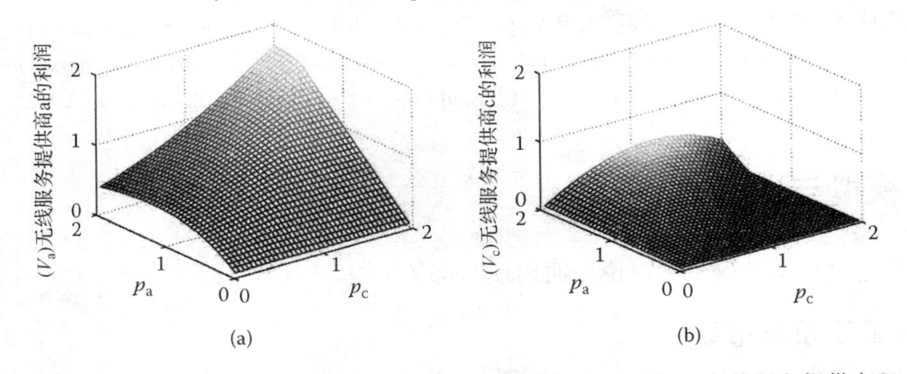

图 11.7 无线服务提供商的盈利能力与价格比率位于 0~2 之间。无线服务提供商租用信道a，f_a = 500 MHz，无线服务提供商租用信道c，f_c = 1 GHz。(a)无线服务提供商a的利润；(b)无线服务提供商c的利润[引自Min，A. W. etal.，IEEE Trans. Mobile Comput.，11(12)，2020，December 2012]

这种双寡头竞争的最佳价格取决于这两位竞争者的价格比。随着用户密度的增大，异构性的重要性将下降，最优比趋向 1。拥有较高频率的无线服务提供商必须降低报价（当 ρ = 20 用户/平方千米时，报价要降低 30%）才能获得最大的利润。

文献[3]中使用了一种迭代搜索算法来揭示不断演变的市场，一位竞争者设定最优价格来将利润最大化，另一位竞争者做出相应的回应。基于用户密度，人们发现可能不存在纳什均衡或存在一个纳什均衡（唯一的纳什均衡）甚至多个纳什均衡。人们发现随着低频提供商价格的上升，高频提供商的最优反映也在上升。随着用户密度的增大，价格差异在减小，但是在模拟中这两个价格至少相差 20%。当用户需求不够高（ρ < 10/平方千米）的时候，无线服务提供商就无法从事经营活动，因为定价不高，无法获利。一旦用户密度跌破了盈利点，出租低频频带的无线服务提供商就会垄断市场。用户密度继续增大，市场就会变成真正的双寡头市场。足够高的用户密度使得区分两个无线服务提供商的异构特征变得无足轻重，这是因为同信道干扰完全超过了噪声，导致了相同的市场共享。图 11.8 以图的形式对此做了说明。

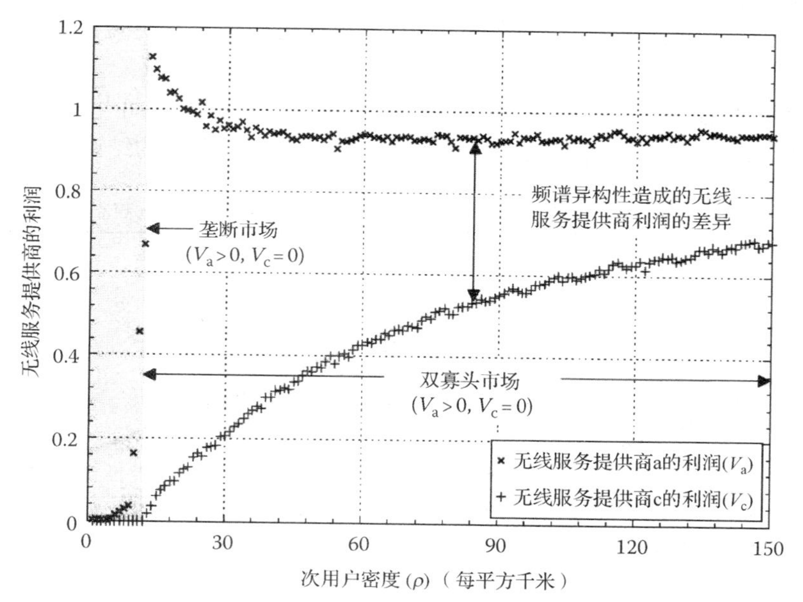

图 11.8　无线服务提供商利润与用户密度关系图[引自 Min, A. W. et al., IEEE Trans. Mobile Comput., 11(12), 2020, December 2012]

11.6.2　单边拍卖

文献[12]中使用了两个例子来比较按次序的单边拍卖和并发单边拍卖。在顺序拍卖中，每位竞标者只能获得一个子频带。在并发拍卖中，可以获得多个子频带。两者分别被称为单一单元授予和多单元授予。在这两个例子中，拍卖师都能从顺序拍卖中获利更多（见图 11.9）。

11.6.2.1　单一单元授予

竞标者的保留价格均匀分布在一个拥有 250 ~ 300 单元的已知区间内，报价均匀分布在 100 ~ 300 单元的区间之间。

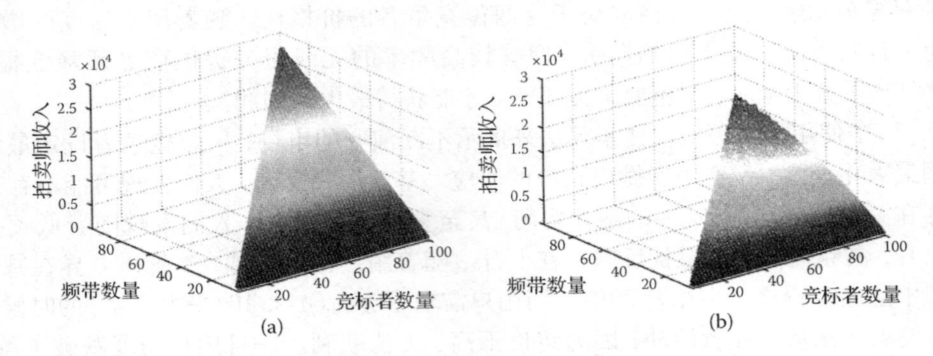

图 11.9 (a)单边顺序拍卖中拍卖师的收入；(b)并发拍卖中拍卖师的收入(引自 Sengupta, S. and Chatterjee, M., Mobile Network Appl., 13, 498, June 2008)

与并发拍卖相比，对于可替换的频带(对于所有子频带的均质特征)，顺序拍卖能给卖方带来更多的收益。随着拍卖时间数量的增加(图 11.10 中动态频谱接入[DSA]时间)，卖方的收入也在增加。更高数量的可用频带意味着更高的卖方收入以及更短的市场结束时间(见图 11.10)。

模拟拍卖不可替换的频带，使估价均匀分布在 450 ~ 500 单元之间[12]。顺序拍卖再次给拍卖师带来了更高的收益，但是这笔收益要比以往高出很多。市场的结束时间保持不变。

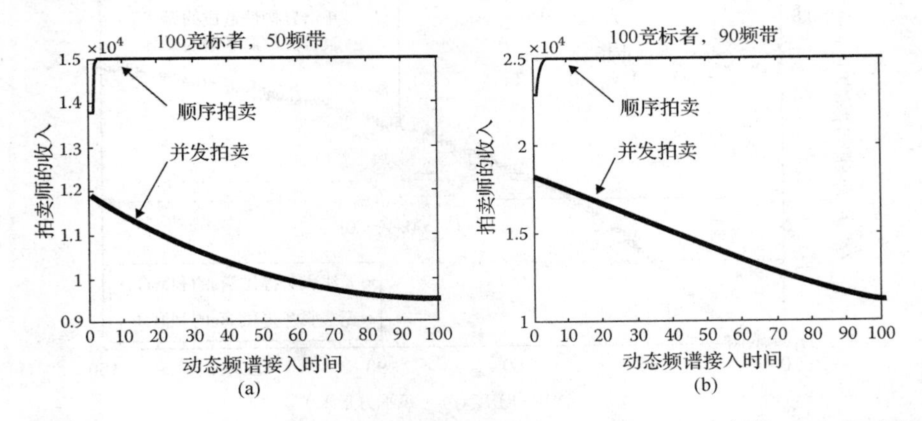

图 11.10 在 100 位竞拍者竞拍可替换频带时拍卖师的收入。(a) 50 个频带；(b) 90 个频带(引自 Sengupta, S. and Chatterjee, M., Mobile Network Appl., 13, 498, June 2008)

11.6.2.2 多单元授予

文献[12]中模拟了动态频谱接入背包拍卖模型，结果表明对于获得多个不可替换频带的竞拍者来说，同步分配比非同步分配性能要好(见图 11.11)。

除了对协调接入频带约束的可用带宽，还要对带宽和时间请求设置最小约束和最大约束。同时也要设置最低报价约束。对于同步系统，频谱租赁时间以一个单元为基准。

第二价格竞标要优于第一价格竞标，因为第二价格竞标更加不可预测。

和非同步背包拍卖相比，同步背包拍卖产生的收益不但更高，而且更稳定。非同步拍卖中卖方收益会随机出现超过 15% 的下降率。

正如预期的那样，协调接入频带容量都会伴随着收益的增长呈现线性增长。随着容量的增加，同步系统与非同步系统之间的收益差距也稍稍拉大。

11.6.2.3　双边拍卖

文献[14]模拟了 10 位卖家和 100 位买家在双边拍卖中的行为，所有的报价都大于 0 而小于或者等于 1（见图 11.12 至图 11.14）。每位卖家只能卖一个信道，但是每位买家可以买 1 ~3 之间任意数量的频带。选用 5 个种子，每个种子运行 100 回合。

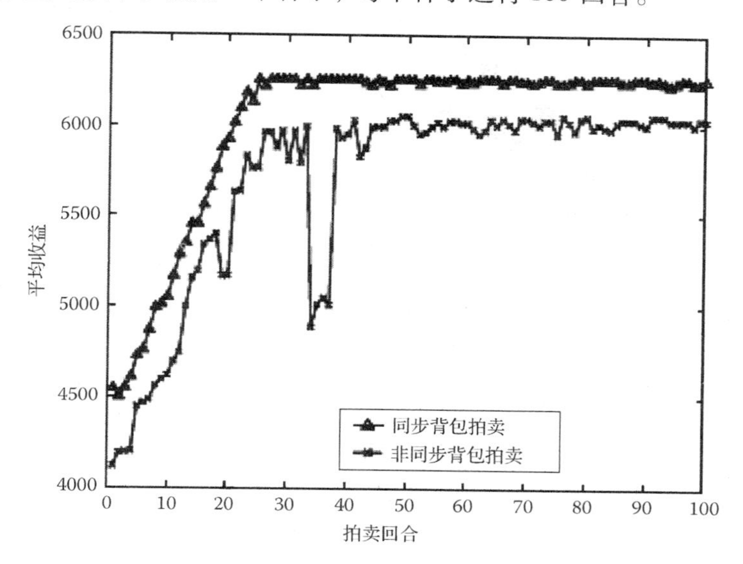

图 11.11　同步拍卖和非同步拍卖产生的收益（引自 Sengupta，S. and Chatterjee，M.，Mobile Network Appl.，13，498，June 2008）

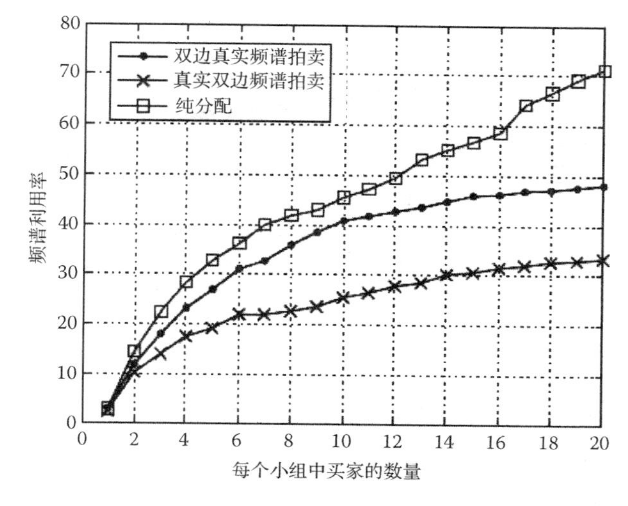

图 11.12　模拟双边真实频谱拍卖得到的频谱利用率。频谱利用率是指中标的买家的总数。纯分配优先考虑最优频谱利用率，其次才考虑报价，不足以代表一个经济实用的模型（引自 Wang，Q. et al.，DOTA：A double truthful auction for spectrum allocation in dynamic spectrum access，in IEEEWireless Communications and Networking Conference：MAC and Cross – Layer Design，Orlando，FL，2012）

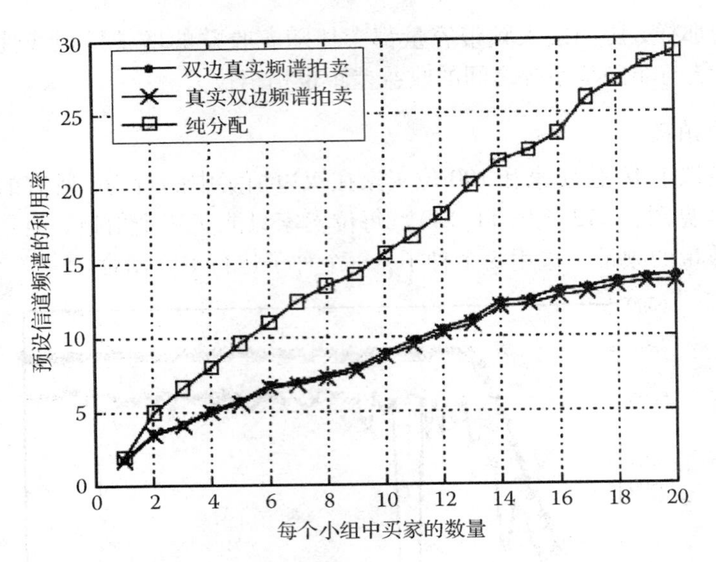

图 11.13 获得同一信道的买家的总数(引自 Wang, Q. et al., DOTA: A double truthful auction for spectrum allocation in dynamic spectrum access, in IEEE Wireless Communications and Networking Conference: MAC and Cross-Layer Design, Orlando, FL, 2012)

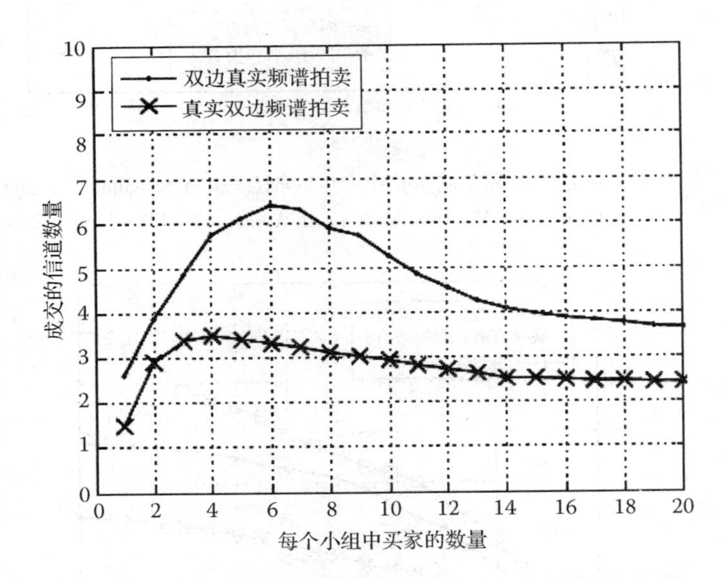

图 11.14 分配给买家的信道的总数(引自 Wang, Q. et al., DOTA: A double truthful auction for spectrum allocation in dynamic spectrum access, in IEEE Wireless Communications and Networking Conference: MAC and Cross-Layer Design, Orlando, FL, 2012)

频谱利用率、预设信道利用率和成交信道的数量在该模拟中是观察指标。比较双边真实频谱拍卖(DOTA), 真实双边频谱拍卖以及纯分配这三种拍卖方法。

在真实双边频谱拍卖中, 买家只请求一个信道。在纯分配中, 选择人数最多的小组来将频谱利用率最大化, 而不考虑卖家的经济利益。该模拟没有解决定价或者收益问题。纯分配的频谱利用率在所有的指标上都优于双边真实频谱拍卖和真实双边频谱拍卖, 这是因为在纯分配模型中卖家无视最高报价者。双边真实频谱拍卖和真实双边频谱拍卖的预设频谱利用率相同，但是双边真实频谱拍卖中成交的信道更多。此外，从整体上看，双边真实频谱拍卖的频谱利用率更高。

双边真实频谱拍卖相对于真实双边频谱拍卖的优点来自其灵活的竞标体系，使得用户能够同时竞拍多个信道。这样就可以交易更多的信道，因为竞标者 i 在小组 j 中可能没有中标，但是在小组 k 中就可能中标。然而在真实双边频谱拍卖机制中，如果竞标者 i 在小组 j 中没有中标，那么在该回合中他就再也没有机会中标了。

11.7　后续研究

1. *研究新卖家的加入的影响，从而改变了市场均衡。*
   新的无线服务提供商不断加入和一些无线服务提供商不断退出，这将对频谱租赁定价产生影响。同样，这些无线服务提供商最初也是从资源有限的小型竞标者发展起来的。对于现有的大型无线服务提供商与新兴小型竞争者之间的对立竞争，应当研究其影响并在拍卖方案中予以考虑。基于此研究结果制定相应的规章制度在大型无线服务提供商利用其市场优势时保护小型无线服务提供商。
2. *次用户有可能组建他们自己的合作型时分多路访问的框架，以此来优化他们在固定价格市场中信号的传输。*
   当多个次用户无法单独购买信道的专用权时，他们可以作为整体来购买信道，每个次用户获得部分时长用于自己的信号传输。还可以采用类似于文献[10]中讲到的分布式中继技术来改善次用户的总信噪比。
3. *不清楚将接入权拍卖给无线服务提供商的频谱所有者不一定比将接入权租给终端用户的无线服务提供商获利更多。*
   应当分析频谱所有者和无线服务提供商的相对收益，并将其用于这样两个市场情况之中。如果无线服务提供商获得的利润更多，那么频谱所有者就倾向于直接把接入权出租给终端用户，或者可能出现一种混合状况。例如无线服务提供商有可能大量购买频谱接入权来获得更长的租期(根据竞争的情况，选择固定价格或者拍卖)，而短期租户可以选择从无线服务提供商还是从频谱所有者那里租赁。

11.8　本章小结

认知无线电技术正在发展成为一种热门的新技术，必须引入动态频谱接入、标准、协议和其他设备来推进其实际应用。目前，频谱所有者对大部分可用频谱拥有专用权。这些接入权有的是从政府部门购买的，有的是由政府部门分配的，等同于财产权。正是因为这样，提出了经济模型来推动频谱所有者和其他无线用户进行频谱共享和租赁。这些模型解释了频谱所有者和无线用户之间的贸易关系(不限于金钱交易)。每个模型中所有者所做的决定都要使用博弈论进行分析，普遍认为全部的所有者进行的行为都是为了实现他们的目标。本章分析了四个频谱租赁经济模型的本质：合作共享、固定价格专用、单边拍卖和双边拍卖。发现合作共享模型最适合那些希望能够随时使用自己信道的频谱所有者。毋庸置疑，这种模型最不依赖认知无线电用户的需求，具有最高的网络灵活性。当需求不一定超过供应时，固定价格专用模型是最优选择，服务提供商常常采用这种模型将接入权出租给终端用户。固定价格动态频谱接入市场是最便于建模和实施的模型。单边拍卖能给频谱所有者带来最高收益，这是因为他们是在垄断竞标环境中出租专用权。双边拍卖实施和模拟起来最复杂，这是因为除了买家之间的竞争还有卖家之间的竞争。需要受信任的第三方来协助双边拍卖，必须支付其报酬，常常以佣金的形式来支付。尽管买家得益于卖家之间的竞争，但是只有需求超过供应时，双边拍卖才能进行下去。和单边拍卖相比，双边拍卖依赖更高的需求，因为双边拍卖中可用信道的数量更多、价格更低。对于本章讨论的所有经济模型，有不合作的元素存在。即使在合作模型中，次用户也是致力于优化自己的效益函数而不考虑自己的决定对其他次用户的影响。由于次用户在做决定时可用的信息有限，因此创建纯粹的合作模型不符实际。

在本章讨论的四个交易模型中，每个模型都有自己的优缺点。

合作共享模型具有最大的网络灵活性，因为信道使用费用是基于信道接入时长计算的。其他模型都涉及短期租赁频谱专用接入权，这就限制了用户的信道迁移率。合作共享模型的另一个优势是模型运行时不受用户需求的影响，而基于拍卖的机制只有在需求超过供应的时候才能盈利。因此合作共享模型的应用范围更广。主用户保留了他们发射信号的权力，由于采用 TDMA 技术，主用户满足次用户需求的能力非常强。TDMA 使得同一地区的多个用户能够接入同一个主用户的信道。该模型的主要缺点是次用户不得不中继主用户的信号，因此额外增加了开销，而且 TDMA 技术使得次用户利用频谱的时间大为减少。主用户不但因为共享信道获得了额外的收益，而且由于空间分布式发射还增强了信噪比。

和共享模型相比，专用模型由于将专用接入权交付给了租户而获得了更高的收益。局限是这些模型只适用于不需要使用自己的信道来发射信号或者很少发射信号的用户。专用模型的优势是当买家从专用权中获得更高的效益，价格也可以随之升高。无线服务提供商和用户需求之间的竞争也推高了接入权价格，这使得卖家从中受益。

固定价格专用模型在需求不一定超过供应时表现优异，因为买家是报价者，只能通过选择最适合他们的卖家来影响定价。供应超过需求的时候，价格会下降，因为买家会选择要价最低的卖家。然而低需求的情况会由于频谱异构性而受到更大的影响。如果传播特征不佳，最低价未必能招来买家。该模型是上述所有模型中最简单的模型。

基于拍卖的专用型模型只有在用户需求超过可用频谱时才会使用。当需求小于供应时，如果再举行拍卖，所有买家的出价都会尽可能低，因为他们知道肯定能获得频带接入权。

双边拍卖要求卖家彼此竞争，使他们争相报出低价来招徕买家。在一定程度上，这又被买家争取出高价以期中标所抵消。买家的动力则来自市场出清价格。市场出清价格就是最低中标价格，也是所有中标者支付给所有成交的卖家的价格。选择最低中标价格的意义是所有中标者支付的钱小于或者等于他们的报价，而所有成交的卖家收到的钱超过或者等于他们的要价。双边拍卖促进了竞争，这要优于垄断性质的单边拍卖。然而双边拍卖要求买家更有实力，因为可供租用的信道的数量更多。此外双边拍卖更加复杂，需要受信任的第三方，如美国联邦通信委员会（FCC）来充当拍卖师。当然要支付第三方佣金。

单边拍卖能给个体卖家带来更高的收益，因为这些卖家不需要彼此竞争。市场行为更容易建模，异构频谱传播特性更不可能影响买方行为。文献[13]表明在将卖方收益最大化和提高频谱利用率方面，背包同步拍卖都要优于典型第二价格同步拍卖。文献[12]表明和非同步拍卖相比，同步拍卖收益更高、更稳定。文献[12]还表明和并发拍卖相比，在顺序拍卖中，每回合都有一个单独的子频带供竞标，产生的收益更高。这清楚地表明在顺序同步拍卖中均质频带最好，在同步背包拍卖中异构频带最好。单边拍卖的缺点是个别卖家实际上存在垄断的意思。表 11.1 总结了这些研究结果[1]。

表 11.1 市场类型总结

	合作型市场	拍卖市场		固定价格市场
		单边	双边	
卖方	主用户	频谱所有者	频谱所有者	无线服务提供商
买方	次用户	无线服务提供商	无线服务提供商	终端用户
接入权	共享型	专用型	专用型	专用型
卖方收益	最低	最高		
复杂性			最高	最低
市场灵活性	最高	最低		
是否需要第三方	否	否	是	否

注意：不同市场类型的优缺点严重依赖于频谱所有者本人是否需要频谱接入权以及用户需求的大小。

参考文献

1. A. Bloor and M. Ibnkahla, Economics of spectrum access, Internal Report, Queen's University, WISIP Laboratory, Kingston, Ontario, Canada, April 2013.
2. C. W. Chen et al., Optimal power allocation for hybrid overlay/underlay spectrum sharing in multiband cognitive radio networks, *IEEE Transactions on Vehicular Technology*, 62 (4), 1827–1837, May 2013.
3. A. W. Min, X. Zhang, J. Choi, and K. G. Shin, Exploiting spectrum heterogeneity in dynamic spectrum market, *IEEE Transactions on Mobile Computing*, 11 (12), 2020–2032, December 2012.
4. Y. Xing et al., Price dynamics in competitive agile spectrum access markets, *IEEE Journal on Selected Areas in Communications*, 25 (3), April 2007.
5. J. Neel, J. Reed, and R. Gilles, The role of game theory in the analysis of software radio networks, in *SDR Forum Technical Conference*, San Diego, CA, November 2002.
6. J. Sairamesh and J. O. Kephart, Price dynamics of vertically differentiated information markets, IBM Thomas J. Watson Research Center, Ossining, NY, 1998.
7. B. Wang et al., Game theory for cognitive radio networks: An overview, *Computer Networks*, 54, 2537–2561, October 2010.
8. D. Niyato and E. Hossain, Competitive pricing for spectrum sharing in cognitive radio networks: Dynamic game, inefficiency of Nash equilibrium, and collusion, *IEEE Journal on Selected Areas in Communications*, 26 (1), 192–202, January 2008.
9. J. M. Chapin, The path to market success for dynamic spectrum access technology, *IEEE Communications Magazine*, 45 (5), 96–103, May 2007.
10. X. Wang et al., Pricing-based spectrum leasing in cognitive radio networks, *IET Networks*, 1 (3), 116–125, September 2012.

11. D. Niyato et al., Dynamic spectrum access in IEEE 802.22-based cognitive wireless networks a game theoretic model for competitive spectrum bidding and pricing, *IEEE Wireless Communications*, 16 (2), 16–23, April 2009.
12. S. Sengupta and M. Chatterjee, Designing auction mechanisms for dynamic spectrum access, *Mobile Networks and Applications*, 13, 498–515, June 2008.
13. S. Sengupta and M. Chatterjee, An economic framework for dynamic spectrum access and service pricing, *IEEE/ACM Transactions on Networking*, 17 (4), 1200–1213, August 2009.
14. Q. Wang et al., DOTA: A double truthful auction for spectrum allocation in dynamic spectrum access, in *IEEE Wireless Communications and Networking Conference: MAC and Cross-Layer Design*, Orlando, FL, 2012.

第 12 章　认知无线电网络安全

12.1　概述

安全在认知无线电网络中是一个主要问题[3]，需要在实际部署前以有效的方式优先考虑[2~10]。例如，在主用户协作的场景中，主用户向次用户提供有关频谱使用的全部信息，某个恶意用户可能仿冒主用户并向某次用户发送无用的频谱信息，例如，声称某个已被主用户占用的频段是空闲的。在这类场景下，次用户将会对主用户造成干扰。有时恶意用户还可能声称某个空闲频段被占用了，而主用户或次用户就不能再使用这个频段，预期的网络吞吐量也会随之减少。在没有协作的场景中，对主用户不造成干扰条件下，次用户需要检测出频谱并发现没有被占用的频段。例如，恶意用户冒充主用户并私自占用全部频段，拒绝其他用户使用频段。

本章基于文献[11]中的综述研究，内容组织如下：12.2 节将概述认知无线电网络的安全问题；12.3 节将讨论用于判决网络中用户好坏的信任矩阵；12.4 节将介绍路由扰乱攻击；12.5 节将研究干扰攻击；12.6 节将阐述主用户仿冒攻击。本章将深入讨论各种攻击如何影响认知无线电网络和采取哪些措施可以降低风险。

12.2　认知无线电网络的安全属性

本节将引用文献[2]中将认知无线电网络用户划分为“好用户”和“坏用户”的有关论述。“好用户”通过发送和转发正确可信的信息使网络运行良好，而“坏用户”可用多种方法试图破坏网络。例如，他们可以成为误操作用户、自私用户、谎言用户和恶意用户。误操作用户是不遵守系统设置规则的次用户；自私用户是总想占有最大带宽且不关心公平规则或系统均衡的次用户；谎言用户是通过欺骗其他用户实现自己利益的次用户；恶意用户是刻意破坏干扰其他用户服务的次用户。

“坏用户”的存在使许多网络功能可能被破坏。例如，在可用性方面，某个属于主用户的频段应该总是能够供主用户使用的，然而自私行为会破坏这一点；另一个潜在的问题是次用户查找空闲频段时可能会从谎言用户处得到错误信息。此外，在一个认知无线电网络中，主用户与次用户之间会遵循某种协议(如干扰阈值)，而恶意或自私用户可能会违背该协议。当某些网络用户不可信时，其他潜在风险也将提高。用户在进入系统时需要认证，一旦经过认证，系统将认为它们是“好用户”。然而，谎言用户会利用这一点，发送虚假消息。希望能保证网络的稳定性，无论在网络中发生什么，系统能在受物理扰动中断之后回到一种均衡状态，而谎言用户和恶意用户都可能破坏系统的稳定性。表 12.1 列出了一些可能受影响的网络属性和行为。

认知无线电网络中的“坏用户”能够以多种方式破坏系统。这里简要地描述一些潜在的攻击：路由破坏攻击、干扰攻击、主用户仿冒攻击、“私占共用”攻击、错误反馈攻击、普通控制信道攻击、密钥耗尽攻击、“狮子攻击”和“水母攻击”等[3]。

路由破坏攻击 网络层路由表提供数据包从源到目的地的路径。攻击行为可能从路由路径的任意一点上发动并破坏整个网络。

干扰攻击 攻击者可以通过向网络中肆意发送消息堵塞网络。例如，用户刻意地发射高能信号使他能够持续地、不被打断地占用授权频段。为了中断网络服务，恶意用户可能发送随机恶意数据包，在相互重叠的未授权频段形成干扰。

主用户仿冒攻击 在认知无线电网络中，当主用户占用某一频段时，次用户则不允许再使用该频段。这会催生一个想法：如果次用户能够模拟主用户的特性，就可以占用整个频谱带宽。这意味着频谱不能再被任何其他用户有效地使用。

“私占共用”攻击 当次用户通过改变自身功能参数并私自占用过多的公有带宽为表现的一类攻击；这类攻击也降低了邻近其他次用户的带宽或数据吞吐量。

表 12.1 坏行为如何影响认知无线电网络的属性

认知无线电属性	可攻击认知无线电网络的行为
可用性	自私行为
可靠性	欺骗行为
非重复性	恶意的和自私的行为
认证	欺骗行为
稳定性	物理环境

误反馈攻击 当恶意用户隐瞒主用户的存在时会形成这种攻击，使得次用户们不能准确判断主用户的存在。

公共控制信道攻击 在这类攻击中，“坏用户”能控制公共控制信道并阻止信道协商和分配过程。这种攻击会对次用户形成过量的拒绝服务攻击。

密钥耗尽攻击 这类攻击中，恶意用户会利用会话密钥的重复概率来破坏加密系统，非授权用户会因此进入系统。

狮子攻击 这类攻击面向频率切换，通常由外部实体发动以降低网络吞吐量。

水母攻击 这类攻击使用闭环流量来减少传输控制协议吞吐量，同时干扰端到端协议。

表 12.2 列出了各种攻击及其目标在网络协议栈中的层次。从表中可以清楚地看到，这些攻击能够出现在协议栈的所有层次。因此为了减少或消除攻击，认知无线电网络需要在所有层次上实现有效的安全措施。

表 12.2 攻击和目标层次

攻击	层次
路由破坏攻击	网络层
干扰层攻击	物理层
主用户仿冒攻击	物理层
“私占共用”攻击	数据链路层
误反馈攻击	数据链路层
公共控制信道攻击	数据链路层
密钥耗尽攻击	传输层
狮子攻击	传输层
水母攻击	传输层

12.3 认知无线电中的信任

在文献[3]中，Liu and Wang 详细介绍了在认知无线电网络中衡量信任的数学基础，本节将引述他们的论述并加以说明。

12.3.1 信任评估基础

通信网络中的信任，来源于人类文化中的信任，可表示为一个矩阵。通过计算机很容易从矩阵中得到信任值期望。在通信网络中的用户会有某一种令人信任的信念，这既可能是对(1)用户正在获取信息的信任，也可能是对(2)整个系统的信任。在系统中，信任可以被视为信念。例如，某用户相信系统或别的用户会以一定方式发挥作用。

在网络中，信任建立在希望执行特定行为的两个用户之间。在本章中，用户之一将被称为主体，另一用户被称为代理，而信任关系可以表示为{主体:代理，行为}。

在建立了两个用户间的信任关系后，需要寻找一种评估信任的方式。由于信任以信念的方式被建立，所以信任应该是不确定的。现在，将探讨三种不同的信任情形：第一种情形，主体相信代理一定会执行某一行动，此时主体完全相信代理，没有丝毫的不确定性；第二种情形，主体相信代理一定不会执行某一行动，主体完全不相信代理；第三种情形，主体完全不了解代理，因此主体对代理的信任有最大的不确定性。

在文献[3]中使用了熵来表达信任矩阵。上述第一种情形中的信任值为 1(完全信任)，第二种情形中信任值为 -1(完全不信任)，而第三种情形中信任值为 0(最大的不确定性)。令 $T\{\text{Subject: Agent, Action}\}$(即 T\{主体:代理，行为\})表示某一信任关系的值，$P\{\text{Subject: Agent, Action}\}$ 表示主体认为代理将执行某一行动的概率。信任函数因此可定义为[3]

$$T=\begin{cases}1-H(p), & 0.5\leqslant p\leqslant 1\\ H(p)-1, & 0\leqslant p\leqslant 0.5\end{cases} \tag{12.1}$$

其中 $T = T\{\text{Subject: Agent, Action}\}$，$p = P\{\text{Subject: Agent, Action}\}$，$H(p) = -p\log_2 p-(1-p)\log_2(1-p)$ 为熵函数。

信任的这一定义涵盖了信任和不信任，当 $p>0.5$ 时信任取正值，即代理很可能执行某行动；当 $p<0.5$ 时信任取负值，即代理很可能不执行某行动。可以从熵函数 $H(p)$ 中看出，信任值是非线性变化的。随着用户认为即将发生某行动的概率增加，信任值也将增加且超过相同的概率值，但是用户不能确定其他行动的信任值。方便起见从数学上加以比较，信任值取决于预期概率的平均值，而信任值的置信度由计算预期方差得到。

12.3.2 信任的基础公理

信任关系既可以通过直接观测建立，也可以通过推荐建立。如果能够直接观测，主体可以估计概率并计算相关的信任值。如果主体不能与代理直接联系，还可以通过传播机制建立信任。在处理信任传播时需要考虑信任的基础公理。

考虑两个用户 A 和 B[3]。A 和 B 已经建立了信任关系 $\{A: B, \text{action}_r\}$，且 B 与第三个用户 C 建立了信任关系 $\{B: C, \text{action}\}$。当下列两个条件满足时，就认为 A 和 C 有信任关系

{A:C, action}：条件一是 $action_r$ 为其他用户推荐的，即将执行的行动；条件二是关系{A:B, $action_r$}的信任值为正值。

确立条件一的根本原因在于一个事实，即那些执行行动的用户不一定会做出准确的推荐。条件二是基本条件，因为不可信用户的推荐可能与当前要建立的信任完全不相关，概念上说，就是敌人的敌人不一定就是朋友。因此，不能接收来自不可信用户的推荐。

接下来讨论三个公理：

公理 1[3]　信任的关联传播不能增加信任值。这一公理声明了当主体经第三方推荐，与代理建立某种信任关系时，主体与代理之间的信任值不会高于主体与推荐者之间的信任值，也不会高于推荐者与代理之间的信任值。公理 1 可定义为

$$|T_{AC}| \leqslant \min\left(|R_{AB}|, |T_{BC}|\right) \tag{12.2}$$

其中，T_{AC} = {A: C, action}；R_{AB} = {A: B, $action_r$}；T_{BC} = {B: C, action}。

公理 1 近似于信息理论中的数据处理原理，熵不会因数据处理而减少。

图 12.1 中显示了用户间的推荐与信任。虚线表示推荐行动，而实线表示执行行动。

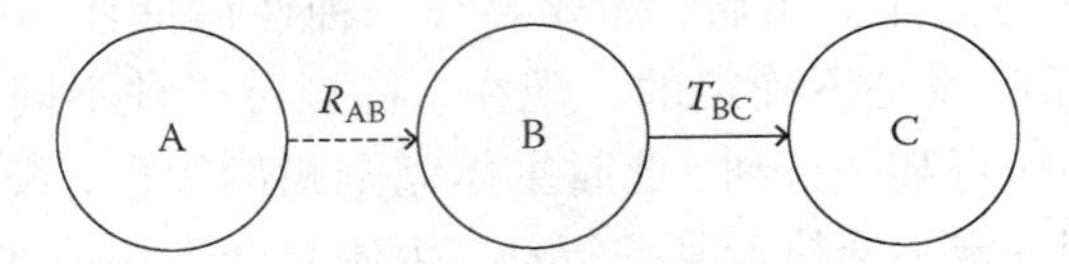

图 12.1　沿着链路的信任传递(引自 Liu, K. R. and Wang, B., Cognitive Radio Networking and Security, Cambridge University Press, New York, 2011)

公理 2[3]　多路径传播不减少信任。这一公理表明如果某一主体从多个源收到对同一代理的推荐，其信任值不应低于收到较少推荐时主体对代理的信任值(如图 12.2 所示)。A_1 与 C_1 通过一系列路径建立了信任关系。

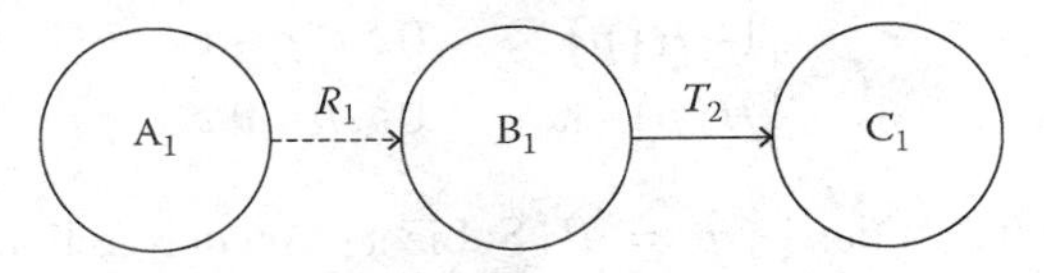

图 12.2　合并信任推荐(引自 Liu, K. R. and Wang, B., Cognitive Radio Networking and Security, Cambridge University Press, New York, 2011)

在图 12.3 中，A_2 与 C_2 通过两个相同信任路径建立了信任。需要说明的是，路径上的数字有助于区分正在考虑的路径；数字 1 和 2 都代表同一个场景，即“A 给 C 发送信息”。与前文相似，令 $T_{AC1} = T$ {A_1: C, action} 和 T_{AC2} = T{A_2: C_2, action}，公理 2 的数学表示为

$$\begin{aligned} T_{AC2} \geqslant T_{AC1} \geqslant 0, &\quad R_1 > 0 \text{ 和 } T_2 \geqslant 0 \\ T_{AC2} \leqslant T_{AC1} \leqslant 0, &\quad R_1 > 0 \text{ 和 } T_2 < 0 \end{aligned} \tag{12.3}$$

其中，$R_1 = T$ {A_2: B_2, 推荐} $= T$ {A_2: D_2, 推荐}；T_2 = {B_2: C_2, action} = {D_2: C_2, action}。

公理 2 表述了如果某主体得到对于代理的其他观点，那么它对代理的观点将至少与它原有观点一致。需要说明的是，公理 2 仅适用于多个源做出相同推荐的情况。不同推荐的合并会根据不同的信任模型产生不同的信任值。

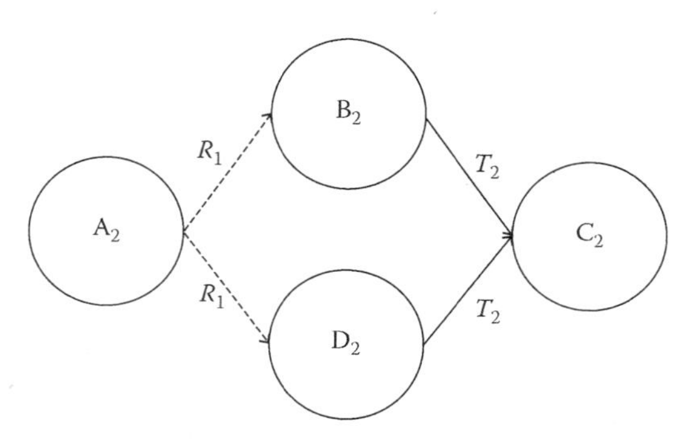

图 12.3　多路径信任传播(引自 Liu, K. R. and Wang, B., Cognitive Radio Networking and Security, Cambridge University Press, New York, 2011)

公理 3[3]　基于单一来源多次推荐的信任值不应高于经各个独立源推荐后形成的信任值。当某信任关系通过一系列步骤和多路径传播被建立时，可能会得到某单一源的多次推荐，如图 12.4 所示。

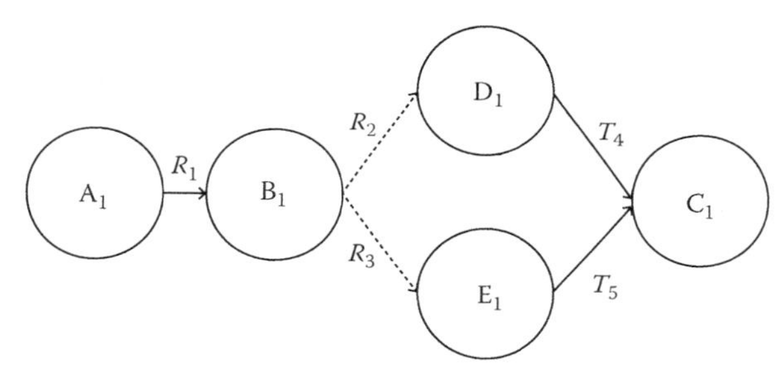

图 12.4　来自单一源的多次推荐(引自 Liu, K. R. and Wang, B., Cognitive Radio Networking and Security, Cambridge University Press, New York, 2011)

其中，令 $T_{\mathrm{AC1}}=T\{\mathrm{A}_1:\mathrm{C}_1,\text{action}\}$ 表示图 12.4 中的信任，令 $T_{\mathrm{AC2}}=T\{\mathrm{A}_2:\mathrm{C}_2,\text{action}\}$ 表示图 12.5 中的信任。

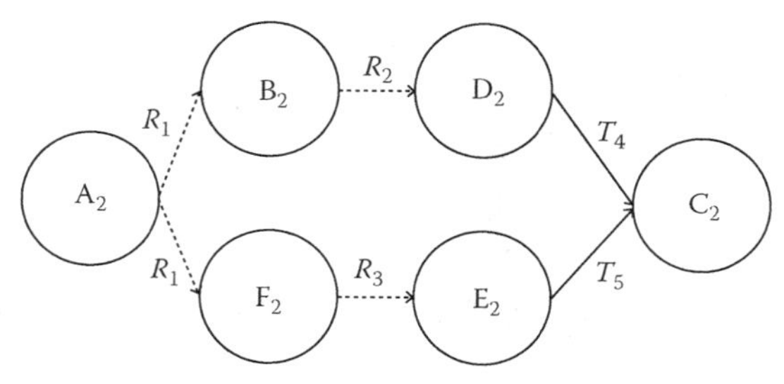

图 12.5　多路径推荐

对于图 12.4 和图 12.5 中描绘的两种场景，公理 3 的表述为

$$\begin{aligned} &T_{\mathrm{AC2}}\geqslant T_{\mathrm{AC1}}\geqslant 0, \quad T_{\mathrm{AC1}}\geqslant 0 \\ &T_{\mathrm{AC2}}\leqslant T_{\mathrm{AC1}}\leqslant 0, \quad T_{\mathrm{AC1}}<0 \end{aligned} \tag{12.4}$$

其中，推荐值 R_1、R_2、R_3 均为正值。

公理 3 意味着来自多个独立源的推荐较之来自相关源的推荐，能够更有效地减少不确定性。

12.3.3 信任模型

有了信任定义和相关基础公理，就有可能确定某种方法来计算经串联和并联传播的信任值，这些方法被称为信任模型。本节将关注两种主要的信任模型：基于熵信任模型和基于概率的信任模型[3]。

12.3.3.1 基于熵的信任模型

在基于熵信任模型中，信任值通常以式(12.1)作为输入值[3]。需要注意的是该模型仅考虑的信任值，而不考虑信任的置信度。从图12.1中可以看出用户B观察了用户C的行为，并向用户A推荐，信任值被表示为$T_{BC}=\{B: C, action\}$。用户A信任用户B，表示为$T\{A:B, 推荐\}=R_{AB}$。这些模型需要满足基础公理，为了满足公理1，$T_{ABC}=T\{A: C, action\}$可用下列公式计算[3]：

$$T_{ABC}=R_{AB}T_{BC} \tag{12.5}$$

从这个等式中可以看出如果用户B不了解用户C，或者如果用户A不了解用户B，那么用户A和用户C之间的信任值为0。

考虑到并联信任传播，有$R_{AB}=T\{A: B, 推荐\}$，$R_{AD}=T\{A: D, 推荐\}$，$T_{BC}=\{B:C, action\}$和$T_{DC}=\{D: C, action\}$。因此，用户A可以通过两种不同路径与用户C建立信任，A→B→C或A→D→C，如图12.3所示。为了合并这些由多条路径建立的信任，文献[3]中使用了最大比率合并的方法

$$T\{A: C, action\}=w_1\left(R_{AB}T_{BC}\right)+w_2(R_{AD}T_{DC}) \tag{12.6}$$

其中w_1和w_2可定义为

$$w_1=\frac{R_{AB}}{R_{AB}+R_{AD}} \quad 和 \quad w_2=\frac{R_{AD}}{R_{AB}+R_{AD}} \tag{12.7}$$

可以看出在该模型中如果任意路径上的信任值为0，那它不会影响最终结果。另外，从式(12.5)和式(12.6)可以看出该模型满足三个信任基础公理。

12.3.3.2 基于概率的信任模型

在基于概率的信任模型中，串联传播和并联信任传播可以通过信任关系的概率值来计算。这些概率值可以通过式(12.1)简单地被转换为信任值。与基于熵的模型不同，这种模型既使用信任值也使用置信度(如信任值的均值和方差)。本节将介绍文献[3]中阐述的基于串联传播概率的模型。图12.1中描述的串联信任传播，可被定义为[3]

> P是伴随用户C活动的一个随机变量。以用户A的观点来看，信任值$T\{A:C, 行为\}$由$E(P)$决定，而且置信度值由$\mathrm{Var}(P)$决定。
>
> 有第二个随机变量X，X为二进制值。如果$X=1$，则用户B给出一个诚实推荐；否则用户B没有给出诚实推荐，$X=0$。
>
> 第三个随机变量Q表示$X=1$的概率，可以用等式$P(X=1|Q=q)=q$和$P(X=0|Q=q)=1-q$表示。以用户A的观点来看，$P\{A:B, 推荐\}=p_{AB}=E(q)$，且$\mathrm{Var}(q)=\sigma_{AB}$。

根据$P\{B:C, action\}$的值p_{BC}和$P\{B:C, 行为\}$的方差σ_{BC}，用户B可以求出用户C的推荐值。

为了计算 $E(P)$ 和 $\mathrm{Var}(P)$ 需要求出 P 的概率密度函数(PDF)。

用户 A 对用户 C 的观点仅取决于用户 B 做出的诚实推荐。在文献[3]中表述为下列等式：

$$E(p)=p_{\mathrm{AB}}\cdot p_{\mathrm{BC}}+(1-p_{\mathrm{AB}})\cdot(1-p_{\mathrm{BC}}) \tag{12.8}$$

且

$$\begin{aligned}\mathrm{Var}(P)=&\,p_{\mathrm{AB}}\sigma_{\mathrm{BC}}+(1-p_{\mathrm{AB}})\sigma_{\mathrm{C}|X=0}\\&+p_{\mathrm{AB}}(1-p_{\mathrm{AB}})(p_{\mathrm{BC}}-p_{\mathrm{C}|X=0})^2\end{aligned} \tag{12.9}$$

其中，$\sigma_{\mathrm{C}|X=0}=\mathrm{Var}(P|X=0)$；$p_{\mathrm{C}|X=0}=1-p_{\mathrm{BC}}$。

$\sigma_{\mathrm{C}|X=0}$ 的选取取决于特定的应用场景。例如，如果 P 是[0，1]上的均匀分布，可以选择 $\sigma_{\mathrm{C}|X=0}$ 为最大可能方差 1/12。另一方面如果假设 P 的概率密度函数(PDF)是一个有均值 $m=p_{\mathrm{C}|X=0}$ 的 β 函数，文献[3]的作者认为 $\sigma_{\mathrm{C}|X=0}$ 的选择如下式所示：

$$\sigma_{\mathrm{C}|X=0}=\begin{cases}m(1-m)^2/(2-m), & m\geqslant 0.5\\ m^2(1-m)/(1+m), & m<0.5\end{cases} \tag{12.10}$$

式(12.10)表述的是给定均值 m 的 β 分布中的最大方差。

因此，可以总结为基于概率的串联传播模型可以通过式(12.8)和式(12.9)来表示。

12.3.4 信任管理的效果

在图 12.6 中，有三种场景[3]。第一种场景是一个基线系统，其中没有信任管理和攻击者。第二个场景中有 5 个攻击者并对以它们为路由路径的数据包随机丢掉 90%。第三个场景与第二个场景相同，有 5 个相同的攻击者，区别仅在于该场景中存在着信任管理且采用了基于概率的信任模型。从图 12.6 中可以看出，网络吞吐量可能被恶意攻击者大幅度减少。可以得出的另一结论是信任管理通过避免不受信任的路由，使网络性能得以提升。最后，可以看到随着模拟时间的延长，有信任管理的网络系统将接近无攻击网络系统的网络性能。这表明经过一段时间，更为精确的信任记录已被建立。

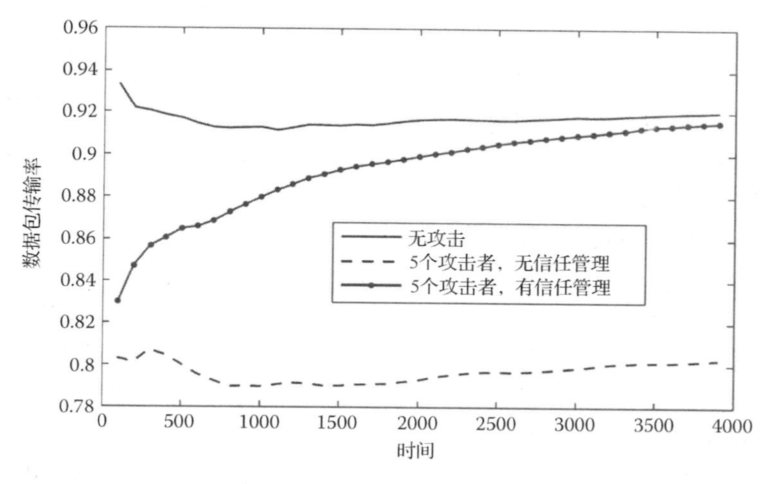

图 12.6　有/无信任管理的网络吞吐量(引自 Liu，K.R. and Wang，B.，Cognitive Radio Networking and Security，Cambridge University Press，New York，2011)

12.4 路由破坏攻击

在本节，将引述由 Liu and Wang 提出的机制并给予解释[3]。

12.4.1 概述

本节将讨论文献[3]中提到的认知无线电移动自组网安全的重要性。自组网的无线链路很脆弱，链路被破坏的风险很高；缺少足够物理防护的用户可能被捕获、策反和注入攻击；偶发连接和动态变化拓扑会引起频繁的路由更新，而缺少中心化的监控或管理，会使节点面临更加恶化的安全状况。攻击者可以很容易地启动窃听、主动干扰等多种攻击。

为使网络能正常工作，自组网中路由协议需要可信任的工作环境，但由于网络中可能存在着恶意的、自私的或被外部攻击者策反的用户，可信任环境并不易得。前文讨论过的经典方法中，绝大多数安全机制都关注于防止攻击者进入网络。这可以通过安全密钥的分发/认证和安全邻居发现来实现。然而，这些机制对已经进入网络的恶意用户或网络中被策反的用户这些情况将失去效用。

本节将聚焦于所有网络用户属于同一授权和追求共同目标的场景。将提出一套用于防御由内部攻击者发动的路由破坏攻击的整合机制。在这些场景中，用户被分成两类："好用户"和"坏用户"。"好用户"是完全合作的，可以向其他用户正确地转发数据包。"坏用户"会操纵路由消息并丢掉转发给其他用户的数据包，它们的目的是降低网络性能和消耗网络资源。

诚实度、适应性、多样性、观察者和友好性(HADOF)组成了这套用于防御路由破坏攻击的机制。每个节点启动一个网络流量路由观测者，监视每个有效路由的行为并在节点缓存中记录，同时收集路由线路上各节点转发数据包的统计信息。每个节点也将维护一个欺骗记录来发现恶意节点，这些记录数据会指出哪些节点是不诚实的或疑似不诚实的。如果某个节点被检测为欺骗节点，它将从路由路径中被排除，而且其他节点将不能再转发来自欺骗节点的数据包。如果恶意节点很狡猾，将很难证明该节点有欺骗行为，因此为了提升对恶意节点的检测能力，每个节点需要与其他可信节点建立友好关系。

从信源到信宿存在多条路由路径，用户需要适应性地去发现最佳路径。由于系统的动态性，先前被认为是好的路由可能在当前不一定好，因此适应性的路由发现算法在路由协议中是十分重要的部分。适应性路由发现算法动态地确定何时应当启动新的路由发现过程。

文献[3]的作者使用了一种按需源路由(DSR)协议作为基本的路由协议。按需路由是指信源仅当它希望送出一个数据包时才寻找路由(如事先无须知道路由)。DSR(按需源路由协议)有两个基本操作：(1)路由发现和(2)路由维护。

有两种类型的攻击者常见于 Ad Hoc 网络层攻击：资源消耗和路由破坏。资源消耗攻击者通过在网络中注入额外的数据包来消耗有价值的网络资源。路由破坏攻击者试图使用某种造成丢包或动用额外网络资源的路由方式送出数据包。例如，某个攻击者位于某个给定的路由路径上，它可以丢弃所有途经它的数据包形成一个黑洞；它也可以选择性地丢弃部分数据包形成一个灰洞；攻击者还可以发动泛洪攻击，在网络上快速散播路由请求，消耗网络设备资源[3]。

12.4.2　Liu-Wang 安全机制

本节介绍由 Liu and Wang 提出的面向路由破坏攻击的安全机制。

12.4.2.1　路由流量观察者

每个节点都会启动一个路由流量观察者(RTO)来定期收集每个有效路由的流量统计信息并记录在其路由缓存中。

12.4.2.2　欺骗记录和诚实评分

当某个信源 S 的 RTO(路由流量观察者)收集转发数据包的统计信息时，恶意节点可能会提交错误的报告。例如，某恶意节点可能送出一个较小的 RN 值(由信源发出并被该节点接收到的数据包数量)和较大的 FN 值(由信源发出并被该节点延迟的数据包数量)来欺骗信源和陷害其邻居节点。为计算这些值，每个信源都会维护一个欺骗记录(ChR)来跟踪是否某些节点已经提交或被指控曾提交过错误报告给该信源。如果有足够的证据表明某个节点正在提交错误的报告，S 将标记这些节点为恶意节点。

12.4.2.3　友好度

当 ChR 被激活时，恶意节点的活动只能被怀疑，而不能被证明。例如，某一恶意节点知道信源 S 和它所在路由路径的目的地 D，它仅仅欺骗那些既不临近信源也不临近目的地的那些节点以防止其行为被发现。针对这一问题，可以在每个节点上存放一个记录可信任节点或诚实节点的私有列表，利用信任关系予以解决。例如，假设 B 为了欺骗 A 向 S 提交错误报告，如果 S 信任 A，那么 S 将立即检测 B 并将 B 的诚实评分置为 0。

12.4.2.4　路由多样性

在大多数场景下，从信源到信宿存在多条路由路径，而且多路径发现通常也是有益的，路由多样性可以抵御路由破坏攻击。在动态源路由中很容易找到从信源到信宿的多条路径。

12.4.2.5　适应性路由发现

由于节点的移动性和动态流量模式，一些路由表项的有效性会不断变化，而其链路性能也会随之变化。在一些基本的协议中，当信源 S 的路由表中没有从 S 到信宿 D 的路径时，会启动路由发现过程，然而这种机制在动态网络中是无效的，因此应当采用适应性的路由发现机制[3]。这种机制要求每当 S 要向 D 发送一个数据包时，如果当前路由不能满足指定的网络 QoS(服务质量)条件，那么一个新的路由发现过程将被启动。

12.4.3　对 Liu-Wang 安全机制的说明

本节将对比 HADOF(诚实度、适应性、多样性、观察者和友好性)机制与基本的“看门狗”机制[3]。“看门狗”安全机制的主要思想是当某一节点没有转发一定数量的数据包时，另一个节点将向信源报告这一情况。在文献的模拟实验中，该数量被设定为 5。

第一个场景仅考虑灰洞攻击(如图 12.7 所示)。在灰洞攻击中某个攻击者会选择性地丢弃途经攻击者的数据包[3]。此时正常节点不会向信源提交错误报告。在模拟实验中，灰洞丢弃了一半途经灰洞的数据包。从图 12.7 中可以看出 HADOF 机制要优于“看门狗”机制。

例如，当设定中断时间为50 s、恶意节点数量为20个时，基线丢包率为40%，“看门狗”安全机制可以将丢包率降低为22%，而HADOF机制能将这一数值降低至16%。

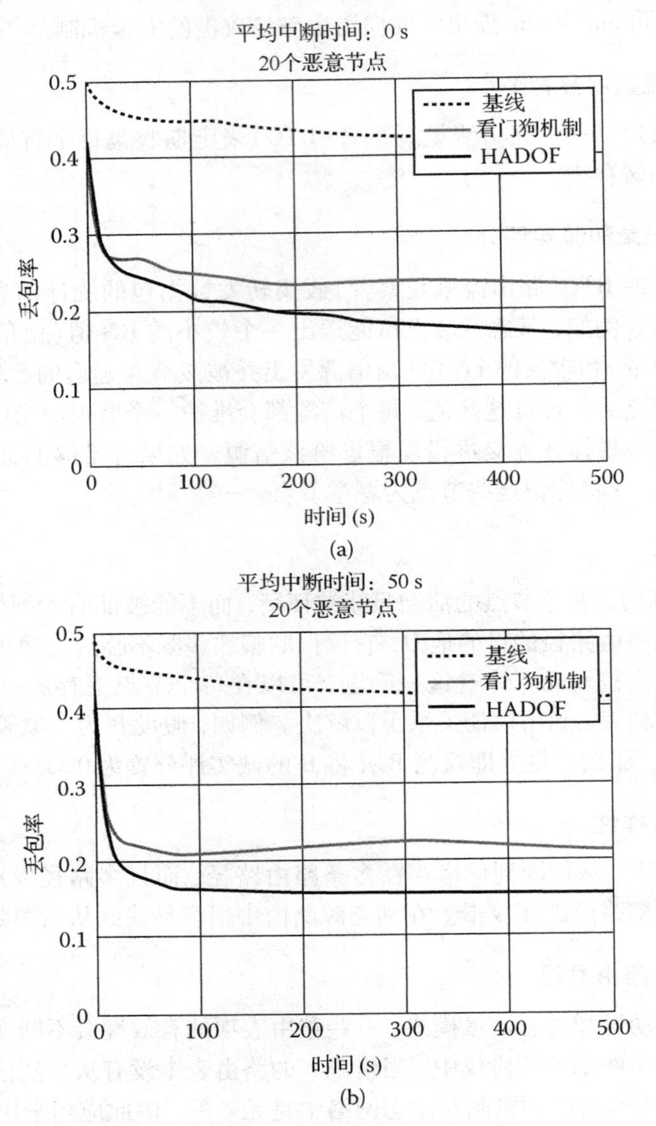

图12.7 灰洞攻击下的丢包率对比(引自Liu，K. R. and Wang，B.，Cognitive Radio Networking and Security，Cambridge University Press，New York，2011)

第二个的场景考虑灰洞和欺骗攻击。在一次欺骗(或陷害)攻击中，某恶意节点会使某个合法节点被疑为一个恶意节点。应用HADOF机制时，恶意节点愚弄合法节点的唯一办法是令信源怀疑合法节点正在行骗[3]，这可以通过报告一个比所处路由路径中真实的RN值(由信源发出并被该节点接收到的数据包数量)略小的值或一个较大的FN值(由信源发出并被该节点延迟的数据包数量)来实现。由于在HADOF机制中恶意节点不能提供足够的证据，所以恶意节点不能令信源相信合法节点正在行骗。而采用“看门狗”机制的场景中，恶意节点有多种方式可以愚弄合法节点。

模拟实验的结果如图 12.8 所示[3]。在有 20 个恶意用户的实验场景中，采用 HADOF 机制比采用“看门狗”机制更安全。

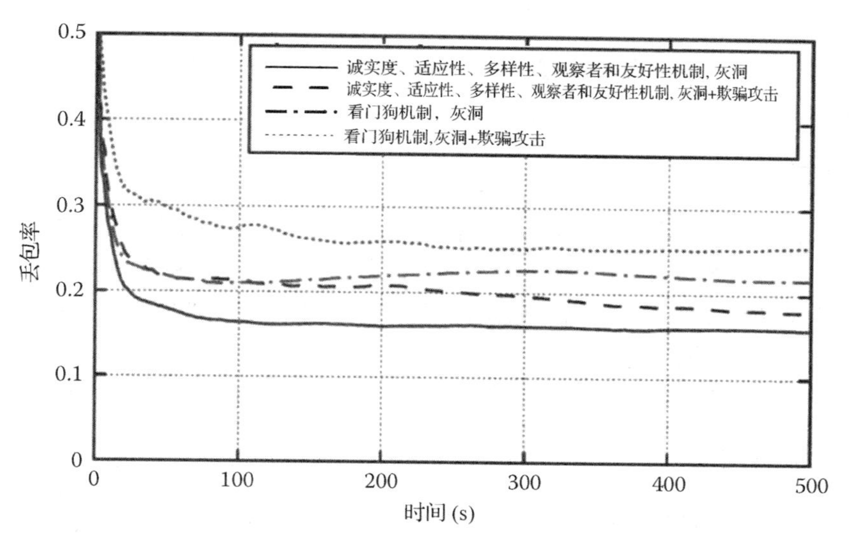

图 12.8　欺骗攻击的影响(引自 Liu, K. R. and Wang, B., Cognitive Radio Networking and Security, Cambridge University Press, New York, 2011)

在先前的模拟中，友好度未被使用，而信源仅信任信宿。在文献[3]中作者讨论了如何利用友好度来阻止欺骗攻击。在这一场景中，每个信源从网络中随机选取 20 个好节点作为好友。图 12.9 显示了当中断时间为 50 s、恶意节点为 20 个时，采用 HADOF 机制的实验结果。一半恶意节点发动了欺骗攻击和灰洞攻击，另一半恶意节点发动了灰洞攻击。从模拟结果中可以看出，友好度可以提高系统抵御欺骗攻击的性能。当时间足够长时，丢包率下降到 15%，甚至低于前文灰洞攻击场景下 16% 的丢包率。

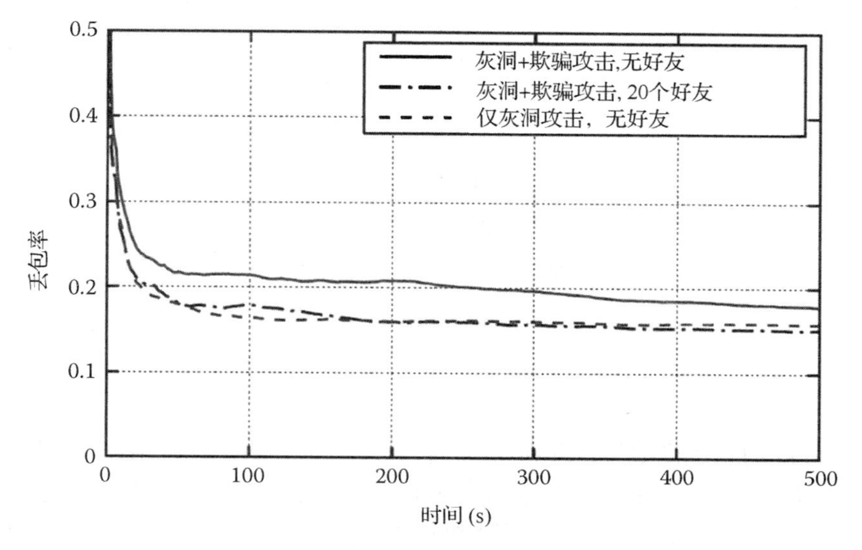

图 12.9　友好度的影响(引自 Liu, K. R. and Wang, B., Cognitive Radio Networking and Security, Cambridge University Press, New York, 2011)

12.5 干扰攻击

本节将阐述基于马尔可夫决策过程(Markov decision process, MDP)的 Wu-Wang-Liu 抗干扰攻击机制[3]。

12.5.1 概述

干扰攻击是认知无线电网络面临的一种主要威胁。当多个恶意用户通过注入干扰信号，试图打断多个次用户之间通信的时候，干扰攻击就会出现。本节将关注某次用户可以跳过多个频段以降低被干扰概率的场景。在文献[4]中已经提出了一种应用马尔可夫决策过程的优化防御策略。这一策略在频段间跳转的成本与可能由某个干扰源造成的损失成本之间建立了一种平衡。本节考虑的场景中，次用户对整个系统已经有了全面的掌握。

12.5.2 系统模型

本系统由 M 个合法频段组成。多个恶意攻击者意图干扰各次用户间的通信。

假定每个合法频段被划分为多个时隙。在每个时隙间，主用户的访问可使用开关模型来表示。如图 12.10 中所示，每个时隙中主用户可以设为忙(开)或空闲(关)状态。主用户由忙状态切换为空闲状态的概率为 α，而主用户由空闲状态切换为忙状态的概率为 β。

由于次用户必须避免与主用户间发生干扰，所以在每个时隙的最初节点次用户必须与主用户同步以检查它们的存在。在本系统中假设每个次用户仅装备一台无线收发设备，且在任意一个时隙间仅能感知到 M 个频段中的一个。在这一场景中主用户不能使用该频段，而次用户可以利用该频段，频段通信增益为 R。否则，次用户必须将其无线收发设备的工作频段调谐到一个不同的频段上，并在接下来的时隙检查该频段是否可用。在 Wu-Wang-Liu 建立的模型中，跳频时的开销由 C 来表示。

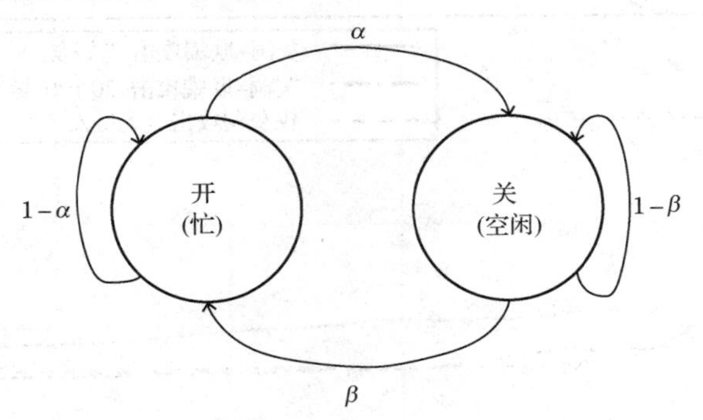

图 12.10 主用户频段使用的开-关模型

Wu-Wang-Liu 的系统模型假定存在 m(m 至少为 1)个试图干扰次用户通信链路的恶意用户。假定这 m 个恶意攻击者仅有单一无线收发设备，也因此在某一时刻仅能处在一个频段。图 12.11 中描绘了这一场景。主用户所使用的频段由频谱管理者确定，所以恶意用户不想干扰主用户。在某个时隙开始时，攻击者会调谐其频率到一个特定频段来感知某个主用户的存在。如果主用户不存在，攻击者将继续检测是否某个次用户正在使用这个频段。如果攻击者发现某个次用户在这个频段内，他将立即向该次用户信号注入干扰能量，使次用户不能在解码之后接收到数据包。需要注意的是所有的攻击者能够协同工作使其危害最大化。Wu-Wang-Liu 的模型假设某个次用户在遭遇干扰时受损严重。干扰会打断次用户之间的通信并使次用户耗费相当多的资源来重建链路。这一损耗记为 L。

当没有攻击者时，该次用户总是处在一个空闲频段中，直到另一个次用户进入该频段，因为跳频会造成损耗 C。而当系统中存在攻击者时，次用户留在该频段的时间越长，就越可能在接下来的时隙中被攻击者发现，所以为了躲避恶意用户发现，预先跳频是积极有益的。

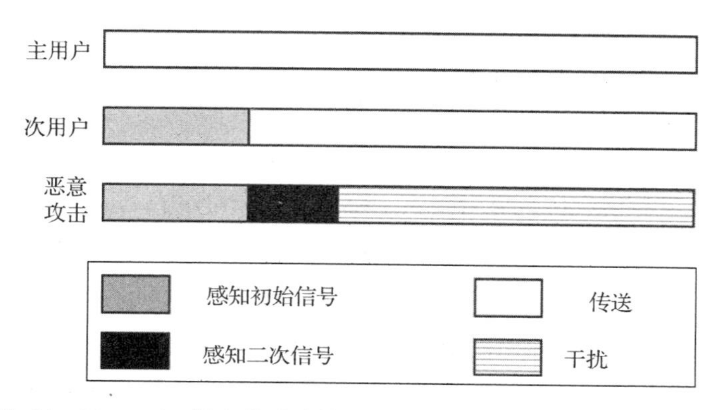

图 12.11　Wu et al. 提出的时隙结构(引自 Wu, Y. et al., Optimal defense against jamming attacks in cognitive radio networks using the Markov decision process approach, IEEE LOBECON, Miami, FL, 2010)

Wu-Wang-Liu 的模型被描述为一个多阶段游戏，其中有主角为某次用户和 m 个恶意用户。在每个时隙结束时，该次用户会基于当前及以往时隙的观察，来决定是留在当前频段或是跳转到另一频段。在第 n 个时隙的观察结果以 $U(n)$ 表示，$U(n)$ 的当前值由增益减去耗费和受损计算得出[4]：

$$U(n) = R \times 1(\text{传输成功}) - L \times 1(\text{干扰}) - C \times 1(\text{期望}) \tag{12.11}$$

其中，$1(\cdot)$ 是一个指标函数，当括号内语句为真时返回函数值 1，否则返回 0。

模型中的次用户希望 $U(n)$ 均值最大化，而攻击者则试图使 $U(n)$ 为最小值 $\bar{U}$, $\bar{U}$ 是该次用户收益 $U(n)$ 的函数。Wu-Wang-Liu 的模型定义 $\bar{U}$ 为该次用户的当前收益 $U(n)$ 的总和[4]：

$$\bar{U} = \sum_{n=1}^{\infty} \delta^n U(n) \tag{12.12}$$

其中，$\delta(0 < \delta < 1)$ 是当前时刻预估未来收益值的比例因子。

12.5.3　有完备知识时的优化策略

本节将主要介绍某次用户运用知识达到抗干扰目标的优化策略。为了尽可能发现次用户，在每个时隙中 m 个攻击者会协同工作，对 m 个未检测的频段随机调谐频段来搜索次用户。这一过程将一直持续，直到所有频段均被搜索或者某个次用户被发现和干扰。

在文献[4]中，假设干扰游戏采用固定的攻击策略，干扰可被还原为一个马尔可夫决策过程。这是因为事实上只需要考虑防御策略。

在第 n 个时隙结束的时候，次用户观察当前时隙的状态并选择一项活动 $a(n)$。这一活动既可能调节其频率到一个新的频段也可能使其留在当前频段，而且该活动发生于下一时隙的开始。如果主用户在第 n 个时隙中占用了这一频段，那么 $S(n)=P$；或者在第 n 个时隙次用户已经被干扰，那么 $S(n)=J$，而该次用户将不得不跳转到一个新的频段，这意味着活动 $a(n)=h$。如果这两种情况都未发生，在此时隙中该次用户已经成功发送一个数据包，并且选择跳转到一个新的频段($a(n)=h$)或者留在当前频段($a(n)=s$)。如果该次用户在第 k 个连续时隙和同一频段内再次成功发送数据，那么当期状态用 $S(n)=K$ 来表示。由于在接下来会存在个别歧义，为了方便讨论将减小指数 n 的值。

根据式(12.11)，当前收益取决于当前状态和当前活动：

$$U(S,a)=\begin{cases}R, & \text{当 } S\in\{1,2,3,\cdots,\},\ a=s \text{ 时}\\ R-C, & \text{当 } S\in\{1,2,3,\cdots,\},\ a=h \text{ 时}\\ -L-C, & \text{当 } S=J \text{ 时}\\ -C, & \text{当 } S=P \text{ 时}\end{cases} \tag{12.13}$$

这些状态间的转换可以由马尔可夫链描述。状态转换的概率取决于用户采取的活动。Wu-Wang-Liu 的模型使用了 $p(S'|S,h)$ 和 $p(S'|S,s)$ 来表示当次用户采取跳转(h)或停留(s)活动时，从某个旧状态转换为某个新状态的概率。

如果次用户跳转到一个新的状态，转换概率将维持不变(因为它们并不依赖于前一个状态)。此外，唯一可能的新状态是 P(被某个主用户占用的新频段)，J(次用户在新的频段传输数据时，被攻击者发现且准备干扰)和 I(在新的频段中一次成功的数据传送)。当频段 M 的总量很大时，可以假设新频段中某个主用户的概率与图 12.10 中 ON-OFF 模型恒定的概率相等。不考虑某个次用户在很短时间内跳回某个频段的情况，有下列等式：

$$p(P\mid S,h)=\frac{\beta}{\alpha+\beta}\triangleq\gamma,\qquad S\in\{P,J,1,2,3,\cdots\} \tag{12.14}$$

假定存在可用的新频段，因为每个攻击者不重复地分布在每个频段，所以次用户被干扰的概率为 m/M。干扰概率可用以下状态转换概率表示：

$$p(J\mid S,h)=(1-\gamma)\frac{m}{M},\qquad S\in\{P,J,1,2,3,\cdots\} \tag{12.15}$$

$$p(1\mid S,h)=(1-\gamma)\frac{M-m}{M},\qquad S\in\{P,J,1,2,3,\cdots\} \tag{12.16}$$

有一种场景是次用户停留在某一频段，而主用户却返回并占用这一频段。在开-关模型中，这种情况发生的概率记为 β。如果频段为空闲状态(没有主用户)，那么当次用户被干扰时频段状态将转换为 J，而当次用户不被干扰时状态将转换为 I。应当注意的是，当频段状态为 J 或 P 时，次用户留在该频段是不现实的。在状态 K 时，仅 $\max(M-Km,0)$ 频段没有被攻击者所检测，而且另外的 m 个频段将在下一个时隙被检测。因此在假定没有主用户时，次用户被干扰的概率为

$$f_J(K)=\begin{cases}\dfrac{m}{M\text{-}Km}, & K<\dfrac{M}{m}-1\\ 1, & 其他\end{cases} \tag{12.17}$$

这就得出与 s 相关联的状态转换概率：$\forall K\in\{1,2,3,\cdots\}$

$$p(P\mid K,s)=\beta \tag{12.18}$$

$$p(J\mid K,s)=(1-\beta)f_J(K) \tag{12.19}$$

$$p(K+1\mid K,s)=(1-\beta)(1-f_J(K)) \tag{12.20}$$

12.5.3.1　马尔可夫决策过程

在 Wu-Wang-Liu 的模型中，如果某个次用户长时间留在某一个频段中，它最终会被攻击者所发现。从式(12.17)和式(12.20)中可以看出，如果 $K>M/m-1$ 则 $p(K+1\mid K,s)$。由此可知，状态 S 将限于有限集合$\{P,J,1,2,3,\cdots,\bar{K}\}$之内，其中 $\bar{K}=\lfloor\frac{M}{m}-1\rfloor$下取整函数$\lfloor x\rfloor$返回不大于 x 的最大整数。

马尔可夫决策过程中的某个策略是通过从某一状态到某一活动的映射π：$S(n)\rightarrow a(n)$来定义的。这意味着 Wu-Wang-Liu 的策略π指定了一个活动π(S)，而该活动是用户处在某个特定状态 S 时所执行的。在所有可能的策略中，优化策略是使当前收益最大化的那个。Wu-Wang-Liu 模型假定其马尔可夫决定过程开始于状态 S，并定义状态 S 的值为最高期望收益

$$V^*(S)=\max_{\pi}\left(\sum_{n=1}^{\infty}\delta^n U(n)\mid 初始状态为 S\right) \tag{12.21}$$

因为此处的目标是最大化期望收益，所以优化策略是针对次用户的优化防御策略。另外一个重要的概念是优化策略的其他部分也应该是优化的。这意味着上述过程应该最大化当前收益的总量和当前活动中的期望收益。这可以由文献[4]中给出的 Bellman 等式计算

$$V^*(S)=\max_{a\in\{h,s\}}\left(U(S,a)+\delta\sum_{S'}p(S'\mid S,a)V^*(S')\right) \tag{12.22}$$

优化策略$\pi^*(S)$是 Bellman 等式最大化的一种策略。

如前文所述，次用户留在同一频段内的时间越长，次用户被干扰的概率将越大。因此可以设想在干扰造成的损失超过跳频的开销之后，存在一个关键状态 K^*（$K^*\leqslant\bar{K}$）。如果某个次用户留在同一频段中的时间少于 K^* 个时隙，它应当继续留在该频段；而如果某个次用户留在同一频段中的时间大于 K^* 个时隙，它应当主动跳转到别的频段，因为在该频段被干扰的风险已经非常大了。K^* 可以在求解马尔可夫过程时得出，而 Wu-Wang-Liu 模型中的优化策略可以表示为

$$a^*=\pi^*(S)=\begin{cases}s, & 1\leqslant S\leqslant K^*\\ h, & 其他\end{cases} \tag{12.23}$$

12.5.4 对 Wu-Wang-Liu 模型的说明

本节将分析文献[4]中应用 Wu-Wang-Liu 模型对抗干扰的结果。在模拟实验中，给定参数值如下：$R=5$，$C=1$，$M=60$ 个频段，折扣因子(discount factor)$\delta=0.95$，$\beta=0.01$，$\gamma=0.1$。

图 12.12 显示了通过马尔可夫过程求出的关键状态 K^* 与干扰损失 L 和攻击者数量 m 的对比关系。

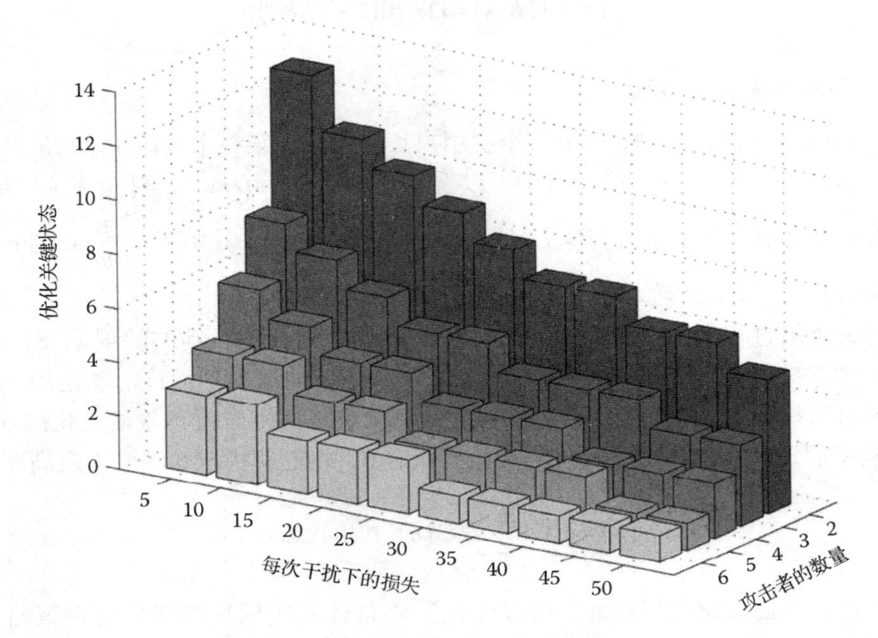

图 12.12 不同 L 值和 m 值下的优化状态 K^*（引自 Wu, Y. et al., Optimal defense against jamming attacks in cognitive radio networks using the Markov decision process approach, IEEE LOBECON, Miami, FL, 2010）

该模拟实验运行时假设次用户对所处环境非常了解。如文献[4]中所述，如果干扰造成的损失是定值，记为 $L=10$，那么随着攻击者数量 m 从2增加到6，关键状态 K^* 将从11减少到3。同时需要注意的是，如果攻击者数量不变，关键状态也会随着 L 的增加而减少。那么随着干扰威胁的增加，用户应当更加主动频繁地跳转到新频段就很容易理解了。

在文献[4]中研究了当干扰造成的损失 $L=20$ 时，收益损失的比例。文献[4]将优化策略与两种简单防御方法进行比较。第一种简单方法要求次用户总是跳转频段，而第二种简单方法则要求次用户仅在必要时跳转频段。可以直观地认识到，当环境中仅存在少数攻击者时，次用户留在某个频段要好于跳转到新频段，但攻击者数量一旦变大，则次用户跳转到新频段就会好于留在原频段。从图 12.13 中可以看出，优化后的跳转策略在应对各种数量的攻击者时，其抗干扰能力都优于两种简单策略。此外还可以从图 12.13 中看到攻击者数量越大，对次用户所造成的危害也就越大。

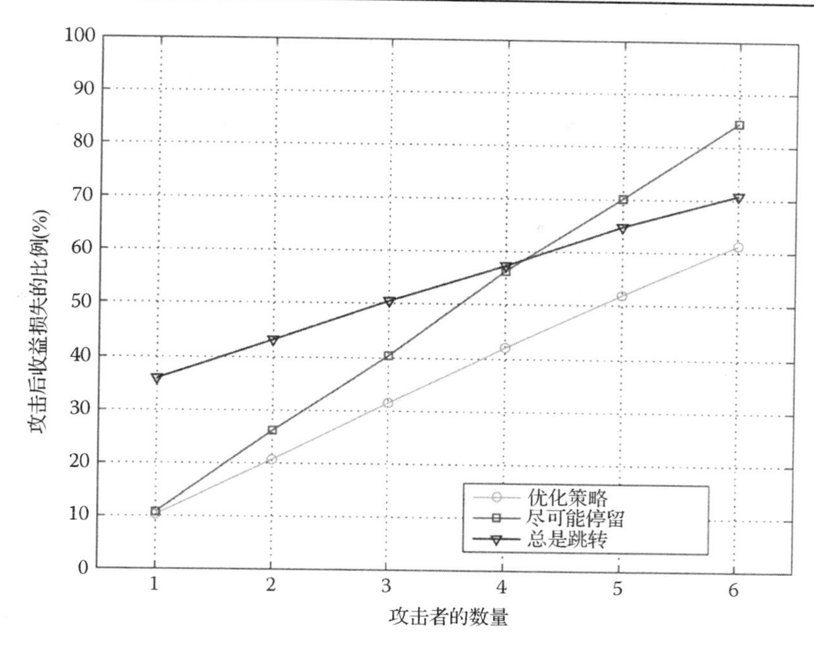

图 12.13　不同攻击者数量情况下收益损失的比例(引自 Wu, Y. et al., Optimal defense against jamming attacks in cognitive radio networks using the Markov decision process approach, IEEE LOBECON, Miami, FL, 2010)

12.6　主用户仿冒攻击

如前文所述，在频谱感知方面最为主要的一项挑战是能否精确地识别某一信号是来自于主用户或是次用户。例如在文献[5]中，通常基于能量检测的频谱感知模式可以认为是某种简单信号发射机验证模式，以区别主次信号。在使用能量检测时，某个次用户可以区分信号是来自别的次用户，而不是来自主用户。这意味着当一个次用户感知并能识别某个信号时，它会认为该信号来自于某个次用户；而如果该次用户不能识别该信号，它会认为该信号来自于某个主用户。这为恶意用户渗透此类简单系统打开了一扇门，恶意用户可以通过在一个许可频段内发射一个不能被次用户识别的信号来假冒一个主用户。在这一情况下次用户不会进入这一频段，误认为某个主用户正在使用该频段。这种攻击被称为主用户仿冒(Emulation)攻击。

在主用户仿冒攻击中，恶意用户需要避免干扰合法主用户，因此仅在空闲频段内发射信号。通过模仿某个合法主用户的信号特征，恶意攻击者阻止了其他次用户使用该频段。

Chen et al.[5]根据攻击者的目标不同，将主用户仿冒攻击区分为两种不同的攻击类型。第一种是自私型主用户仿冒攻击，这种攻击的目标是为了最大化攻击者的频谱占用。此类攻击可以由两个想建立专用链路的两个用户来实现。第二类攻击是恶意型主用户仿冒攻击。这类攻击的目标是阻止真实次用户检测和使用未被占用的被许可频段，造成拒绝服务和系统瘫痪。恶意型主用户仿冒攻击与自私型主用户仿冒攻击的区别在于恶意攻击者不一定使用已被它占用的频段。某个攻击者可能会通过在每个次用户中引入两个动态频谱接入(DSA)机制，来阻塞多频段中的动态频谱接入过程。第一个机制要求次用户在空闲频段内发射信号前等待指定的一段时间，以确保该频段是真的空闲且延迟不是可忽略不计的。第二个机制要求次用户感知频段并当某个主用户存在时立即离开此频段。通过在多个频段随机地发动主用户仿冒攻击，攻击者可以令真实次用户难以找到一个空闲可用的频段。

当两类主用户仿冒攻击出现在认知无线电网络中时，都将严重扰乱网络应用。图 12.14 解释了恶意主用户仿冒攻击者对可用带宽的影响。从中可以看出可用带宽随着攻击者数量的增多而显著降低。为了能够抵御这类攻击，重要的是能精确地检测到攻击。本节的目标是给出基于定位的攻击检测技术的概念和可行性。文献[4]中描述了 Chen-Park-Reed 信号发射机验证和定位模式，这一模式可以整合到频谱感知过程中来检测主用户仿冒攻击。

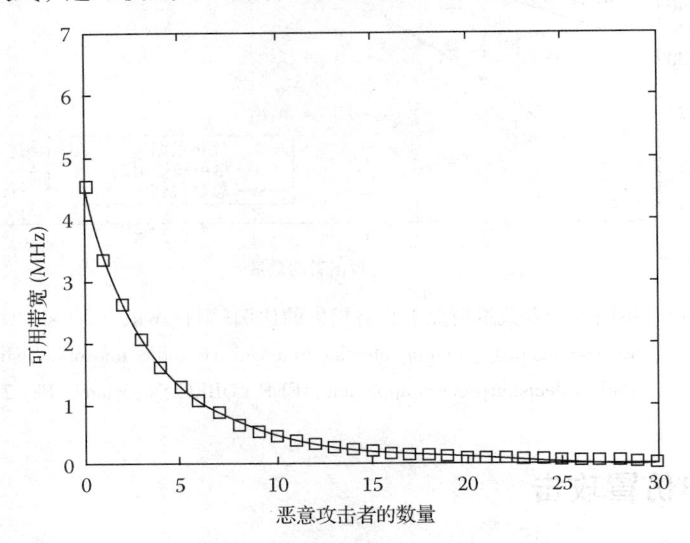

图 12.14　恶意主用户仿冒攻击对可用带宽的影响[引自 Chen, R. et al., IEEE Journal on Selected Areas in Communications, 26(1), 25, 2008]

12.6.1　面向频谱感知的信号发射机验证模式

在 Chen-Park-Reed 的模型中，主用户处于某个电视广播的网络中，其位置已知。假设次用户们形成了一个移动自组网，且每个次用户都有自我定位功能，而某个攻击者具备了改变调制方式、频率和发射功率的认知无线电能力。

Chen-Park-Reed 的信号发射机验证模式是面向敌意环境而设计的。在已知电视塔位置的情况下，如果能够感知到某个主信号特征，但其位置不同于电视塔位置时，就可以认为这种情况是主用户仿冒攻击。如果该主用户仿冒攻击者的位置与电视塔很近，可能会造成基于定位检测方法的失效。在这种情形下，信号能量的水平与它的位置都需要作为主用户仿冒攻击检测的要素。由于电视塔的发射功率远大于手提式的认知无线电设备，所以攻击者同时仿冒主用户的位置和能量水平是不大可能的。一旦主用户仿冒攻击者被发现，对其信号水平的估值可以用于估算其位置。

信号发射机验证模式包括三个阶段：第一阶段验证信号特征；第二阶段测量接收信号的能量水平；第三阶段定位信号源。先前章节已经对前两个阶段所涉及的技术问题进行了讨论。参考文献[4]，重点关注信号发射机定位的问题。由于主用户需要为许可频段的 DSA（动态频谱接入）服务，主用户不能随意变动，这使得主信号发射机(PST)定位问题更具挑战性。对主用户的这种要求使得在信号中包含有关主用户的定位信息是不恰当的，而且由于主用户与定位设备间存在互扰，排除了选用某种定位协议的可能性。因此，PST 定位问题成为一个非交互性定位问题[5]。虽然信号发射机需要定位，但是接收机是不需要的。当某个接收机定位时，它不再需要考虑其他接收机的存在。此外，如果存在多个信号发射机，那么对这些发射机定位将变得更加困难。

12.6.2　Chen-Park-Reed 主信号发射机的非交互定位

传统定位方法包括到达时间（TOA），到达时差（TDOA），到达角度（AOA）和射频信号强度（RSS）等技术。

到达时间技术可能需要大幅改进才能应用于 PST（主信号发射机）定位问题[5]。到达时差和到达角度两种技术都可以应用于定位，而且都有非常高的定位精确度。为了应用这些技术解决主信号发射机定位问题，他们必须具备能够操纵多个安装了有向天线的信号发射机（包括攻击者）。这两种技术的主要不足是都需要昂贵的硬件设备。

Chen-Park-Reed 定位系统设定了一个前提，即某一射频信号强度重要性数值会随着收发双方距离的增大而按指数级降低。因此，如果可以从一组接收机收集足够的射频信号强度测量数值，那么出现射频信号强度峰值的地方就很可能是信号发射机的位置。这一技术的主要优势是它可以对多个发射机同时定位[5]。

在某个认知无线电网络中布设无线传感器网络[12]来实现整个网络射频信号强度测量值的收集。射频信号强度测量值的分布将用于解决主信号发射机定位问题。然而，路径损耗可能随时间变化，而且主用户仿冒攻击者为避免被定位，会在运动中改变其位置或发射功率。这些问题会导致射频信号强度测量结果随时间而改变。因此，无线传感器网络中所有节点在测量射频信号强度时需要同步进行。由于随机交换，射频信号强度值还会在短距离内规则变化，这给基于原始射频信号强度测量值的主用户定位造成了困难。在 Chen-Park-Reed 的方法中，采用了数据平滑技术消除原始射频信号强度测量值中的噪声，并从中获取重要的模式数据。

12.6.3　Chen-Park-Reed 方法的模拟结果

Chen-Park-Reed 方法中，设有三个 500 mW 的主用户无线收发设备，记为 T_1、T_2、T_3，其坐标分别为 T_1(1000 m, 1000 m)、T_2(1000 m, 50 m)、T_3(50 m, 50 m)[5]。图 12.15 中显示了该定位方法的定位误差。当某一主信号发射机被发现远离任何一个位置已知的主用户且偏离距离大于定位误差时，该无线收发设备就被认为是一个主用户仿冒攻击者。一旦发现主用户仿冒攻击者，Chen-Park-Reed 方法将利用定位误差定义一个区域范围，区域内的攻击者将被追踪。图中的计算时间指的是运行定位算法所耗费的时间，但不包括无线传感器网络收集射频信号强度数据时所造成的延迟。

模拟结果表明该系统是有效的，但无线传感器网络开销很高[5]。请注意这里传感器节点的分布密度非常高，例如，在含有 10 000 个传感器节点的场景中，相邻节点间距离为 20 m，与 T_1 的定位误差值 21.9 m 十分接近。

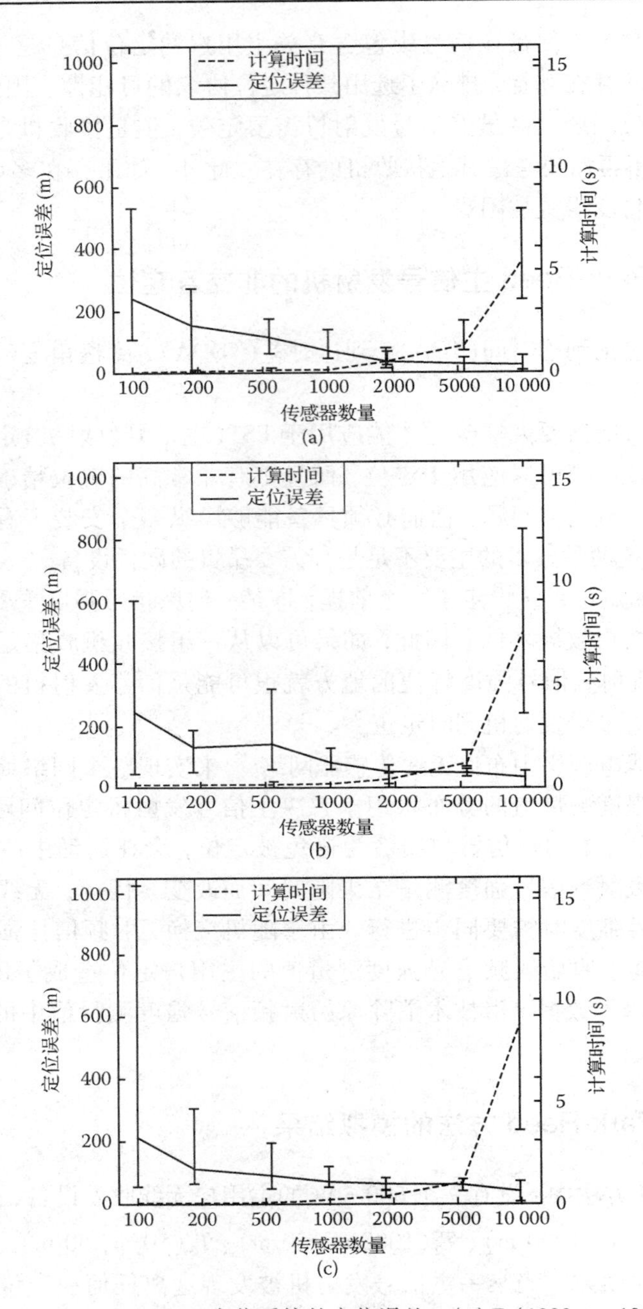

图 12.15 Chen-Park-Reed 定位系统的定位误差。(a) T_1(1000 m, 1000 m);(b) T_2(1000 m,50 m);(c) T_3(50 m,50 m)[引自Chen, R. et al., IEEE Journal on Selected Areas in Communications, 26(1), 25, 2008]

接下来，看一下当攻击者使用有向天线来防止被定位的情形(如图 12.16 所示[5])。假设攻击者使用了一个 10 单元的 Yagi-Uda 天线。在模拟实验中，天线主瓣指向 x 轴增大方向。由于有向天线的发射信号仅能被较少的传感器检测到，所以会使该系统的定位误差和计算时间都增大。因此增加传感器的部署密度可以提高系统性能。然而与传统的定位技术相比，其性能还是偏弱。此外，传感器节点的数量也是出奇地大，以至于达到几百或上千个节点！Chen-Park-Reed 方法的另一个局限是仅能应用于主用户位置已知且固定的场景中，不能应用于含有移动主用户或未知主用户的攻击检测场景。需要注意的是，未来许多手持设备将具备有效的定位技术，可用于将来的基于定位的安全算法。

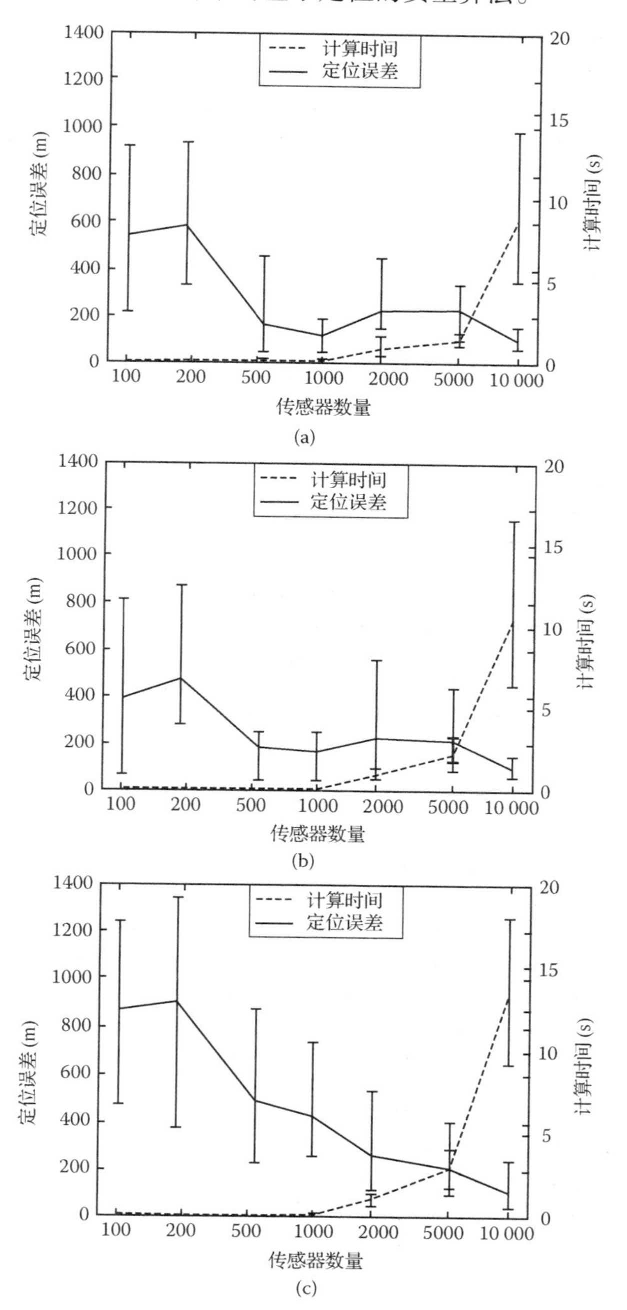

图 12.16 攻击者使用 10 单元的 Yagi 天线时引发的定位错误。(a) T_1(1000 m, 1000 m)；(b) T_2(1000 m, 50 m)；(c) T_3(50 m, 50 m)[引自 Chen, R. et al., IEEE Journal on Selected Areas in Communications 26(1), 25, 2008]

12.7 本章小结

本章讨论了认知无线电网络中的安全问题并提出了加强认知无线电网络安全的几种方法，简要说明了一些安全威胁。本章介绍了信任的概念和一些数学信任模型，并基于文献[3～5]详细讨论了三种类型的威胁。第一种威胁是路由破坏攻击。为应对此类攻击，介绍一种具有良好防御机制的 HADOF（诚实度、适应性、多样性、观察者和友好性）技术。第二种威胁是干扰攻击，讨论了基于马尔可夫决策过程的优化防御策略。次用户在某频段停留了给定时间后，主动跳转频段能够避免被恶意攻击者发现。第三种威胁是主用户仿冒攻击。无线收发设备信号特征、能量水平和位置是降低此类攻击的关键因素，这些参数有助于次用户区别真实主用户和攻击者。

参考文献

1. S. Haykin, Cognitive radio: Brain-empowered wirless communications, *IEEE Journal on Selected Areas in Communications*, 23 (2), 201–220, 2005.
2. S. Alrabaee, A. Agarwal, D. Anand, and M. Khasawneh, Game theory for security in cognitive radio networks, in *International Conference on Advances in Mobile Network, Communication and Its Applications*, Bangalore, India, 2012.
3. K. R. Liu and B. Wang, *Cognitive Radio Networking and Security*, Cambridge University Press, New York, 2011.
4. Y. Wu, B. Wang, and K. R. Liu, Optimal defense against jamming attacks in cognitive radio networks using the Markov decision process approach, *IEEE GLOBECOM*, Miami, FL, 2010.
5. R. Chen, J.-M. Park, and J. H. Reed, Defense against primary user emulation attacks in cognitive radio networks, *IEEE Journal on Selected Areas in Communications*, 26 (1), 25–37, 2008.
6. X. Zhang and C. Li, The security in cognitive radio networks: A survey.
7. W. Weifang, Denial of service attacks in cognitive radio networks, in *Conference on Environmental Science and Information Application Technology*, Wuhan, China, 2010.
8. D. Hao and K. Sakurai, A differential game approach to mitigating primary user emulation attacks in cognitive radio network, in *IEEE International Conference on Advanced Information Networking and Applications*, Victoria, British Columbia, Canada, 2012.
9. T. C. Clancy and N. Goergen, Security in cognitive radio networks: Threats and mitigation.
10. J. Shrestha, A. Sunkara, and B. Thirunavukkarasu, Security in cognitive radio, San Jose State University, San Jose, CA, 2010.
11. J. Spencer and M. Ibnkahla, Security in cognitive radio networks, Internal report, Queen's University, WISIP Lab., April 2014.
12. M. Ibnkahla, *Wireless Sensor Networks: A Cognitive Perspective*, CRC Press—Taylor and Francis, Boca Raton, FL, 2012.